화공기사
실기

무조건 단기에 뽀개기

시대에듀

무조건 단기에 뽀개기

무 조 건 단 기 에 뽀 개 기

화공기사 실기

시대에듀는 항상 독자의 마음을 헤아리기 위해 노력하고 있습니다. 늘 독자와 함께하겠습니다.

PREFACE

저는 대학에서 화학공학을 전공한 후, 여러 가지 경험을 거쳐 지금은 현장에서 학생들을 가르치는 교사로 고등학교에서 근무하고 있습니다. 화학공학을 공부하며 느꼈던 어려움과 그 과정에서 겪었던 고충들이 있기에 수험생 여러분이 겪고 있는 마음을 잘 이해합니다. 그럼에도 불구하고, 그런 어려움 속에서 조금씩 해결책을 찾아 나가며 성장할 수 있었습니다.

이 책은 화공기사 실기시험을 준비하는 여러분을 위해 저의 경험과 노하우를 바탕으로 집필하였습니다. 이론과 기출문제를 정리하면서 항상 염두에 둔 것은 여러분의 입장이었습니다.

과거의 저처럼 시험을 앞두고 막막하고 어려워하는 분들에게 조금이라도 더 쉽게, 조금이라도 더 명확하게 다가가기를 바라는 마음으로 이 책을 구성했습니다. 단순히 문제를 나열하는 것이 아니라, 시험장에서 '어떻게 접근해야 하는지, 왜 그런 방식으로 풀어야 하는지' 를 함께 고민한 내용을 담아 봤습니다.

그리고 모든 시험에서 중요한 것은 《'출제기준' 에 기반한 '기출문제 분석'》이라는 점을 기억해 주시길 바랍니다. 불필요한 학습보다는 출제 의도를 파악하고 효율적으로 공부하는 것이 합격으로 가는 가장 중요한 전략입니다.

화공기사는 여러분의 꿈을 이루기 위한 중요한 발판이 될 것입니다.

화공기사 자격증을 통해 더 크고, 더 행복한 미래를 그려가시길 진심으로 바랍니다.

이 책이 그 여정을 함께하며, 여러분이 화공기사 자격증을 취득하는 기쁨을 누릴 수 있는 든든한 길잡이가 되기를 기원합니다.

그 마음을 담아, 이 책을 수험생 여러분께 드립니다.

2025년 따뜻한 봄날 편저자 드림

화공기사를 주목해야 하는 이유

2025.00.00 | www.sdedu.co.kr | NEWSPAPER

"향후 주목할만한 자격증 '화공기사'를 따야 하는 이유!"

우리는 다양한 산업의 도움을 받고 살아가지만 특히 화공 분야는 삶에서 떼려야 뗄 수 없는 분야이다. 우리가 사용하는 대부분의 플라스틱과 그 외 가스 · 석유와 관련된 곳에도 화공이 사용되고 있다.

… 중 략 …

탄소 중립, 친환경, 신재생에너지 산업의 성장과 함께 향후 5~10년간 안정적인 수요가 예상되므로, 전공을 살려 진로를 구체화한다면 매우 유리한 자격증 중 하나이다.

현대 산업 트렌드에 발맞춰 나가는 "화공기사"

화학공학은 기초산업부터 첨단 정밀화학, 환경시설, 가스제조, 건설업 등 다양한 분야에 응용되고 있습니다. 특히, 친환경 기술 개발과 산업 안전 관리의 중요성이 커지면서 화공기사의 역할은 더욱 확대되고 있습니다. 그러므로 환경 보호와 에너지 효율성을 동시에 추구하는 현대 산업의 트렌드에 맞춰 화공기사는 필수적인 인재로 자리매김하며 화학 및 화학공학 분야에서 필요로 하는 전문가로 인정받고 있습니다.

지속 가능한 개발 및 친환경 산업의 중요성이 커지면서 화공기사의 역할도 더욱 강조되고 있습니다. 국내뿐 아니라 국제적인 시장에서도 높은 수요를 보이고 있어 해외 진출 및 글로벌 기업으로의 취업에 유리합니다.

화공기사 Q&A

Q 화공기사란 무엇인가요?

A 한국산업인력공단에서 시행하는 국가기술자격시험으로 화학공업의 발전을 위한 제반 환경을 조성하기 위해 전문지식과 기술을 갖춘 인재를 양성하고자 국가에서 자격제도를 제정하고, 매년 3회 실시하고 있는 시험입니다.

Q 화공기사 자격증 준비는 어떻게 하나요?

A 필답형은 필기 시험에서 다루었던 과목으로 좀 더 복잡한 계산식을 요구하는 문제가 많습니다.
최근 들어 공업화학과 공정제어 파트의 출제 빈도가 늘어 난이도가 크게 올라갔습니다. 그러므로 과년도 기출문제를 풀면서 반복 학습하고 최근 기출문제를 통해 최신 경향을 알아가면 합격할 수 있습니다.
작업형 시험은 제공된 알코올(에탄올)에 대한 밀도를 화학저울을 사용하여 구해서 계산하고, 이를 수용액과 섞어 문제에서 요구하는 wt% 용액을 제조합니다. 제조된 용액은 단증류를 통해 유출액과 잔류액의 밀도와 조성을 구하는 과정을 학습하도록 합니다. 동영상 자료를 참고하여 이미지 트레이닝을 해도 좋지만 가능하면 실험실에서 시연해보는 것이 좋습니다.

Q 화공기사는 누가 준비하면 좋을까요?

A 화학공정 전반에 걸친 계측, 제어, 관리, 감독업무와 화학 장치의 분리기, 여과기 정제 반응기, 유화기, 분쇄 및 혼합기 등을 제어, 조작, 관리, 감독하는 업무를 수행하게 되지만, 모든 산업이 화공기사 자격증을 필요로 하지는 않습니다.
주로 화공기사 자격증 소지자를 요구하는 산업과 직종은 정유, 석유화학, 엔지니어링, 중공업, 바이오 공정, 화장품 제조, 가스제조 등의 공정 관리직입니다. 또한, 반도체, 디스플레이, 배터리 등 제조공장의 유틸리티 시스템을 관리하는 직종에서도 화공기사 자격증을 소지하면 좋습니다.

" 화공기사는 꾸준한 수요와 안정적인 직업 전망으로 지속 가능성 및 혁신적인 기술에 대한 이해가 요구되는 산업에서 높은 가치를 가지게 될 것입니다. "

화공기사 시험의 모든 것

화공기사란?

화학공정 전반에 걸친 계측, 제어, 관리, 감독업무와 화학장치의 분리기, 여과기 정제 반응기, 유화기, 분쇄 및 혼합기 등을 제어, 조작, 관리, 감독하는 업무를 수행한다. 정부 투자기관을 비롯해 석유화학, 플라스틱 공업화학, 가스 관련 업체, 고무, 식품공업 등 화학제품을 제조 · 취급하는 분야로 진출 가능하고 관련 연구소에서 화학분석을 포함한 기술개발 및 연구업무 또는 품질검사 전문기관에서 종사하기도 한다.

특히 건설산업기본법에 의하면 산업 설비 공사업 면허의 인력보유요건으로 자격증 취득자를 선임토록 되어 있어 자격증 취득 시 취업이 유리하다.

시험일정

구분	필기 원서접수	필기시험	필기합격 (예정자) 발표	실기 원서접수	실기시험	최종합격자 발표일
제1회	1.13~1.16	2.7~3.4	3.12	3.24~3.27	4.19~5.9	6.13
제2회	4.14~4.17	5.10~5.30	6.11	6.23~6.26	7.19~8.6	9.12
제3회	7.21~7.24	8.9~9.1	9.10	9.22~9.25	11.1~11.21	12.24

※ 상기 시험일정은 시행처의 사정에 따라 변경될 수 있으니, 큐넷 홈페이지(www.q-net.or.kr)에서 확인하시기 바랍니다.

시험 관련 세부정보

❶ **시행처** : 한국산업인력공단

❷ **관련 학과** : 대학의 화학과, 화학공학, 공업화학 등 관련 학과

❸ **시험과목**

- 필기 : 1. 공업합성, 2. 단위공정관리, 3. 반응운전, 4. 화공계측제어
- 실기 : 화학공정실무

❹ **검정방법**

- 필기 : 객관식 4지 택일형, 과목당 20문항(과목당 30분)
- 실기 : 복합형[필답형(1시간 30분) + 작업형(약 4시간)]

❺ **합격기준**

- 필기 : 100점을 만점으로 하여 과목당 40점 이상, 전 과목 평균 60점 이상
- 실기 : 100점을 만점으로 하여 60점 이상

연도별 합격자 현황

검정현황

구분		2018	2019	2020	2021	2022	2023	2024
필기	응시자	4,986	6,370	7,503	6,988	4,177	3,967	3,505
	합격자	2,481	3,039	3,367	2,544	1,232	927	861
실기	응시자	3,183	3,667	5,064	4,833	2,969	2,073	1,606
	합격자	2,022	2,835	1,914	1,690	623	438	235

필기시험

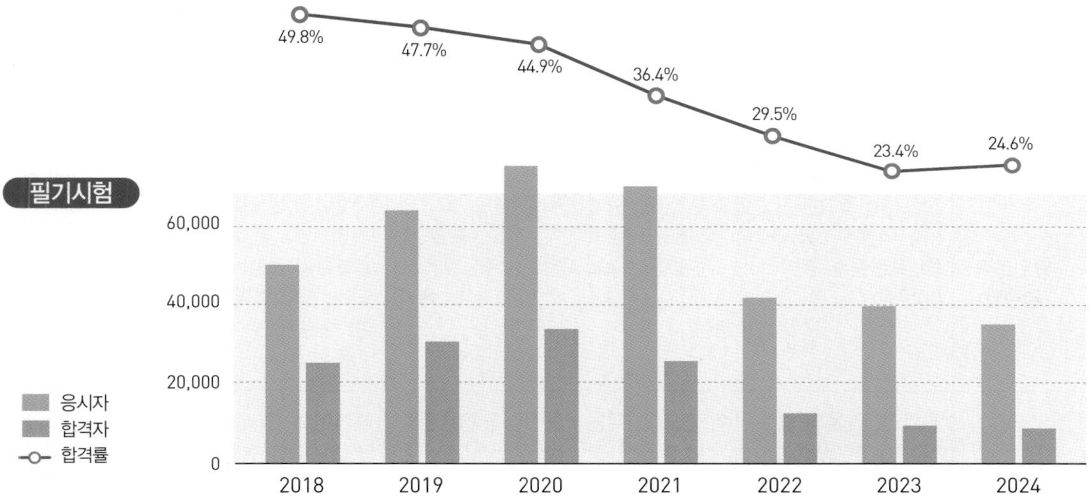

실기시험

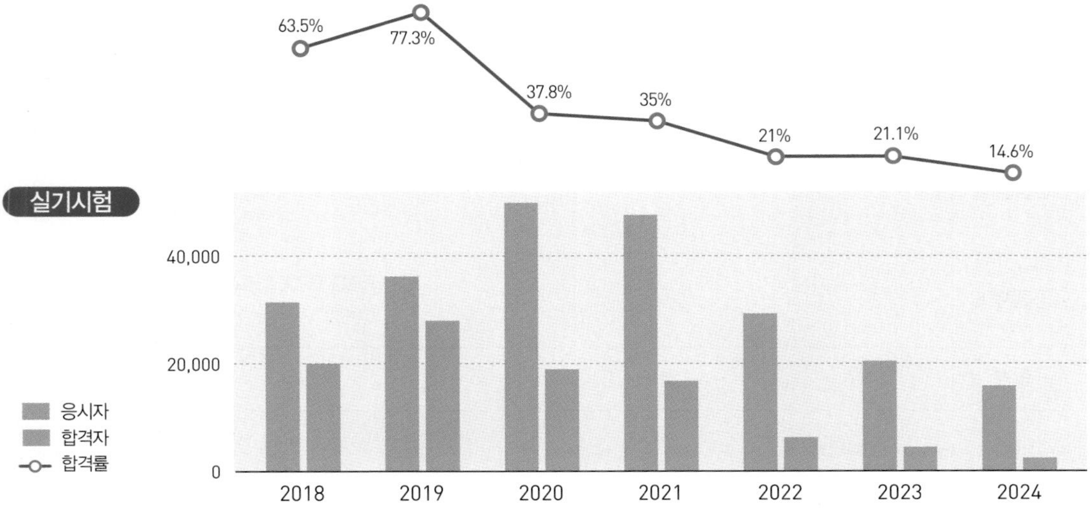

10개년 필답형 실기시험 출제경향

구분	2015	2016	2017	2018	2019
단위조작 (유체역학)	상당직경, 점도(설명), 펌프(3), 상당길이, 오리피스, 송풍기, 마찰손실(2), 스케줄 번호, 임계유속(2), 레이놀즈, 베르누이식, 축소손실, 하겐-푸아죄유식, 온도계(단답) (18문항)	펌프(2), 베르누이식(2), 압력강하(2), 레이놀즈, 유체의 종류(단답), 손실수두, 하겐-푸아죄유식, 온도계(단답), 페닝마찰계수 (12문항)	마노미터, 레이놀즈, 베르누이식, 점도(단답), 관부속품(단답), 오리피스, 압력강하, 마찰손실(단답), 게이지압, 상당직경, 스케줄 번호, 밸브 종류(설명), 원심펌프(단답), 임계속도, 펌프(2), 열전대(단답), 피토관 (18문항)	압력손실, 피토관, 상당직경(2), 진공압, 물질수지, 펌프, 손실수두, 온도계(단답), 온도계(설명)(2), 점도(단답), 축류부(설명), 밸브(단답), 마노미터, 마찰손실 (16문항)	비압축성유체(설명), 부속품(단답), 온도계(설명), 유체종류(단답), 차원(단답), 마노미터, 축소손실, 레이놀즈, 정상상태(설명), 점도(단답), 밸브(설명), 유량계(설명), 동점도(설명), 마찰손실 (14문항)
단위조작 (열전달)	전도(3), 열교환기(2), 너셀수, 복사(2), 프란틀수, 증발 (10문항)	열교환기(4), 증발(2), 복사(3), 비등곡선, 총괄열전달계수 (11문항)	듀링 선도, 열교환기, 전도, 총괄 열전달계수, 푸리에의 법칙(설명), 복사 (6문항)	너셀수 & 비오트수(단답), 열교환기(3), 열교환기(설명), 전도(3), 빈의 법칙(설명), 증발기 (10문항)	전도(3), 열교환기(4), 복사(2), 총괄열전달계수(2) (11문항)
단위조작 (물질전달)	원료선, 라울의 법칙, 공비혼합물(설명), 증발, 회분증류(2), 증류탑(단답), 기체의 분압, 흡수탑 높이 (9문항)	단수, 습도(3), 유동화, 최소환류비, 평형증류, 추출 (8문항)	충전탑(단답), 증류(설명), 건조(2), 환류비, 증발기(설명), 원료선, 라울의 법칙, 옥탄가 & 세탄가(설명), 탑 높이 (10문항)	맥케이브-틸레(단답)(3), 증류(설명), 원료선, 유동화(설명), 습도(2), 헨리법칙, 최소환류비, 라울법칙(설명), 증발, 함수율(설명) (13문항)	추출, 라울법칙(2), 수분(설명), 탑높이, 정류탑, 헨리법칙(설명), 건조, 상계점(설명), 추출 (10문항)
반응공학	-	-	BR 반감기 (1문항)	-	회분공정&연속공정(설명) (1문항)
공정제어	-	-	-	P&ID/PFD(설명) (1문항)	-
합계	37	31	35	40	36

구분	2020	2021	2022	2023	2024	총문항수 (비율)
단위조작 (유체역학)	벤투리, 축류부(설명), 하겐-푸아죄유식(설명), 펌프, 마찰손실, 점성법칙(설명), 압력강하, 점성법칙 (8문항)	전단응력, 밸브압력, 열경계층두께, 임계유속, 엔탈피계산(2), 벤투리(설명), 관부속(단답), 베르누이식(2), 차원(단답), 페닝마찰계수 (12문항)	오리피스, 베르누이식, 평균속도/운동보정인자, 점도단위(단답) & 유체종류(작도), 펌프 (5문항)	압력손실, 엔탈피 계산, 침강속도, 평균유속/최대유속(유도), 펌프 (5문항)	펌프의 동력, 게이트 밸브, 엔탈피 변화 및 엔트로피 변화(열역학), 압력강하 (4문항)	★★★★★ 112 (33.84%)
단위조작 (열전달)	복사(3), 열전달량, 총괄열전달계수, 프란틀수, 전도 (7문항)	전도, 총괄열전달계수, 복사, 비오트수 (4문항)	열교환기, 푸리에법칙(설명), 침투깊이, 총괄열전달계수, 너셀수(단답), 전도 (6문항)	전도, 너셀수 & 레일리수, 총괄열전달계수(2), 비등곡선, 레일리수(단답), 복사 (7문항)	직렬층의 전도열전달, 복사열 (2문항)	★★★ 74 (22.36%)
단위조작 (물질전달)	원료선(설명), 유동화(작도), 헨리법칙, 소레효과 & 듀포효과(설명), 흡수, 습도(2), 물진전달속도, 정류탑(2), 라울법칙, 추출 (12문항)	환류비, 라울법칙, 습도, 탑높이, 라울법칙(설명) (5문항)	정류탑, 추출(2), 듀링선도, 탈거인자법, 최소환류비, 물질전달속도, 헨리법칙 (8문항)	픽의 법칙, 물질전달속도(2), 원료선, 탑높이, 유동화(설명, 작도), 증발, 최소단수식(설명) (8문항)	함수율, 픽의 확산 제1법칙, 물질수지 및 에너지수지, 추출, 회분증류, 증류, 헨리의 법칙 (7문항)	★★★★ 90 (27.19%)
반응공학	반응기 해석, 순환반응기(단답), 촉매(설명), CSTR(직렬반응, 전환율)(2), PFR(전환율), 공간시간 (7문항)	속도법칙(2), semiBR(유도), BR 반감기, CSTR(전화율), 공간시간, 체류시간 (7문항)	직렬반응, 최대선택도, 반응기 해석, BR, CSTR(가역반응) (5문항)	속도법칙(기상반응), 순환반응기, 랭뮤어흡착식(유도), PFR(전환율), CSTR(전화율), semiBR(유도) (6문항)	공간시간 및 평균체류시간, 정용회분식 반응기, 촉매층 반응기, CSTR, 아레니우스식, 순환이 있는 PFR, 생물반응기 (7문항)	★★★ 34 (10.27%)
공정제어	1차계(2), 안정성판별, 제어기 이득 (4문항)	제어기 이득, 1차계(2), 전달함수 (4문항)	1차계(2), P&ID/PFD(설명), 잔류편차, PFD(작도), 전달함수 (6문항)	전달함수, 2차계, 1차계(2), 제어기 비례상수, 밸브감도 (6문항)	-	★★ 21 (6.34%)
합계	38	32	30	32	20	

화공기사 실기 출제기준

과목명	주요항목	세부항목
화학 공정 실무	합성수지 배합설계	• 원재료 특성 파악하기 • 원재료 혼합비율 결정하기 • 합성수지 배합설계 요구사항 파악하기 • 합성수지 배합설계프로세스 결정하기
	선별 공정관리	• 고분자 이온중합 반응하기 • 과산화물 제조하기 • 산화에틸렌 부가물 제조하기
	반응기와 반응운전 효율화	• 반응기운전 최적화하기 • 반응기운전조건 개선효과 분석하기 • 반응기 구조 개선하기
	반응시스템 파악	• 화학반응 메커니즘 파악하기 • 촉매특성 파악하기 • 반응조건 파악하기 • 반응 위험요소 파악하기
	작업공정관리	• 합성공정 관리하기 • 분리정제 공정관리하기 • 혼합공정 관리하기 • 제형화 공정관리하기
	안전관리	• 안전관리법규 파악하기 • 작업위해위험요소 개선하기 • 작업장 안전관리하기 • 안전사고 대응하기
	공정개선	• 공정 개선안 도출하기 • 공정 개선계획 실행하기 • 공정 개선계획 수립하기 • 공정 개선효과 분석하기
	열물질 수지검토	• 물리 · 화학적 특성 파악하기 • 원료와 생산량 확인하기 • 구성 요소와 구성비 확인하기 • 에너지 사용량 확인하기
	계측 · 제어 설계용 공정 데이터 결정과 입력	• 특성요인도 작성하기 • 상세 설계 조건 설정하기 • 계측 · 제어 타입 선정하기 • 안전밸브 용량 산정하기
	공정운전	• 공정운전 절차 파악하기 • 운전변수 조절하기 • 운전현황 파악하기 • 이상상황 조치하기
	화학공학 기본개념	• 화공양론과 화공열역학의 기본개념 파악하기 • 유체역학과 유체흐름의 기본개념 파악하기 • 열 · 물질전달의 기본개념 파악하기
	화학산업공정 개요	화학산업공정 파악하기
	화공장치 운전조작	• 공정 흐름도 파악하기 • 화공장치 운전조작하기 • 공정물질 특성 파악하기
	화학공정 설계	• 화학공정 개념설계 파악하기 • 화학공정 전산모사하기 • 공정 흐름도 작성하기
	화공장치 설계	• 반응기 시스템 설계하기 • 화공부대설비 설계하기
	화학공정 제어	화공장치 공정제어 파악하기
	화학공정 품질관리	• 화학공정 품질관리 파악하기 • 화학제품 품질검사와 분석하기
	화학공정 안전관리	화학공정 안전관리하기

이 책의 구성과 특징

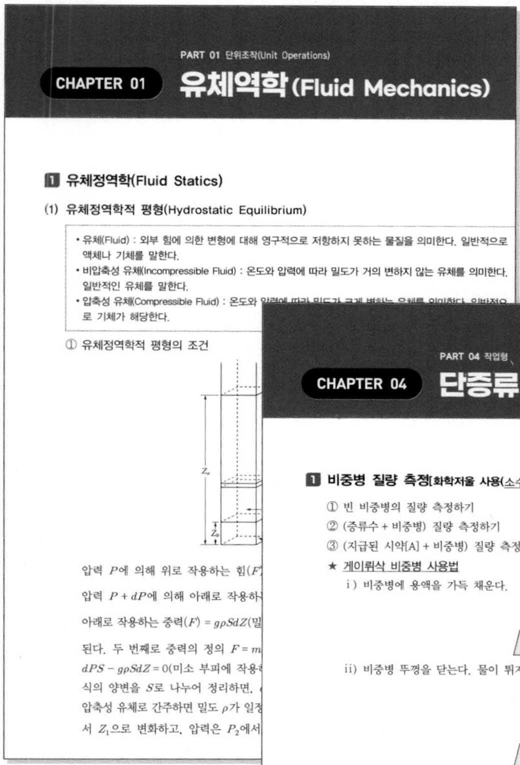

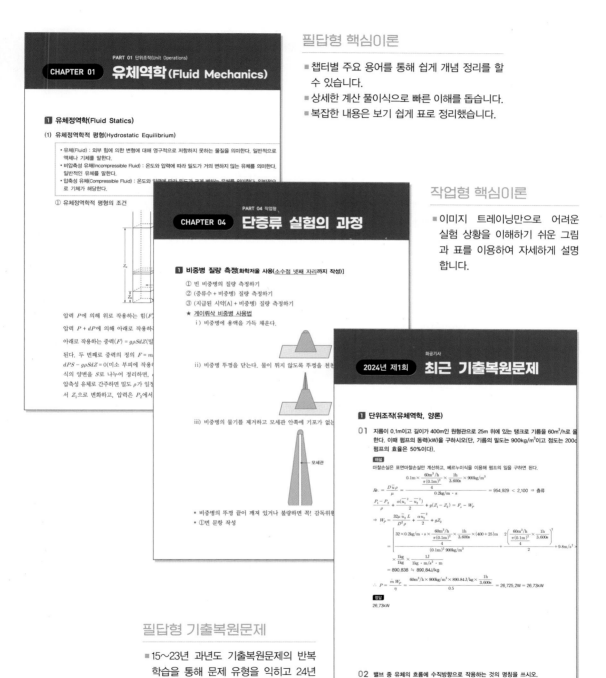

필답형 핵심이론

- 챕터별 주요 용어를 통해 쉽게 개념 정리를 할 수 있습니다.
- 상세한 계산 풀이식으로 빠른 이해를 돕습니다.
- 복잡한 내용은 보기 쉽게 표로 정리했습니다.

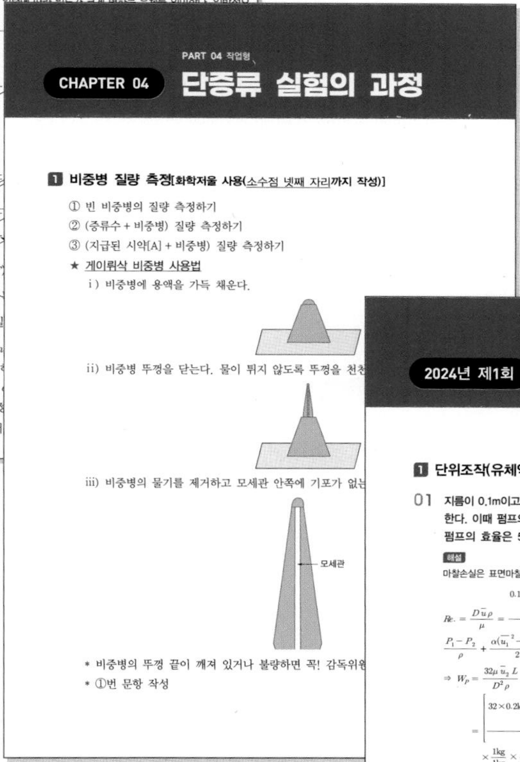

작업형 핵심이론

- 이미지 트레이닝만으로 어려운 실험 상황을 이해하기 쉬운 그림과 표를 이용하여 자세하게 설명합니다.

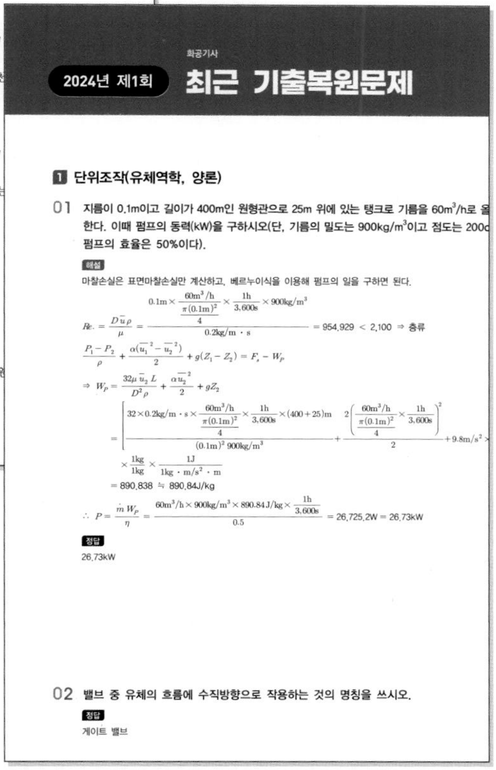

필답형 기출복원문제

- 15~23년 과년도 기출복원문제의 반복 학습을 통해 문제 유형을 익히고 24년 최근 기출복원문제로 최신 출제경향을 파악할 수 있습니다.

MOODANBBO

이 책의 목차

PART 01

단위조작(Unit Operations)

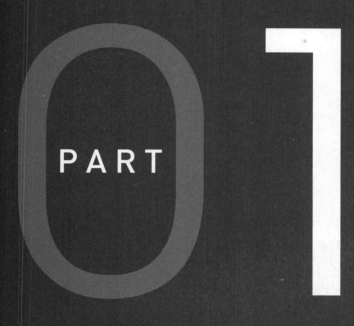

CHAPTER 01 유체역학(Fluid Mechanics)

1 유체정역학(Fluid Statics)

(1) 유체정역학적 평형(Hydrostatic Equilibrium)

- 유체(Fluid) : 외부 힘에 의한 변형에 대해 영구적으로 저항하지 못하는 물질을 의미한다. 일반적으로 액체나 기체를 말한다.
- 비압축성 유체(Incompressible Fluid) : 온도와 압력에 따라 밀도가 거의 변하지 않는 유체를 의미한다. 일반적인 유체를 말한다.
- 압축성 유체(Compressible Fluid) : 온도와 압력에 따라 밀도가 크게 변하는 유체를 의미한다. 일반적으로 기체가 해당한다.

① 유체정역학적 평형의 조건

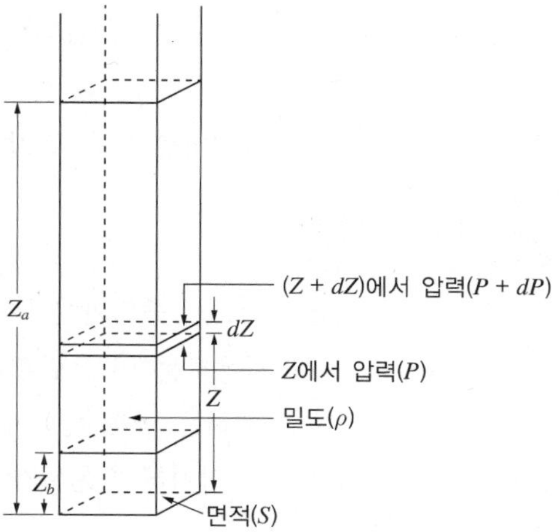

압력 P에 의해 위로 작용하는 힘(F) = PS(압력의 정의 $P = \frac{F}{S} \Rightarrow F = P \cdot S$)

압력 $P+dP$에 의해 아래로 작용하는 힘$(F) = (P+dP)S$

아래로 작용하는 중력$(F) = g\rho SdZ$(밀도의 정의 $\rho = \frac{m}{V}$이고, $V = SdZ$이므로 $m = \rho SdZ$이 된다. 두 번째로 중력의 정의 $F = mg = \rho SdZg$)

$dPS - g\rho SdZ = 0$(미소 부피에 작용하는 모든 합력은 0이다)

식의 양변을 S로 나누어 정리하면, $dP + g\rho dZ = 0$

압축성 유체로 간주하면 밀도 ρ가 일정하므로 식을 밀도 ρ로 나누고 정적분한다(높이는 Z_2에서 Z_1으로 변화하고, 압력은 P_2에서 P_1으로 변화).

$$\int_{P_1}^{P_2} dP + g\rho \int_{Z_1}^{Z_2} dZ = 0$$

$$(P_2 - P_1) + g\rho(Z_2 - Z_1) = 0$$

마지막으로 식을 정리해 보면, 다음과 같다.

$$\therefore \frac{P_2 - P_1}{\rho} = g(Z_1 - Z_2)$$

⇒ 정지 유체의 압력은 지면과 평행한 단면에서는 어느 지점에서나 모두 같다.

여기서, P_1, P_2 : 압력(Pressure)[N/m^2]

Z_1, Z_2 : 높이[m]

ρ : 밀도[kg/m^3]

g : 중력가속도(Gravitational Acceleration)[m/s^2]

* 아래첨자 1 : 처음 상태, 아래첨자 2 : 나중 상태

㉠ 액체의 두(Head, 높이압) : 액체 기둥이 바닥에 미치는 압력에 해당한다(펌프의 성능을 나타내는 데 필요하다).

$dP + g\rho dZ = 0$에서 미분을 의미하는 "d"를 제거하고 음수를 무시하고 정리하면,

$P = g\rho Z$이다.

그리고 위 식을 높이 Z에 관하여 정리하면 다음과 같다.

$$\therefore Z = \frac{P}{\rho g} = \frac{P g_c}{\rho g} \text{(fps 단위계)}$$

여기서, g_c(Gravity Conversion Factor, 중력환산계수) = 32.174[(lbm · ft/s^2)/lb$_f$]

* fps : [ft]–[lb$_m$]–[s]를 사용하는 미국 단위계(중력단위계)

* SI : [m]–[kg]–[s]를 사용하는 국제 단위계(International System Units)

㉡ 기압의 식(Barometric Equation) : 이상기체의 온도가 일정할 때 $PV = nRT$(이상기체 상태방정식)에서 몰수 $n = \frac{m}{M}$이다(단, T : 절대온도[K], M : 분자량[kg/kmol]).

$$PV = \frac{m}{M}RT \Rightarrow \rho = \frac{m}{V} = \frac{PM}{RT}$$

$dP + g\rho dZ = 0$ 식에 $\rho = \frac{PM}{RT}$을 대입하면,

$dP + g\frac{PM}{RT}dZ = 0$ (양변을 P로 나누면)

$\frac{1}{P}dP + \frac{gM}{RT}dZ = 0$ (높이는 Z_2에서 Z_1로, 압력은 P_2에서 P_1으로 정적분하면)

$$\int_{P_1}^{P_2} \frac{1}{P} dP + \frac{gM}{RT}\int_{Z_1}^{Z_2} dZ = 0$$

* $\ln P'$(미분하면) = $\frac{1}{P}$ 이므로, 반대로 $\left(\frac{1}{P}\right)dP$ (적분하면) = $\ln P + C$(적분상수)

$$\ln P_2 - \ln P_1 + \frac{gM}{RT}(Z_2 - Z_1) = 0$$

식을 정리하면,

$$\therefore \ln\frac{P_2}{P_1} = \frac{gM}{RT}(Z_1 - Z_2)$$

(2) 유체정역학적 평형의 응용

① 마노미터(Manometer)란 압력차 측정기구를 말한다.

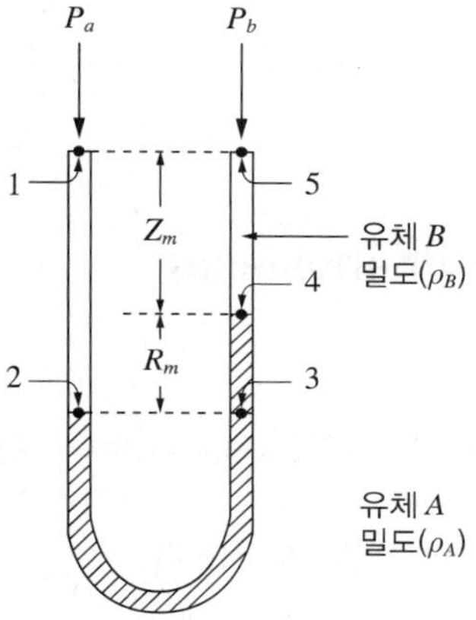

㉠ 가정

- 밀도 ρ_A인 유체 A와 밀도 ρ_B인 유체 B는 서로 섞이지 않는다.
- P_a와 P_b가 동일한 수평에서 측정한다.

㉡ $Z = \frac{P}{\rho g}$(두, 높이압) → $P = \rho g Z$이므로 다음과 같다.

- 1지점에서 압력 $P_1 = P_a$
- 2지점에서 압력 $P_2 = P_a + g\rho_B(Z_m + R_m)$
- 3지점에서 압력 $P_3 = P_b + g(Z_m\rho_B + R_m\rho_A)$

  유체정역학의 원리에 따라 2지점 압력과 3지점 압력은 같다($P_2 = P_3$).

  $P_a + g(Z_m + R_m)\rho_B = P_b + g(Z_m\rho_B + R_m\rho_A)$

  $\therefore\ \Delta P = P_a - P_b = gZ_m\rho_B + R_m\rho_A - (Z_m + R_m)\rho_B = gR_m(\rho_A - \rho_B)$

② 경사형 마노미터(Inclined Manometer) : 압력차가 작을 때 사용하는 경사각(α)인 마노미터를 말한다.

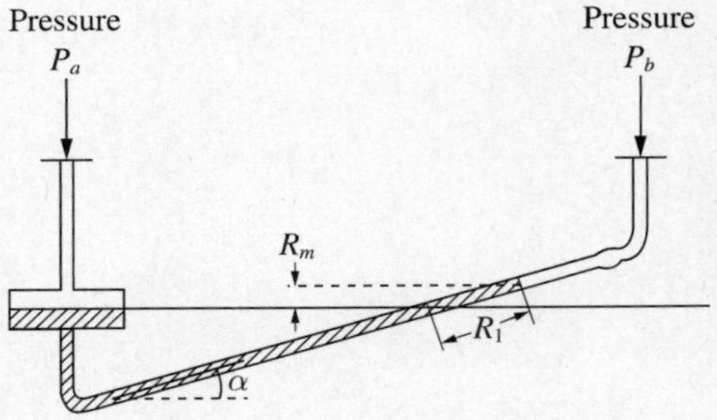

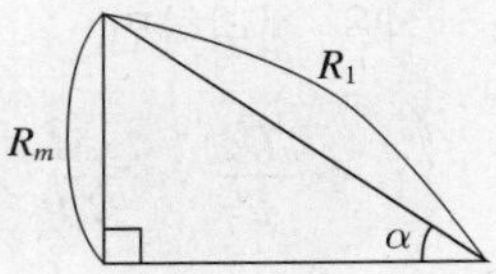

$R_m = R_1 \sin\alpha$ 이므로$\left(\sin\alpha = \dfrac{\text{높이}}{\text{빗변}}\right)$

$$\therefore\ \Delta P = P_a - P_b = gR_m(\rho_A - \rho_B) = gR_1\sin\alpha(\rho_A - \rho_B)$$

2 유동 현상(Fluid Flow Phenomena)

- 포텐셜 흐름(Potential Flow)
  - 비압축성이 점도(μ)가 0인 이상유체(Ideal Fluid)의 흐름 ⇒ 뉴턴의 역학과 질량 보존의 원리가 적용된다.
  - 흐름 중 순환이나 소용돌이가 생기지 않는다.
  - 마찰이 생기지 않는다($\Sigma F = 0$).
- 경계층(Boundary Layer) : 유체의 유속이 아주 작거나 점도가 크지 않고, 고체 경계가 흐름에 영향을 미치는 부분으로 인정한 유체층을 말한다.

(1) 유체의 유동

① 층류(Laminar Flow)

㉠ 유속이 느려 측방향 혼합이 없고, 교차 흐름이나 소용돌이가 생기지 않는 흐름을 말한다.

㉡ 물이 평형한 직선상으로 흐르는 것을 말한다.

㉢ 전단율(Shear Rate)

- 국부 속도구배(Local Velocity Gradient) : 수직거리의 변화에 따른 속도 변화율이다.
- 전단의 시간적 변화율이다.

$$\frac{du}{dy} = \lim_{\Delta y \to 0} \frac{\Delta u}{\Delta y}$$

여기서, u : 유속[m/s]

y : 벽으로부터 수직거리[m]

$\Delta u : u_B - u_A > 0$

㉣ 전단응력(Shear Stress) : 재료가 전단력을 받을 때 이에 저항하여 생기는 응력을 말한다.

$$\tau = \frac{F_s}{A_s}$$

여기서, F_s : 전단력[N]

A_s : 전단평면의 면적[m^2]

㉤ 전단력(Shear Force)

- 크기가 같고 방향이 서로 반대되는 힘들이 어떤 물체에 대해서 동시에 서로 작용할 때 그 대상 물체 내에서 면(面)을 따라 평행하게 작용하는 힘을 말한다.
- 층이 밀리는 힘을 말한다.

예 가위로 잘리는 종이의 절단면(切斷面)이다.

② 유체의 유변학적 성질

㉠ 뉴턴 유체(Newtonian Fluid)와 비뉴턴 유체(Non-Newtonian Fluid)

전단율(속도구배)과 전단응력에 그래프를 살펴보면, 다음과 같다.

- 뉴턴 유체 : 원점을 지나는 직선 A이다. 전단율이 증가하면 전단응력도 증가한다. 대부분의 기체와 액체가 속한다.
- 비뉴턴 유체 : 뉴턴 유체의 거동을 따르지 않는 유체
- 빙햄 가소성 유체(Bingham Plastics) : 곡선 B이다. 문지방값(Threshold, 역치) τ_0을 넘어서야 거동을 시작하고, 그 이상은 뉴턴 유체와 유사하다. 하수 찌꺼기가 해당한다.
- 유사 가소성 유체(Pseudo Plastics) : 곡선 C이다. 전단율이 증가함에 따라 전단응력의 변화율이 감소하는 형태이다. 고무 라텍스(Latex)가 해당한다. 전단율 희석성(Shear Rate-thining)이라고 한다.
- 팽창성 유체(Dilatant Fluid) : 곡선 D이다. 전단율이 증가함에 따라 전단응력의 변화율이 증가하는 형태이다. 유사(Quicksand)와 모래를 채운 에멀션이 해당한다. 전단율 농축성(Shear Rate-thickening)이라고 한다.

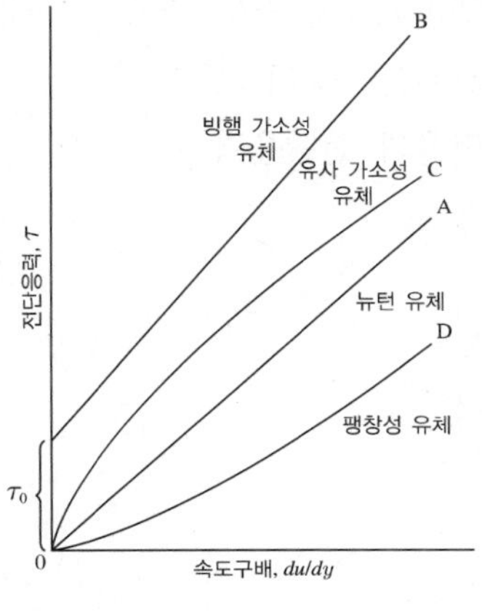

㉡ (절대)점도(Viscosity, μ) : 뉴턴 유체에서는 전단율과 전단응력이 서로 비례하고, 이때 비례상수는 점도이다.

$$\tau_v = \mu \frac{du}{dy} = [\text{kg/m} \cdot \text{s}] \cdot [\text{m/s}]/[\text{m}] = [\text{kg/m} \cdot \text{s}^2]$$

여기서, τ_v : 층류의 전단응력

$$\mu = \frac{\tau_v}{\frac{du}{dy}}$$

- SI 단위 : $\left[\frac{\text{N/m}^2}{\frac{\text{m/s}}{\text{m}}}\right] = [\text{Pa} \cdot \text{s}] = \left[\frac{\text{kg} \cdot \text{m/s}^2}{\text{m}^2} \cdot \text{s}\right] = [\text{kg/m} \cdot \text{s}] = 10[\text{P}]$
- cgs 단위 : $[\text{g/cm} \cdot \text{s}] = [\text{P}]$, P(Poise)
- 미국 단위 : $6.72[\text{lbm/ft} \cdot \text{s}] = [\text{P}]$, $\tau_v = \frac{\mu}{g_c}\frac{du}{dy}$

* 운동량 플럭스(Momentum Flux) : 단위면적당 운동량 전달속도를 말한다.

$$\frac{\dot{P}}{A_s} = \left[\frac{\frac{\text{kg} \cdot \text{m/s}}{\text{s}}}{\text{m}^2}\right] = [\text{kg/m} \cdot \text{s}^2]$$

여기서, $\dot{P}$: 시간당 운동량(P = mu)

운동량 플럭스의 단위는 τ_v의 단위와 같다. 따라서 전달률(속도구배)은 운동량 전달의 구동력(Driving Force)이 된다.

* 운동점도(Kinematic Viscosity) : 밀도에 대한 유체의 절대점도의 비

$$\nu = \frac{\mu}{\rho}$$

- SI 단위 : $1\left[\frac{\text{kg/m} \cdot \text{s}}{\text{kg/m}^3}\right] = 1[\text{m}^2/\text{s}] = 1,000[\text{St}]$
- cgs 단위 : $[\text{cm}^2/\text{s}] = [\text{St}]$, St(Stoke)
- 영국 단위 : $1[\text{St}] = 1.07630[\text{ft}^2/\text{s}]$

㉢ 비뉴턴 유체의 전단율과 전단응력

- 빙햄 가소성 유체

$$\tau_v = \tau_0 + K\frac{du}{dy}$$

여기서, K : 상수

- 팽창성 유체와 유사 가소성 유체

  오스트발트-드 웰 관계식(Ostwald-de Waele Equation)

  $$\tau_v = K'\left(\frac{du}{dy}\right)^{n'}$$

  여기서, K' : 흐름 일관성지수(Flow Consistency Index)

  n' : 흐름 거동지수(Flow Behavior Index)

  뉴턴 유체 : =1

  유사 가소성 유체 : < 1

  팽창성 유체 : > 1

③ 난류(Turbulent Flow) : 교차 흐름과 소용돌이가 형성되면서 제멋대로 흐르는 양상을 말한다.

㉠ 레이놀즈수(Reynolds Number)

- 매끈한 원관에서 관지름, 유체의 평균속도, 관지름, 점도, 밀도에 따라 층류, 전이영역(Transition Region), 난류를 판정하는 수를 말한다.
- 무차원군에 해당한다.

$$Re. = \frac{D\overline{u}\rho}{\mu} = \frac{D\overline{u}}{\nu} = \left[\frac{\text{cm}\cdot\text{cm/s}\cdot\text{g/cm}^3}{\text{g/cm}\cdot\text{s}}\right] \text{(cgs 단위)} \Rightarrow \text{무차원군}$$

여기서, D : 관의 지름

$\overline{u}$: 유체의 평균 속도

- 판별

  층류 : $Re. < 2{,}100$

  – 전이영역 : $2{,}100 \leqq Re. < 4{,}000$, 관 입구의 조건과 입구로부터 거리에 따라 결정된다.

  – 난류 : $Re. \geqq 4{,}000$

  * 임계유속(Critical Velocity, $\overline{u}_c$) : 층류에서 유체의 속도가 증가하다 난류에 도달했을 때의 속도를 말한다.

$$Re. = \frac{D\overline{u}_c\rho}{\mu} = 2{,}100 \Rightarrow \overline{u_c} = \frac{2{,}100\mu}{D\rho}$$

④ 경계층

㉠ 층류 경계층에서 난류가 발생하는 점에서 레이놀즈수

$$Re._x = \frac{xu_\infty\rho}{\mu}$$

여기서, x : 판의 선단에서 거리

u_∞ : 유체 본체의 속도

$100{,}000 < Re._x < 3{,}000{,}000$에서 난류가 처음으로 발생한다.

㉡ 전이 길이(Transition Length)

- 관 입구에서 경계층이 관의 중심에 도달하여 완전발달흐름이 되기까지의 거리를 말한다.
  - * 완전발달흐름(Fully Developed Flow) : 경계층이 관 중심에 이르면 흐름 단면 전체를 차지하게 되어 유체의 속도분포가 변하지 않는 흐름을 말한다.

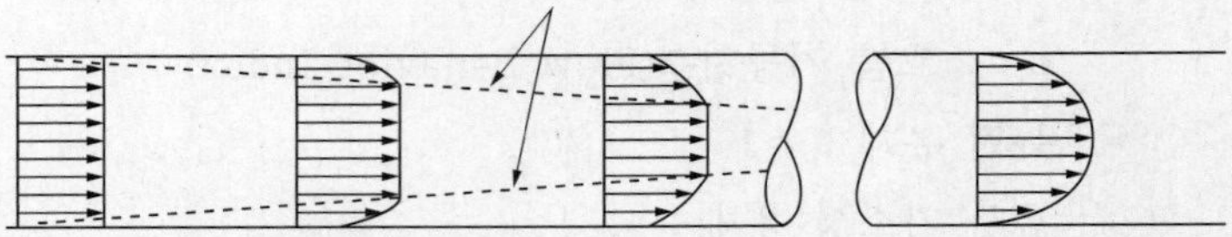

- 층류 : $x_t = 0.05Re.D = 0.05\dfrac{D^2\overline{u}\rho}{\mu}$
- 난류 : $x_t = 40\sim50D$

(2) 유체의 질량수지[Mass Balance, 연속의 식(Equation of Continuity)]

① 임의의 유체나 계에 대해 질량 수지를 세우면, 질량 입구 속도 - 질량 출구 속도 = 질량 축적 속도

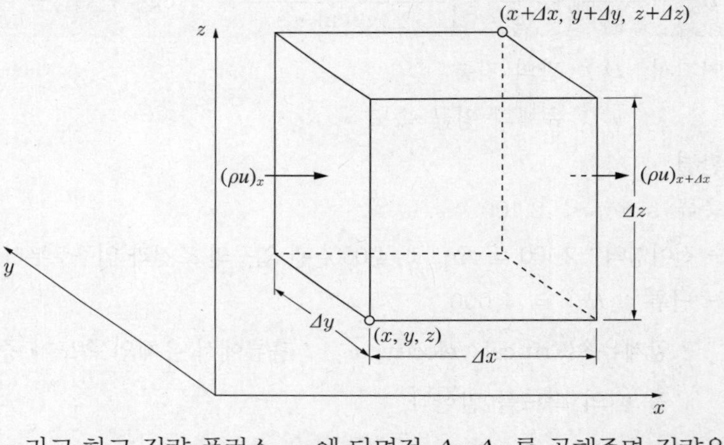

② x방향 유속을 u라고 하고 질량 플럭스 ρu에 단면적 $\Delta y\Delta z$를 곱해주면 질량유량이 나온다. 그리고 같은 방법으로 y방향 유속을 v, z방향 유속을 w로 놓고 미소 부피 $\Delta x\Delta y\Delta z$에 대한 질량 수지를 취하면, 다음과 같다.

$$[(\rho u)_x - (\rho u)_{x+\Delta x}]\Delta y\Delta z + [(\rho v)_y - (\rho v)_{y+\Delta y}]\Delta x\Delta y + [(\rho w)_x - (\rho w)_{z+\Delta z}]\ \Delta x\Delta y$$

$$= \Delta x\Delta y\Delta z\,\frac{\partial\rho}{\partial t}$$

양변을 미소 부피 $\Delta x\Delta y\Delta z$로 나누면, 다음과 같다.

$$\frac{(\rho u)_x - (\rho u)_{x+\Delta x}}{\Delta x} + \frac{(\rho v)_y - (\rho v)_{y+\Delta y}}{\Delta y} + \frac{(\rho w)_z - (\rho w)_{z+\Delta z}}{\Delta z} = \frac{\partial\rho}{\partial t}$$

$\Delta x, \Delta y, \Delta z \rightarrow 0$이 되는 극한을 취하면, 다음과 같다.

$$\frac{\partial \rho}{\partial t} = -\left[\lim_{\Delta x \to 0} \frac{(\rho u)_{(x+\Delta x, y, z)} - (\rho u)_{(x,y,z)}}{\Delta x} + \lim_{\Delta y \to 0} \frac{(\rho v)_{(x, y+\Delta y, z)} - (\rho v)_{(x,y,z)}}{\Delta y}\right.$$

$$\left. + \lim_{\Delta z \to 0} \frac{(\rho w)_{(x, y, z+\Delta z)} - (\rho w)_{(x,y,z)}}{\Delta z}\right]$$

* 편미분의 정의 $\lim_{\Delta x \to 0} \frac{f(x+\Delta x, y, z) - f(x,y,z)}{\Delta x} = \frac{\partial f(x,y,z)}{\partial x}$

$$\frac{\partial \rho}{\partial t} = -\left[\frac{\partial (\rho u)}{\partial x} + \frac{\partial (\rho v)}{\partial y} + \frac{\partial (\rho w)}{\partial z}\right) = -(\nabla \cdot \rho \vec{V})$$

③ 이 식이 연속의 식이다. $(\nabla \cdot \rho V)$는 벡터 ρV의 발산(Divergence)에 해당한다. 이 식 편미분을 풀면,

$$\frac{\partial \rho}{\partial t} + u\frac{\partial \rho}{\partial x} + v\frac{\partial \rho}{\partial y} + w\frac{\partial \rho}{\partial z} = -\rho\left(\frac{\partial u}{\partial x} + \frac{\partial v}{\partial y} + \frac{\partial w}{\partial z}\right)$$

$$\frac{D\rho}{Dt} = -\rho\left(\frac{\partial u}{\partial x} + \frac{\partial v}{\partial y} + \frac{\partial w}{\partial z}\right) = -\rho(\nabla \cdot \vec{V})$$

④ 이 식에서 $\frac{D\rho}{Dt}$는 실 도함수(Substantial Derivative, 움직임을 따르는 도함수)

⑤ 비압축성(밀도가 일정함) 유체의 연속식$\left(\frac{D\rho}{Dt} = 0\right)$

$$0 = -\rho\left(\frac{\partial u}{\partial x} + \frac{\partial v}{\partial y} + \frac{\partial w}{\partial z}\right) = -\rho(\nabla \cdot \vec{V}) \Rightarrow \nabla \cdot \vec{V} = 0$$

⑥ 일차원 흐름(관의 미소 단면적, dS)에서의 질량유량

$$d\dot{m} = \rho u dS \Rightarrow \int_0^{\dot{m}} d\dot{m} = \dot{m} = \rho \int_S u dS \Rightarrow \frac{\dot{m}}{\rho} = \int_S u dS$$

* 평균유속(부피 플럭스, [$m^3/m^2 \cdot s$]) : $\bar{u} \equiv \frac{\dot{m}}{\rho S} = \frac{\dot{Q}}{S}\ \frac{1}{S}\int_S u dS$

여기서, $\dot{Q}$: 부피유량[m^3/s]

* 질량속도(Mass Velocity, 질량 플럭스, 질량흐름밀도) : $G \equiv \frac{\dot{m}}{S} = \rho \bar{u}$

⑦ 질량 흐름의 거시적 셸 수지(Shell Balance)

정상상태 → 입구 속도 − 출구 속도 = 축적 속도 = 0 ⇒ 입구 속도 = 출구 속도

$$\dot{m} = \rho_1 \overline{u_1} S_1 = \rho_2 \overline{u_2} S_2$$

$$\Rightarrow \text{(원형관) } \rho_1 \overline{u}_1 \frac{\pi}{4} D_1^2 = \rho_2 \overline{u}_2 \frac{\pi}{4} D_2^2 \Rightarrow \frac{\rho_1 \overline{u}_1}{\rho_2 \overline{u}_2} = \left(\frac{D_2}{D_1}\right)^2 \Rightarrow \text{(밀도일정) } \frac{\overline{u}_1}{\overline{u}_2} = \left(\frac{D_2}{D_1}\right)^2$$

(3) 미시적 & 거시적 운동량 수지(운동방정식)

① 미분 운동량 수지(Equation of Motion, 운동방정식)

㉠ 운동량 수지식

운동량 입구 속도 − 운동량 출구 속도 + ΣF = 운동량 축적 속도

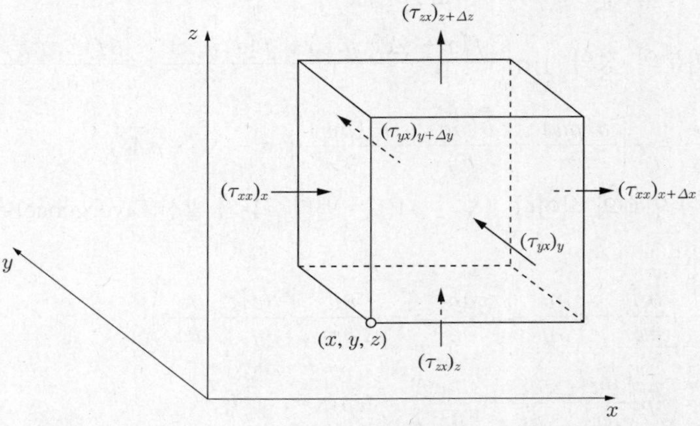

㉡ 위 그림에서 미소 부피에 대한 운동량은 대류와 전단응력에 기안된다. 먼저 미소 부피의 여섯 표면에 대한 대류에 의한 x의 운동량은 $\rho u\Delta y\Delta z$가 질량유량이므로 운동량 = 질량 × 유속 = $\rho u\Delta y\Delta z \times u$가 된다.

$\Delta y\Delta z[(\rho uu)_x - (\rho uu)_{x+\Delta x}] + \Delta x\Delta z[(\rho vu)_x - (\rho vu)_{y+\Delta y}] + \Delta x\Delta y[(\rho wu)_z - (\rho wu)_{z+\Delta z}]$

㉢ 미소 부피의 여섯 표면에 대한 전단응력에 의한 x의 운동량은 $\tau_v = \dfrac{\dot{P}}{A_s}$이므로 $\dot{P} = \tau_v \cdot A_s$가 된다.

$\Delta y\Delta z[(\tau_{xx})_x - (\tau_{xx})_{x+\Delta x}] + \Delta x\Delta z[(\tau_{yx})_y - (\tau_{yx})_{y+\Delta y} + \Delta x\Delta y[(\tau_{zx})_z - (\tau_{zx})_{z+\Delta z}]$

여기서, τ_{xx} : x표면의 수직응력

τ_{yx} : 전단력(점성력)에 의해 y표면에 작용하는 x방향의 전단응력

τ_{zx} : 전단력(점성력)에 의해 z표면에 작용하는 x방향의 전단응력

㉣ 계에 작용하는 힘은 주로 압력에 의한 힘과 중력이므로 x방향의 ΣF는 다음과 같다.

중력 = $mg = \rho\Delta x\Delta y\Delta z \times g$

$\Delta y\Delta z(P_x - P_{x+\Delta x}) + \rho g_x\Delta x\Delta y\Delta z$

㉤ x방향 운동량의 미소 부피 내 축적속도는 다음과 같다.

운동량 = $\mu = \rho\Delta x\Delta y\Delta z \times u \times \Delta x\Delta y\Delta z\dfrac{\partial(\rho u)}{\partial t}$

ⓗ 운동량 수지식에 대입하고, 양변을 미소 부피 $\Delta x \Delta y \Delta z$로 나누고, Δx, Δy, $\Delta z \to 0$이 되는 극한을 취하면 다음과 같다.

$$-\left(\lim_{\Delta x \to 0} \frac{(\tau_{xx})_{(x+\Delta x, y, z)} - (\tau_{xx})_{(x,y,z)}}{\Delta x} + \lim_{\Delta y \to 0} \frac{(\tau_{yx})_{(x, y+\Delta y, z)} - (\tau_{yx})_{(x,y,z)}}{\Delta y} + \right.$$

$$\left. \lim_{\Delta z \to 0} \frac{(\tau_{zx})_{(x,y,z+\Delta z)} - (\tau_{zx})_{(x,y,z)}}{\Delta z} \right) - \lim_{\Delta x \to 0} \frac{P_{(x+\Delta x, y, z)} - P_{(x,y,z)}}{\Delta x} + \rho g_x = \frac{\partial(\rho u)}{\partial t}$$

$$\Rightarrow \frac{\partial(\rho u)}{\partial t} = -\left(\frac{\partial(\rho uu)}{\partial x} + \frac{\partial(\rho vu)}{\partial y} + \frac{\partial(\rho wu)}{\partial z}\right) - \left(\frac{\partial \tau_{xx}}{\partial x} + \frac{\partial \tau_{yx}}{\partial y} + \frac{\partial \tau_{zx}}{\partial z}\right) - \frac{\partial P}{\partial x} + \rho g_x$$

이 식은 x성분의 운동방정식이 된다. 연속의 식을 사용하면 다음과 같다.

$$\rho \frac{Du}{Dt} = -\frac{\partial P}{\partial x} - \left(\frac{\partial \tau_{xx}}{\partial x} + \frac{\partial \tau_{yx}}{\partial y} + \frac{\partial \tau_{zx}}{\partial z}\right) + \rho g_x$$

ⓢ 같은 방식으로 y성분의 운동방정식과 z성분의 운동방정식은 다음과 같다.

- y성분의 운동방정식 : $\rho \frac{Dv}{Dt} = -\frac{\partial P}{\partial y} - \left(\frac{\partial \tau_{xy}}{\partial x} + \frac{\partial \tau_{yy}}{\partial y} + \frac{\partial \tau_{zy}}{\partial z}\right) + \rho g_y$
- z성분의 운동방정식 : $\rho \frac{Dw}{Dt} = -\frac{\partial P}{\partial z} - \left(\frac{\partial \tau_{xz}}{\partial x} + \frac{\partial \tau_{yz}}{\partial y} + \frac{\partial \tau_{zz}}{\partial z}\right) + \rho g_z$

ⓞ 세 성분의 벡터를 합성하면 다음과 같다.

$$\rho \frac{D\vec{V}}{Dt} = -\nabla P - (\nabla \cdot \tau) + \rho \vec{G}_y$$

ⓙ 뉴턴 유체이고 비압축성 유체일 경우 운동방정식(나비에-스토크스 방정식, Navier-Stokes Equation)

* $\tau_{xx} = -\mu \frac{\partial u}{\partial x}$

- x성분 : $\rho\left(\frac{\partial u}{\partial t} + u\frac{\partial u}{\partial x} + v\frac{\partial u}{\partial y} + w\frac{\partial u}{\partial z}\right) = \mu\left(\frac{\partial^2 u}{\partial x^2} + \frac{\partial^2 u}{\partial y^2} + \frac{\partial^2 u}{\partial z^2}\right) - \frac{\partial P}{\partial x} + \rho g_x$
- y성분 : $\rho\left(\frac{\partial v}{\partial t} + u\frac{\partial v}{\partial x} + v\frac{\partial v}{\partial y} + w\frac{\partial v}{\partial z}\right) = \mu\left(\frac{\partial^2 v}{\partial x^2} + \frac{\partial^2 v}{\partial y^2} + \frac{\partial^2 v}{\partial z^2}\right) - \frac{\partial P}{\partial y} + \rho g_y$
- z성분 : $\rho\left(\frac{\partial w}{\partial t} + u\frac{\partial w}{\partial x} + v\frac{\partial w}{\partial y} + w\frac{\partial w}{\partial z}\right) = \mu\left(\frac{\partial^2 w}{\partial x^2} + \frac{\partial^2 w}{\partial y^2} + \frac{\partial^2 w}{\partial z^2}\right) - \frac{\partial P}{\partial z} + \rho g_z$

$\Rightarrow$ 벡터형 : $\rho \frac{D\vec{V}}{Dt} = -\nabla P + \mu \nabla^2 \vec{V} + \rho \vec{G}$

ⓩ 오일러식(Euler Equation) : 포텐셜 흐름(밀도 일정, 점도 = 0)인 직각 좌표계에서의 운동 방정식을 말한다.

$$\rho \frac{D\overrightarrow{V}}{Dt} = -\nabla P + \rho \overrightarrow{G}$$

ⓚ 쿠에트 흐름(Couette Flow) : 판이 수평이거나 중력을 무시할 수 있는 계에서 유속은 고정판에서의 거리에 따라 선형적으로 변하고 속도구배는 일정한 흐름을 말한다.

$$\tau = \mu \frac{du}{dy} = \mu \frac{v_0}{B} = \frac{F_s}{A} \Rightarrow \mu = \frac{F_s B}{A v_0}$$

② 거시적 운동량 수지

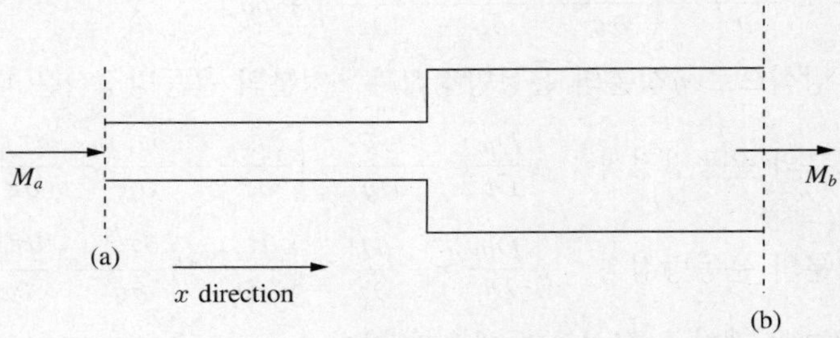

㉠ 대상 부피에서 총괄 운동량 수지가 유체에 작용하는 힘의 합과 같다면 다음과 같다.

$\Sigma F = \dot{M}_2 - \dot{M}_1$

여기서, $\Sigma F = [\text{kg} \cdot \text{m/s}^2]$

$\dot{M} = [(\text{kg} \cdot \text{m/s})/\text{s} = \text{kg} \cdot \text{m/s}^2]$

㉡ 운동량 보정인자(β)

- 운동량 플럭스 : $\frac{d\dot{M}}{dS} = (\rho u)u = pu^2 \Rightarrow \int_0^{\dot{M}} d\dot{M} = \rho \int_S u^2 \, dS$

$$\Rightarrow \dot{M} = \rho \int_S u^2 \, dS \Rightarrow \frac{\dot{M}}{S} = \rho \frac{\int_S u^2 \, dS}{S}$$

- 운동량 보정인자 : $\beta \equiv \dfrac{\frac{\dot{M}}{S}}{\rho \overline{u}^2} = \dfrac{\rho \frac{\int_S u^2 \, dS}{S}}{\rho \overline{u}^2} = \dfrac{1}{S} = \displaystyle\int_S \left(\frac{u}{\overline{u}} \right)^2 dS$

총괄 운동량 수지식을 다시 쓰면, $\Sigma F = \dot{m}(\beta_2 \overline{u_2} - \beta_1 \overline{u_1})$

x 방향의 일차원 흐름의 경우, $\Sigma F = P_1 S_1 - P_2 S_2 + F_w - F_g$

여기서, F_w : 유로의 벽이 유체에 작용하는 전단응력

F_g : 중력

㉢ 자유 표면의 층흐름(Layer Flow in Free Surface)

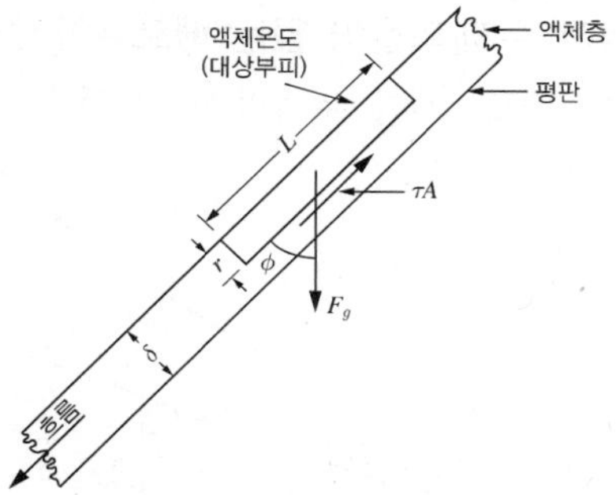

- 평판 위 뉴턴 유체가 일정한 유량과 일정한 두께 층으로 정상상태로 흐른다.
- 대상 부피는 윗면이 대기와 접하고 길이 L, 두께 δ이다.
- 정상상태이고 유량이 일정하므로 대상 부피에 작용하는 모든 힘의 합은 0이다.

$$\Sigma F = P_1 S_1 - P_2 S_2 + F_w - F_g \cos\phi = F_g \cos\phi - \tau A = 0$$

- $A = bL,\ F_g = \rho r L b g,\ \tau = -\mu \dfrac{du}{dr}$(층류)를 대입하면 다음과 같다.

$$\tau = -\mu \frac{du}{dr} = \frac{\rho r L b g \cos\phi}{bL} = g\rho \cos\phi\, r$$

$$\Rightarrow \int_0^u du = u = -\frac{\rho g \cos\phi}{\mu} \int_\delta^r r dr = -\frac{\rho g \cos\phi}{\mu} \left[\frac{r^2}{2} \right]_\delta^r = \frac{\rho g \cos\phi}{2\mu} (\delta^2 - r^2)$$

대상 부피 중 미분요소 $dS = bdr$을 고려하면, 미분 질량유량은 다음과 같다.

$$d\dot{m} = \rho u dS = \rho u dr \Rightarrow \int_0^{\dot{m}} d\dot{m} = \dot{m} = \rho b \int_0^\delta u dr$$

$u = \dfrac{\rho g \cos\phi}{2\mu}(\delta^2 - r^2)$을 대입하면 다음과 같다.

$$\dot{m} = \rho b \int_0^\delta u dr = \rho b \frac{\rho g \cos\phi}{2\mu} \int_0^\delta (\delta^2 - r^2) dr = \frac{b\rho^2 g \cos\phi}{2\mu} \left[\delta^2 r - \frac{r^3}{3} \right]_0^\delta$$

$$= \frac{b\rho^2 g \cos\phi}{2\mu} \left[\delta^2 (\delta - 0) - \frac{\delta^3 - 0^3}{3} \right] = \frac{b\rho^2 g \cos\phi}{2\mu} \frac{2\delta^3}{3} = \frac{b\delta^3 \rho^2 g \cos\phi}{3\mu}$$

$$\therefore\ \Gamma \equiv \frac{\dot{m}}{b} = \frac{\delta^3 \rho^2 g \cos\phi}{3\mu}$$

Γ는 액체 부하(Liquid Loading[kg/s · m], [lb/s · ft])이고, δ(층 두께)$= \sqrt[3]{\dfrac{3\mu\Gamma}{\rho^2 g \cos\phi}}$,

또한 평판흐름에서 레이놀즈수는 $r_H = \delta,\ \rho b \delta \bar{u} = \dot{m} \Rightarrow Re. = \dfrac{4 r_H \bar{u} \rho}{\mu} = \dfrac{4\delta \left(\dfrac{\dot{m}}{\rho b \delta} \right) \rho}{\mu}$

$$= \frac{4\Gamma}{\mu}$$

(4) 기계적 에너지 수지(베르누이식)

① 포텐셜 흐름의 에너지 수지[마찰이 없는 베르누이식(Bernoulli Equation)]

㉠ 밀도가 일정하고, 점도 = 0인 유체의 한 방향 흐름이다.

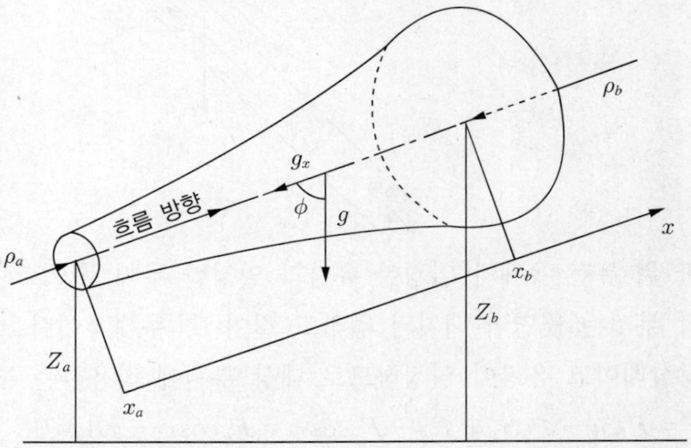

㉡ 오일러식의 x성분은 다음과 같다.

$$\rho\left(\frac{\partial u}{\partial t}+u\frac{\partial u}{\partial x}+v\frac{\partial u}{\partial y}+w\frac{\partial u}{\partial z}\right)=-\frac{\partial P}{\partial x}+\rho g_x$$

㉢ 한 방향 흐름이므로 v, $w=0$, 모든 항에 u를 곱한다.

$$\rho u\left(\frac{\partial u}{\partial t}+u\frac{\partial u}{\partial x}\right)=\rho\left[\frac{\partial\left(\frac{u^2}{2}\right)}{\partial t}+u\frac{\partial\left(\frac{u^2}{2}\right)}{\partial x}\right]=-u\frac{\partial P}{\partial x}+\rho u g_x$$

㉣ 한 단면에서 유속은 변하지 않으므로 좌변 = 0이고, $g_x=-g\cos\phi$이면 유속 $u=f(x)$가 되므로 편미분 → 상미분이 된다.

$$u\frac{d\left(\frac{u^2}{2}\right)}{dx}=-u\frac{dp}{dx}-u\rho g\cos\phi$$

㉤ u와 ρ가 일정하므로 양변을 $u\rho$로 나누고, $Z=Z_1+x\cos\phi \Rightarrow dZ=\cos\phi dx \Rightarrow \cos\phi$ $=\frac{dZ}{dx}$를 대입한다.

$$\frac{d\left(\frac{u^2}{2}\right)}{dx}+\frac{1}{\rho}\frac{dp}{dx}+g\frac{dZ}{dx}=0$$ → 마찰이 없는 베르누이식의 미분형

㉥ dx를 모든 항에 곱하고 적분한다.

$$\int_{u_1}^{u_2}d\left(\frac{u^2}{2}\right)+\frac{1}{\rho}\int_{P_1}^{P_2}dp+g\int_{Z_1}^{Z_2}dZ=0$$

• SI 단위 : $\frac{{u_2}^2-{u_1}^2}{2}+\frac{P_2-P_1}{\rho}+g(Z_2-Z_1)=0$

$$\bullet \text{ fps 단위 : } \frac{u_2^2 - u_1^2}{2g_c} + \frac{P_2 - P_1}{\rho} + \frac{g}{g_c}(Z_2 - Z_1) = 0$$

② 운동에너지 보정인자(α)

㉠ 흐름 단면에서 유속이 변할 경우, 운동에너지의 변화는 다음과 같다.

$$d\dot{E}_k = (\rho u dS)\frac{u^2}{2}$$

여기서, $\dot{E}_k$: 운동에너지 유량[J/s]

㉡ 밀도가 일정할 때, 운동에너지의 유량은 다음과 같다.

$$\int_0^{\dot{E}_k} d\dot{E}_k = \dot{E}_k = \frac{\rho}{2}\int_S u^3 dS$$

㉢ 단위 질량유량 기준 운동에너지 유량(베르누이식의 $u^2/2$항)은 다음과 같다.

$$* \ \bar{u} \equiv \frac{\dot{m}}{\rho S} = \frac{\dot{Q}}{S} = \frac{1}{S}\int_S u dS$$

여기서, $\dot{Q}$: 부피유량[m^3/s]

$$\frac{\dot{E}_k}{\dot{m}} = \frac{\frac{\rho}{2}\int_S u^3 dS}{\rho \int_S u dS} = \frac{\frac{1}{2}\int_S u^3 dS}{\bar{u}S}$$

㉣ 운동에너지 보정인자(α)를 도입한다.

$$\alpha\frac{\bar{u}^2}{2} \equiv \frac{\dot{E}_k}{\dot{m}} = \frac{\frac{1}{2}\int_S u^3 dS}{\bar{u}S}$$

$$\Rightarrow \alpha = \frac{\int_S u^3 dS}{\bar{u}^3 S} \text{ (층류 2.0, 난류 약 1.05)}$$

③ 베르누이식의 수정(운동에너지 보정인자, 마찰손실, 펌프일)

$$\frac{P_1 - P_2}{\rho} + g(Z_1 - Z_2) + \frac{\alpha_1 \bar{u}_1^2 - \alpha_2 \bar{u}_2^2}{2} = \Sigma F - \eta W_P$$

여기서, ΣF : 1, 2 사이의 모든 지점에서 기계적 에너지 손실[J/kg]

η : 펌프 효율(Pump Efficiency)

W_P : 단위질량당 펌프의 일[J/kg]

(5) 관과 채널에서 비압축성 유체의 흐름

① 관 내 전단응력과 표면마찰

㉠ 전단응력 분포

- 밀도가 일정한 유체가 수평관에서 완전발달된 정상 흐름이다.

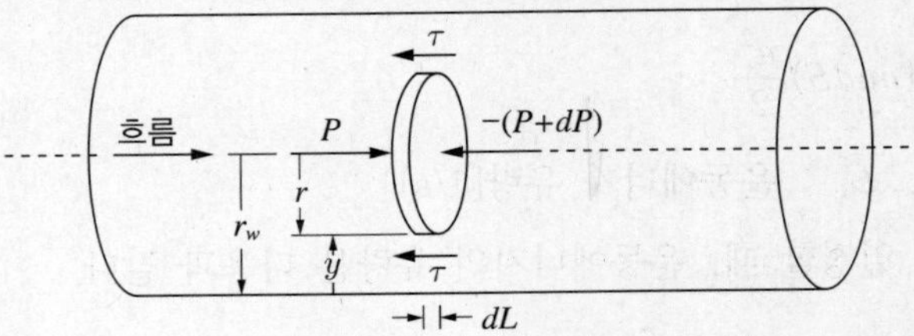

- 완전발달흐름으로 $\beta_2 = \beta_1$, $\overline{u_2} = \overline{u_1}$, $\Sigma F = 0$, 수평 유로로 $F_s = 0$을 운동량 식에 대입하면 다음과 같다.

$$\Sigma F = P_1 S_1 - P_2 S_2 + F_w - F_g = \pi r^2 [P - (P + dP)] - 2\pi r dL \tau = 0$$

$(\beta_2 = \beta_1,\ \overline{u_2} = \overline{u_1},\ \Sigma F = 0)$

$\Rightarrow$ 모든 항을 $\pi r^2 dL$로 나누면, $\dfrac{dP}{dL} + \dfrac{2\tau}{r} = 0$, $\dfrac{dP}{dL} + \dfrac{2\tau_w}{r_w} = 0$

$\Rightarrow$ 두 식을 빼주면, $\dfrac{\tau_w}{r_w} = \dfrac{\tau}{r}$

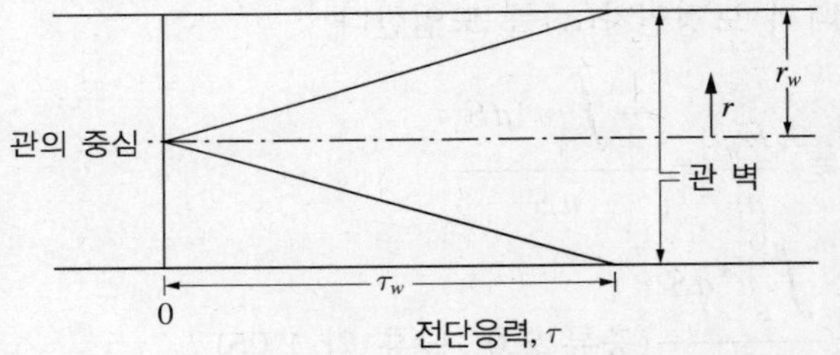

㉡ 표면마찰과 벽과의 전단력의 관계 : 베르누이식에서 마찰력은 관 벽과 유체 사이의 표면 마찰력만 고려하고, 이 표면 마찰력으로 인해 압력강하($\Delta P_s = P_1 - P_2$)가 발생한다고 하면 다음과 같다(유속과 높이가 일정, 펌프 없음).

$$\frac{P_1 - P_2}{\rho} + g(Z_1 - Z_2) + \frac{\alpha_1 \overline{u_1}^2 - \alpha_2 \overline{u_2}^2}{2} = \Sigma F - \eta W_P$$

$$\Rightarrow \frac{P_1 - P_2}{\rho} = \frac{\Delta P_s}{\rho} = F_s$$

$-\dfrac{\Delta P_s}{L} + \dfrac{2\tau_w}{r_w} = 0$에서 $\Delta P_s = \dfrac{2\tau_w}{r_w} L$이 되므로 대입하면 다음과 같다.

$$F_s = \frac{2\tau_w}{\rho r_w} L = \frac{4}{\rho} \frac{\tau_w}{D} L$$

ⓒ 마찰계수(Fanning Friction Factor, f)

$$f \equiv \frac{\text{전단응력}}{\text{밀도}\times\text{속도두}} = \frac{\tau_w}{\rho\frac{\bar{u}^2}{2}} \Rightarrow \tau_w = f\rho\frac{\bar{u}^2}{2}$$

ⓡ 마찰계수를 통한 직선관에서 표면마찰에 의한 손실이다.

$$F_s = \frac{\Delta P_s}{\rho} = \frac{2\tau_w}{\rho r_w}L = \frac{4}{\rho}\frac{\tau_w}{D}L = 4f\frac{L}{D}\frac{\bar{u}^2}{2}$$

$$\therefore\ \Delta P_s = 4\rho f\frac{L}{D}\frac{\bar{u}^2}{2}$$

ⓜ 다양한 채널에서 상당지름(Equivalent Diameter, D_{eq})은 다음과 같다.

$$D_{eq} = 4r_H \equiv 4\frac{S}{L_P}$$

여기서, S : 유로 단면적[m^2]

L_P : 젖음둘레(Wetted Perimeter, 관 내에서 유체와 접촉하는 둘레)

예 원형관(관의 지름)

$$D_{eq} = 4r_H \equiv 4\frac{S}{L_P} = 4\frac{\frac{\pi D^2}{4}}{\pi D} = D$$

예 두 동심관(D_o : 바깥 관의 지름, D_i : 안쪽 관의 지름)

$$D_{eq} = 4r_H \equiv 4\frac{S}{L_P} = \frac{\frac{\pi(D_o^2 - D_i^2)}{4}}{\pi(D_o + D_i)} = \frac{(D_o - D_i)(D_o + D_i)}{(D_o + D_i)} = (D_0 - D_i)$$

예 폭이 b인 정사각형 관

$$D_{eq} = 4r_H \equiv 4\frac{S}{L_P} = 4\frac{b^2}{4b} = b$$

예 간격이 b인 두 평행판 사이 유로, 간격 b가 판의 폭보다 아주 작은 경우

$$D_{eq} = 4r_H \equiv 4\frac{S}{L_P} \approx 4\frac{b^2}{2b} = 2b$$

* 패닝마찰계수

$$\Delta P_s = 4\rho f\frac{L}{D_{eq}}\frac{\bar{u}^2}{2}$$

* 레이놀즈수

$$Re. = \frac{D_{eq}\bar{u}\rho}{\mu}$$

② 관과 채널에서의 층류 : 비압축성 유체, 정상상태인 완전발달흐름으로 가정한다.

㉠ 뉴턴 유체

- 유속(u) 분포 : 원형관이 관의 중심축에 대해 대칭적이면 다음과 같다.

미소 면적 $S = \pi r^2 \Rightarrow dS = 2\pi r d$ (치환적분법)

이를 전단응력의 식에 대입하면 다음과 같다.

$\tau = -\mu \dfrac{du}{dr}$ [(−)부호의 의미는 반지름(r)이 증가할 때 유속(u)이 감소하는 것임]

$$\frac{\tau_w}{r_w} = \frac{\tau}{r} \Rightarrow \tau = r\frac{\tau_w}{r_w} = -\mu\frac{du}{dr} \Rightarrow \frac{du}{dr} = -\frac{\tau_w}{r_w \mu} r$$

$(r_w,\ 0) \rightarrow (r,\ u)$의 범위로 적분한다.

$$\int_o^u du = [u]_0^u = u = -\frac{\tau_w}{r_w \mu}\int_{r_w}^r r dr = -\frac{\tau_w}{r_w \mu}\left[\frac{r^2}{2}\right]_{r_w}^r = -\frac{\tau_w}{2r_w \mu}(r^2 - r_w^{\ 2})$$

$$= \frac{\tau_w}{2r_w \mu}(r_w^{\ 2} - r^2)$$

관 중심($r = 0$)에서 유속(u)은 최댓값($u_{\max}$)을 가지므로 다음과 같다.

$$u_{\max} = \frac{\tau_w}{2r_w \mu}(r_w^{\ 2} - 0^2) = \frac{\tau_w r_w}{2\mu}$$

유속(u)과 최대 유속($u_{\max}$)의 비를 구한다.

$$\frac{u}{u_{\max}} = \frac{\dfrac{\tau_w}{2r_w \mu}(r_w^{\ 2} - r^2)}{\dfrac{\tau_w r_w}{2\mu}} = \frac{r_w^{\ 2} - r^2}{r_w^{\ 2}} = 1 - \left(\frac{r}{r_w}\right)^2$$

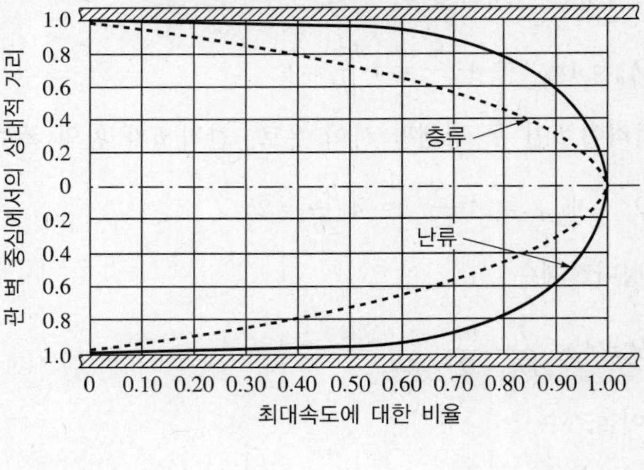

• 평균유속($\bar{u}$) : 평균유속의 식에 $S = \pi r_w{}^2$과 유속(u)의 식을 대입한다.

$$\bar{u} = \frac{1}{S}\int_S u dS = \frac{1}{\pi r_w{}^2}\int_0^{r_w}\frac{\tau_w}{2r_w\mu}(r_w{}^2 - r^2)2\pi r dr = \frac{\tau_w}{r_w{}^3\mu}\int_0^{r_w}(r_w{}^2 r - r^3)dr$$

$$= \frac{\tau_w}{r_w{}^3\mu}\left[\frac{r_w{}^2}{2}r^2 - \frac{r^4}{4}\right]_o^{r_w} = \frac{\tau_w}{r_w{}^3\mu}\left(\frac{1}{2} - \frac{1}{4}\right)r_w{}^4 = \frac{\tau_w r_w}{4\mu}$$

평균유속($\bar{u}$)의 식과 최대유속($u_{\max}$) 식의 비를 구한다.

$$\frac{\bar{u}}{u_{\max}} = \frac{\frac{\tau_w r_w}{4\mu}}{\frac{\tau_w r_w}{2\mu}} = \frac{2}{4} = 0.5$$

• 운동에너지 보정인자(α) : 운동에너지 보정인자(α)의 식에 유속(u)의 식과 평균유속($\bar{u}$)의 식을 대입한다.

$$\alpha = \frac{\int_S u^3 dS}{\bar{u}^3 S} = \frac{\left(\frac{\tau_w}{2r_w\mu}\right)^3 2\pi}{\left(\frac{\tau_w r_w}{4\mu}\right)^3 \pi r_w^2}\int_o^{r_w}(r_w{}^2 - r^2)^3 r dr$$

$$= \frac{\frac{2}{8}}{\frac{r_w{}^8}{4^3}}\int_0^{r_w}(r_w{}^6 - 3r_w{}^4 r^2 + 3r_w{}^2 r^4 - r^6)r dr$$

$$= \frac{16}{r_w{}^8}\int_0^{r_w}(r_w{}^6 r - 3r_w{}^4 r^3 + 3r_w{}^2 r^5 - r^7)dr$$

$$= \frac{16}{r_w{}^8}\left[\frac{r_w{}^6 r^2}{2} - \frac{3r_w{}^4 r^4}{4} + \frac{3r_w{}^2 r^6}{6} - \frac{r^8}{8}\right]_0^{r_w} = \frac{16}{r_w{}^8}\left(\frac{1}{2} - \frac{3}{4} + \frac{1}{2} - \frac{1}{8}\right)r_w{}^8$$

$$= 16\,\frac{8-6-1}{8} = \frac{16}{8} = 2$$

• 운동량 보정인자(β) : 운동량 보정인자(β)에 유속(u)의 식과 평균유속($\bar{u}$)의 식을 대입한다.

$$\beta = \frac{1}{S}\int_S\left(\frac{u}{\bar{u}}\right)^2 dS = \frac{1}{\pi r_w^2}\frac{2\pi\left(\frac{\tau_w}{2r_w\mu}\right)^2}{\left(\frac{\tau_w r_w}{4\mu}\right)^2}\int_0^{r_w}(r_w{}^2 - r^2)^2 r dr$$

$$= \frac{8}{r_w{}^6}\int_0^{r_w}(r_w{}^4 - 2r_w{}^2 r^2 + r^4)r dr = \frac{8}{r_w{}^6}\int_0^{r_w}(r_w{}^4 r - 2r_w{}^2 r^3 + r^5)dr$$

$$= \frac{8}{r_w{}^6}\left[\frac{r_w{}^4 r^2}{2} - \frac{2r_w{}^2 r^4}{4} + \frac{r^6}{6}\right]_0^{r_w} = \frac{8}{r_w{}^6}\left(\frac{1}{2} - \frac{1}{2} + \frac{1}{6}\right)r_w{}^6 = \frac{8}{6} = \frac{4}{3}$$

㉡ 하겐–푸아죄유식(Hagen–Poiseuille Equation)

평균유속($\overline{u}$)의 식에 표면마찰 손실의 식을 대입한다.

$$\Sigma F = \frac{\Delta P_s}{\rho} = \frac{2}{\rho}\frac{\tau_w}{r_w}L \Rightarrow \tau_w = \frac{\Delta P_s}{L}\frac{r_w}{2}$$

$$\overline{u} = \frac{\tau_w r_w}{4\mu} = \frac{\Delta P_s}{L}\frac{r_w}{2}\frac{r_w}{4\mu} = \frac{\Delta P_s D^2}{32\mu \mathrm{L}} \Rightarrow \Delta P_s = \frac{32\mu\overline{u}L}{D^2}$$

이 식이 하겐–푸아죄유식이 된다. 이 식을 가지고 τ_w를 구하면 다음과 같다.

$$\tau_w = \frac{\Delta P_s}{L}\frac{r_w}{2} = \frac{32\mu\overline{u}L}{D^2}\frac{D}{4L} = \frac{8\mu\overline{u}}{D}$$

$$f = \frac{\tau_w}{\rho\frac{\overline{u}^2}{2}} = \frac{\frac{8\mu\overline{u}}{D}}{\rho\frac{\overline{u}^2}{2}} = \frac{16\mu}{D\overline{u}\rho} = \frac{16}{Re.}$$

③ 관지름 변화와 부속물에 따른 마찰손실

㉠ 단면의 급격한 확대

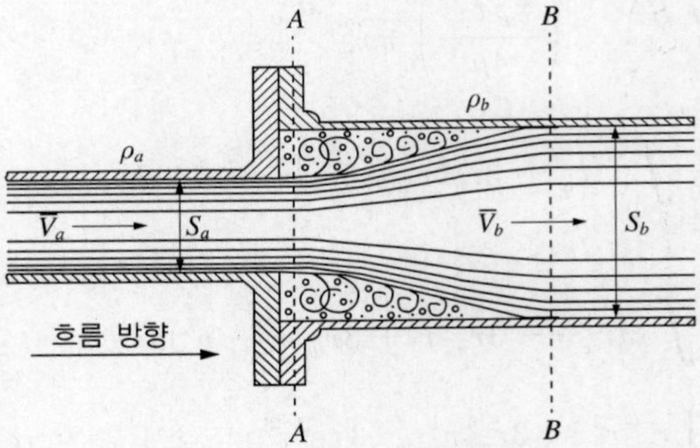

단면의 급격한 확대로 인한 마찰손실을 구하는 식은 다음과 같다.

$$F_e = K_e\frac{\overline{u_1}^2}{2} = \left(1 - \frac{S_1}{S_2}\right)^2\frac{\overline{u_1}^2}{2}$$

여기서, K_e : 확대손실계수(Expansion Loss Coefficient)

운동량 수지식과 베르누이식으로 K_e를 구한다.

㉡ 단면의 급격한 축소

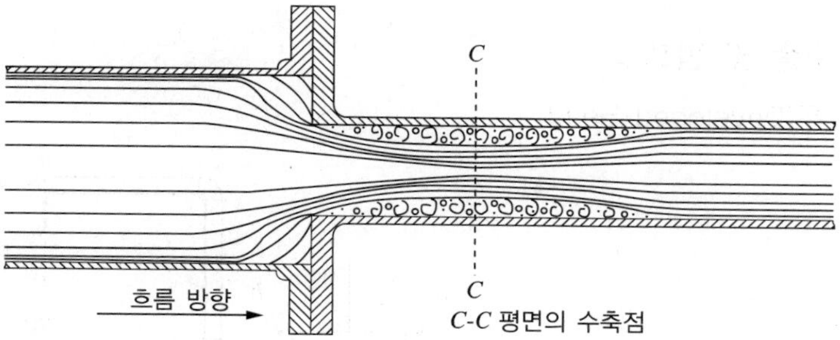

급격한 축소로 인한 마찰손실을 구하는 식은 다음과 같다.

$$F_c = K_c \frac{\overline{u_2}^2}{2} = 0.4\left(1 - \frac{S_2}{S_1}\right)\frac{\overline{u_2}^2}{2}$$

여기서, K_c : 축소손실계수(Contraction Loss Coefficient)

층류일 때 $K_c < 0.1$ 로 마찰손실 무시, 난류일 때 실험식으로 위와 같다.

㉢ 관 부속물

관 부속물로 인한 마찰손실을 구하는 식은 다음과 같다.

$$F_f = K_f \frac{\overline{u_1}^2}{2}$$

여기서, K_f : 관 부속물로 인한 손실계수

㉣ 베르누이식과 표면, 확대, 축소, 관 부속물 마찰손실

비압축성 유체가 등속하고 층류이며 펌프도 없을 때는 다음과 같다.

$$\frac{P_1 - P_2}{\rho} + g(Z_1 - Z_2) + \frac{\alpha_1 \overline{u_1}^2 - \alpha_2 \overline{u_2}^2}{2} = \Sigma F_s - \eta W_P$$

$$\Rightarrow \frac{P_1 - P_2}{\rho} + g(Z_1 - Z_2) = \left(4f\frac{L}{D} + K_c + K_e + K_f\right)\frac{\overline{u}^2}{2}$$

3 유체 수송 및 계량

(1) 유체의 수송 및 펌프

① 개발 두(Developed Head)

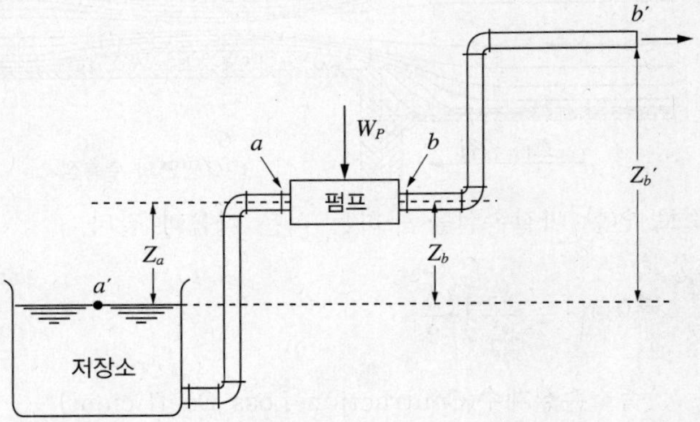

㉠ 마찰손실은 펌프 내부에서 생기므로 기계적 에너지 효율 η을 포함시키고 $F_s = 0$으로 하여 베르누이식을 세운다.

$$\frac{P_1 - P_2}{\rho} + g(Z_1 - Z_2) + \frac{\alpha_1 \overline{u_1}^2 - \alpha_2 \overline{u_2}^2}{2} = \Sigma F_s - \eta W_P$$

- SI 단위 : $\eta W_P = \left(\frac{P_2}{\rho} + gZ_2 + \frac{\alpha_2 \overline{u_2}^2}{2}\right) - \left(\frac{P_1}{\rho} + gZ_1 + \frac{\alpha_1 \overline{u_1}^2}{2}\right)$

- fps 단위 : $\eta W_P = \left(\frac{P_2}{\rho} + \frac{gZ_2}{g_c} + \frac{\alpha_2 \overline{u_2}^2}{2g_c}\right) - \left(\frac{P_1}{\rho} + \frac{gZ_1}{g_c} + \frac{\alpha_1 \overline{u_1}^2}{2g_c}\right)$

㉡ 큰 괄호 양을 총괄 두(Total Head, H)로 나타낸다.

- SI 단위 : $\eta W_P = \frac{P}{\rho} + gZ + \frac{\alpha \overline{u}^2}{2}$

- fps 단위 : $\eta W_P = \frac{P}{\rho} + \frac{gZ}{g_c} + \frac{\alpha \overline{u}^2}{2g_c}$

㉢ 입구 측 총괄 두 H_1, 출구 측 총괄 두 H_2를 도입하면 다음과 같다.

$$W_P = \frac{H_2 - H_1}{\eta} = \frac{\Delta H}{\eta}$$

㉣ H = [J/kg] = [N · m/kg] = [kg · m/s^2 · m/kg] = [m^2/s^2]이다.

* $\frac{mgZ(\text{위치에너지})}{m(\text{질량})} = gZ = [\text{J/kg}]$

$\frac{H}{g} = \left(\frac{[\text{m}^2/\text{s}^2]}{[\text{m/s}^2]}\right) = [\text{m}]$,

$\frac{Hg_c}{g}$ = ([lb$_f$ · ft]/[lb$_m$]) · (32.174[lb$_m$] · [ft/s^2])/[lb$_f$]/(32.174[lb$_m$] · [f/s^2]) = [ft]로

길이의 차원이 된다.

• 개발두 SI 단위 : $\dfrac{\Delta H}{g}$

• 개발두 fps 단위 : $\Delta H\dfrac{g_c}{g}$

② **펌프 동력(P_B)**

펌프 W_P로부터 구한다.

$$P_B = \dot{m}W_P = \dot{m}\frac{\Delta H}{\eta}$$

③ **공동화 현상(Cavitation)과 유효 흡입두(Net Positive Suction Head, NPSH)**

㉠ 공동화 현상

- 흡입압력이 증기압보다 높지 않아서 펌프 내부에서 액체의 일부가 기체가 되는 현상이다.
- 펌프의 능력이 크게 손상된다.

㉡ 유효 흡입두(NPSH) : 공동화 현상을 방지하기 위해 펌프 입구 측 압력이 물의 포화 증기압력보다 크게 유지시켜 주는 압력을 환산한 두이다.

• SI 단위 : $\dfrac{1}{g}\left(\dfrac{P_{a'} - P_v}{\rho} - F_s\right) - Z_1 = [\mathrm{m}]$

• fps 단위 : $\dfrac{g_c}{g}\left(\dfrac{P_{a'} - P_v}{\rho} - F_s\right) - Z_1 = [\mathrm{ft}]$

여기서, $P_{a'}$: 저장탱크 표면의 절대압력[Pa]

P_v : 증기압[Pa]

F_S : 입구 측 관에서의 마찰손실[J/kg]

* 비휘발성($P_v = 0$) 유체이고 마찰은 무시하며($\Sigma F_s = 0$) 지점 a'의 압력이 대기압($P_{a'} =$ 101.325kPa)인 경우

- 최대 흡입두 : 약 10.4m(34ft)
- 최대 실질두 : 약 7.6m(25ft)

(2) 유량 측정

① **전구경식 유량계(Full-bore Meter)** : 관에 흐르는 유체의 전체 유량을 측정한다.

㉠ 벤투리미터(Venturi Meter)

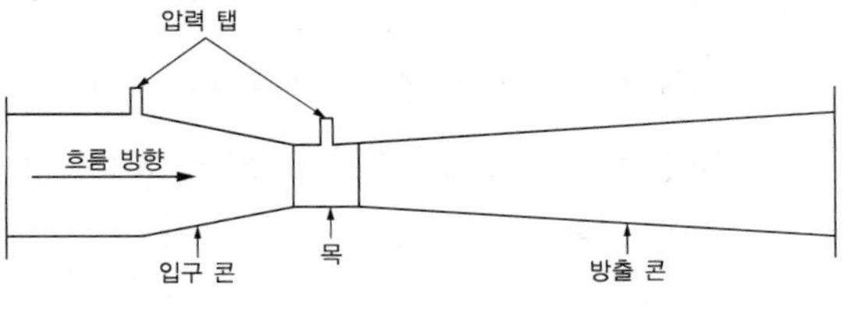

- 상류에서 유속이 증가하면서 압력이 감소(압력강하)하여 유량 측정에 이용한다.
- 기체의 유량, 대개 물과 같은 액체 유량 측정에 쓰이고 압력 회복률이 커서 다른 유량계에 비해 동력 소비량이 적다.
- 가격이 비싸고 상당한 공간을 차지한다. 마노미터 장치가 정해지면 측정 가능한 최대 유량도 고정된다.
- 비압축성 유체에 대한 베르누이식을 세운다(마찰손실 없음, 펌프 없음, 높이차 없음).

$$\frac{P_1 - P_2}{\rho} + g(Z_1 - Z_2) + \frac{\alpha_1 \overline{u_1}^2 - \alpha_2 \overline{u_2}^2}{2} = \Sigma F_s - \eta W_P$$

$$\Rightarrow \frac{P_1 - P_2}{\rho} + \frac{\alpha_1 \overline{u_1}^2 - \alpha_2 \overline{u_2}^2}{2} = 0$$

$$\Rightarrow \alpha_2 \overline{u_2}^2 - \alpha_1 \overline{u_1}^2 = \frac{2(P_1 - P_2)}{\rho}$$

연속의 식을 도입한다(밀도는 일정).

$$\dot{m} = \rho_1 \overline{u}_1 S_1 = \rho_2 \overline{u}_2 S_2$$

$$\Rightarrow \frac{\overline{u_1}}{\overline{u_2}} = \left(\frac{D^2}{D^1}\right)^2$$

$$\Rightarrow \overline{u_1} = \left(\frac{D_2}{D_1}\right)^2 \overline{u_2} = \beta^2 \overline{u_2}$$ (단, $\beta < 0.25$이면, $\beta = 0$으로 대입해도 오차가 거의 없다)

$\overline{u_1}$에 대신 베르누이식에 대입한다.

$$\alpha_2 \overline{u_2}^2 - \alpha_1 \overline{u_1}^2 = \alpha_2 \overline{u_2}^2 - \alpha_1 (\beta^2 \overline{u_2})^2 = (\alpha_2 - \beta^4 \alpha_1) \overline{u_2}^2 = \frac{2(P_1 - P_2)}{\rho}$$

$$\Rightarrow \overline{u_2}^2 = \frac{1}{\alpha_2 - \beta^4 \alpha_1} \frac{2(P_1 - P_2)}{\rho}$$

$$\Rightarrow \overline{u_2} = \frac{1}{\sqrt{\alpha_2 - \beta^4 \alpha_1}} \sqrt{\frac{2(P_1 - P_2)}{\rho}}$$

여기서, D_1 : 관지름[m], D_2 : 벤투리미터 목지름[m]

벤투리계수(Venturi Coefficient) : 입구와 출구 사이에 벽 마찰, 운동에너지 보정인자를 고려하여 실험 상수를 도입한다.

$$\overline{u_2} = \frac{C_v}{\sqrt{1 - \beta^4}} \sqrt{\frac{2(P_1 - P_2)}{\rho}}$$

여기서, C_v : 접근속도 불포함 벤투리계수(Venturi Coefficient, Velocity of Approach Not Included), 관지름 2~8[in](5.08~20.32[cm])일 때, 0.98[in], 8[in] (20.32[cm]) 초과일 때, 0.99[in]

* 부피유량과 질량유량

부피유량을 구하면 다음과 같다.

$$\dot{Q} = S_2 \overline{u_2} = \frac{C_v S_2}{\sqrt{1-\beta^4}} \sqrt{\frac{2(P_1 - P_2)}{\rho}} = \frac{C_v}{\sqrt{1-\beta^4}} \frac{\pi D_2^2}{4} \sqrt{\frac{2(P_1 - P_2)}{\rho}}$$

질량유량을 구하면 다음과 같다.

$$\dot{m} = \rho \dot{Q} = \frac{\rho C_v S_2}{\sqrt{1-\beta^4}} \sqrt{\frac{2(P_1 - P_2)}{\rho}} = \frac{C_v}{\sqrt{1-\beta^4}} \frac{\pi D_2^2}{4} \sqrt{2\rho(P_1 - P_2)}$$

ⓛ 오리피스미터(Orifice Meter)

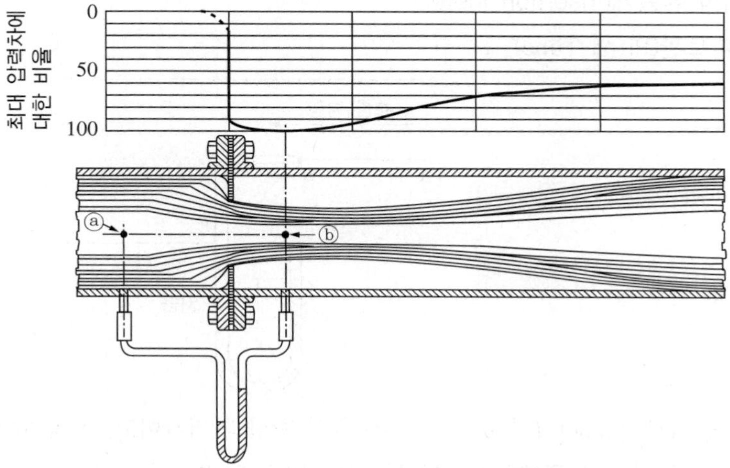

- 벤투리미터와 유사하다. 단면적이 감소하면서 압력강하가 발생하고 압력차를 마노미터로 측정한다.
- 출구에서 소용돌이가 생겨서 마찰손실이 커서 압력이 제대로 회복되지 않고, 이로 인해 동력이 손실된다.
- 벤투리미터와 유사하여 베르누이식으로 같은 과정을 거친다.

$$u_0 = \frac{C_o}{\sqrt{1-\beta^4}} \sqrt{\frac{2(P_1 - P_2)}{\rho}}$$

여기서, C_o : [접근속도 불포함 오리피스 계수(Orifice Coefficient, Velocity of Approach Not Included)] = 0.61(Re_0 > 30,000)

* 오리피스 레이놀즈수 : $Re._o = \frac{D_o u_o \rho}{\mu} = \frac{D_o \rho}{\mu} \frac{\dot{m}}{\rho \frac{\pi D_0^2}{4}} = \frac{4\dot{m}}{\mu \pi D_0}$

부피유량과 질량유량을 구하면 다음과 같다.

$$\dot{Q} = S_o u_o = \frac{C_o S_o}{\sqrt{1-\beta^4}} \sqrt{\frac{2(P_1 - P_2)}{\rho}} = \frac{C_o}{\sqrt{1-\beta^4}} \frac{\pi D_o^2}{4} \sqrt{\frac{2(P_1 - P_2)}{\rho}}$$

$$\dot{m} = \rho \dot{Q} = \frac{\rho C_o S_o}{\sqrt{1-\beta^4}} \sqrt{\frac{2(P_1 - P_2)}{\rho}} = \frac{C_o}{\sqrt{1-\beta^4}} \frac{\pi D_o^2}{4} \sqrt{2\rho(P_1 - P_2)}$$

② 삽입식 유량계(Insertion Meter)

㉠ 피토관(Pitot Tube)

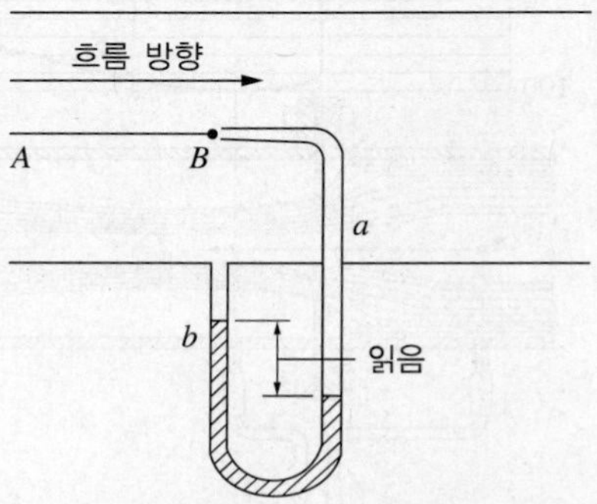

- 충격관(Impact Tube) 입구 측은 흐름 방향과 직각이고, 정압관(Static Tube) 출구 측은 흐름 방향과 평행하다. 이 두 관의 미소 압력차를 측정할 수 있는 기구를 연결한다.
- 보통 평균유속을 직접 구할 수 없고, 기체 측정 시 측정값이 너무 작다.
- 충격관 입구 측은 정체점(Stagnation Point) B와 연결되어 있어 압력은 정체 압력 P_s, 정압관 출구 측은 정압 P_0이 되므로 압축성 유체에 대해 M_a의 관계식을 이용하여 정체압과 정압의 식을 세우면($0 \le M_a < 1$) 다음과 같다(단, M_a : Mach 수 $\equiv u/a$).

$$\frac{P_s - P_0}{\rho} = \frac{{u_0}^2}{2}\left(1 + \frac{{M_{a_0}}^2}{4} + \frac{2-\gamma}{24}{M_{a_0}}^4 + \cdots\right)$$

$$\Rightarrow {u_0}^2 = \frac{2(P_s - P_0)}{\rho\left(1 + \frac{{M_{a_0}}^2}{4} + \frac{2-\gamma}{24}{M_{a_0}}^4 + \cdots\right)}$$

$$\Rightarrow u_0 = \sqrt{\frac{2(P_s - P_0)}{\rho\left(1 + \frac{{M_{a_0}}^2}{4} + \frac{2-\gamma}{24}{M_{a_0}}^4 + \cdots\right)}}$$

여기서, a : 음속

γ : C_P / C_V

• 비압축성 유체에서는 다음과 같다(단, Mach 수 = 0).

$$u_0 = \sqrt{\frac{2(P_s - P_0)}{\rho}}$$

• 베르누이식을 이용해도 바로 구할 수 있다(단, 비압축성 유체, 펌프 없고, 높이 차 없고, 마찰손실도 없음).

$$\frac{P_1 - P_2}{\rho} + g(Z_1 - Z_2) + \frac{\alpha_1 \overline{u_1}^2 - \alpha_2 \overline{u_2}^2}{2} = \Sigma F_s - \eta W_P$$

$$\Rightarrow \frac{P_0 - P_s}{\rho} + \frac{u_0^2 - u_s^2}{2} = 0$$

$$\Rightarrow u_0^2 = \frac{2(P_s - P_0)}{\rho}$$

$$\Rightarrow u_0 = \sqrt{\frac{2(P_s - P_0)}{\rho}}$$

CHAPTER 02 열전달(Heat Transfer)

1 열전달의 원리

(1) 열전달의 기구(Heat Transfer Mechanism)

• 열흐름의 성질
서로 다른 온도의 두 물질이 접촉하면 열은 고온(T_1)에서 저온(T_2)으로 흐른다.
순 열흐름(Net Heat Flow) = $T_2 - T_1 < 0$

① 전도(Conduction)

㉠ 연속체 내에 온도차가 있다면 열은 그 성분의 가시적 이동 없이 흐른다.

㉡ 푸리에의 법칙(Fourier's Law)을 따른다.

㉢ 금속의 표면을 통한 열전달, 열교환기(Heat Exchanger), 노(Furnace) 등

② 대류(Convection)

㉠ 뜨거운 표면으로부터 흐르는 유체 쪽으로 열이 전달된다.

㉡ 뉴턴의 냉각 법칙(Newton's Cooling Law)을 따른다.

㉢ 고체 입자나 액체 표면으로부터 유체에 열전달이 일어난다.

③ 복사(Radiation)

㉠ 공간을 통해 전자기파(Electromagnetic Wave)에 의해 열이 전달된다.

㉡ 슈테판-볼츠만의 법칙(Stefan-Boltzmann's Law)을 따른다.

㉢ 태양의 열이 복사의 형태로 지구에 도달한다.

* 실제 상황에서 전도, 대류, 복사가 모두 동시에 진행된다. 따라서 세 가지의 열흐름 기구(Mechanism)를 모두 고려하여 각각의 열량을 더해주면 가장 합리적인 상황이 된다.

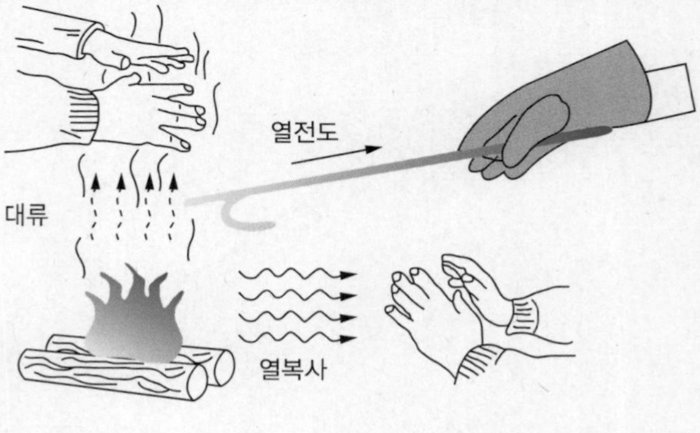

(2) 전도에 의한 열전달(Heat Transfer by Conduction)

① 전도의 기본 법칙

㉠ 푸리에 법칙(Fourier's Law)

- 열 플럭스(Heat Flux, 단위시간당 면적당 열량)와 온도차는 서로 비례한다.
- x 방향으로 정상상태의 일차원 흐름으로 가정한다.
  - 정상상태(Steady State) : 공정이나 조건에 불구하고 모든 상태 변수가 일정한 상황을 말한다.

$$\frac{d\dot{q}}{dA}\text{(열 플럭스)} \propto \frac{dT}{dx}\text{(거리에 따른 온도차)}$$

$$\Rightarrow \frac{d\dot{q}}{dA} = -k\text{(비례인자)}\frac{dT}{dx}$$

여기서, $\dot{q}$: 표면의 직각 방향에 대한 열흐름속도[J/s = W]

A : 표면적[m^2]

T : 온도[K]

x : 표면의 직각으로 측정된 거리[m]

k : 열전도도[W/m · ℃]

- 등방성 물질에서 x, y, z 세 방향으로 열흐름에 대한 식은 다음과 같다.
  - 등방성 물질(Isotropic Substance)

a. 열전도도 k가 모든 방향에서 일정한 물질이다.

b. 유체와 대부분의 균일 고체가 해당한다.

$$\frac{d\dot{q}}{dA} = -k\left(\frac{\partial T}{\partial x} + \frac{\partial T}{\partial y} + \frac{\partial T}{\partial z}\right) = -k\nabla T$$

- 열전도도(Thermal Conductivity)

a. 단위 : [W/m · ℃], [Btu/ft · h · °F]

b. 큰 온도 구간에서 열전도도의 실험식은 다음과 같다.

$$k = a + bT$$

여기서, a, b : 실험상수

c. 이상기체의 경우 이론식은 다음과 같다.

$$k = \frac{0.0832}{\sigma^2}\left(\frac{T}{M}\right)^{\frac{1}{2}}$$

여기서, M : 분자량[kg/kmol]

σ : 유효충돌직경[Å]

– 옹스트롬(Ångström, [Å])

a. 길이 단위로 10^{-10}[m] = 0.1[nm]를 나타낸다.

b. 원자 하나의 지름을 의미한다.

② 정상상태 전도

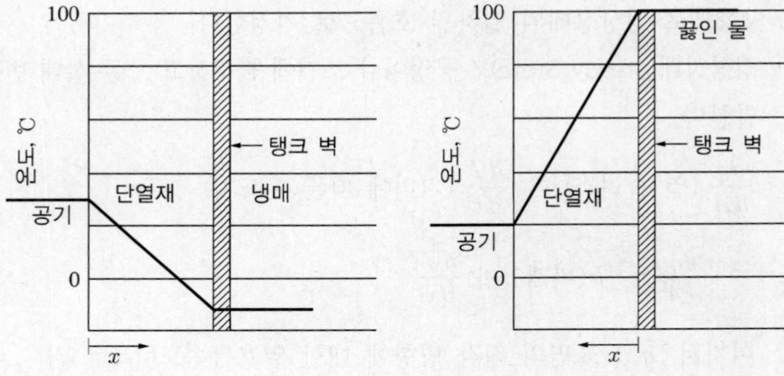

(a) (b)

• 두 경우 모두 열흐름은 다르나 온도차는 직선적으로 나타난다.

• x는 내부표면에서 바깥쪽으로 거리이며 고온체로부터 거리로 가정한다.

• k는 온도에 무관한 상수이다.

• 정상상태에서 미소 구간에는 열 축적 또는 손실이 없기 때문에 $\dot{q}$는 x에 따라 일정하다.

$$\frac{d\dot{q}}{dA} = -k\frac{dT}{dx} \Rightarrow \frac{\dot{q}}{A} = -k\frac{dT}{dx}$$

$$\Rightarrow \int_{x_1}^{x_2} dx = -\frac{kA}{\dot{q}}\int_{T_1}^{T_2} dT$$

$$\Rightarrow [x]_{x_1}^{x_2} = x_2 - x_1 = -\frac{kA}{\dot{q}}[T]_{T_1}^{T_2} = \frac{kA}{\dot{q}}(T_1 - T_2)$$

$$\Rightarrow \frac{\dot{q}}{A} = k\frac{T_1 - T_2}{x_2 - x_1} = k\frac{\Delta T}{B} = \frac{\Delta T}{R}$$

여기서, $B = x_2 - x_1$(절연층의 두께[m])

$\Delta T = T_1 - T_2$(절연층 내 온도변화[℃], 열전도의 구동력[Driving Force])

$R = \dfrac{B}{k}$ = [m/W/m·℃] = [m^2·℃/W], 열저항(Thermal Resistance)

• k가 온도에 따라 직선적으로 변할 때는 k의 산술평균값 $\bar{k}$을 사용한다.

$$\bar{k} = \frac{k_1 + k_2}{2}$$

• 직렬 복합저항

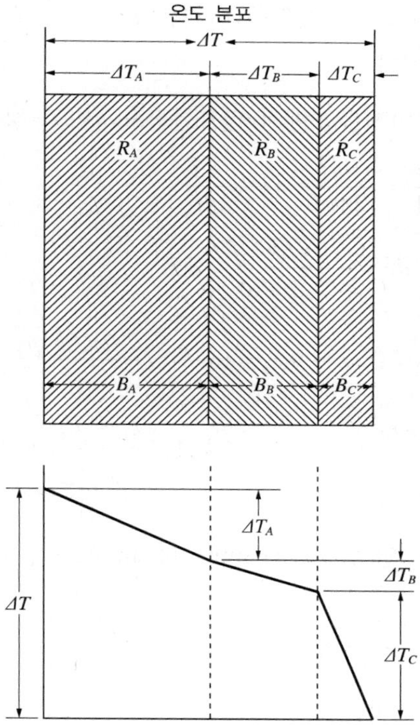

직렬층에서 각 층간에 열적 접촉이 있고 각 층 사이의 경계에서는 온도변화가 없다고 가정하면 다음과 같다.

(총괄 온도 변화) $\Delta T = \Delta T_A + \Delta T_B + \Delta T_C$

$$= \frac{\dot{q}_A B_A}{\bar{k}_A A} + \frac{\dot{q}_B B_B}{\bar{k}_B A} + \frac{\dot{q}_C B_C}{\bar{k}_C A} \ (\dot{q} = \dot{q}_A = \dot{q}_B = \dot{q}_C)$$

$$= \frac{\dot{q}}{A}\left(\frac{B_A}{\bar{k}_A} + \frac{B_B}{\bar{k}_B} + \frac{B_C}{\bar{k}_C}\right)$$

$$\Rightarrow \frac{\dot{q}}{A} = \frac{\Delta T}{\frac{B_A}{\bar{k}_A} + \frac{B_B}{\bar{k}_B} + \frac{B_C}{\bar{k}_C}} = \frac{\Delta T}{R_A + R_B + R_C} = \frac{\Delta T}{R}$$

여기서, 총괄 저항(Overall Resistance) : $R = R_A + R_B + R_C$

$$\left(\because \dot{q}_A = \frac{\overline{k_A}\,A}{B_A}\Delta T_A \Rightarrow \Delta T_A = \frac{\dot{q}_A B_A}{\bar{k}_A A}, \Delta T_B = \frac{\dot{q}_B B_B}{\bar{k}_B A}, \Delta T_C = \frac{\dot{q}_C B_C}{\bar{k}_C A}\right)$$

총 열저항에 대한 총괄 온도변화의 비는 개별 열저항에 대한 총괄 온도변화와 같다.

$$\frac{\dot{q}}{A} = \frac{\Delta T_A}{R_A} = \frac{\Delta T_B}{R_B} = \frac{\Delta T_C}{R_C} = \frac{\Delta T}{R}$$

• 원통에 대한 열흐름

- 안쪽 반지름 r_i, 바깥쪽 반지름 r_o, 길이 L인 중공 원통(Hollow Cylinder)에서 $T_i > T_o$이다.
- 중심에서 반지름 r에서 열흐름속도 $\dot{q}$이고 정상상태이다.

$$\frac{d\dot{q}}{dA} = \frac{\dot{q}}{A} = \frac{\dot{q}}{2\pi rL} = -k\frac{dT}{dr}$$

$$\Rightarrow \int_{r_i}^{r_o}\frac{1}{r}dr = -\frac{2\pi Lk}{\dot{q}}\int_{T_i}^{T_o}dT$$

$$\Rightarrow [\ln r]_{r_i}^{r_o} = \ln r_0 - \ln r_i = \ln\frac{r_o}{r_i} = -\frac{2\pi Lk}{\dot{q}}[T]_{T_i}^{T_o} = \frac{2\pi Lk}{\dot{q}}(T_i - T_o)$$

$$\Rightarrow \dot{q} = \frac{2\pi Lk}{\ln\frac{r_0}{r_i}}(T_i - T_o) = k\overline{A}_L\frac{T_i - T_o}{r_o - r_i} = 2\pi Lk\frac{T_i - T_o}{\ln\frac{r_o}{r_i}}$$

- 로그 평균 면적(Logarithmic Mean Area), 로그 평균 반지름(Logarithmic Mean Radius)

$$\overline{A_L} = 2\pi L\frac{(r_o - r_i)}{\ln\frac{r_0}{r_i}} = 2\pi L\bar{r}_L$$

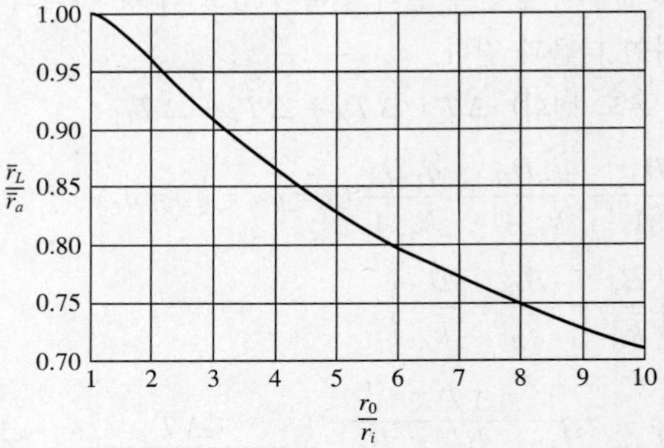

- $\frac{r_0}{r_i} = 2$일 때, $\frac{\overline{r_L}}{\overline{r_a}} = 0.96 \Rightarrow$ 산술평균 $\bar{r}_a$의 오차는 4%
- $\frac{r_0}{r_i} = 1.4$일 때, $\frac{\overline{r_L}}{\overline{r_a}} = 1 \Rightarrow$ 산술평균 $\bar{r}_a$의 오차는 1%

이때는 산술평균을 써도 무관하다.

(3) 유체의 열흐름 원리(Fluid's Principles of Heat Flow)

① 향류 및 병류, 교차 흐름

㉠ 향류(Countercurrent Flow, 맞흐름)

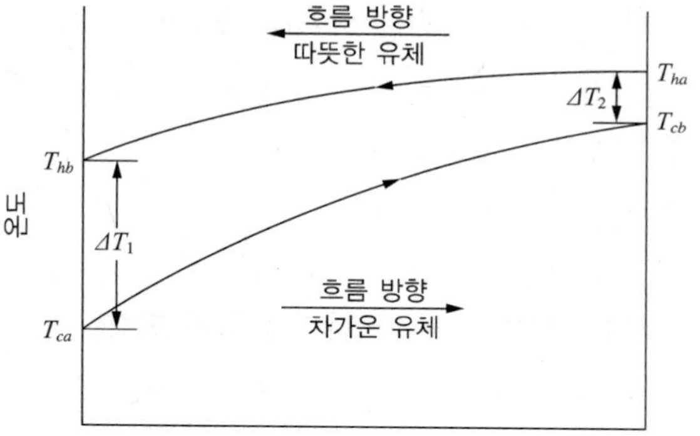

- 두 유체가 들어가 서로 반대방향으로 통과하면서 만나는 흐름이다.
- 네 개의 종단온도(Terminal Temperature)에 대한 국부 온도차(Local Temperature Difference) = 접근단(Approach)을 구하면 다음과 같다.

$$T_{h1} - T_{c2} = \Delta T_2,\ \ T_{h2} - T_{c1} = \Delta T_1$$

㉡ 병류(Parallel Flow, 평행 흐름)

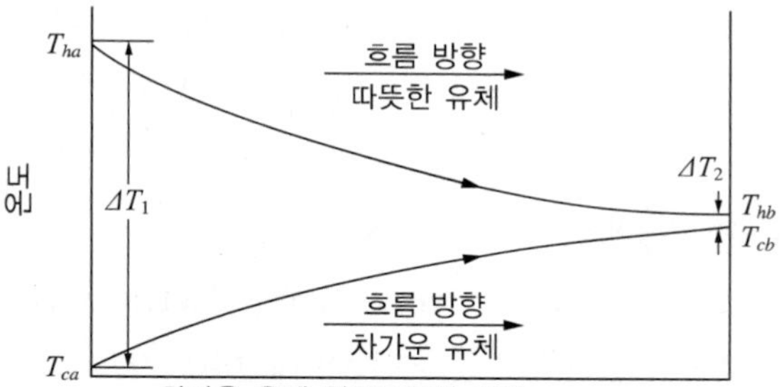

- 두 유체가 들어가 서로 같은 방향으로 통과하면서 나란히 지나가는 흐름이다.
- 네 개의 종단온도(Terminal Temperature)에 대한 국부 온도차(Local Temperature Difference) = 접근단(Approach)을 구하면 다음과 같다.

$$T_{h1} - T_{c1} = \Delta T_1,\ \ T_{h2} - T_{c2} = \Delta T_2$$

㉢ 교차 흐름(Cross Flow, 직교 흐름)

- 한 유체가 관다발에 직각으로 흐른다.
- 자동차 방열기, 가정용 냉동기 내 응축기 등

② 에너지 수지

㉠ 열교환기 내 축일, 기계적 에너지, 위치에너지, 운동에너지 등을 무시고 총괄 에너지 수지식(Overall Enthalpy Balance)을 세우면 다음과 같다.

$$\dot{m}_h(\hat{H}_{h2} - \hat{H}_{h1}) = \dot{q}_h,\ \dot{m}_c(\hat{H}_{c2} - \hat{H}_{c1}) = \dot{q}_c,\ \dot{q}_c = -\dot{q}_h$$

$$\Rightarrow \dot{m}_h(\hat{H}_{h2} - \hat{H}_{h1}) = \dot{m}_c(\hat{H}_{c1} - \hat{H}_{c2}) = \dot{q}$$

여기서, 첨자 h : 뜨거운 유체

첨자 c : 차가운 유체

$\hat{H}$: 단위질량당 엔탈피[kJ/kg]

㉡ 현열이 전달되고 비열이 일정하다면 다음과 같다.

$$\dot{m}_h C_{Ph}(T_{h1} - T_{h2}) = \dot{m}_h C_{Pc}(T_{c2} - T_{c1}) = \dot{q}$$

여기서, C_P : 유체의 비열[kJ/kg · ℃]

* 현열(Sensible Heat) : 열이 온도변화로 나타나서 느낄 수 있는 열

* 잠열(Latent Heat) : 열이 온도변화로 나타나지 않고 상태변화에 쓰여 잠자고 있는 열

㉢ 전-응축기(Total Condenser) 내 엔탈피 수지

$$\dot{m}_h \lambda = \dot{m}_c C_{pc}(T_{c2} - T_{c1}) = \dot{q}$$

여기서, λ : 증발잠열[kJ/kg]

㉣ 전-응축기(Total Condenser) 내 엔탈피 수지에 증기의 현열 항을 추가하면 다음과 같다.

$$\dot{m}_h[\lambda + C_{ph}(T_h - T_{h2})] = \dot{m}_c C_{pc}(T_{c2} - T_{c1})$$

여기서, T_h : 증기의 응축온도

③ 열 플럭스 및 열전달계수

㉠ 총괄 열전달계수(Overall Heat Transfer Coefficient)

- 열 플럭스와 총괄 온도차는 서로 비례한다.
- 국부 열 플럭스와 국부 총괄 온도차, 국부 총괄 열전달계수(Local Overall Heat Transfer Coefficient, [W/m^2 · ℃])의 식을 세우면 다음과 같다.

$$\frac{d\dot{q}}{dA} = U\Delta T = U(T_h - T_c)$$

- U와 dA는 서로 반비례하고, 외부면적 A_o, 내부면적 A_i에 관한 식을 세우면 다음과 같다.

$$\frac{U_o}{U_i} = \frac{dA_i}{dA_o} = \frac{\pi D_i}{\pi D_o} = \frac{D_i}{D_o}$$

• U가 일정, 유체들의 비열도 일정, 대기와의 열교환량 무시, 흐름은 정상상태로 간주하면 다음과 같다.

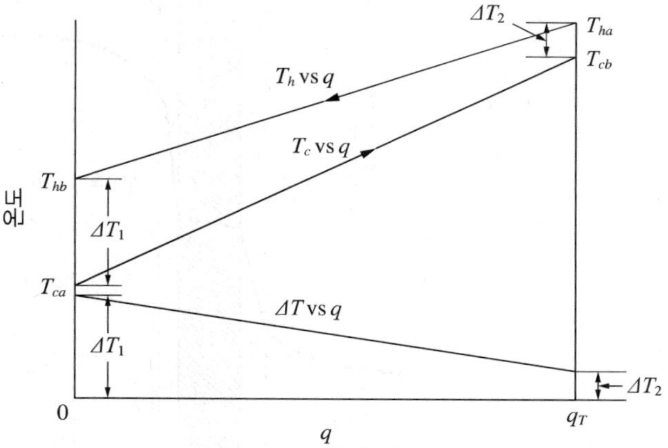

• $\dot{q}_T$는 전체 교환기 내 열전달 속도일 때 온도차가 열 플럭스에 대하여 직선적으로 변하면 다음과 같다.

$$\frac{d\Delta T}{d\dot{q}} = \frac{d\Delta T}{U\Delta T dA} = \frac{\Delta T_2 - \Delta T_1}{\dot{q}_T}$$

$$\int_{\Delta T_1}^{\Delta T_2} \frac{1}{\Delta T} d\Delta T = \frac{U(\Delta T_2 - \Delta T_1)}{\dot{q}_T} \int_0^{A_T} dA$$

$$[\ln \Delta T]_{\Delta T_1}^{\Delta T_2} = \frac{U(\Delta T_2 - \Delta T_1)}{\dot{q}_T} [A]_0^{A_T}$$

$$\ln \frac{\Delta T_2}{\Delta T_1} = \frac{UA_T(\Delta T_2 - \Delta T_1)}{\dot{q}_T}$$

$$\dot{q}_T = UA_T \frac{\Delta T_2 - \Delta T_1}{\ln \frac{\Delta T_2}{\Delta T_1}} = UA_T \overline{\Delta T_L}$$

여기서, $\overline{\Delta T_L}$: 로그평균 온도차(Logarithmic Mean Temperature Different, LMTD[℃])

• 가변 총괄 열전달계수 : U가 온도차에 따라 직선적으로 변한다면 다음과 같다.

$$\dot{q}_T = A_T \frac{U_2 \Delta T_2 - U_1 \Delta T_1}{\ln \frac{U_2 \Delta T_2}{U_1 \Delta T_1}}$$

㉡ 개별 열전달계수(Individual Heat Transfer Coefficient, 경막계수(Film Coefficient))

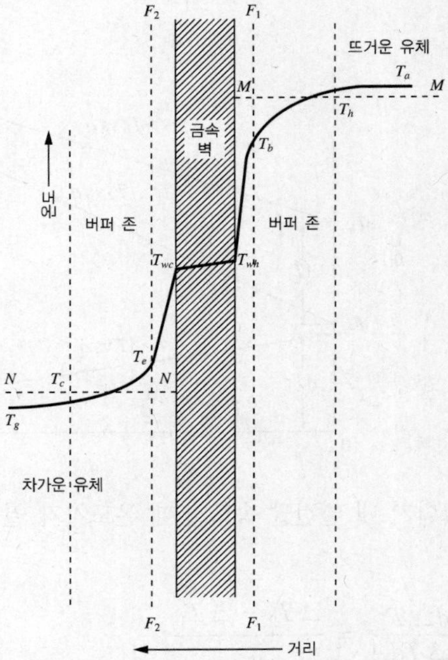

• 뜨거운 유체에 대한 개별 열전달계수를 정의하면 다음과 같다.

$$h_h = \frac{\text{열 플럭스}}{\text{온도 변화}} = \frac{\frac{d\dot{q}}{dA}}{T_h - T_{wh}}$$

여기서, T_h : 뜨거운 유체의 국부 평균온도[℃]

T_{wh} : 유체와 접하는 벽의 온도[℃]

• 차가운 유체일 경우

$$h_c = \frac{\text{열 플럭스}}{\text{온도 변화}} = \frac{\frac{d\dot{q}}{dA}}{T_{wc} - T_c}$$

여기서, T_c : 뜨거운 유체의 국부 평균온도[℃]

T_{wc} : 유체와 접하는 벽의 온도[℃]

• 열저항을 고려할 경우

$$\frac{d\dot{q}}{dA} = h_h(T_h - T_{wh}) = \frac{(T_h - T_{wh})}{R_h}$$

$$\Rightarrow R_h = \frac{1}{h_h},\ R_c = \frac{1}{h_c}$$

• 열전달이 전도만으로 일어날 경우

$$\frac{d\dot{q}}{dA} = -k\left(\frac{dT}{dy}\right)_{w,} \quad \frac{d\dot{q}}{dA} = h(T - T_w)$$

$$\Rightarrow h(T - T_w) = -k\left(\frac{dT}{dy}\right)_w$$

$$\Rightarrow h = \frac{-k\left(\frac{dT}{dy}\right)_w}{T - T_w}$$

여기서, y : 벽에 대한 수직거리[m]

w : 벽에서의 기울기

T : 평균 유체온도[℃]

• 너셀수(Nusselt Number)를 도입할 경우

$$Nu. = \frac{hD}{k} = \frac{\frac{-k\left(\frac{dT}{dy}\right)_w}{T - T_w}D}{k} = -D\frac{\left(\frac{dT}{dy}\right)_w}{T - T_w} = \frac{\text{벽에서 온도 변화}}{\text{관 전체 평균 온도 변화}}$$

$$= \left[\frac{(\mathrm{W/m^2 \cdot ℃}) \cdot \mathrm{m}}{\mathrm{W/m \cdot ℃}}\right]$$

• 전도만 일어나는 층류층의 두께 x에서 모든 열전달이 일어날 경우

$$\frac{d\dot{q}}{dA} = h(T - T_w) = \frac{k}{x}(T - T_w)$$

$$\Rightarrow h = \frac{k}{x}$$

$$Nu. = \frac{hD}{k} = \frac{k}{x}\frac{D}{k} = \frac{D}{x}$$

* 비오트수(Biot Number)

$$Bi. = \frac{hs}{k}\ (\text{수평관}) = \frac{hr_m}{k}\ (\text{구 또는 원통형})$$

* 프란틀수(Prandtl Number)

$$\mathrm{Pr.} \equiv \frac{\nu(\text{운동량확산계수})}{\alpha(\text{열확산계수})} = \frac{\frac{\mu}{\rho}}{\frac{k}{\rho C_P}} = \frac{C_P\mu}{k} = \left[\frac{(\mathrm{kJ/kg \cdot ℃})(\mathrm{kg/m \cdot s})}{\mathrm{kW/m \cdot ℃}}\right]$$

• 계별 열전달계수로부터 총괄 열전달계수의 계산

$$\frac{d\dot{q}}{d\overline{A}_L} = \frac{k_m}{x_w}(T_{wh} - T_{wc})$$

여기서, k_m : 벽의 열전도도[W/m · ℃]

x_w : 관 벽의 두께[m]

$$\Delta T = T_h - T_c = (T_h - T_{wh}) + (T_{wh} - T_{wc}) + (T_{wc} - T_c)$$

$$= d\dot{q}\left(\frac{1}{dA_i h_i} + \frac{x_w}{d\overline{A}_L k_m} + \frac{1}{dA_o h_o}\right)$$

$$\Rightarrow d\dot{q} = \frac{T_h - T_c}{\dfrac{1}{dA_i h_i} + \dfrac{x_w}{d\overline{A}_L k_m} + \dfrac{1}{dA_o h_o}}$$

$$\Rightarrow \frac{d\dot{q}}{dA_o} = \frac{1}{dA_o}\frac{T_h - T_c}{\dfrac{1}{dA_i h_i} + \dfrac{x_w}{d\overline{A}_L k_m} + \dfrac{1}{dA_o h_o}}$$

$$= \frac{T_h - T_c}{\dfrac{1}{h_i}\dfrac{dA_o}{dA_i} + \dfrac{x_w}{k_m}\dfrac{dA_o}{d\overline{A}_L} + \dfrac{1}{h_o}\dfrac{dA_o}{dA_o}}\left(\frac{dA_o}{dA_i} = \frac{D_o}{D_i}, \frac{dA_o}{d\overline{A}_L} = \frac{D_o}{\overline{D}_L}\right)$$

$$= \frac{T_h - T_c}{\dfrac{1}{h_i}\dfrac{D_o}{D_i} + \dfrac{x_w}{k_m}\dfrac{D_o}{\overline{D}_L} + \dfrac{1}{h_o}}$$

$$U_o = \frac{\dfrac{d\dot{q}}{dA_o}}{T_h - T_c} = \frac{1}{\dfrac{1}{h_i}\dfrac{D_o}{D_i} + \dfrac{x_w}{k_m}\dfrac{D_o}{\overline{D}_L} + \dfrac{1}{h_o}},$$

$$U_i = \frac{\dfrac{d\dot{q}}{dA_i}}{T_h - T_c} = \frac{1}{\dfrac{1}{h_i} + \dfrac{x_w}{k_m}\dfrac{D_i}{\overline{D}_L} + \dfrac{1}{h_o}\dfrac{D_i}{D_o}}$$

여기서, U_o : 외부면적

A_o : 기준 총괄 열전달계수[W/m^2 · ℃]

U_i : 외부면적

A_i : 기준 총괄 열전달계수[W/m^2 · ℃]

• 총괄 열전달계수의 저항

$$R_o = \frac{1}{U_o} = \frac{1}{h_i}\frac{D_o}{D_i} + \frac{x_w}{k_m}\frac{D_o}{\overline{D_L}} + \frac{1}{h_o}$$

$$\dot{q} = \frac{T_h - T_c}{\frac{1}{U_o}} = \frac{T_h - T_{wh}}{\frac{1}{h_i}\frac{D_o}{D_i}} = \frac{T_{wh} - T_{wc}}{\frac{x_w}{k_m}\frac{D_o}{\overline{D_L}}} = \frac{T_{wc} - T_c}{\frac{1}{h_o}}$$

• 오염계수(Fouling Factor, h_d[W/m^2 · ℃]) : 침전물, 먼지, 기타 고체 부착물이 관의 형성되면 총괄 열전달계수는 감소하고, 그 정도는 계수로 나타낸 것

$$\Delta T = d\dot{q}\left(\frac{1}{dA_i h_{di}} + \frac{1}{dA_i h_i} + \frac{x_w}{d\overline{A_L}\,k_m} + \frac{1}{dA_o h_o} + \frac{1}{dA_o h_{do}}\right)$$

$$U_0 = \frac{1}{\frac{D_o}{Di}\frac{1}{hd_i} + \frac{D_o}{Di}\frac{1}{h_i} + \frac{x_w}{k_m}\frac{D_i}{\overline{D_L}} + \frac{1}{h_o} + \frac{1}{h_{do}}},$$

$$U_i = \frac{1}{\frac{1}{h_{di}} + \frac{1}{h_i} + \frac{x_w}{k_m}\frac{D_i}{\overline{D_L}} + \frac{1}{h_o}\frac{D_i}{D_o} + \frac{1}{h_{do}}\frac{D_i}{D_o}}$$

• 총괄 열전달계수의 특수한 경우 : $h_i \gg h_o$, 오염효과는 무시될 수 있다, 직경비(D_o/D_i, $D_o/\overline{D}_L$)도 중요하지 않다면, $U = U_o = U_i = \frac{1}{\frac{1}{h_i} + \frac{x_w}{k_m} + \frac{1}{h_o}}$

(4) 비등 액체의 열전달(Boiling Liquid's Heat Transfer)

① 포화액체의 풀비등(Pool Boiling of Saturatd Liquid)

㉠ 증기가 그 끓는점(Boiling Point)에서 액체와 평형상태의 액체 표면을 벗어난다.

㉡ 증기가 액체 표면 위에 증기 공간에 축적되나 형성되자마자 그 증기 공간은 곧 제거된다.

㉢ 수평 전기 가열선이 끓는 액체가 들어있는 용기 내에 잠겨 있을 때 열 플럭스와 온도차를 측정하여 그래프를 그리면 다음과 같다.

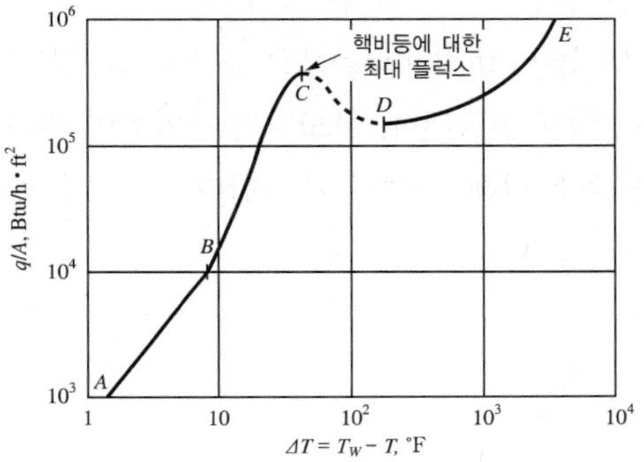

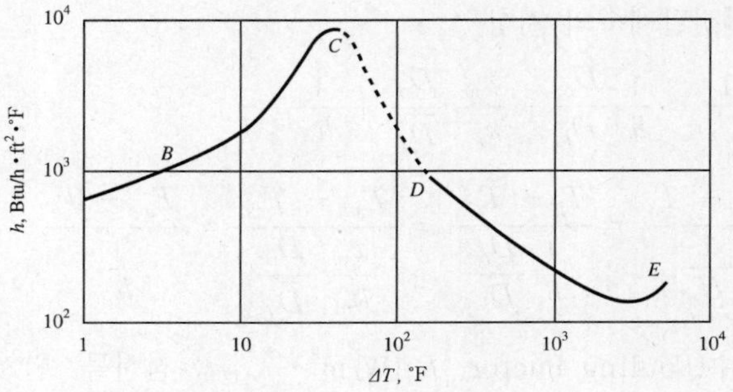

여기서, T_w : 도선의 표면 온도[°F]

T : 비등 액체의 온도[°F]

㉣ AB 구간은 자연대류, BC 구간은 핵비등, CD 구간은 전이비등, DE 구간은 막비등으로 구분된다. 점 C의 온도차(x 좌표)는 임계 온도차(Critical Temperature Drop), 열 플럭스(y좌표)는 정점 열 플럭스(Peak Heat Flux), 점 D는 라이덴프로스트점(Leidenfrost Point)이다.

㉤ AB 구간은 자연대류(Natural Convection)로 기포는 가열기 표면에 형성되어 그 표면에서 이탈되고, 액체 표면까지 상승된 다음 증기 공간으로 떨어져 나간다. 대략적 직선으로 식을 세우면 다음과 같다.

$$\frac{\dot{q}}{A} = \alpha \Delta T^{1.25}$$

여기서, α : 상수

㉥ BC 구간은 핵비등(Nucleate Boiling)으로 임계 온도차 이하의 온도차의 비등일 때 가열 표면에서 작은 기포의 생성 또는 기화핵 생성 현상을 말한다. 온도차가 올라가면 더 많은 부위가 활성화되어 액체의 교반이 증진되고, 또한 개별 열전달계수는 기포 생성 속도가 증가되어 급격히 증가한다.

㉦ CD 구간은 전이비등(Transition Boiling)으로 많은 기포로 인해 가열 표면에서 절연성 증기층이 형성되고 이들은 아주 불안정하여 극소의 폭발이 일어나게 되고 이로 인해 가열 표면으로부터 액체 내로 증기 분사가 나타나게 된다. 따라서 온도차가 증가함에 따라 열 플럭스와 개별 열전달계수 모두 작아진다.

㉧ DE 구간은 막비등(Film Boiling)으로 뜨거운 표면은 정지상태의 증기막으로 덮이고 열은 전도나 복사에 의해 전달된다. 온도차가 증가함에 따라 열 플럭스는 서서히 증가하다 복사에 의한 열전달에 의해 급격히 증가한다. 상업적으로 유용하지 않다.

(5) 복사열 전달(Radiation Heat Transfer)

- 절대온도 0도(0K) 이상에서 모든 물질은 외부 매체와 상관없이 복사선을 방출하는 것처럼 오직 온도만으로 기인되는 열복사(Thermal Radiation)만 한정함
- 복사에 관한 기본 법칙
  - 한 복사체(Radiating Body)는 반사율(Reflectivity, ρ)과 흡수율(Absorptivity, α), 투과율(Transmissivity, τ)의 합이 1이다.

    $\rho + \alpha + \tau = 1$
  - 흑체(Black Body)는 들어오는 복사에너지를 모두 흡수하고 반사되거나 투과량이 없을 때, 얻을 수 있는 최대 가능한 흡수율이 1이다. 이때의 복사체를 흑체라 한다.

    $\rho(=0) + \alpha + \tau(=0) = 1 \Rightarrow \therefore \ \alpha = 1$

① 복사의 방출

㉠ 방사력(Emissive Power, W)

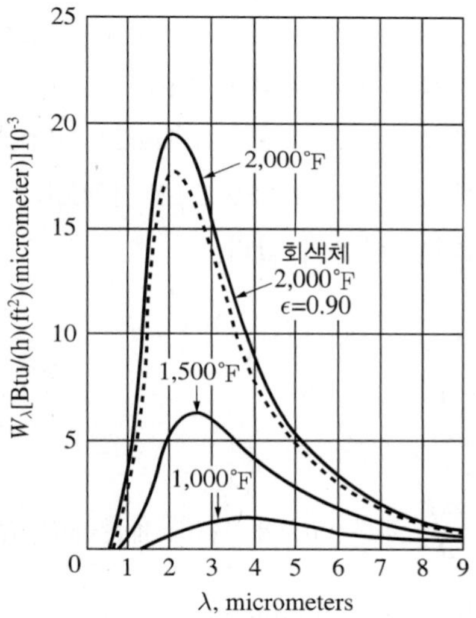

- 방사력은 0~∞까지 곡선의 밑 부분의 전 면적이므로 W_λ(단위면적당 파장별 단색광 복사력)을 모든 파장(λ)에 관한 적분으로 구하면, $W = \int_0^\infty W_\lambda \, d\lambda$

㉡ 방사율(Emissivity, ε) : 흑체의 방사력 W_b에 대한 어떤 물체의 총 방사력 W의 비를 말다.

$$\varepsilon \equiv \frac{W}{W_b}$$

- 단색광 방사율(Monochromatic Emissivity, ε_λ) : $\varepsilon_\lambda \equiv \dfrac{W_\lambda}{W_{b,\lambda}}$
- 회색체(Gray Body) : 단색광 방사율이 모든 파장에서 동일한 방사체를 말한다.

㉢ 흑체 복사의 법칙

- 슈테판-볼츠만의 법칙(Stefan-Boltzmann's Law) : 흑체의 총 방사력은 절대온도의 4제곱에 비례한다.

  $W_b = \sigma T^4$

  여기서, σ : 슈테판-볼츠만 상수(5.672×10^{-8}[W/m^2 · K^4] = 0.1713×10^{-8}[Btu/ft^2 · h · °R^4])

  T : 절대온도([K] 또는 [°R])

  * °R(랭킨 온도, Rankine Temperature) : 화씨온도(°F)를 기반하는 절대온도이다.
  °R = °F + 459.67(≒ 460)

- 플랑크의 법칙(Planck's Law)

  흑체 스펙트럼 내 에너지 분포는 다음과 같다.

  $$W_{b,\lambda} = \frac{2\pi h c^2 \lambda^{-5}}{e^{\frac{hc}{k\lambda T}} - 1}$$

  여기서, h : 플랑크 상수(6.626×10^{-34}[J · s])

  c : 빛의 속도(2.998×10^8[m/s] ≒ 300,000[km/s])

  k : 볼츠만 상수(1.380×10^{-23}[J/K])

  간단하게 나타내면 다음과 같다.

  $$W_{b,\lambda} = \frac{C_1 \lambda^{-5}}{e^{\frac{C_2}{\lambda T}} - 1}$$

  여기서, C_1, C_2 : 상수

  이 식을 $W_b = \int_0^{\infty} W_{b,\lambda} d\lambda$에 넣고 계산하면 슈테판-볼츠만의 법칙과 일치한다.

- 빈의 변위법칙(Wien's Displacement Law)

  최대 단색광 복사력(Maximum Monochromatic Radiating Power)의 일정한 파장(λ_{max})은 절대온도에 반비례한다.

  $T \cdot \lambda_{max} = C$

  여기서, C : 상수

  λ_{max} : [μm]

  T : 2,890[K], 5,200[°R]

  플랑크의 법칙을 파장(λ)에 대하여 미분하고, 함수값 = 0으로 놓고 λ_{max} 값을 구하면 유도된다.

② 키르히호프의 법칙(Kirchhoff's Law)

온도 평형상태에서 그 물체의 흡수율에 대한 총 복사력의 비가 단지 그 복사체의 온도에만 의존된다.

$$\frac{W_1}{\alpha_1} = \frac{W_2}{\alpha_2}$$

복사체2가 흑체이면($\alpha_2 = 1$) 다음과 같다.

$$\frac{W_1}{\alpha_1} = \frac{W_b}{1} = W_b = \frac{W_2}{W_b} \Rightarrow \alpha_2 = \frac{W_2}{W_b} = \varepsilon_2$$

③ 표면 간의 복사

㉠ 면적 A_1, 방사율 ε_1, 절대온도 T_1 인 불투명체의 단위시간당 단위면적당 총 복사에너지는 다음과 같다(슈테판–볼츠만의 법칙 이용).

$$\frac{\dot{q}}{A} = W_1 = \sigma\varepsilon_1 T_1^4$$

㉡ 두 표면 간 복사에서 그 표면들이 매우 긴 평면이고, 모두 흑체일 경우 실 에너지량은 다음과 같다($T_1 > T_2$).

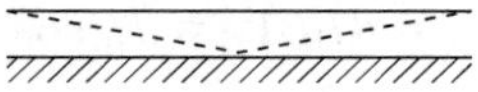

$$\frac{\dot{q}}{A} = W_1 - W_2 = \sigma T_1^4 - \sigma T_2^4 = \sigma(T_1^4 - T_2^4)$$

㉢ 거리제곱 효과

- 복사세기(Intensity of Radiation, I, 표면의 단위시간당 단위면적당 에너지) : 코사인 법칙(난복사의 경우 복사의 세기가 복사표면으로부터 받는 표면까지의 거리 및 배향에 따라 나타나는 복사의 세기에 대한 법칙)을 사용한다.

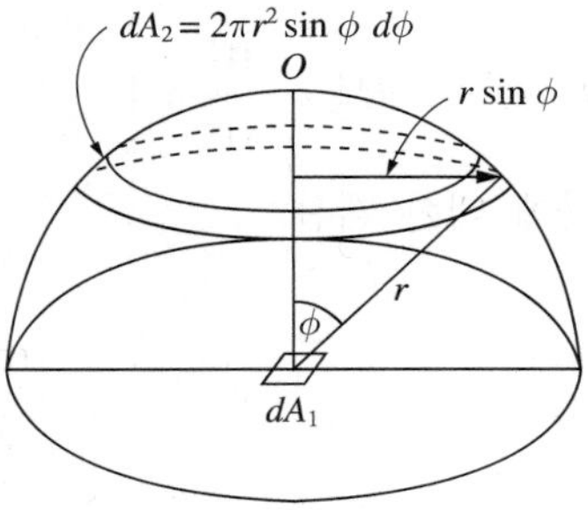

• 반지름 r인 반구 표면의 A_2의 중심에 복사 표면요소 dA_1을 고려하고, 받는 표면 중 고리형 요소의 면적은 $dA_2 = 2\pi r^2 \sin\phi d\phi$(단, ϕ는 dA_1의 법선과 dA_1과 dA_2을 연결한 반지름 간의 각)라고 한다.

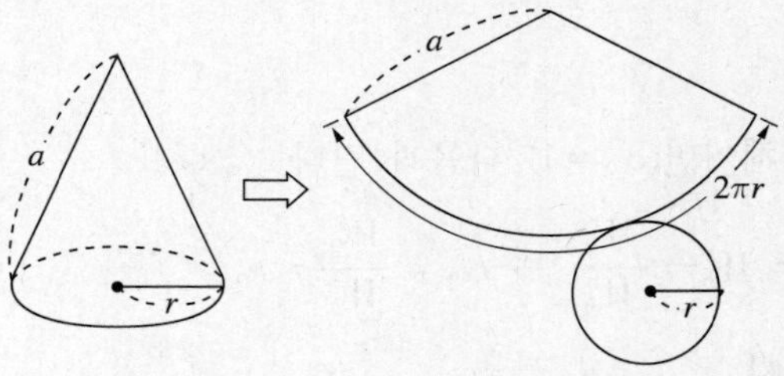

• A_2의 면적은 원뿔 옆면(부채꼴)의 넓이로 생각하고 구하면 다음과 같다(단, $a = r$, $r = r\sin\phi$).

$A_2 = (2\pi r \sin\phi)(r) 2\pi r^2 \sin\phi$

• dA_1의 세기 dI_0, A_1의 세기 dI라고 하고 난복사에 대한 코사인 법칙은 다음과 같다.

$dI = dI_0 \cos\phi$

• 면적 dA_2에 의한 에너지 수용속도 dq_{dA2}는 다음과 같다.

$$\frac{d\dot{q}_{dA_2}}{dA_2} = dI \Rightarrow d\dot{q}_{dA_2} = dIdA_2 = dI_0 \cos\phi dA_2 = dI_0 2\pi r^2 \sin\phi \cos\phi d\phi$$

• 면적 dA_1의 방사속도 = 총 면적 A_2에 의한 받아들이는 에너지 속도이다.

$$W_1 dA_1 = \int_{A_2} d\dot{q}_{dA_2} = \int_0^{\frac{\pi}{2}} dI_0 2\pi r^2 \sin\phi \cos\phi d\phi = dI_0 \pi r^2 \int_0^{\frac{\pi}{2}} \sin 2\phi d\phi$$

$$= dI_0 \pi r^2 \left[-\frac{1}{2}\cos 2\phi \right]_0^{\frac{\pi}{2}} = -\frac{1}{2} dI_0 \pi r^2 (\cos\pi - \cos 0)$$

$$= -\frac{1}{2} dI_0 \pi r^2 (-1-1) = dI_0 \pi r^2$$

$$\therefore \; W_1 dA_1 = dI_0 \pi r^2 \Rightarrow dI_0 = \frac{W_1}{\pi r^2} dA_1 \Rightarrow dI = \frac{W_1}{\pi r^2} dA_1 \cos\phi$$

㉣ 흑체 표면 간 복사에 대한 계산

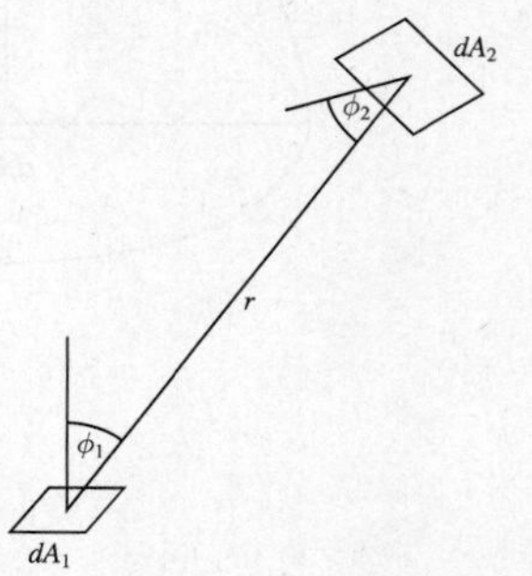

• 두 평면 면적 요소는 거리 r만큼 떨어져 있고 그 둘 사이에 직선으로 연결되어 있다. 1요소에 2요소만 볼 수 있는 경우 1요소 복사 중 2요소에 의한 받는 에너지 속도는 다음과 같다.

$$d\dot{q}_{dA_1 \to dA_2} = dI_1 \cos\phi_2 dA_2$$

$$= \frac{W_1}{\pi r^2} dA_1 \cos\phi_1 \cos\phi_2 dA_2$$

$$= \frac{\sigma T_1^{\ 4}}{\pi r^2} \cos\phi_1 \cos\phi_2 dA_1 dA_2$$

• 2요소에서 1요소에 의한 받는 에너지 속도는 다음과 같다.

$$d\dot{q}_{dA_2 \to dA_1} = \frac{\sigma T_2^4}{\pi r^2} \cos\phi_1 \cos\phi_2 dA_1 dA_2$$

• 실 에너지량은 다음과 같다.

$$d\dot{q}_{12} = d\dot{q}_{dA_1 \to dA_2} - d\dot{q}_{dA_2 \to dA_1}$$

$$= \frac{\sigma T_2^{\ 4}}{\pi r^2} \cos\phi_1 \cos\phi_2 dA_1 dA_2 - \frac{\sigma T_2^{\ 4}}{\pi r^2} \cos\phi_1 \cos\phi_2 dA_1 dA_2$$

$$= \frac{\sigma}{\pi r^2} \cos\phi_1 \cos\phi_2 dA_1 dA_2 (T_1^{\ 4} - T_2^{\ 4})$$

$$\therefore \ \dot{q}_{12} = \sigma A F (T_1^{\ 4} - T_2^{\ 4})$$

여기서, A : 1과 2요소 중 임의로 선정한 면적[m^2]

F : 시계인자(View Factor) 또는 시각인자(Angle Factor)

• A가 A_1이나 A_2일 때는 다음과 같다.

$$\dot{q}_{12} = \sigma A_1 F_{12} (T_1^4 - T_2^4) = \sigma A_2 F_{21} (T_1^4 - T_2^4) \Rightarrow A_1 F_{12} = A_2 F_{21}$$

여기서, F_{12} : 1.0(A_1을 떠나, A_2에 의해 막는 복사량의 분율로 $F_{11} + F_{12} + F_{13} + \cdots$ $= 1.0 \Rightarrow F_{11}(= 0) + F_{12}(= 1.0) \Rightarrow F_{12} = 1.0$)

• 면적 A_1인 큰 흑체 표면으로 둘러싸인 면적 A_2인 작은 흑체 표면은 다음과 같다.

$$A_1 F_{12} = A_2 F_{21} = \Rightarrow F_{12} = \frac{A_2 F_{21}(= 1)}{A_1} = \frac{A_2}{A_1}$$

$$F_{11} + F_{12} = 1 \Rightarrow F_{11} = 1 - F_{12} = 1 - \frac{A_2}{A_1}$$

ⓜ 내화물 표면의 경우

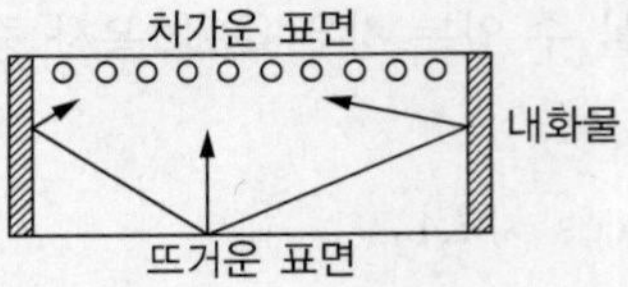

• 위의 경우에 시계인자 $\overline{F}$는 호환인자(Interchange Factor) F로 치환할 수 있다.

$$\dot{q}_{12} = \sigma A_1 \overline{F_{12}} (T_1^{\,4} - T_2^{\,4}) = \sigma A_2 \overline{F_{21}} (T_1^{\,4} - T_2^{\,4})$$

여기서, $\overline{F_{12}} = \dfrac{A_2 - A_1 F_{12}^{\,2}}{A_1 + A_2 - 2A_1 F_{12}}$ (근사식)

ⓗ 회색체 표면의 경우

• 흑체 표면(A_2, T_2)으로 둘러싸인 흑체 아닌 아주 작은 물체(A_1, T_1)가 있다. 아주 작은 물체의 실 에너지 손실량은 다음과 같다(ε_1 = 아주 작은 물체의 방사율, σ_1 = 흑체의 복사에 대해 아주 작은 물체의 흡수율).

$$\dot{q}_{12} = A_1 W_1 - A_2 W_2 = \sigma \varepsilon_1 A_1 T_1^4 - \sigma \alpha_1 A_2 F_{21} T_2^4 [A_1 F_{12} (=1) = A_2 F_{21}]$$

$$= \sigma \varepsilon_1 A_1 T_1^4 - \sigma \alpha_1 A_1 T_2^4 = \sigma A_1 (\varepsilon_1 T_1^4 - \alpha_1 T_2^4)$$

• 아주 작은 물체가 회색체이면 $\varepsilon_1 = \sigma_1$이므로 다음과 같다.

$$\dot{q}_{12} = \sigma A_1 \varepsilon_1 (T_1^4 - T_2^4)$$

• 일반적인 회색체들에 대한 식은 다음과 같다.

$$\dot{q}_{12} = \sigma A_1 \mathscr{F}_{12} (T_1^4 - T_2^4) = \sigma A_2 \mathscr{F}_{21} (T_1^4 - T_2^4)$$

여기서, $\mathscr{F}$: 총괄 호환인자(Overall Interchange Factor), $f(\varepsilon_1, \varepsilon_2)$

$$\mathscr{F}_{12} = \frac{1}{\dfrac{1}{\overline{F_{12}}} + \left(\dfrac{1}{\varepsilon_1} - 1\right) + \dfrac{A_1}{A_2}\left(\dfrac{1}{\varepsilon_2} - 1\right)}$$

– 2개의 큰 평행 평면인 경우($A_1 / A_2 = 1$, $\overline{F_{12}} = 1$)

$$\mathscr{F}_{12} = \frac{1}{\dfrac{1}{1} + \left(\dfrac{1}{\varepsilon_1} - 1\right) + 1\left(\dfrac{1}{\varepsilon_2} - 1\right)} = \frac{1}{\dfrac{1}{\varepsilon_1} + \dfrac{1}{\varepsilon_2} - 1}$$

– 다른 물체로 완전히 둘러싸인 단일 회색체인 경우($\overline{F_{12}} = 1$)

$$\mathscr{F}_{12} = \frac{1}{\dfrac{1}{1} + \left(\dfrac{1}{\varepsilon_1} - 1\right) + \dfrac{A_1}{A_2}\left(\dfrac{1}{\varepsilon_2} - 1\right)} = \frac{1}{\dfrac{1}{\varepsilon_1} + \dfrac{A_1}{A_2}\left(\dfrac{1}{\varepsilon_2} - 1\right)}$$

④ 반투명체의 복사

㉠ 반투명체의 복사 감쇠량은 강도 I_λ에 비례한다.

$$-\frac{dI_\lambda}{dx} = \mu_\lambda I_\lambda \Rightarrow \mu_\lambda \int_0^x dx = \mu_\lambda x = -\int_{I_{0,\lambda}}^{I_\lambda} \frac{1}{I_\lambda} dI_\lambda = -[\ln I_\lambda]_{I_{0,\lambda}}^{I_\lambda} = -\ln \frac{I_\lambda}{I_{0,\lambda}}$$

$$\Rightarrow \ln \frac{I_\lambda}{I_{0,\lambda}} = -\mu_\lambda x \Rightarrow \frac{I_\lambda}{I_{0,\lambda}} = e^{-\mu_\lambda x}$$

여기서, μ_λ : 흡수계수(Absorption Coefficient)[m^{-1}]

㉡ 감쇠량이 $1/e = 1/2.71828182846 = 0.36787944117$일 때 흡수길이(Absorption Length, L_λ[m])는 다음과 같다.

$$\frac{I_\lambda}{I_{0,\lambda}} = e^{-\mu_\lambda x} \Rightarrow \frac{1}{e} = e^{-1} = e^{-\mu_\lambda x}$$

$$-\mu_\lambda x = -1, \ \therefore x = L_\lambda = \frac{1}{\mu_\lambda}$$

⑤ 전도-대류와 복사에 의한 복합적인 열전달

㉠ h_c = 대류 열전달계수, ε_w = 표면 방사율, T_w = 표면온도, T = 외부온도일 때 총 열 플럭스는 다음과 같다.

$$\frac{\dot{q}_T}{A} = \frac{\dot{q}_c}{A} + \frac{\dot{q}_r}{A} = h_c(T_w - T) + \sigma\varepsilon_w(T_w^4 - T^4) = h_c(T_w - T) + h_r(T_w - T)$$

$$= (h_c + h_r)(T_w - T)$$

$$\because h_r(\text{복사 열전달계수}) \equiv \frac{q_r}{A(T_w - T)}$$

㉡ $T_w - T$가 작을 때($T_w \approx T$)

$$\frac{\dot{q}_r}{A} = \sigma\varepsilon_w(T_w^4 - T^4) = \sigma\varepsilon_w(T_w^2 - T^2)(T_w^2 + T^2)$$

$$= \sigma\varepsilon_w(T_w - T)(T_w + T)(T_w^2 + T^2) \approx \sigma\varepsilon_w(T_w - T)(T_w + T_w)(T_w^2 + T_w^2)$$

$$= \sigma\varepsilon_w(T_w - T) \cdot 2T_w \cdot 2T_w^2 = \sigma\varepsilon_w(T_w - T) \cdot 4T_w^3$$

$$\therefore \frac{\dot{q}_r}{A} = h_r(T_w - T) \approx \sigma\varepsilon_w(T_w - T) \cdot 4T_w^3$$

$$\therefore h_r = 4\sigma\varepsilon_w T_w^3$$

2 열전달 응용

(1) 열교환 장치(Heat-exchange Equipment)

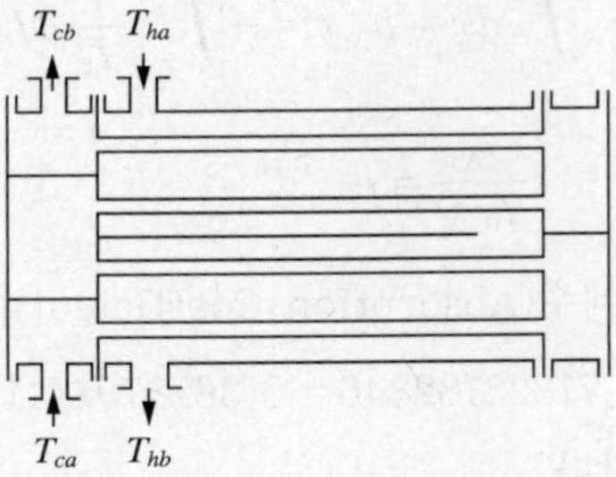

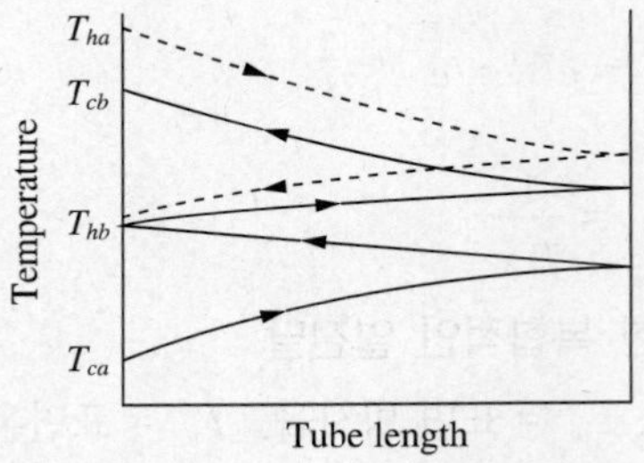

① 인자 Z : 차가운 유체의 온도상승에 대한 뜨거운 유체의 온도강하비

$$Z = \frac{T_{h1} - T_{h2}}{T_{c2} - T_{c1}} = \frac{\dot{m}_c C_{pc}}{\dot{m}_h C_{ph}}$$

여기서, 첨자 h : 뜨거운 유체

첨자 c : 차가운 유체

첨자 1 : 입구

첨자 2 : 출구

② 가열유효도(Heating Effectiveness) : 향류에서 뜨거운 유체 접근단이 0일 때 얻을 수 있는 최대 가능성 온도상승에 대한 차가운 유체의 실제 온도상승비

$$\eta_H = \frac{T_{c2} - T_{c1}}{T_{h1} - T_{c1}}$$

③ 열전달 단위 수(Number of Heat-transfer Unit, N_H)

㉠ 열전달 단위 수는 대수 평균온도차에 대한 흐름 중 큰 온도차의 비이다.

$$N_H = \frac{T_{c2} - T_{c1}}{\overline{\Delta T_L}} = \frac{UA}{\dot{m}_c C_{pc}}$$

$$\dot{q} = \dot{m}_c C_{pc}(T_{c2} - T_{c1}) = UA\overline{\Delta T_L}$$

㉡ 열전달에 기본수식을 적분한다.

$$d\dot{q} = \dot{m}_c C_{pc} dT_c = UdA(T_h - T_c) \Rightarrow \int_{T_{c1}}^{T_{c2}} \frac{1}{T_h - T_c} dT_c = \frac{U}{\dot{m}_c C_{pc}} \int_0^A dA$$

$$\Rightarrow [-\ln(T_h - T_c)]_{T_{c1}}^{T_{c2}} = \frac{U}{\dot{m}_c C_{pc}} [A]_0^A \Rightarrow \ln\frac{T_h - T_{c2}}{T_h - T_{c1}} = -\frac{UA}{\dot{m}_c C_{pc}} = -N_H$$

$$\Rightarrow T_h - T_{c2} = (T_h - T_{c1}) e^{-N_H}$$

㉢ 뜨거운 유체와 차가운 유체의 용량이 같을 때($\dot{m}_c C_{pc} = \dot{m}_h C_{ph}$, $\Delta \overline{T_L} = T_{h1} - T_{c2}$)

$$N_H = \frac{T_{c2} - T_{c1}}{\overline{\Delta T_L}} = \frac{T_{c2} - T_{c1}}{T_{h1} - T_{c2}}$$

$$\Rightarrow N_H + 1 = \frac{T_{c2} - T_{c1}}{T_{h1} - T_{c2}} + 1 = \frac{T_{c2} - T_{c1} + T_{h1} - T_{c2}}{T_{h1} - T_{c2}} = \frac{T_{h1} - T_{c1}}{T_{h1} - T_{c2}}$$

$$\Rightarrow \frac{N_H}{N_H + 1} = \frac{\dfrac{T_{c2} - T_{c1}}{T_{h1} - T_{c2}}}{\dfrac{T_{h1} - T_{c1}}{T_{h1} - T_{c2}}} = \frac{T_{c2} - T_{c1}}{T_{h1} - T_{c1}} = \varepsilon$$

$$\Rightarrow T_{c2} - T_{c1} = \varepsilon(T_{h1} - T_{c1})$$

여기서, ε : 최대 가능 온도변화에 대한 실제 온도변화비(열교환기의 유효도, Effectiveness)

㉣ 용량비(Capacity Ratio, R_c) : 고용량 흐름에 대한 저용량 흐름의 비

$$R_c = \frac{\dot{m} C_p(\text{저용량 흐름})}{\dot{m} C_p(\text{고용량 흐름})}$$

(2) 증발(Evaporation)

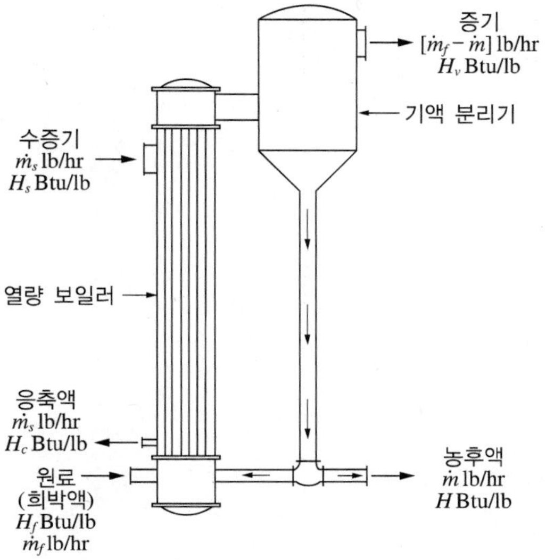

㉠ 증발기(Evaporator)에 대한 엔탈피 수지

- 아래첨자 s : 수증기, 아래첨자 v : 증기, 아래첨자 f : 희박액(급송액), 아래첨자 없는 것 : 농후액, 증기 유량 = 희박액 유량 − 농후액 유량이라고 가정한다.
- 비말 동반 없고, 비응축성 물질의 흐름을 무시한다. 증발기의 열손실은 없다고 가정한다.
- 수증기(Steam) 엔탈지 수지는 다음과 같다.

  $\dot{q}_s = \dot{m}_s(H_s - H_c) = \dot{m}_s\lambda_s$

  여기서, λ : 응축잠열(기체 → 액체)
- 농후액 엔탈피 수지는 다음과 같다.

  $\dot{q} = (\dot{m}_f - \dot{m})H_v - \dot{m}_f H_f + \dot{m}H$
- 열손실이 없을 때 수증기 열전달속도와 농후액 열전달속도가 같다.

  $\dot{q}_s = \dot{m}_s(H_s - H_c) = \dot{m}_s\lambda_s = (\dot{m}_f - \dot{m})H_v - \dot{m}_f H_f + \dot{m}H$
- 희석열을 무시할 수 있을 때 농후액 열전달속도는 희박액 열전달속도와 증기 열량의 합과 같다(농후액 비점 상승을 무시하면 $\lambda_v = \lambda$).

  $\dot{q} = \dot{q}_f + \dot{q}_v = \dot{m}_f C_{pf}(T - T_f) + (\dot{m}_f - \dot{m})\lambda$

CHAPTER 03 물질전달(Mass Transfer)

• 자유도(Degrees of Freedom)

$F = C - P + 2$

여기서, F : 자유도의 수

C : 성분의 수

P : 상의 수

예 증류에서 두 개의 성분과 두 개의 상이 있다면, $F = 2 - 2 + 2 = 2$

1 확산과 물질전달 원리

(1) 확산이론 및 확산도

① 확산이론

* 2성분으로 한정한다.

㉠ 픽의 확산 제1법칙(Fick's First Law of Diffusion)

• 확산양은 거리에 따른 농도차에 의해 결정된다.

• 일차원 확산에 대한 일반식은 다음과 같다.

$$J_A = -D_v \frac{dC_A}{db}$$

여기서, J_A : A 성분의 몰 플럭스[kgmol/m² · h]

D_v : 부피확산도(부피확산계수)[m²/h]

C_A : A 성분의 몰농도[kgmol/m³]

b : 확산 방향으로의 거리[m]

* 부피확산도(Volumetric Diffusivity, Volumetric Diffusion Coefficient)의 단위

$$J_A = -D_v \frac{dC_A}{db} \Rightarrow D_v = -J_A \frac{db}{dC_A} = \frac{[\text{kgmol/m}^2 \cdot \text{h}]\,[\text{m}]}{[\text{kgmol/m}^3]} = [\text{m}^2/\text{h}]$$

• 3차원 확산이면 다음과 같다.

$$J_A = D_v \nabla C_A = D_v \rho_M \nabla x_A$$

여기서, ρ_M : 혼합물의 몰밀도[kgmol/m³]

x_A : A 성분의 몰분율

$$C_A = \rho_M[\text{kgmol/m}^3] \cdot x_A = [\text{kgmol/m}^3]$$

㉡ 운동량 전달과 열전달과의 유사성

• 물질전달

$$J_A = -D_v \frac{dC_A}{db}$$

• 열전달

$$\frac{d\dot{q}}{dA} = -k\frac{dT}{dx}\left[\alpha(\text{열확산도}) - \frac{k}{\rho C_p}\right] = -\alpha\frac{d(\rho C_p T)}{dx}$$

• 운동량 전달

$$\tau_v = \mu\frac{du}{dy} = \nu\frac{d(\rho u)}{dy}$$

㉢ 몰 플럭스

• 정지면에 수직 방향으로 몰 플럭스(단위시간당 단위면적당 몰수)는 다음과 같다.

$N_A = C_A u_A = [\text{kmol/m}^3][\text{m/s}] = [\text{kmol/m}^2 \cdot \text{s}]$

• 기준면에 대한 A성분의 몰 플럭스는 다음과 같다.

$J_A = C_A u_A - C_A u_0 = C_A(u_A - u_0)$

* 부피평균속도 : 단위면적당 부피유속$[\text{m}^3/\text{m}^2 \cdot \text{s}]$

㉣ 확산도 사이의 관계

• 이상기체일 경우

$$C_A + C_B = \rho_M = \frac{n}{V} = \frac{P}{RT}(PV = nRT)$$

• 일정한 온도와 압력일 경우

$$dC_A + dC_B = d\rho_M = d\left(\frac{n}{V}\right) = d\left(\frac{P}{RT}\right) = 0$$

$\Rightarrow dC_A = -dC_B$

• 기준면의 부피 흐름이 없으면 몰부피가 같으므로(두 성분에 대한 확산 플럭스 합 = 0) 다음과 같다.

$$J_A + J_B = -D_{AB}\frac{dC_A}{db} - D_{BA}\frac{dC_B}{db} = 0(dC_A = -dC_B)$$

$$-D_{AB}\frac{dC_A}{db} - D_{BA}\frac{d(-C_A)}{db} = (-D_{AB} + D_{BA})\frac{dC_A}{db} = 0$$

$\therefore D_{AB} = D_{AB}$

• 액체 혼합물에 대한 같은 질량 밀도를 가진다면 다음과 같다.

$C_A M_A(= [\text{kmol/m}^3][\text{kg/kgmol}] = [\text{kg/m}^3]) + C_B M_B = \rho = constant$(일정하다)

$M_A dC_A + M_B dC_B = d\rho = 0$

- 기준면의 부피 흐름이 없고 확산에 의한 부피 흐름의 합 = 0이므로, 다음과 같다.

$$D_{AB}\frac{dC_A}{db}\frac{M_A}{\rho} - D_{BA}\frac{dC_B}{db}\frac{M_B}{\rho} = 0 \Rightarrow D_{AB} = D_{BA}$$

- 고정면에 대한 상대적인 총 몰 플럭스는 다음과 같다.

$$N_A = u_0 C_A - D_v\frac{dC_A}{db}\,(C_A = \rho_M y_A,\ N = \rho_M u_0)$$

$$\Rightarrow \frac{N}{\rho_M}(\rho_M y_A) - D_v\frac{d(\rho_M y_A)}{db} = y_A N - D_v\rho_M\frac{dy_A}{db}$$

㉤ 등몰확산(Equimolar Diffusion)

- 알짜 몰 유량 = 0(A 성분의 총 몰 플럭스는 일정하고, 전체 몰 플럭스 = 0이다)으로 다음과 같다.

$$N_A = y_A N(=0) - D_v\rho_M\frac{dy_A}{db} = -D_v\rho_M\frac{dy_A}{db}$$

$$\Rightarrow N_A\int_0^{B_T} db = N_A[\,b\,]_o^{B_T} = N_A B_T = -D_v\rho_M\int_{y_{Ai}}^{y_A} dy_A = -D_v\rho_M[\,y_A\,]_{y_{Ai}}^{y_A}$$

$$= D_v\rho_M(y_{Ai} - y_A)$$

$$\therefore\ N_A = \frac{D_v\rho_M}{B_T}(y_{Ai} - y_A) = \frac{D_v}{B_T}(C_{Ai} - C_A) = J_A$$

㉥ 단일성분확산(One-way Diffusion, 한 방향 확산)

- A 성분만 확산이 일어날 때 계면으로부터 전체 몰 플럭스와 A 성분의 총 몰 플럭스는 같으므로 다음과 같다.

$$N_A = y_A N - D_v\rho_M\frac{dy_A}{db} = y_A N_A - D_v\rho_M\frac{dy_A}{db}$$

$$\Rightarrow N_A(1 - y_A) = -D_v\rho_M\frac{dy_A}{db}$$

$$\Rightarrow \frac{N_A}{D_v\rho_M}\int_0^{B_T} db = \frac{N_A}{D_v\rho_M}[\,b\,]_0^{B_T} = \frac{N_B B_T}{D_v\rho_M} = -\int_{y_{Ai}}^{y_A}\frac{dy_A}{1 - y_A} = -[-\ln(1 - y_A)]_{y_{Ai}}^{y_A}$$

$$= \ln\frac{1 - y_A}{1 - y_{Ai}}$$

$$\therefore\ N_A = \frac{D_v\rho_M}{B_T}\ln\frac{1 - y_A}{1 - y_{Ai}}$$

여기서, B_T : 경막 두께(Film Thickness, [m])

아래첨자 A : 경막 바깥쪽 가장자리

아래첨자 A_i : 경막 계면 또는 안쪽 가장자리

• 여기서 $(1-y_A)$의 대수평균을 도입하면 다음과 같다.

$$1 > \overline{(1-y_A)_L} = \frac{(1-y_A)-(1-y_{Ai})}{\ln\frac{1-y_A}{1-y_{A_i}}} = \frac{y_{Ai}-y_A}{\ln\frac{1-y_A}{1-y_{A_i}}} = \frac{D_v\rho_M}{B_T}\frac{\frac{y_{Ai}-y_A}{1}}{\frac{y_{Ai}-y_A}{\ln\frac{1-y_A}{1-y_{Ai}}}}$$

$$= \frac{D_v\rho_M}{B_T}\frac{y_{Ai}-y_A}{\overline{(1-y_A)_L}}$$

• 농도차가 일정할 때 한 방향 확산(일방확산)에 대한 등몰확산의 비를 구하면 다음과 같다.

$$\frac{\frac{D_v\rho_M}{B_T}(y_{Ai}-y_A)}{\frac{D_v\rho_M}{B_T}\frac{y_{Ai}-y_A}{\overline{(1-y_A)_L}}} = \overline{(1-y_A)_L} < 1$$

• 한 방향 확산의 경우가 더 크다.

$$1 > \overline{(1-y_A)_L} = \frac{(1-y_A)-(1-y_{Ai})}{\ln\frac{1-y_A}{1-y_{Ai}}} = \frac{y_{Ai}-y_A}{\ln\frac{1-y_A}{1-y_{Ai}}} = \frac{D_v\rho_M}{B_T}\frac{\frac{y_{Ai}-y_A}{1}}{\frac{y_{Ai}-y_A}{\ln\frac{1-y_A}{1-y_{Ai}}}}$$

$$= \frac{D_v\rho_M}{B_T}\frac{y_{Ai}-y_A}{\overline{(1-y_A)_L}}$$

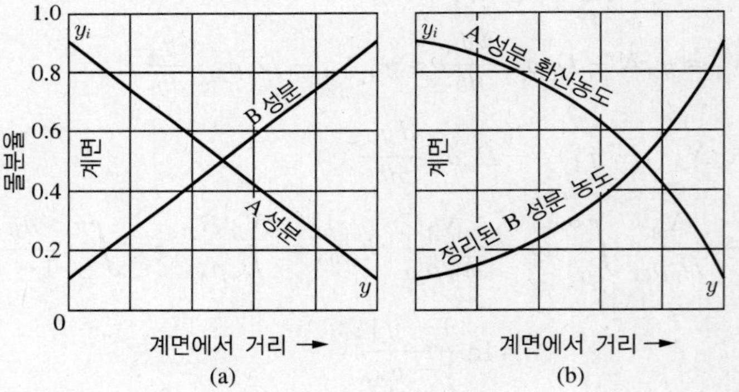

* 슈미트수(Schmidt Number)

- 분자확산도에 대한 동점도의 비

$$Sc. = \frac{\nu}{D_v} = \frac{\frac{\mu}{\rho}}{D_v} = \frac{\mu}{\rho D_v} = \frac{[\mathrm{m^2/s}]}{[\mathrm{m^2/s}]}$$

- 프란틀수와 유사하다.

$$- \text{Pr.} \equiv \frac{\nu(\text{열확산계수})}{\alpha(\text{운동량확산계수})} = \frac{\frac{\mu}{\rho}}{\frac{k}{\rho C_P}} = \frac{C_P\mu}{k}$$

② 과도확산(Transient Diffusion)

㉠ 픽의 확산 제2법칙(Fick's Second Law of Diffusion)

- 농도 변화율은 거리에 따른 농도 변화의 2차 도함수에 비례한다는 것이다.
- 고체나 흐르지 않는 유체에 비정상상태의 확산이 일어날 때 비정상상태의 열전도의 식은 다음과 같다.

$$\frac{\partial C_A}{\partial t} = D_{AB}\frac{\partial^2 C_A}{\partial x^2}$$

(2) 물질전달이론

① 물질전달계수(Mass Transfer Coefficient)

㉠ 단위농도차당 몰 플럭스(단위면적당 물질전달속도)로 정의하면 다음과 같다.

$$k_C \frac{J_A}{C_{Ai} - C_A} = \frac{[\text{mol/cm}^2 \cdot \text{s}]}{[\text{mol/cm}^3]} = [\text{cm/s}]$$

$$k_y = \frac{J_A}{y_{Ai} - y_A} = [\text{mol/cm}^2 \cdot \text{s}]$$

여기서, 아래첨자 c : 농도, 아래첨자 y : 기사의 몰분율

㉡ 물질전달계수와 몰밀도와의 관계는 다음과 같다.

$$k_C \frac{P}{RT} = k_C \rho_M = \frac{J_A}{\frac{C_{Ai} - C_A}{\rho_M}} \rho_M = \frac{J_A}{\frac{C_{Ai} - C_A}{\rho_M}} = \frac{J_A}{y_{Ai} - y_A} = k_y$$

$$- k_C \frac{\rho_x}{\overline{M}} = k_C \rho_M = \frac{J_A}{C_{Ai} - C_A} \rho_M = \frac{J_A}{\frac{C_{Ai} - C_A}{\rho_M}} = \frac{J_A}{x_{Ai} - x_A} = k_x$$

여기서, $\widehat{M}$: 평균분자량[g/mol]($\rho_x/\widehat{M}$ = [g/cm^3]/[g/mol] = [mol/cm^3] = ρ_M)

아래첨자 x : 액상의 몰분율

- 기상에서 분압차를 사용하는 물질전달계수는 다음과 같다.

$$k_g = \frac{J_A}{P_{Ai} - P_A}$$

$$\frac{k_C}{RT} = \frac{J_A}{(C_{Ai} - C_A)RT} = \frac{J_A}{(C_{Ai} - C_A)\frac{P}{\rho_M}} = \frac{J_A}{(y_{Ai} - y_A)P}\left(= \frac{k_y}{P}\right) = \frac{J_A}{P_{Ai} - P_A} = k_g$$

• 정체 경막 상태에서 정상상태 등몰확산의 경우는 다음과 같다.

$$k_C = \frac{J_A}{C_{Ai} - C_A} = \frac{\frac{D_v}{B_T}(C_{Ai} - C_A)}{C_{Ai} - C_A} = \frac{D_v}{B_T}$$

② 경막론

㉠ 확산의 저항이 일정한 두께를 갖는 정체 경막의 저항과 같다고 가정한다.

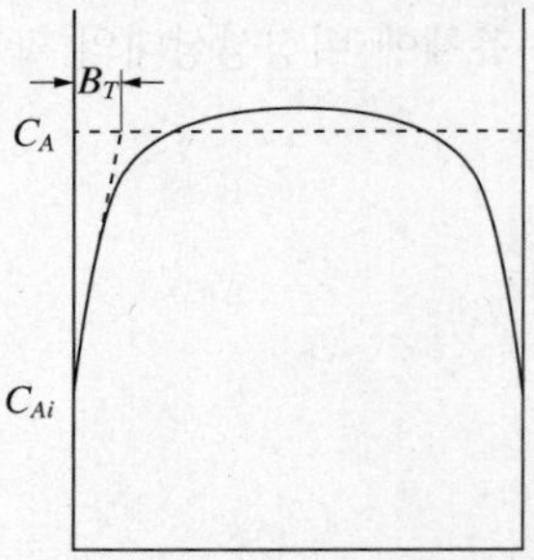

㉡ 한 방향 확산의 효과

$$\frac{\text{한방향확산}}{\text{등몰확산}} = \frac{N_A}{J_A} = \frac{\frac{D_v \rho_M}{B_T} \frac{y_{Ai} - y_A}{(1-y_A)_L}}{\frac{D_v \rho_M}{B_T}(y_{Ai} - y_A)} = \frac{1}{(1-y_A)_L} = \frac{1}{(y_B)_L}$$

㉢ 등몰확산 물질전달계수에 대한 한 방향 확산 물질전달계수에 대한 비는 다음과 같다.

$$\frac{k_C{'}}{k_C} = \frac{k_y{'}}{k_y} = \frac{1}{(1-y_A)_L}$$

$$N_A = k_y{'}(y_{Ai} - y_A) = \frac{k_y(y_{Ai} - y_A)}{(1-y_A)_L}$$

여기서, 첨자 $'$: 한 방향 확산

③ 경계층론

㉠ 유체가 층류 흐름인 표면 근처의 얇은 경계층에서 물질전달이 일어나는 경우에 해당한다.

㉡ 셔우드수(Sherwood Number)를 도입하면 다음과 같다.

$$Sh. = \frac{k_C D}{D_v} = \frac{[\text{cm/s}][\text{cm}]}{[\text{cm}^2/\text{s}]} = 0.665\sqrt[3]{Sc.}\ \sqrt{Re._b}$$

여기서, b : 평판 전체 길이[cm]

④ 침투론

㉠ 표면에 일정한 농도를 갖는 비교적 두꺼운 유체 속으로 들어가는 과도확산 속도식을 이용한다.

㉡ 픽의 제2법칙을 도입하면 다음과 같다.

$$\frac{\partial C_A}{\partial t} = D_v \frac{\partial^2 C_A}{\partial x^2}$$

여기서, 경계조건 C_A : $\begin{cases} t = 0,\ C_{A0} \\ b = 0, t > 0,\ C_{Ai} \end{cases}$

㉢ 특수해를 구하면 다음과 같다.

$$J_A = \sqrt{\frac{D_v}{\pi t}}\,(C_{Ai} - C_A)$$

㉣ 평균 플럭스를 구하면 다음과 같다.

$$\overline{J_A} = \frac{1}{t_T}\int_0^{t_T} J_A dt = \sqrt{\frac{D_v}{\pi}}\ \frac{C_{Ai} - C_A}{t_T}\int_0^{t_T} t^{-\frac{1}{2}} dt = \sqrt{\frac{D_v}{\pi}}\ \frac{C_{Ai} - C_A}{t_T}\left[2t^{\frac{1}{2}}\right]_o^{t_T}$$

$$= \sqrt{\frac{D_v}{\pi}}\ \frac{C_{Ai} - C_A}{t_T}\,2\sqrt{t_T} = 2\sqrt{\frac{D_v}{\pi t_T}}\,(C_{Ai} - C_A)$$

㉤ 평균 물질전달계수를 도입하면 다음과 같다.

$$\overline{k_C} = \frac{\overline{J_A}}{C_{Ai} - C_A} = \frac{2\sqrt{\frac{D_v}{\pi t_T}}\,(C_{Ai} - C_A)}{C_{Ai} - C_A} = 2\sqrt{\frac{D_v}{\pi(= 3.14159265359)t_T}} = 1.13\sqrt{\frac{D}{t_T}}$$

⑤ 이중경막론

㉠ 계면에서의 평형을 가정한다면 두 상의 물질전달저항을 더하여 총괄 저항을 구할 수 있다.

㉡ 2성분계 혼합물 증류에서 $y_A^* > x_A$ 일 때 다음과 같다.

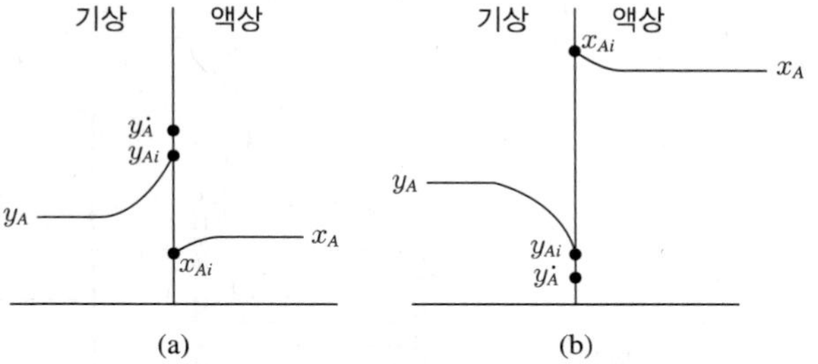

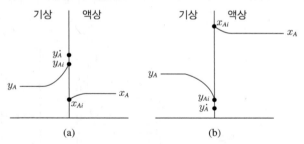

(a) (b)

㉢ 계면로의 전달속도

$$r = k_x(x_A - x_{Ai}) = k_y(y_{Ai} - y_A) = K_y(y_A^* - y_A)$$

$$\Rightarrow \frac{1}{K_y} = \frac{y_A^* - y_A}{r} = \frac{y_A^* - y_{Ai}}{r} + \frac{y_{Ai} - y_A}{r} = \frac{y_A^* - y_{Ai}}{k_x(x_A - x_{Ai})} + \frac{y_{Ai} - y_A}{k_y(y_{Ai} - y_A)}$$

$$= \frac{m}{k_x} + \frac{1}{k_y}$$

여기서, m : 평형곡선의 기울기

첨자 * : 평형상태

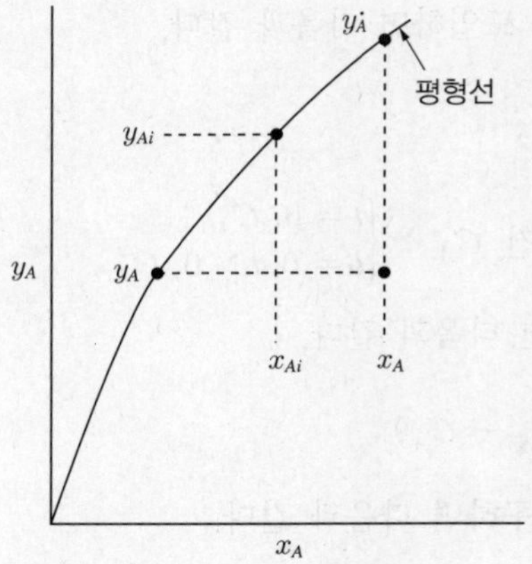

2 증류(Distillation)

- 액체 혼합을 끓이고 생긴 증기를 다시 응축하여 액체로 만든 다음 다시 증류탑으로 증기를 만들어낸 방법이다.
- 때로는 환류(되돌아가는) 공정도 포함되기도 한다.

(1) 평형증류(Equilibrium Distillation 또는 Flash Distillation)

① 발생된 증기가 나머지 액체와 평형을 이룬다.

② 액체의 일정한 비율이 기화되고 증기를 액체로부터 분리한 다음 증기를 응축시키는 과정이다.

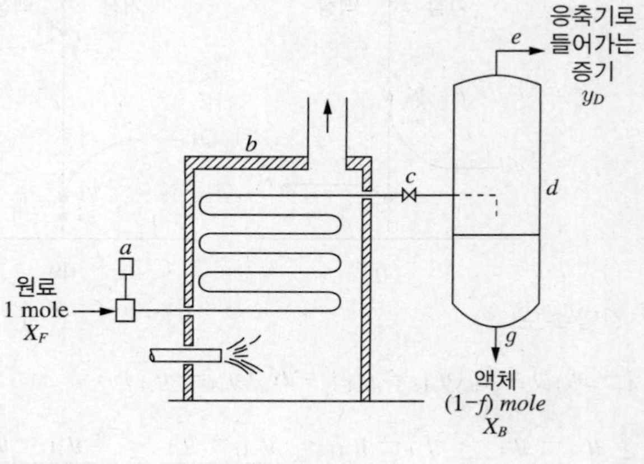

㉠ 2성분계 혼합물

- 물질수지를 세우면 다음과 같다.

$1 \cdot x_F$ (원료) $= f y_D$ (증기) $+ (1-f) x_B$ (액체)

• 2성분계의 상대휘발도(Relative Volatility)를 정의한다.

$$\alpha_{AB} = \frac{\frac{y_{Ae}}{x_{Ae}}}{\frac{y_{Be}}{x_{Be}}}$$

• 이상용액(Ideal Solution)의 경우 라울의 법칙을 적용한다.

$$y_A P = P_A = x_A P_x' \Rightarrow \frac{y_A}{x_A} = \frac{P_A'}{P},\ \frac{y_B}{x_B} = \frac{P_B'}{P}$$

$$\alpha_{AB} = \frac{\frac{P_A'}{P}}{\frac{P_B'}{P}} = \frac{P_A'}{P_B'}$$

* 라울의 법칙(Raoult's law) : 두 가지 액체가 섞여 있을 경우의 각 성분의 증기압력은 혼합물에서의 각 성분의 몰분율과 그의 순수한 상태에서의 증기압력에 정비례한다.

• 2성분 혼합물일 때 $x_B = 1 - x_A$, $y_B = 1 - y_A$를 대입하고 아래첨자를 모두 뺀다.

$$\alpha = \frac{\frac{y}{x}}{\frac{1-y}{1-x}} \Rightarrow \alpha x(1-y) = y(1-x) \Rightarrow y(1+\alpha x - x) = \alpha x$$

$$\therefore\ y = \frac{\alpha x}{1+(\alpha-1)x}$$

• 에너지 수지식을 세운다.

$1 \cdot H_F$(원료) $= fH_D$(증기) $+ (1-f)H_B$(액체)

(2) 연속증류(Continuous Distillation)

① 이상단(Ideal Plate)

㉠ 단을 나가는 액체와 증기는 평형상태이다.

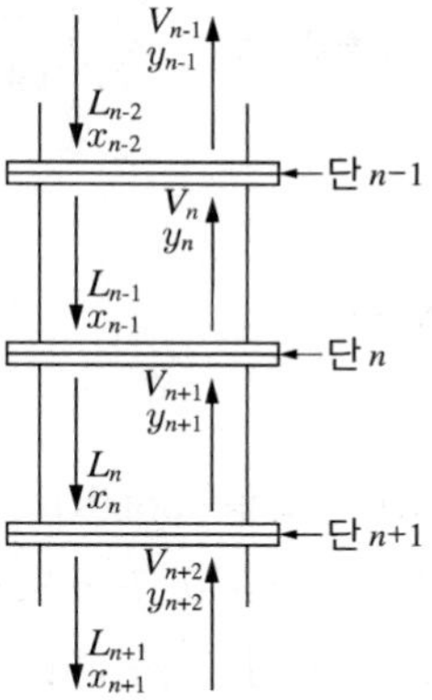

㉡ 증기 흐름은 V상이므로 농도는 y이고, 액체 흐름은 L상이므로 농도는 x이다.

㉢ n번째 단을 나가는 증기와 액체는 평형이므로 x_n과 y_n은 평형이다.

㉣ 이것을 통해 혼합물에 대한 기포점 선도를 그리면 다음과 같다.

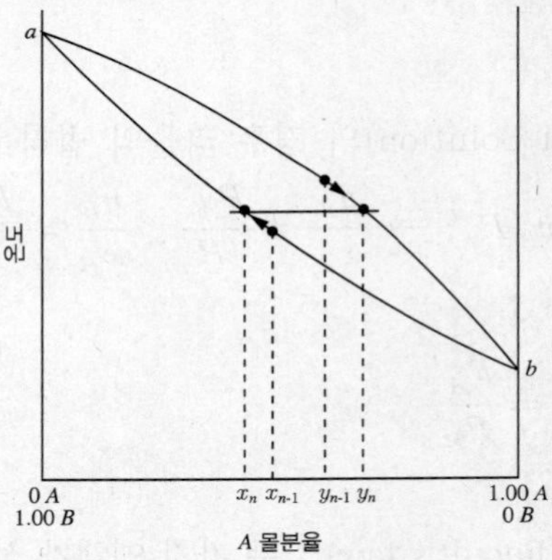

② 정류(Rectifying)와 탈거(Stripping)

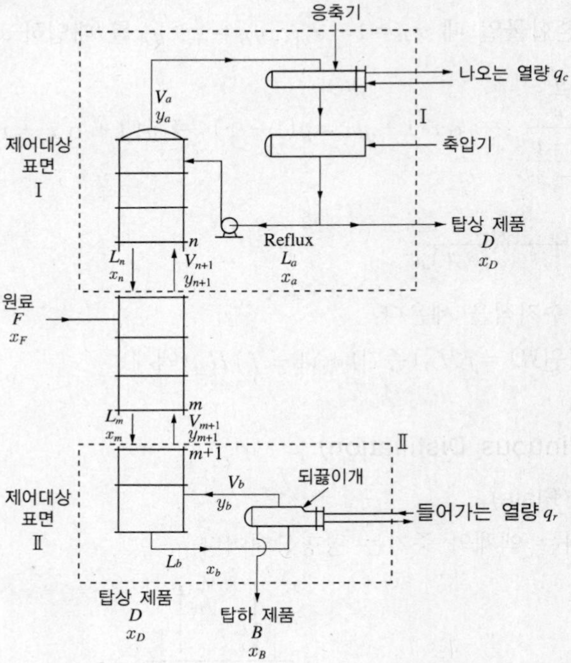

③ 2성분계의 총괄 물질수지

㉠ 총괄 물질수지식을 세운다.

$F = D + B$

여기서, F : 원료(Feed) 공급량[mol/h]

D : 탑상 제품(Overhead Product) 양

B : 탑하 제품(Bottom Product) 양

* 총괄 엔탈피 수지식

$FH_F + \dot{q}_r$ (재가열기) $= DH_D + BH_B + \dot{q}_c$ (응축기)

㉡ A 성분에 대한 물질수지식은 다음과 같다.

$$Fx_F = Dx_D + Bx_B = Dx_D + (F - D)x_B \Rightarrow D(x_D - x_B) = F(x_F - x_B)$$

$$\therefore \frac{D}{F} = \frac{x_F - x_B}{x_D - x_B}, \ \frac{B}{F} = \frac{x_D - x_F}{x_D - x_B}$$

④ 알짜 유량

㉠ 응축기와 저장조 물질수지식에서 탑상 제품양을 구한다.

$V_a = D + L_a \Rightarrow D = V_a - L_a$

㉡ 제어대상 표면 Ⅰ의 총괄 물질수지식은 다음과 같다.

$V_{n+1} = L_n + D \Rightarrow D = V_{n+1} - L_n$

여기서, n : 정류부의 임의의 단

㉢ A 성분에 대한 물질수지식을 세운다.

$Dx_D = V_a y_a - L_a x_a = V_{n+1} y_{n+1} - L_n x_n$

㉣ 탑 하부에 대한 물질수지식을 세운다.

$B = L_b - V_b = L_m - V_{m+1}$

$Bx_B = L_b x_b - V_b y_b = L_m x_m - V_{m+1} y_{m+1}$

여기서, m : 탈거부의 임의의 단

⑤ 조작선(Operating Line)

㉠ 정류부의 조작선

$V_{n+1} = L_n + D \Rightarrow D = V_{n+1} - L_n$

$Dx_D = V_a y_a - L_a x_a = V_{n+1} y_{n+1} - L_a x_a$

$\Rightarrow V_{n+1} y_{n+1} = L_n x_n + V_a y_a - L_a x_a$

$$\Rightarrow y_{n+1} = \frac{L_n}{V_{n+1}} x_n + \frac{V_a y_a - L_a x_a}{V_{n+1}} = \frac{L_n}{L_n + D} x_n + \frac{Dx_D}{L_n + D}$$

$$\therefore \frac{L_n}{L_n + D} < 1$$

* 제어대상 표면 Ⅰ의 엔탈피 수지식

$V_{n+1} H_{n+1} = L_n H_{x,n} + DH_D + \dot{q}_c$

$\dot{q}_c = V_a H_{y \cdot a} - RH_R - DH_D (H_R = H_D)$

$$V_{n+1} H_{n+1} = L_n H_{x,n} + DH_D + V_a H_{y \cdot a} - RH_D - DH_D$$
$$= L_n H_{x,n} + V_a H_{y \cdot a} - RH_D$$

㉡ 탈거부의 조작선

$B = L_b - V_b = L_m - V_{m+1}$

$Bx_B = L_b x_b - V_b y_b = L_m x_m - V_{m+1} y_{m+1} \Rightarrow V_{m+1} y_{m+1} = L_m x_m - Bx_B$

$$y_{m+1} = \frac{L_m}{V_{m+1}} x_m - \frac{B x_B}{V_{m+1}} = \frac{L_m}{L_m - B} x_m - \frac{B x_B}{L_m - B}$$

$$\therefore \frac{L_m}{L_m - B} > 1$$

* 탈거부의 엔탈피 수지식

$V_{m+1} H_{y,m+1} = L_m H_{x,m} - BH_B + \dot{q}_r$

⑥ 맥케이브-틸레법(McCabe-Thiele Method)에 의한 이상단의 수

㉠ 대부분 정류부의 증기와 탈거부의 액체의 몰 유량은 거의 일정하고, 각각의 조작선도 거의 직선에 해당한다. 또, 몰당 기화열이 거의 같을 때 일정 몰 넘침(Constant Molal Overflow)이라고 한다.

$L = \cdots = L_{m-1} = L_m = L_{m+1} = \cdots,$

$V = \cdots = V_{n-1} = V_n = V_{n+1} = \cdots$

㉡ 환류비(Reflux Ratio) : 탑상 제품 양(또는 증기량)에 대한 환류양의 비를 말한다.

$$R_D = \frac{L}{D} = \frac{V - D}{D} = \frac{V}{D} - 1 \Rightarrow V = D(R_D + 1)$$

$$R_V = \frac{L}{V} = \frac{L}{L + D} \ (V = L + D)$$

㉢ 정류부 조작선의 식

$$y_{n+1} = \frac{L_n}{L_n + D} x_n + \frac{D x_D}{L_n + D} = \frac{L}{L + D} x_n + \frac{D x_D}{L + D}$$

$$= \frac{DR_D}{D(R_D + 1)} x_n + \frac{D x_D}{D(R_D + 1)} = \frac{R_D}{R_D + 1} x_n + \frac{x_D}{R_D + 1}$$

기울기 $= \frac{R_D}{R_D + 1}$, y절편 $= \frac{x_D}{R_D + 1}$ 인 1차 함수(직선)에 해당한다.

$\Rightarrow x_n = x_D$로 대입하면 다음과 같다.

$$\frac{R_D}{R_D + 1} x_D + \frac{x_D}{R_D + 1} = \frac{x_D}{R_D + 1}(R_D + 1) = x_D \Rightarrow (x_D, x_D)\text{를 지난다.}$$

따라서, 정류부 조작선과 $y = x$(대각선)와 점(x_D, x_D)에서 교차한다.

⑦ 응축기(Condenser)와 맨 윗단(이상단의 첫 번째 단)

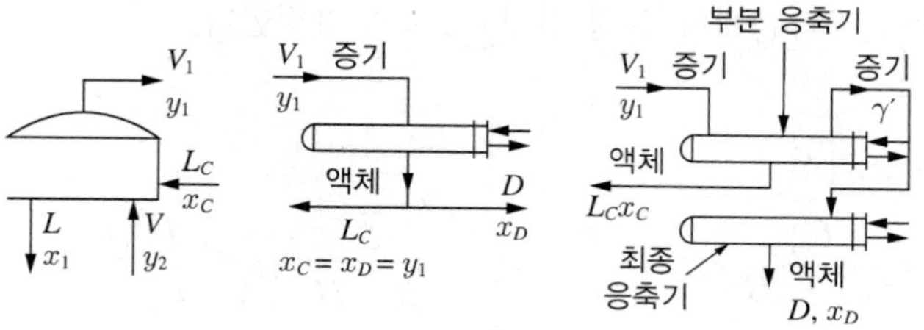

여기서, $L_a = L_c,\ x_a = x_c$

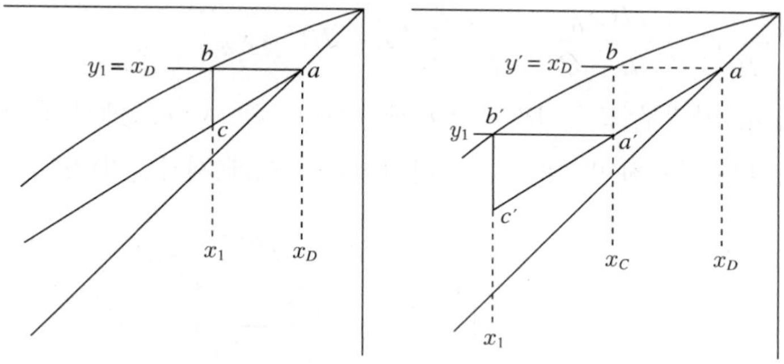

(a) (b)

㉠ 완전 응축기(Total Condenser)의 경우 이상단 작도의 첫 번째 삼각형부터 1단으로 세면 된다[그림 (a)].

㉡ 부분 응축기(Partial Condenser)와 최종 응축기(Final Condenser)가 있는 경우는 이상단 작도의 첫 번째 삼각형은 부분 응축기가 된다[그림 (b)].

㉢ 응축기에서 숨은열만 제거하고 응축물은 기포점(Bubble Point)의 액체라고 가정하면 다음과 같다.

$L = L_c,\ \ V = V_1$

㉣ 환류 L이 기포점 이하로 냉각되면(V_1의 일부가 환류 가열을 위해 냉각된다),

$V_1 < V,\ L > L_c$가 탑 내에서 응축되어 추가된 액체 유량은 다음과 같다.

$$\Delta L \lambda_c = L_c C_{pc}(T_1 - Tc) \Rightarrow \Delta L = \frac{L_c C_{pc}(T_1 - Tc)}{\lambda_c}$$

$$\Rightarrow R_D = \frac{L}{D} = \frac{L_c + \Delta L}{D} = \frac{L_c + \dfrac{L_c C_{pc}(T_1 - T_c)}{\lambda_c}}{D} = \frac{L_c}{D}\left(1 \frac{L_c C_{pc}(T_1 - T_c)}{\lambda_c}\right)$$

여기서, 아래첨자 c : 응축물

T_1 : 맨 윗단(첫 이상단)에서 액체 온도(통상적으로 응축물의 기포점 온도 T_{bc})

⑧ 바닥단과 되끓이개(Reboiler, 재가열기)

㉠ 정류탑의 바닥단에서 일정 몰 넘침으로 가정한다.

$L = \overline{L} = L_m$

㉡ 탈거부 조작선

$$y_{m+1} = \frac{L_m}{L_m - B}x_m - \frac{Bx_B}{L_m - B} = \frac{\overline{L}}{\overline{L} - B}x_m - \frac{Bx_B}{\overline{L} - B}$$

$x_m = x_B$를 대입하면,

$$\frac{\overline{L}}{\overline{L} - B}x_B - \frac{Bx_B}{\overline{L} - B} = \frac{x_B}{\overline{L} - B}(\overline{L} - B) = x_B$$

따라서, 탈거부 조작선과 $y = x$(대각선)는 점(x_B, x_B)에서 교차한다.

㉢ 이상단을 작도하면, 마지막 삼각형이 되끓이개(재가열기)가 된다.

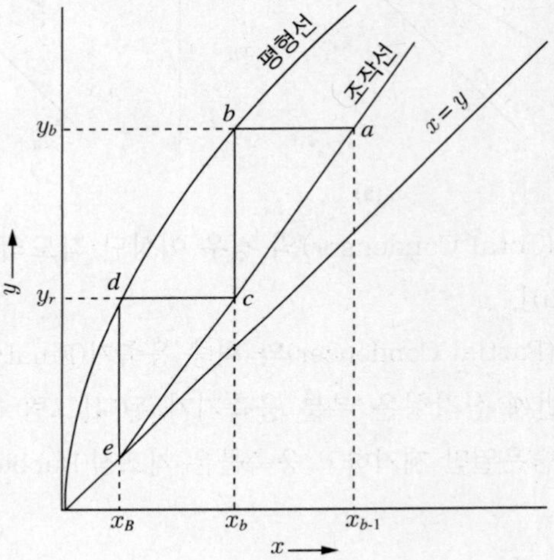

⑨ 원료(Feed)의 조건

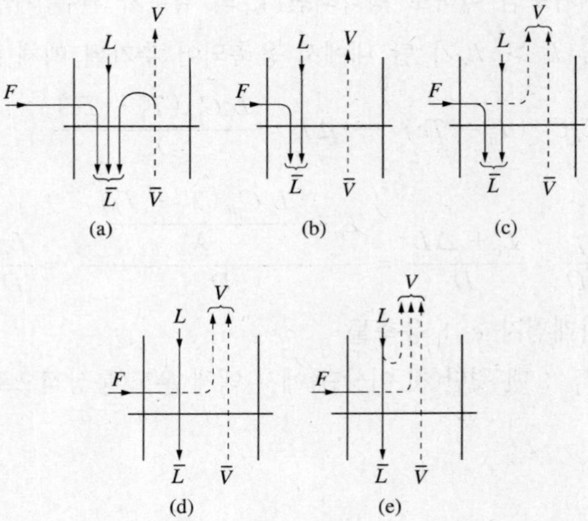

㉠ q는 탈거부로 내려가는 액체의 몰수/공급원료 1몰

* $f = 1 - q$(기화된 증기의 몰수/공급원료 1몰)

㉡ 차가운 공급원료로 정류부로 가는 증기 유량은 감소하고 탈거부의 액체 유량은 증가한다($q > 1$)[그림 (a)].

$$q = 1 + \frac{C_{PL}(T_b - T_F)}{\lambda}$$

여기서, T_b : 공급원료의 기포점

㉢ 기포점인 공급원료로 공급원료의 응축이 없다($q = 1$)[그림 (b)].

$V = \overline{V}$, $\overline{L} = F + L$

㉣ 공급원료의 일부가 증기이므로 공급원료 중 액체 분량은 $\overline{L}$에 합류하고, 증기 분량은 V에 합류한다($0 < q < 1$)[그림 (c)].

㉤ 포화증기인 공급원료이다($q = 0$)[그림 (d)].

$L = \overline{L}$, $V = F + \overline{V}$

㉥ 과열 증기인 공급 원료, 정류부에서 내려오는 액체의 일부가 되고 공급원료를 포화증기 상태로 냉각시킨다($q < 0$)[그림 (e)].

$$q = \frac{C_{PV}(T_d - T_F)}{\lambda}$$

여기서, T_d : 공급원료의 기포점

⑩ **원료 공급선(Feed Line)**

㉠ 탈거부에서 총 몰유량

$$q = \frac{\text{탈거부로 내려가는 액체의 몰유량}}{F} \Rightarrow \text{탈거부로 내려가는 액체의 몰유량} = qF$$

$$\overline{L} = L + qF \Rightarrow \overline{L} - L = qF$$

㉡ 정류부에서 총 몰유량

$$1 - q = \frac{\text{정류부로 올라가는 증기유량}}{F} \Rightarrow \text{정류부로 올라가는 증기유량} = (1 - q)F$$

$$V = \overline{V} + (1 - q)F \Rightarrow V - \overline{V} = (1 - q)F$$

㉢ 일정 몰 넘침일 때 정류부와 탈거부 물질수지식

$$Dx_D = Vy_n - Lx_{n+1} \Rightarrow Vy_n = Lx_{n+1} + Dx_D$$

$$Bx_B = \overline{L}x_{m+1} - \overline{V}y_m \Rightarrow \overline{V}y_m = \overline{L}x_{m+1} - Bx_B$$

두 직선의 교착점을 구하기 위해, $y_n = y_m$, $x_{n+1} = x_{m+1}$ 놓고 해를 구한다.

$$(V - \overline{V})y = (L - \overline{L})x + Dx_D + Bx_B$$

$$(1 - q)Fy = -qFx + Fx_F$$

$$\Rightarrow \ y = -\frac{q}{1 - q}x + \frac{x_F}{1 - q} \ (\text{기울기가 } -\frac{q}{1 - q}, \ y\text{절편이 } \frac{x_F}{1 - q} \text{ 인 직선})$$

$x = x_F$를 대입하면, $y = -\frac{q}{1-q}x_F + \frac{x_F}{1-q} = \frac{x_F(1-q)}{1-q} = x_F$이므로

원료공급선과 $y = x$(대각선)의 교차점은 (x_F, x_F)이다.

⑪ 조작선의 작도

㉠ 먼저 원료 공급선을 그린다(원료 공급선의 기울기와 y절편을 이용한다).

여기서, 기울기 : $-\frac{q}{1-q}$

y절편 : $\frac{x_F}{1-q}$

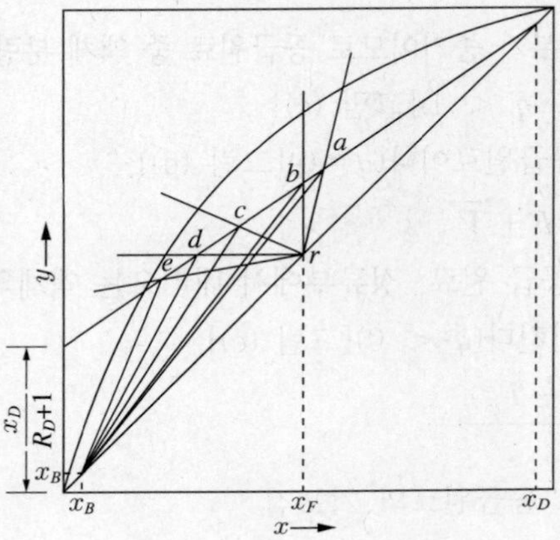

※ 차가운 공급원료 $q > 1 \Rightarrow -\frac{q}{1-q} > 1$

※ 기포점의 공급원료 $q = 1 \Rightarrow -\frac{q}{1-q} = \infty$(수직선)

※ 액체와 증기의 혼합원료 $0 < q < 1 \Rightarrow -\frac{q}{1-q} < -1$

※ 이슬점의 공급원료 $q = 0 \Rightarrow -\frac{q}{1-q} = 0$(수평선)

※ 과열증기 상태의 공급원료 $q < 0 \Rightarrow \frac{q}{1-q} < 1$

㉡ 정류부 조작선의 y절편과 점(x_D, x_D)을 지나는 직선을 그린다.

y절편 $= \frac{x_D}{R_D+1}$

㉢ 원료 공급선과 정류부 조작선의 교차점과 점(x_B, x_B)을 지나는 직선을 그린다.

⑫ 이상단 수의 작도법

㉠ 이상단 수는 먼저 x_D에서 시작하여 x_F까지는 기-액 평형곡선(Vapor-liquid Equilibrium Curve)과 정류부 조작선 사이를 수평-수직으로 계단을 작도한다.

ⓑ x_F에서 x_B까지는 기-액 평형곡선과 탈거부 조작선 사이를 수평-수직으로 계단을 작도한다.

ⓒ 1단부터 시작하여 마지막 단까지 숫자를 적어준다. 이 숫자가 이상단 수가 된다.

ⓓ 완전응축기의 경우는 첫 번째 단부터 동일하게 숫자를 세어주면 되고, 부분 응축기와 최종 응축기가 있는 경우는 첫 번째 단은 부분 응축기에 해당한다.

ⓔ 원료 공급선과 만나는 부분이 원료 공급단이 된다.

ⓕ 마지막 단은 재가열기에 해당된다.

ⓖ 작도했을 때 단수가 N개라고 하면 다음과 같다.

- 완전 응축기이면 이상단 수는 $(N-1)$개
- 부분 응축기이면 이상단 수는 $(N-2)$개

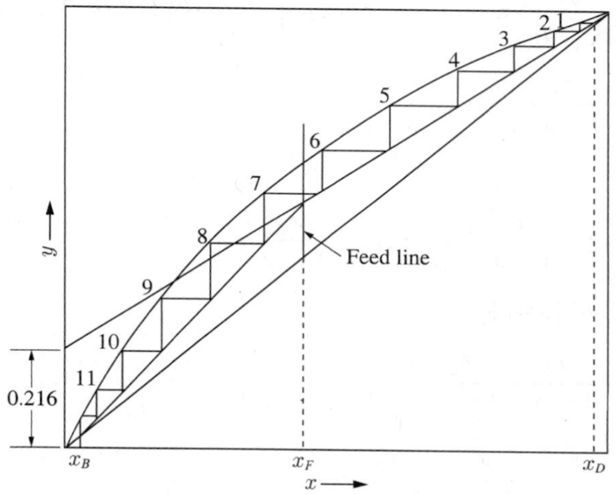

ⓗ 완전 응축기일 때 이상단 수는 11개, 재가열기 1개이고, 원료 공급단은 7번째 단에 해당한다.

ⓘ 정류부의 단수는 6개이고, 탈거부의 단수는 4단이다.

⑬ **가열과 냉각 요구량**

ⓐ 포화수증기를 사용하는 재가열기에 필요한 수증기 소비량

$$\dot{q}_c = \dot{m}_s \lambda_s = \overline{V}\lambda \Rightarrow \dot{m}_s = \frac{\overline{V}\lambda}{\lambda_s}$$

ⓑ 물을 사용하는 응축기의 물 소비량

$$\dot{q}_r = \dot{m}_w C_{pw}(T_2 - T_1) = V\lambda \Rightarrow \dot{m}_w = \frac{V\lambda}{C_{pw}(T_2 - T_1)}$$

⑭ **최소 단 수**

ⓐ 전환류(Total Reflux) : 환류비가 무한대가 되어 정류부 조작선의 기울기가 1이 되고, $y = x$(대각선)와 일치할 때를 말한다.

ⓒ 전환류가 되면 공급원료와 탑상 제품, 탑하 제품의 유량이 0이 되고 단 수는 최소가 된다.

ⓓ 이상용액일 경우 두 성분의 상대휘발도를 통해 최소 단 수를 계산한다.

$$\alpha_{AB} = \frac{\dfrac{y_{n+1}}{x_{n+1}}}{\dfrac{1-y_{n+1}}{1-x_{n+1}}} \Rightarrow \frac{y_{n+1}}{1-y_{n+1}} = \alpha_{AB}\frac{x_{n+1}}{1-x_{n+1}}$$

$$y_{n+1} = \frac{L_n}{V_{n+1}}x_n + \frac{Dx_D}{V_{n+1}} = x_n\left(\frac{L}{V} = 1,\ D = 0\right)$$

$$\frac{x_n}{1-x_n} = \alpha_{AB}\frac{x_{n+1}}{1-x_{n+1}}$$

$$n = 1,\ \frac{y_1}{1-y_1} = \frac{x_D}{1-x_D} = \alpha_{AB}\frac{x_1}{1-x_1}\ (\text{완전응축기 } y_1 = x_D)$$

$$n = 2,\ \frac{x_1}{1-x_1} = \alpha_{AB}\frac{x_2}{1-x_2}$$

……

$$n = n-1,\ \frac{x_{n-1}}{1-x_{n-1}} = \alpha_{AB}\frac{x_n}{1-x_n}$$

ⓔ 모든 항을 곱한다.

$$\frac{x_D}{1-x_D}\frac{x_1}{1-x_1}\frac{x_2}{1-x_2}\cdots\frac{x_{n-2}}{1-x_{n-2}}\frac{x_{n-1}}{1-x_{n-1_n}}$$

$$= \alpha_{AB}^{n}\frac{x_1}{1-x_1}\frac{x_2}{1-x_2}\frac{x_3}{1-x_3}\cdots\frac{x_{n-1}}{1-x_{n-1}}\frac{x_n}{1-x_n}$$

$$\Rightarrow \frac{x_D}{1-x_D} = \alpha_{AB}^{n}\frac{x_n}{1-x_n}\ (N_{\min}\text{개 단과 재가열기가 필요}) = \alpha_{AB}^{N_{\min}+1}\frac{x_B}{1-x_B}$$

$$\Rightarrow \alpha_{AB}^{N_{\min}+1} = \frac{\dfrac{x_D}{1-x_D}}{\dfrac{x_B}{1-x_B}} \Rightarrow (N_{\min}+1)\ln\alpha_{AB} = \ln\frac{\dfrac{x_D}{1-x_D}}{\dfrac{x_B}{1-x_B}}$$

$$\therefore\ N_{\min} = \frac{\ln\dfrac{\dfrac{x_D}{1-x_D}}{\dfrac{x_B}{1-x_B}}}{\ln\alpha_{AB}} - 1$$

위 식은 펜스크식(Fenske Equation)에 해당한다.

⑮ 최소환류비(Minimum Reflux Ration)

㉠ 환류비가 작을수록 단 수는 아주 커지며 단수가 무한대일 때의 환류비를 말한다.

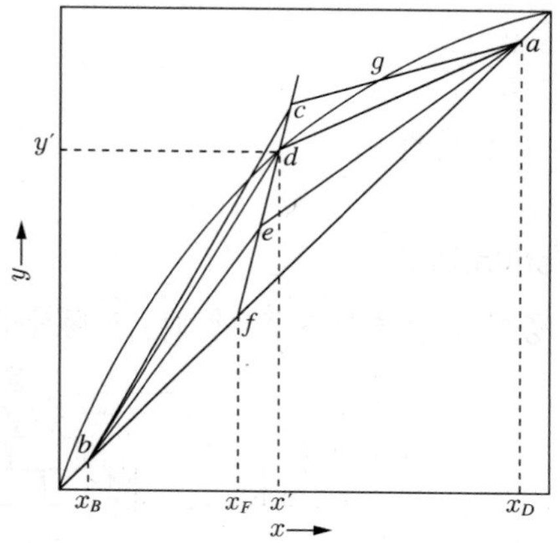

㉡ 정류부 조작선 ad의 기울기를 구한다[점 (x', y')과 점 (x_D, x_D)].

$$\frac{R_{Dm}}{R_{Dm}+1} = \frac{x_D - y'}{x_D - x'} \Rightarrow R_{Dm} = (R_{Dm}+1)\frac{x_D - y'}{x_D - x'}$$

$$\Rightarrow R_{Dm}\left(1 - \frac{x_D - y'}{x_D - x'}\right) = R_{Dm}\frac{x_D - x' - (x_D - y')}{x_D - x'} = \frac{x_D - y'}{x_D - x'}$$

$$\therefore\ R_{Dm} = \frac{\dfrac{x_D - y'}{x_D - x'}}{\dfrac{y' - x'}{x_D - x'}} = \frac{x_D - y'}{y' - x'}$$

• 실제 문제에서는 거의 $(x', y') = (x_F, y_F)$로 대입한다.

* 최적환류비(Optimum Reflux Ratio) : 최소환류비보다 그리 크지 않은 범위에서 총비용이 최솟값이 되는 환류비를 말한다.

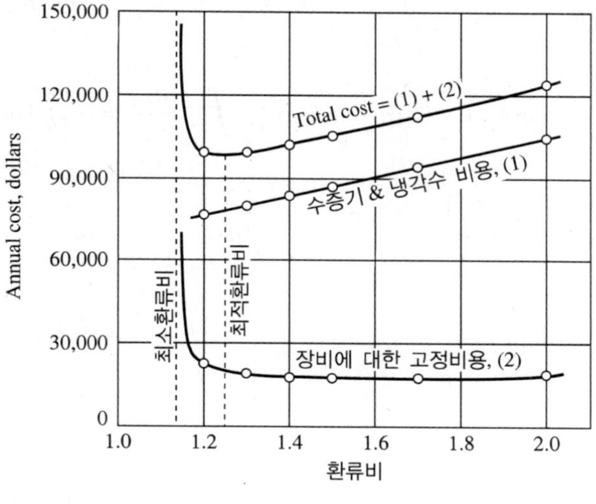

* 총괄 효율(Overall Efficiency) : 이상단 수에 대한 실제 단 수의 비
* 머프리 효율(Murphree Efficiency)

$$\eta_M = \frac{y_n - y_{n+1}}{y_n^* - y_{n+1}}$$

여기서, y : 실제 농도

(3) 회분증류(Batch Distillation)

① 증류기를 나가는 증기와 증류기 잔류 액체는 평형상태이다.

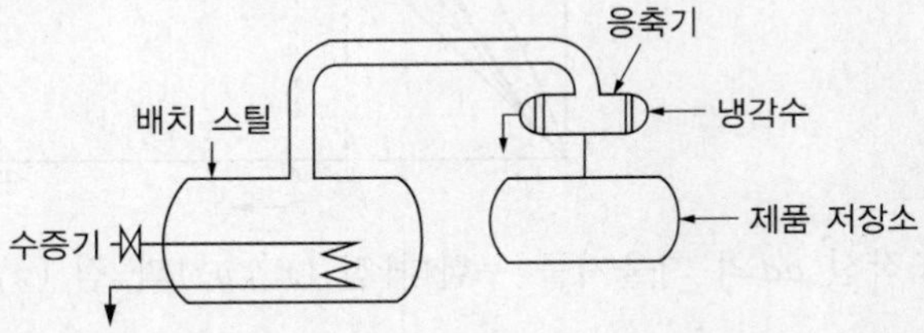

② n_0을 넣었을 때 시간에 따른 액체의 조성(x)과 증기의 조성(y)을 알아본다(잔류 액체의 몰수 n).

$$n_A = nx \Rightarrow ydn = dn_A = d(xn) = ndx \ + xdn \Rightarrow (y-x)dn = ndx$$

$$\Rightarrow \int_{n_0}^{n_1} \frac{dn}{n} = [\ln n]_{n_0}^{n_1} = \ln\frac{n_1}{n_0} = \int_{x_0}^{x_1} \frac{dx}{y-x} = I_{x_1} - I_{x_0}$$

※ 화공기사 실기시험 작업형에 출제된다.

③ 이 식은 레일리의 식(Rayleigh's Equation)에 해당한다.

④ 이상용액일 때 상대휘발도를 도입한다.

$$\alpha_{AB} = \frac{\frac{y_A}{x_A}}{\frac{y_B}{x_B}} \Rightarrow \frac{y_A}{y_B} = \frac{\frac{dn_A}{dn}}{\frac{dn_B}{dn}} = \frac{dn_A}{dn_B} = \alpha_{AB}\frac{x_A}{x_B} = \alpha_{AB}\frac{n_A}{n_B}$$

$$\int_{n_{A0}}^{n_A} \frac{dn_A}{n_A} = [\ln n_A]_{n_{A0}}^{n_A} = \ln\frac{n_A}{n_{A0}} = \alpha_{AB}\int_{n_{B0}}^{n_B}\frac{dn_B}{n_B} = \alpha_{AB}[\ln n_A]_{n_{B0}}^{n_B} = \alpha_{AB}\ln\frac{n_B}{n_{B0}}$$

$$\Rightarrow \ln\frac{n_A}{n_{A0}} = \ln\left(\frac{n_B}{n_{B0}}\right)^{\alpha_{AB}} \Rightarrow \frac{n_A}{n_{A0}} = \left(\frac{n_B}{n_{B0}}\right)^{\alpha_{AB}}$$

$$\therefore \frac{n_B}{n_{B0}} = \left(\frac{n_A}{n_{A0}}\right)^{\frac{1}{\alpha_{AB}}}$$

3 기체 흡수(Gas Absorption)

- 기체 흡수 : 용질 기체를 용해 시킬 수 있는 액체에 의해 비활성 기체와 섞인 혼합물로부터 용해성 증기를 흡수하는 조작이다.
- 탈거(Stripping) 또는 탈착(Desorption) : 기체 흡수의 반대되는 조작으로 액체를 비활성 기체와 접촉시켜 액체로부터 용질을 제거하는 조작을 말한다.

(1) 흡수의 원리

① 물질수지

㉠ 조성은 충전탑의 한쪽 끝에서 다른 쪽 끝까지 연속적으로 변화한다고 가정한다.

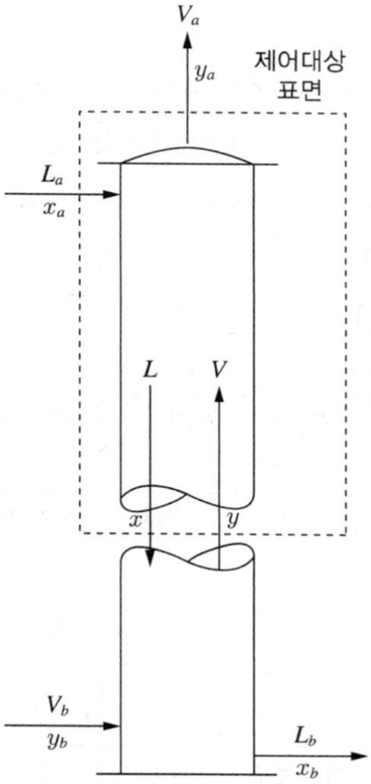

㉡ 제어대상 표면에 대한 총괄 물질수지식과 A성분 물질수지식

$L_a + V = L + V_a$, $L_a x_a + Vy = Lx + V_a y_a$

㉢ 양 끝단의 흐름에 기준한 총괄 물질수지식과 A성분 물질수지식

$L_a + V_b = L_b + V_a$, $L_a x_a + V_b y_b = L_b x_b + V_a y_a$

⇒ (x_a, y_b)에 대한 조작선을 구한다.

$$y = \frac{L}{V}x + \frac{V_a y_a - L_a x_a}{V}$$

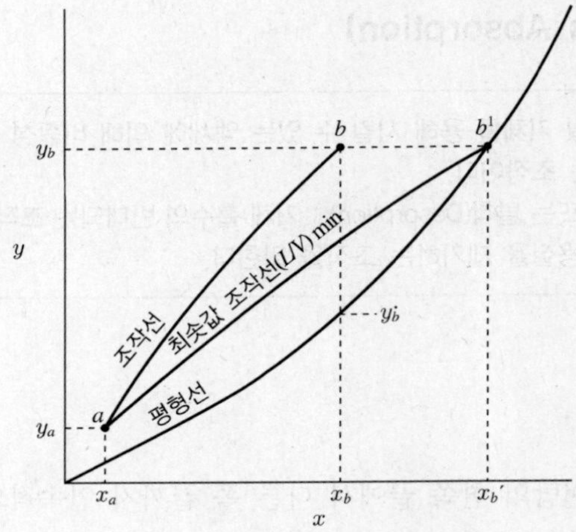

② 흡수속도

㉠ 용질의 농도가 10%까지인 혼합물에 이용 가능하고, 한 방향 확산으로 액체와 기체 유량 변화는 무시하면 총 전탑의 단위부피당 흡수속도는 네 가지의 형태가 가능하다.

$r = k_y a(y - y_i) = k_x a(x_i - x) = K_y a(y - y^*) = K_x a(x^* - x)$

여기서, 물질전달계수의 단위 : [kmol/m^3 · h]

㉡ 총괄계수는 개별계수를 통해 구한다.

$$\frac{1}{K_y} = \frac{1}{k_y} + \frac{m}{k_x} \Rightarrow \frac{1}{K_y a} = \frac{1}{k_y a} + \frac{m}{k_x a},$$

$$\frac{1}{K_x} = \frac{1}{k_x} + \frac{1}{mk_y} \Rightarrow \frac{1}{K_x a} = \frac{1}{k_x a} + \frac{1}{mk_y a}$$

③ 충전탑의 높이

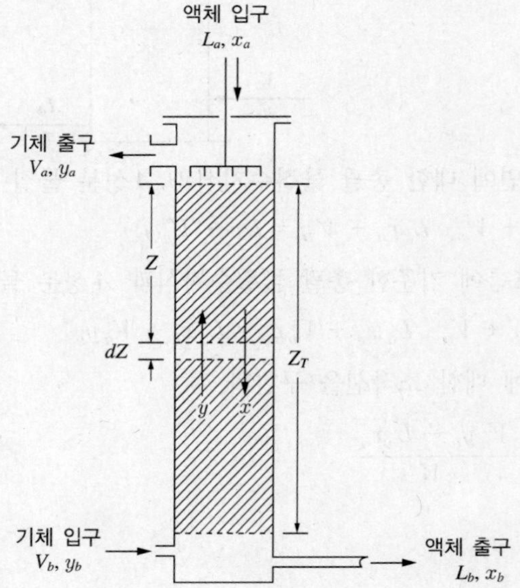

희박기체의 경우로 물 유속의 변화를 무시하고 물질수지식을 세운다.

$$-Vdy = K_y a(y - y^*)SdZ$$

$$\Rightarrow -\int_b^a \frac{dy}{y-y^*} = \int_a^b \frac{dy}{y-y^*} = \frac{K_y aS}{V}\int_0^{Z_T} dZ = \frac{K_y aS}{V}[Z]_0^{Z_T} = \frac{K_y aS}{V} Z_T$$

④ 전달 단위 수(Number of Transfer, NTU)와 전달단위높이(Height of a Transfer Unit, HTU)

㉠ 충전탑의 높이에 관한 식

$$Z_T = \frac{\frac{V}{S}}{K_y a}\int_a^b \frac{dy}{y-y^*} = H_{Oy}N_{Oy}$$

여기서, H_{Oy}: 총괄 기상 전달 단위 높이$\left(\frac{[\mathrm{mol/h}]/[\mathrm{m^2}]}{[\mathrm{mol/m^3 \cdot h}]} = [\mathrm{m}]\right)$

N_{Oy}: 총괄 기상 전달 단위 수 = 증기 농도 변화/평균 구동력

㉡ 마찬가지로 나머지 세 가지 형태는 다음과 같다.

$$Z_T = \frac{\frac{L}{S}}{K_x a}\int_a^b \frac{dy}{x^*-x} = H_{Ox}N_{Ox},\quad Z_T = \frac{\frac{L}{S}}{k_x a}\int_a^b \frac{dy}{x_i - x} = H_x N_x,$$

$$Z_T = \frac{\frac{V}{S}}{k_y a}\int_a^b \frac{dy}{y-y_i} = H_y N_y$$

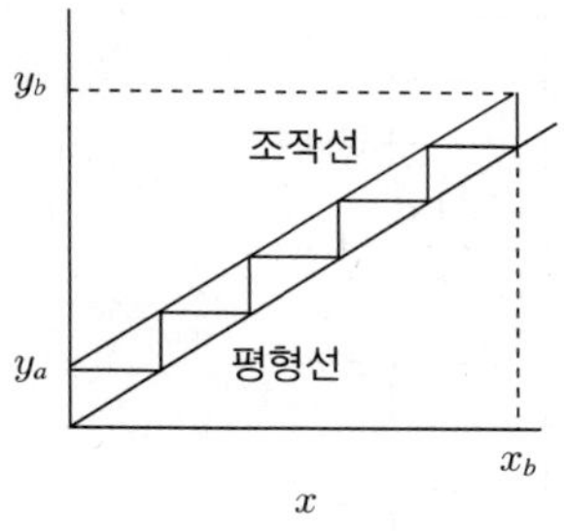

(a)

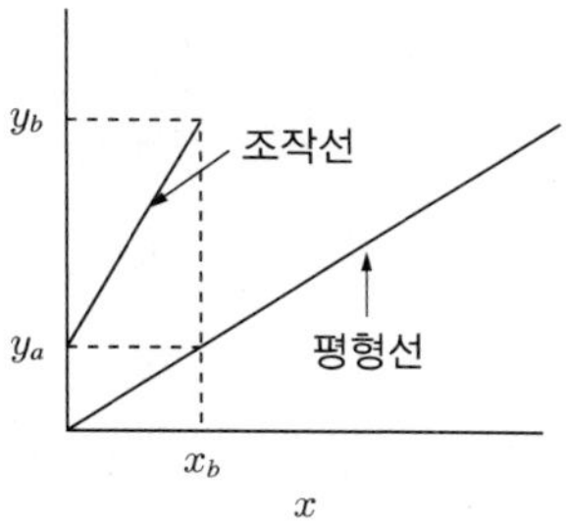

(a)

㉢ 조작선과 평형선이 직선이면서 평행상태일 때[그림 (a)],

$$N_{Oy} = \frac{y_b - y_a}{y - y^*}$$

㉣ 조작선이 평형성보다 기울기가 클 때[그림 (b)],

$$N_{Oy} = \frac{y_b - y_a}{\overline{\Delta y_L}},$$

$$\overline{\Delta y_L} = \frac{(y_b - y_b^*) - (y_a - y_a^*)}{\ln\frac{y_b - y_b^*}{y_a - y_a^*}}$$

⑤ 탈거 또는 탈착

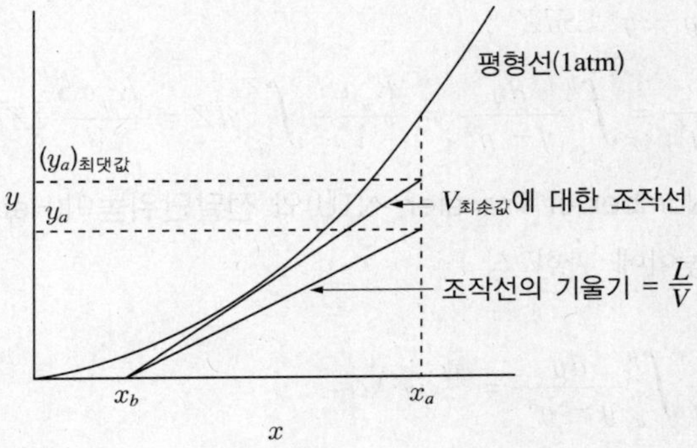

$$Z_T(\text{탈거탑의 높이}) = H_{Ox}\,N_{Ox} = H_{Ox}\int_a^b \frac{dy}{x^* - x}$$

(2) 평형단 조작(Equilibrium-Stage Operations)

① 물질수지와 엔탈피 수지

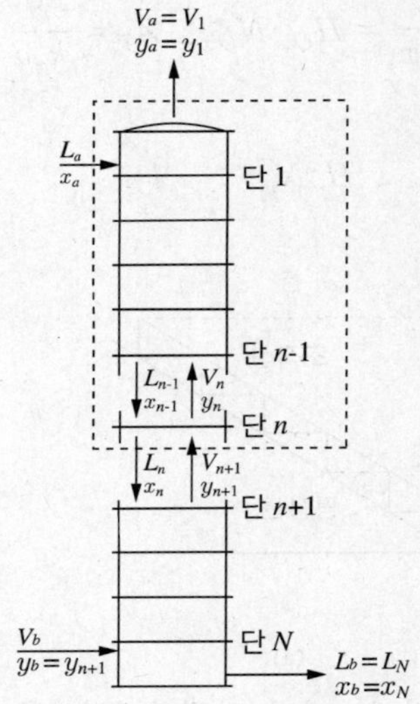

㉠ 제어대상 표면에 대한 총괄 물질수지식

$$L_a + V_{n+1} = L_n + V_a$$

㉡ 2성분계의 경우, A 성분 물질수지식

$$L_a x_a + V_{n+1} y_{n+1} = L_n x_n + V_a y_a$$

㉢ 엔탈피 수지식

$$L_a H_{L,a} + V_{n+1} V_{V,n+1} = L_n H_{L,n} + V_a H_{V,a}$$

㉣ 전체 탑의 총괄 물질수지식, A성분 물질수지식과 엔탈피 수지식은 다음과 같다.

$L_a + V_b + L_b + V_b$, $L_a x_a + V_b y_b = L_b x_b + V_a y_a$,

$L_a H_{L,a} + V_b H_{V,b} = L_b H_{L,b} + V_a H_{V,a}$

② 조작선 선도

㉠ 2성분계의 경우 A성분 물질수지식을 가지고 조작선의 방정식을 세운다.

$$L_a x_a + V_{n+1} y_{n+1} = L_n x_n + V_a y_a$$

$$\Rightarrow V_{n+1} y_{n+1} = L_n x_n + V_a y_a - L_a x_a$$

$$\therefore y_{n+1} = \frac{L_n}{V_{n+1}} x_n + \frac{V_a y_a - L_a x_a}{V_{n+1}}$$

㉡ L, V가 탑 전체에 대해 일정할 때

기울기 $= \frac{L}{V}$, y절편 $= y_a - \frac{L}{V} x_a$이고, 점 (x_b, y_b), (x_a, y_a)를 지나는 직선이다.

㉢ 조작선과 평형선을 함께 그리면 (a) = 정류, (b) = 기체 흡수, (c) = 탈거에 해당한다.

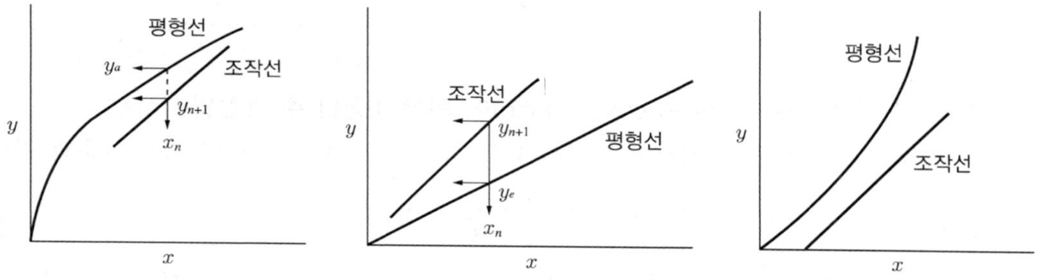

(a) (b) (c)

③ 이상단((Ideal Plate) 또는 완전단(Perfect Plate)

㉠ 이상단(n단)을 나가는 V상(y_n)과 같은 단을 나가는 L상(x_n)은 서로 평형상태이다 ($x_e = y_e$).

㉡ 이상단의 작도법

- 조작선의 $(x_a,\ y_a) = (x_a,\ y_1)$을 시작해서 평형선에 대해 수평, 수직으로 계단을 작도하면서 조작선의 $(x_b,\ y_b)$까지 작도한다.
- 삼각형 계산의 수가 이상단 수가 되고 마지막 단이 한 개가 되지 않을 때는 한 개의 단으로 인정하든지 아니면 반올림하면 된다.

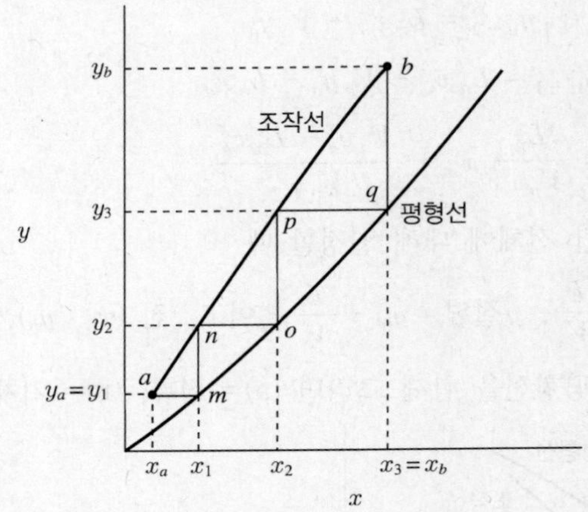

④ 흡수인자법(Absorption-factor Method)에 의한 이상단 수 계산법

x_a와 x_b 사이에서 조작선과 평형선이 둘 다 직선일 때 평형선의 식은 다음과 같다.

$y_e = mx_e + B$이고 n단이 이상단일 때$\left(\dfrac{L}{V} = \text{일정}\right)$,

$$y_n = mx_n + B,\ y_{n+1} = \frac{L}{V}x_n + \frac{Vy_a - L_a x_a}{V}(\text{조작선}) = \frac{L}{V}\frac{y_n - B}{m} + y_a - \frac{L}{V}x_a$$

$$A(\text{흡수인자}) \equiv \frac{L}{mV}$$

$$\Rightarrow Ay_n - AB - Amx_a + y_a = Ay_n - A(mx_a + B) + y_a = Ay_n - Ay_a{}^* + y_a$$

$n = 1,\ y_a = y_1$일 때, $y_2 = Ay_1 - Ay_a{}^* + y_a = y_a(1 + A) - Ay_a{}^*$

$n = 2$일 때, $y_3 = Ay_2 - Ay_a{}^* + y_a = Ay_a(1 + A) - Ay_a{}^* + y_a$

$$= y_a(1 + A + A^2) - y_a{}^*(A + A^2)$$

$n = N$(총 단수)일 때,

$$y_{N+1} = y_b = y_a(1 + A + A^2 + \cdots + A^N) - y_a^*(A + A^2 + \cdots + A^N)$$

기하급수의 합을 이용하면, $y_a \dfrac{1(1 - A^{N+1})}{1 - A} - y_a^* \dfrac{A(1 - A^N)}{1 - A}$ (Kremser Equation)

$$y_b(1 - A) = y_a(1 - A^{N+1}) - y_a^*(A - A^{N+1})$$

$$A^{N+1}(y_a - y_a{}^*) = A(y_b - y_a{}^*) + (y_a - y_b)$$

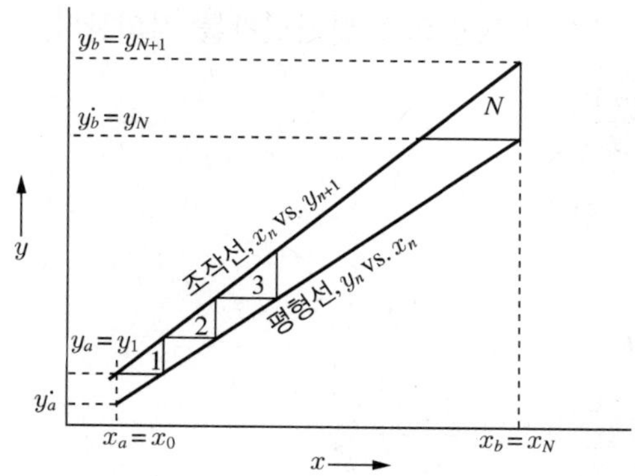

$y = N$일 때, $y_{N+1} = y_b = Ay_N - Ay_a^* + y_a = Ay_b^* - Ay_a^* + y_a$

$$\Rightarrow y_a - y_b = -A(y_b^* - y_a^*) \Rightarrow A = \frac{y_b - y_a}{y_b^* - y_a^*}$$

$$A^{N+1}(y_a - y_a^*) = A(y_b - y_a^*) + (y_a - y_b) = A(y_b - y_a^*) - A(y_b^* - y_a^*) = A(y_b - y_b^*)$$

$$A^N(y_a - y_a^*) = y_b - y_b^* \Rightarrow \ln A^N = N\ln A = \ln\frac{y_b - y_b^*}{y_a - y_a^*}$$

$$\Rightarrow N = \frac{\ln\dfrac{y_b - y_b^*}{y_a - y_a^*}}{\ln A} = \frac{\ln\dfrac{y_b - y_b^*}{y_a - y_a^*}}{\ln\dfrac{y_b - y_a}{y_b^* - y_a^*}}$$

i) $A = 1,\ N = \dfrac{y_b - y_a}{y_a - y_a^*} = \dfrac{y_b - y_a}{y_b - y_a^*}$

ii) $A < 1,\ N = \dfrac{\ln\dfrac{y_a - y_a^*}{y_b - y_b^*}}{\ln\dfrac{1}{A}} = \dfrac{\ln\dfrac{y_a - y_a^*}{y_b - y_b^*}}{\ln\dfrac{y_b^* - y_a^*}{y_b - y_a}}$

⑤ 탈거인자법(Stripping Factor Method)에 의한 이상단 수 계산법

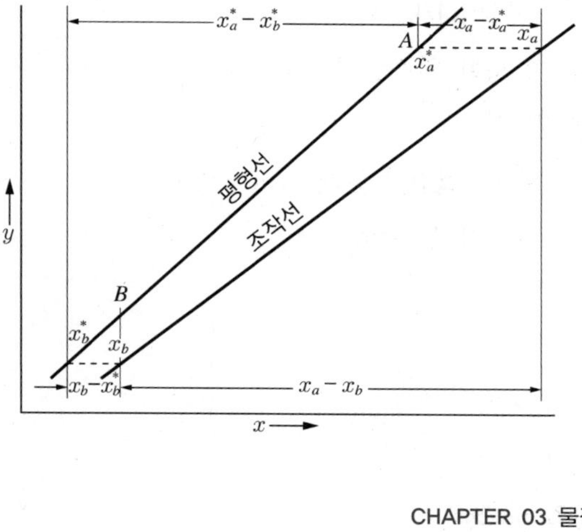

㉠ 흡수인자법과 유사한 방법으로 탈거인자를 정의한다.

$$S \equiv \frac{1}{A} = \frac{mV}{L}$$

㉡ 이상단 수를 구한다.

$$S^N = \frac{x_a - x_a^*}{x_b - x_b^*}$$

$$N = \frac{\ln \frac{x_a - x_a^*}{x_b - x_b^*}}{\ln S} = \frac{\ln \frac{x_a - x_a^*}{x_b - x_b^*}}{\ln \frac{x_a - x_b}{x_a^* - x_b^*}}$$

4 건조 및 증발, 습도

(1) 건조(Drying)

건조기(Dryer)를 통해 수분 함량을 초깃값으로부터 최종값까지 줄이는 조작을 말한다.

① 열전달

㉠ 고체를 최종온도까지 가열, 액체를 기화점까지 가열, 액체를 기화, 액체를 최종온도까지 가열, 증기를 최종온도까지 가열한 항을 모두 고려하여 고체 단위질량속도당 전달열량을 구한다.

$$\frac{\dot{q}_T}{\dot{m}_s} = C_{ps}(T_{s2} - T_{s1}) + X_1 C_{pL}(T_v - T_{s1}) + (X_1 - X_2)\lambda + X_2 C_{pL}(T_{s2} - T_v) + (X_1 - X_2) C_{pv}(T_{v1} - T_v)$$

여기서, $\dot{m}_s$: 단위시간당 건조하는 완전건조 고체의 질량[kg/h]

X : 완전건조 고체 단위질량당 액체의 질량

C_p : 비열[kJ/kg · ℃]

㉡ 열전달계수를 활용한 열전달량

$$\dot{q}_T = UaV\overline{\Delta T}$$

여기서, U_a : 부피 열전달계수[W/m^2 · ℃]

V : 건조기 부피[m^3]

㉢ 건조기에서의 전달전위수

$$N_t = \int_{T_{h1}}^{T_{h2}} \frac{dT_h}{T_h - T_s} = \left[\ln(T_h - T_s)\right]_{T_{h1}}^{T_{h2}} = \ln\frac{T_{h2} - T_s}{T_{h1} - T_s}$$

$$= \frac{(T_{h2} - T_s) - (T_{h1} - T_s)}{\dfrac{(T_{h2} - T_s) - (T_{h1} - T_s)}{\ln\dfrac{T_{h2} - T_s}{T_{h1} - T_s}}} = \frac{T_{h2} - T_{h1}}{\overline{\Delta T_L}}$$

② 건조속도(Drying Rate)

㉠ 단위면적당 정속 건조를 구한다.

$$\dot{q} = \dot{m}\lambda_i = h_y A(T - T_i)$$

$$R_c = \frac{\dot{m}_v}{A} = \frac{\dfrac{h_y A(T - T_i)}{\lambda_i}}{A} = \frac{h_y(T - T_i)}{\lambda_i}$$

여기서, $\dot{m}_v$: 단위시간당 증발하는 고체의 질량[kg/h]

h_y : 열전달계수

T_i : 계면에서 온도[℃]

λ_i : 계면에서 증발잠열[kJ/kg]

③ 평형수분과 자유수분, 임계수분

㉠ 평형수분(Equilibrium Moisture) : 공기의 습도로 인해 들어가는 공기로 제거할 수 있는 고체의 수분 함량을 말한다.

㉡ 자유수분(Free Moisture) : 고체의 총수분 함량과 평형수분의 차

$X = X_T - X^*$

㉢ 임계수분(Critical Moisture, X_c) : 건조속도가 일정한 기간[정속기간/항률기간(Constant-rate Period), AB 구간]에서 끝나는 수분 함량을 말한다(점 B).

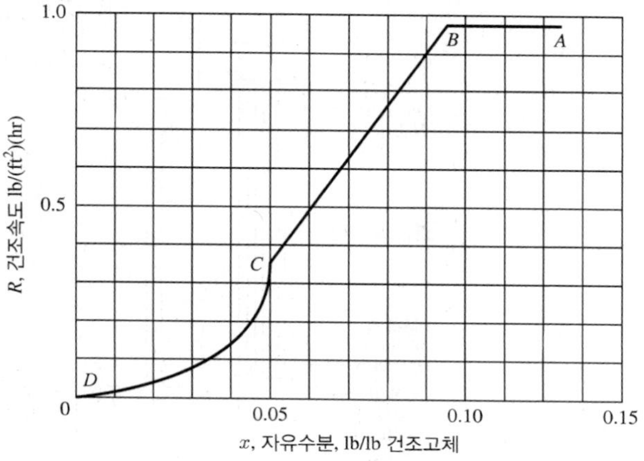

④ 일정 건조조건에서 건조시간

㉠ 일정 건조조건(Constant Drying Condition)은 습윤 고체층의 위로 공기가 순환할 때 공기의 유속과 방향이 일정하다고 가정하는 조건이다.

㉡ 정속기간에서 건조시간을 구한다.

$$R_c = -\frac{dm_v}{Adt} = -\frac{m_s}{A}\frac{dX}{dt}$$

$$\Rightarrow \int_0^{t_c} dt = [t]_0^{t_c} = t_c = -\frac{m_s}{AR_c}\int_{X_1}^{X_c} dX = \frac{m_s}{AR_c}[X]_{X_c}^{X_1} = \frac{m_s}{AR_c}(X_1 - X_c)$$

㉢ 감속구간(Falling-rate Period)에서 건조시간은 다음과 같다.

$$R = \alpha X = -\frac{m_s}{A}\frac{dX}{dt}\left(\alpha = \frac{X_c}{R_c},\ \alpha\text{는 기울기}\right)$$

$$\Rightarrow \int_{t_c}^{t_T} dt = [t]_{t_c}^{t_T} = t_T - t_c = -\frac{m_s}{aA}\int_{X_c}^{X_2}\frac{dX}{X} = \frac{m_s}{aA}[\ln X]_{X_2}^{X_c} = \frac{m_s}{aA}\ln\frac{X_c}{X_2}$$

$$= \frac{m_s X_c}{AR_c}\ln\frac{X_c}{X_2}$$

㉣ 따라서 건조시간은 다음과 같다.

$$\therefore\ t_T = \frac{m_s X_c}{AR_c}\ln\frac{X_c}{X_2} + t_c = \frac{m_s X_c}{AR_c}\ln\frac{X_c}{X_2} + \frac{m_s}{AR_c}(X_1 - X_c)$$

$$= \frac{m_s}{AR_c}\left(X_1 - X_c + X_c\ln\frac{X_c}{X_2}\right)$$

(2) 증발(Evaporation)

① 단일 증발기(Single-effect Evaporator)

㉠ 엔탈피 수지

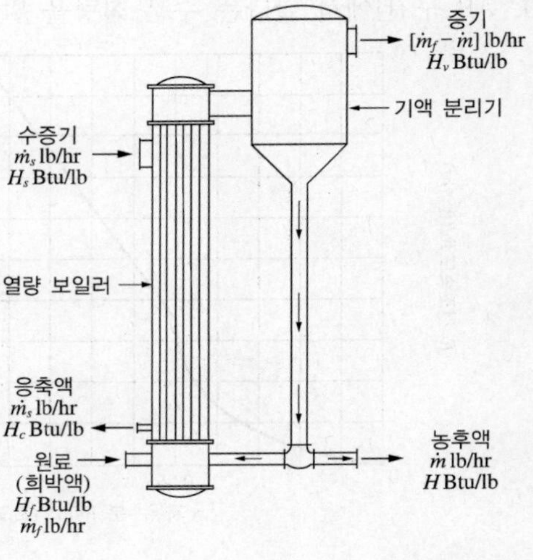

• 수증기의 엔탈피 수지식

$\dot{q}_s = \dot{m}_s(H_s - H_c) = \dot{m}_s\lambda_s$

여기서, 아래첨자 s : 수증기

c : 응축액

• 농후액(Thick Liquor)의 엔탈피 수지식

$\dot{q} = (\dot{m}_s - \dot{m})H_v - \dot{m}_f H_f + \dot{m} H$

여기서, 아래첨자 v : 증기

f : 희박액(Thin Liquor)

• 수증기 열전달량과 농후액의 열전달량이 같으므로 다음과 같다.

$\dot{q}_s = \dot{m}_s\lambda_s = (\dot{m}_s - \dot{m})H_v - \dot{m}_f H_f + \dot{m} H$

㉡ 희석열을 무시할 경우 엔탈피 수지

• 농후액 열전달량이 희박액 열전달량과 증기 열전달량의 합이라면 다음과 같다.

$\dot{q} = \dot{q}_f + \dot{q}_v = \dot{m}_f C_{Pf}(T - T_f) + (\dot{m}_f - \dot{m})\lambda_v$

여기서, T : 농후액의 끓는점

② 3중 증발기(Triple-effect Evaporators)

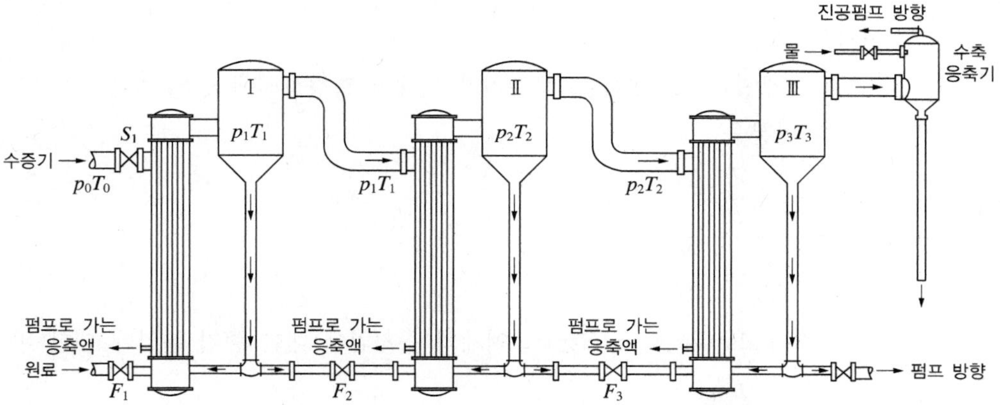

㉠ 첫 번째, 두 번째, 세 번째 증발기의 열전달량이 서로 같다면(단면적 A도 모두 같음) 다음과 같다.

$\dot{q} = \dot{q}_1 = \dot{q}_2 = \dot{q}_3$

$\Rightarrow \dot{q} = U_1 A_1 \Delta T_1 = U_2 A_2 \Delta T_2 = U_3 A_3 \Delta T_3$

$\Rightarrow \dfrac{\dot{q}}{A} = U_1 \Delta T_1 = U_2 \Delta T_2 = U_3 \Delta T_3$

(3) 습도(Humidity)

> 단위건조공기질량당 수증기의 질량을 말한다.
> • 증기(Vapor) : 액체상태로도 존재하는 성분의 기체 상태를 말한다.
> • 기체(Gas) : 기체의 형태로만 존재하는 성분을 말한다.

① 습도에 관한 식

㉠ 습도

$$\mathcal{H} = \frac{m_A}{m_B} = \frac{M_A P_A}{M_B(P - P_A)} \Rightarrow y = \frac{\dfrac{\mathcal{H}}{M_A}}{\dfrac{1}{M_B} + \dfrac{\mathcal{H}}{M_A}}$$

여기서, 아래첨자 A : 증기

B : 건조공기(Dry Air)

M : 분자량[g/gmol]

㉡ 포화습도(Saturated Humidity) : 포화상태의 습도

$$\mathcal{H}_s = \frac{M_A P_A'}{M_B(P - P_A')}$$

여기서, P_A' : 증기압[atm]

* 포화기체(Saturated Gas) : 증기가 액체와 평형상태에 있는 기체

* 평형 몰분율

$$y_e = \frac{\dfrac{\mathcal{H}_s}{M_A}}{\dfrac{1}{M_B} + \dfrac{\mathcal{H}_s}{M_A}}$$

㉢ 상대습도(Relative Humidity) : 액체의 증기압에 대한 증기 분압에 대한 비

$$\mathcal{H}_R = 100\frac{P_A}{P_A'}$$

㉣ 비교습도(Percentage Humidity) : 포화습도에 대한 실제 습도의 비

$$\mathcal{H}_A = 100\frac{\mathcal{H}}{\mathcal{H}_s} = 100\frac{\dfrac{P_A}{P - P_A}}{\dfrac{P_A'}{P - P_A'}} = \mathcal{H}_R\frac{P - P_A'}{P - P_A}$$

㉤ 습윤비열(Humid Heat) : 건조기체 1g(증기 포함)을 1℃ 올리는 데 필요한 에너지

$$C_s = C_{pB} + C_{pA}\mathcal{H}$$

㉥ 습윤부피(Humid Volume) : 1기압에서 단위건조 기체 질량과 여기에 포함된 증기를 더한 총 부피

$$V_H = \frac{0.0224\,T}{273.15}\left(\frac{1}{M_B} + \frac{\mathcal{H}}{M_A}\right)[\mathrm{m^3/g}] \text{ 또는 } \frac{359\,T}{492}\left(\frac{1}{M_B} + \frac{\mathcal{H}}{M_A}\right)[\mathrm{ft^3/lbm}]$$

㉦ 총 엔탈피

$$H_y = C_{pB}(T - T_0) + \mathcal{H}[\lambda_0 + C_{pA}(T - T_0)] = C_s(T - T_0) + \mathcal{H}\lambda_0$$

여기서, T_0 : 두 성분 모두에 대한 기준온도[K]

㉧ 단열포화기(Adiabatic Saturation) : 관이나 분무실이 단열상태(열의 출입이 차단된 상태)로 기체 흐름에 물을 분무하는 경우

$$1 \times C_s(T - T_s) + \mathcal{H}\lambda_s = \mathcal{H}_s\lambda_s$$

$$\Rightarrow C_s(T - T_s) = (\mathcal{H}_s - \mathcal{H})\lambda_s$$

$$\Rightarrow \frac{\mathcal{H}_s - \mathcal{H}}{T - T_s} = \frac{C_s}{\lambda_s} = \frac{C_{pB} + C_{pA}\mathcal{H}}{\lambda_s}$$

여기서, T_s : 단열포화온도(Adiabatic Saturation Temperature), 단열포화기의 출구 온도

5 침출과 추출

(1) 침출(Leaching)

불용성 고체가 들어 있는 혼합물에서 용질을 용해시키는 것을 말한다.

① 연속 맞흐름 침출의 원리

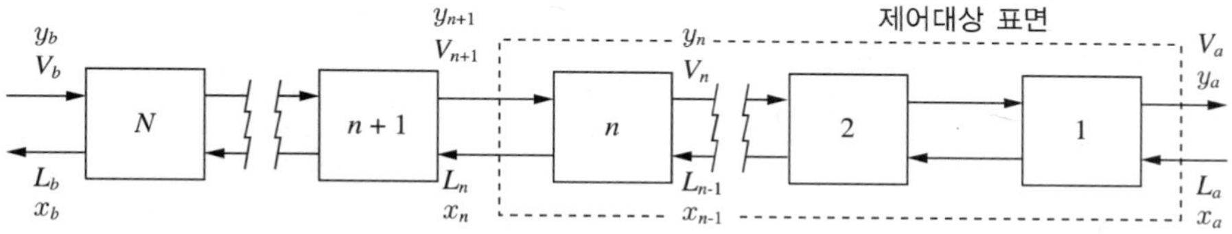

㉠ V(위흐름 용액의 유량)상은 N단에서 1단으로 이동하면서 용질을 용해시켜 농축 용액이 되어 1단을 벗어나고, L(고체에 묻어 있는 액체의 유량)상은 1단에서 N단으로 고체와 함께 운반되는 액체로 추출된 고체와 함께 N단을 나간다.

㉡ n단을 나가는 y_n과 나가는 x_n은 평형상태이다.

$x_e = y$

㉢ 조작선 : 제어대상 표면에 대한 수지식(L상과 V상의 유량이 일정)

$V_{n+1} + L_a = V_a + L_n,\ V_{n+1}y_{n+1} + L_a x_a = V_a y_a + L_n x_n$

$$\Rightarrow y_{n+1} = \frac{L_n}{V_{n+1}}x_n + \frac{V_a y_a - L_a x_a}{V_{n+1}} + \frac{L}{V}x_n + \frac{Vy_a - Lx_a}{V}$$

조작선은 점($x_a,\ y_a$), 점($x_b,\ y_b$)을 지나고 기울기는 $\dfrac{L}{V}$이다.

* 일정한 하부흐름(Constant Solution Underflow)-위흐름(Overflow)도 일정하다.

㉣ 일정 하부흐름에 대한 이상단 수 구하기 : 조작선과 평형선($y^* = x$)을 이용하여 맥케이브-틸레 작도법을 적용한다.

(2) 추출(Extration)

㉠ 생성물과 친화력이 높은 비혼합성 용매와 접촉시켜 다성분 용액으로부터 생성물을 회수하는 것을 말한다.

㉡ 묽은 용액의 경우 탈거인자 S와 유사한 추출인자 E를 적용한다.

$$E \equiv \frac{K_D V}{L},\ K_D = \frac{y}{x^*}$$

순수한 용매를 이용한 단일단 추출의 경우에는 다음과 같다.

잔류 용질의 분율 = $\dfrac{1}{1+E}$, 회수된 분율 = $\dfrac{E}{1+E}$

㉢ 이상단 수를 구한다.

$$N = \frac{\ln \dfrac{x_a - x_a^*}{x_b - x_b^*}}{\ln E}$$

PART 01

적중예상문제

01 어떤 기체의 질소와 수소의 몰 백분율이 각각 20mol%, 80mol%이고 총 질량유속은 10kg/min일 때, 질소의 질량유속(kg/h)은 얼마인가?

해설

질소의 분자량과 수소의 분자량을 이용해서 질소 몰 백분율을 질량 분율로 환산하고, 분을 시간으로 환산하면 답을 구할 수 있다.

$$10\text{kg/min} \times \frac{60\text{min}}{1\text{h}} \times \frac{1\text{kgmol} \times 0.2 \times (14 \times 2)\,\text{kg/kgmol}}{1\text{kgmol} \times 0.2 \times (14 \times 2)\,\text{kg/kgmol} + 1\text{kgmol} \times 0.8 \times (1 \times 2)\,\text{kg/kgmol}}$$

$$= 10 \times 60 \times \frac{5.6}{5.6 + 1.6} = 466.666 \fallingdotseq 466.67\text{kg/h}$$

정답

466.67kg/h

02 1wt%인 용액을 5,000kg/h로 증류하여 4wt% 용액으로 만들 때, 증발한 증기양(kg/h)을 구하시오.

해설

증류하여도 용질의 양은 변하지 않으므로, 전체량에서 증발한 증기량을 뺀 값에 대한 용질의 백분율이 4라고 놓고 방정식을 풀면 증발한 증기양을 구할 수 있다.

$$\frac{5{,}000\text{kg/h} \times \frac{1}{100}}{(5{,}000 - x)\text{kg/h}} \times 100 = 4$$

$$\Rightarrow x = \frac{5{,}000(0.04 - 0.01)}{0.04} = 3{,}750\text{kg/h}$$

정답

3,750kg/h

03 절대압이 0.051kgf/cm²이고, 대기압이 700mmHg일 때, ① 진공압(kgf/cm²)과 ② 진공도(%)를 구하시오.

해설

절대압력은 대기압과 진공압력의 차이므로 진공압력은 대기압에서 절대답을 빼주면 되고, 대기압의 단위는 mmHg이므로 kg_f/cm^2으로 환산해 줘야 한다. 진공도는 대기압에 대한 진공압력의 백분율이다.

① $700\text{mmHg} \times \dfrac{1\text{atm}}{760\text{mmHg}} \times \dfrac{1.0332\,kg_f/cm^2}{1\,atm} - 0.051 = 0.900 \fallingdotseq 0.90kg_f/cm^2$

② $\dfrac{0.90\,kg_f/cm^2}{0.951\,kg_f/cm^2} \times 100 = 94.637 \fallingdotseq 94.64\%$

정답

① 진공압 : $0.90kg_f/cm^2$
② 진공도 : 94.64%

04 허용응력이 $100kg_f/cm^2$이고 작업압력이 $5kg_f/cm^2$일 때, 스케줄 넘버를 구하시오.

해설

스케줄 넘버의 식에 대입하면 구할 수 있다.

$$\text{Schedule No.} = 1,000 \times \frac{\text{작업압력}}{\text{허용응력}} = 1,000 \times \frac{5kg_f/cm^2}{100kg_f/cm^2} = 50$$

정답

No. 50

05 밀도가 1.3g/cm³이고, 높이가 0.5m인 개방형 탱크의 하부에 걸리는 절대압(atm)은 얼마인가?

해설

유체정역학적 평형의 식을 이용한다. 개방된 유체의 압력을 대기압(1atm)으로 잡고 높이차에 0.5m를 대입하면 구할 수 있다.

$$\frac{P_2 - P_1}{\rho} = g(Z_1 - Z_2)$$

$$\Rightarrow P_2 = P_1 + \rho g(Z_1 - Z_2)$$

$$= 1\text{atm} + (1.3 \times 1,000\text{kg/m}^3) \times 9.8\text{m/s}^2 \times [0-(-0.5)]\text{m} \times \frac{1\text{Pa}}{1\dfrac{\text{kg}\cdot\text{m/s}^2}{\text{m}^2}} \times \frac{1\,\text{atm}}{101,325\,\text{Pa}}$$

$$= 1.062 \fallingdotseq 1.06\text{atm}$$

정답

1.06atm

06 U자형 마노미터로 오리피스에 있는 유체의 압력차를 측정할 때, 마노미터 읽음이 15cm라면 오리피스의 압력차(kPa)를 구하시오(단, 수은과 유체의 비중은 각각 13.6, 0.79이다).

해설

마노미터의 식으로 구하면 된다.

$$\Delta P = gR_m(\rho_A - \rho_B)$$

$$= 9.8\text{m/s}^2 \times \frac{15}{100}\text{m} \times (13.6 - 0.79) \times 1{,}000\text{kg/m}^3 \times \frac{1\text{kPa}}{1{,}000\frac{\text{kg}\cdot\text{m/s}^2\cdot\text{m}}{\text{m}^2}}$$

$$= 18.830 \fallingdotseq 18.83\text{kPa}$$

정답

18.83kPa

07 다음은 속도구배에 대한 전단응력에 대한 그래프이다. A, B, C, D에 해당하는 유체를 쓰시오.

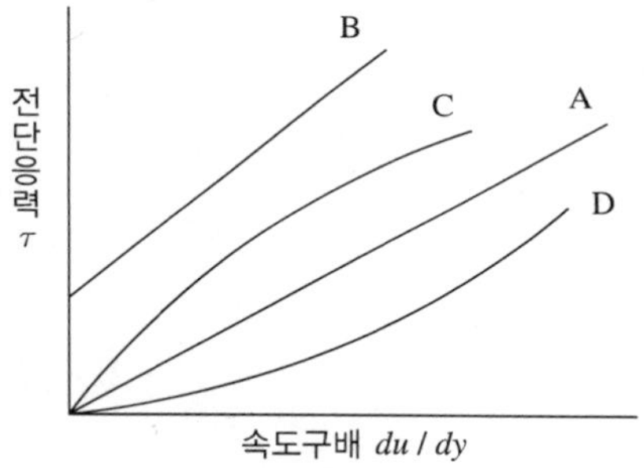

정답

- A : 뉴턴 유체
- B : 빙햄 가소성 유체
- C : 유사 가소성 유체
- D : 팽창성 유체

08 직경이 10cm인 원형관에 점도가 0.1P인 유체가 3.14cm/s로 흐를 때, 레이놀즈수를 구하시오.

해설

레이놀즈수 정의식에 대입하면 된다.

$$Re. = \frac{D\bar{u}\rho}{\mu} = \frac{10\text{cm} \times 3.14\text{cm/s} \times 1\text{cm/s}}{0.1\text{g/cm}\cdot\text{s}} = 314 \Rightarrow \text{층류}$$

정답

314

09 다음 그림에서 상당직경(m)을 구하시오(단, 높이는 4m, 아랫변의 길이는 10m이며, 비율은 2 : 1이다).

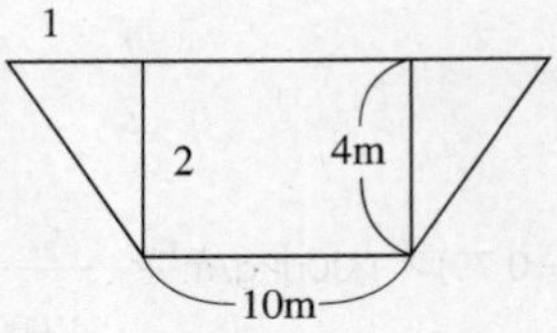

해설

상당직경은 젖음둘레에 대한 유로단면적 비의 4배이다.

$$D_{eq} = 4r_H = 4\frac{S}{L_P} = 4\times\frac{\frac{(10+14)\times 4}{2}}{(10+14+2\sqrt{2^2+4^2})} = 5.828 ≒ 5.83\text{m}$$

정답

5.83m

10 내경이 5cm인 원형관에서 유체의 임계유속(cm/s)을 구하시오(단, 유체의 비중은 1, 점도는 1cP이다).

해설

레이놀즈수를 2,100으로 유속을 구하면 된다.

$$Re. = \frac{D\bar{u}\rho}{\mu}$$

$$\Rightarrow \bar{u}_c = \frac{Re.\mu}{D\rho} = \frac{2{,}100\times 0.01\text{g/cm}\cdot\text{s}}{5\text{cm}\times 1\text{g/cm}^3} = 4.2\text{cm/s}$$

정답

4.2cm/s

11 밀도가 1g/cm³, 점도가 1cP인 유체가 원형관에 5cm/s로 흐르고 있고 마찰계수가 0.02라면 관의 직경(cm)은 얼마인가?(단, 층류라고 가정한다)

해설

층류일 때 마찰계수와 레이놀즈수의 관계식을 통해 구할 수 있다.

$$f = \frac{16}{Re.} = \frac{16\mu}{D\bar{u}\rho}$$

$$\Rightarrow D = \frac{16\mu}{f\bar{u}\rho} = \frac{16 \times 0.01\text{g/cm}\cdot\text{s}}{0.02 \times 5\text{cm/s} \times 1\text{g/cm}^3} = 1.6\text{cm}$$

정답

1.6cm

12 직선관의 내경이 0.0158m이고, 길이는 500m, 물의 유속은 10m/s, 패닝마찰계수 0.0065일때 압력차(N/m²)를 구하라.

해설

패닝마찰계수를 포함한 직선관의 마찰손실식을 통해 압력차를 구하면 된다.

$$F_s = \frac{\Delta P_s}{\rho} = 4f\frac{L}{D}\frac{\overline{u^2}}{2}$$

$$\therefore \Delta P_s = 4\rho f\frac{L}{D}\frac{\overline{u^2}}{2} = 4 \times 1{,}000\text{kg/m}^3 \times 0.0065 \times \frac{500\text{m}}{0.0158\text{m}} \times \frac{(10\text{m/s})^2}{2}$$

$$= 41{,}139{,}240.51\text{N/m}^2$$

정답

41,139,240.51N/m²

13 물이 길이가 10m이고 직경이 10mm인 원형관을 0.1m/s로 흐르고 있다. 글로브 밸브와 엘보의 개수와 손실계수(Le/D)는 각각 1개와 10, 2개와 0.9일 때 물의 마찰손실(J/kg)을 구하시오(단, 층류흐름이다).

해설

하겐–푸아죄유식을 이용해 표면마찰을 구하고, 각 관 부속물의 마찰손실을 더하면 된다.

$$\Sigma F = \frac{32\mu\bar{u}L}{D^2\rho} + (1\times k_{\text{밸브}} + 2\times k_{\text{엘보}}) \times \frac{\bar{u}^2}{2}$$

$$= \left[\frac{32\times 0.001\text{kg/m}\cdot\text{s}\times 0.1\text{m/s}\times 10\text{m}}{(0.01\text{m})^2\times 1{,}000\text{kg/m}^3} + (1\times 10 + 2\times 0.9)\frac{(0.1\text{m/s})^2}{2}\right]\times\frac{1\text{kg}}{1\text{kg}}\times\frac{1\text{J}}{1\text{kg}\cdot\text{m/s}^2}$$

$$= 0.379 \fallingdotseq 0.38\text{J/kg}$$

정답

0.38J/kg

14 내경이 5cm이고, 길이가 13m, 유량이 4L/s인 오리피스 유량계에 대한 아래 문제의 답을 쓰시오.

① 마노미터의 읽음이 10cm일 때, 압력차(N/m^2)를 구하시오.

② 압력차와 패닝마찰계수의 관계식을 쓰시오.

③ 패닝마찰계수를 구하시오.

해설

① 마노미터의 식에 수은의 비중 13.6, 물의 비중 1, 마노미터 읽음 10cm를 대입하면 구할 수 있다.

$$\Delta P = gR_m(\rho_A - \rho_A) = 9.8\text{m/s}^2 \times 10\text{cm}\times\frac{1\text{m}}{100\text{cm}}\times(13.6-1)\times 1{,}000\text{kg/m}^3\times\frac{1\text{N}}{1\text{kg}\cdot\text{m/s}^2} = 12{,}348\text{N/m}^2$$

② $F = \dfrac{\Delta P}{\rho} = 4f\dfrac{L}{D}\dfrac{\bar{u}^2}{2}$

$\Rightarrow \Delta P = 4\rho f\dfrac{L}{D}\dfrac{\bar{u}^2}{2}$

③ ②의 식을 패닝마찰계수에 대한 식으로 변형하고, 밀도, 압력차, 길이, 내경, 평균유속을 대입하면 된다. 대신, 평균유속은 부피 유속을 통해 구해야 한다.

$\bar{u} = \dfrac{Q}{A}$

$\Delta P = 4\rho f\dfrac{L}{D}\dfrac{\bar{u}^2}{2}$

$$\Rightarrow f = \frac{\Delta PD}{2\rho L\bar{u}^2} = \frac{12{,}348\text{N/m}^2\times 5\text{cm}\times\frac{1\text{m}}{100\text{cm}}}{2\times 1{,}000\text{kg/m}^3\times 13\text{m}\times\left\{\frac{4\text{L/s}\times\frac{1\text{m}^3}{1{,}000\text{L}}}{\frac{\pi}{4}\times\left(5\text{cm}\times\frac{1\text{m}}{100\text{cm}}\right)^2}\right\}^2} = 0.005721 \fallingdotseq 0.00572$$

정답

① 12,348N/m^2

② $\Delta P = 4\rho f\dfrac{L}{D}\dfrac{\bar{u}^2}{2}$

③ 0.00572

15 내경이 50mm, 직경이 20mm, 오리피스 계수는 0.61, 비중이 0.9인 기름이 흐르는 오리피스의 눈금 읽음이 520mm일 때, 유량(m^3/s)은 얼마인가?

해설

오리피스 유량계의 식에 내경, 직경, 오리피스 계수, 수은 비중(13.6), 기름 비중, 눈금 읽음을 대입하여 구하면 된다.

$$\dot{Q}=\frac{C_v}{\sqrt{1-\beta^4}}\frac{\pi D_2^2}{4}\sqrt{\frac{2(P_1-P_2)}{\rho}}=\frac{C_v}{\sqrt{1-\beta^4}}\sqrt{\frac{2gR_m(\rho'-\rho)}{\rho}}$$

$$=\frac{0.61}{\sqrt{1-\left(\frac{20\text{mm}}{50\text{mm}}\right)^4}}\times\frac{\pi\times\left(20\text{mm}\times\frac{1\text{m}}{1{,}000\text{mm}}\right)^2}{4}\times\sqrt{\frac{2\times9.8\text{m/s}^2\times520\text{mm}\times\frac{1\text{m}}{1{,}000\text{mm}}(13.6-0.9)\times1{,}000\text{kg/m}^3}{0.9\times1{,}000\text{kg/m}^3}}$$

$= 0.002320 ≒ 0.00232m^3/s$

정답

$0.00232m^3/s$

16 열전도도가 0.038688kcal/h · m · ℃, 두께가 15.25cm, 면적이 $2.32m^2$, 온도는 82.2℃에서 4.4℃로 변화할 때 열전달량(kcal/h)은?

해설

푸리에의 전도식에 각각 대입하면 구할 수 있다.

$$\frac{\dot{q}}{A}=k\frac{T_1-T_2}{x}$$

$$=0.038688\text{kcal/h}\cdot\text{m}\cdot℃\times\frac{2.32\text{m}^2}{15.25\text{cm}\times\frac{1\text{m}}{100\text{cm}}}\times(82.2-4.4)℃$$

= 45.790 ≒ 45.79kcal/h

정답

45.79kcal/h

17 열전도도가 0.2kcal/m · h · ℃이고, 두께가 300mm이고, 내부 온도와 외부 온도가 각각 500℃, 250℃일 때, 열플럭스(kcal/h · m²)를 구하라.

해설

푸리에의 법칙을 이용해 열플럭스를 구한다.

$$\frac{\dot{q}}{A} = \frac{k}{B}(T_i - T_o)$$

$$= 0.2\text{kcal/m} \cdot \text{h} \cdot ℃ \times \frac{(500-250)℃}{0.3\text{m}}$$

$$= 166.666 \fallingdotseq 166.67\text{kcal/h} \cdot \text{m}^2$$

정답

166.67kcal/h · m²

18 실린더 형태인 관의 외경과 직경이 각각 1m, 0.4m이고 길이가 10m이고 내면과 외면의 온도가 각각 500℃, 320℃이고 열전도도는 0.2W/m · ℃이다. 이때 열전달량(kW)을 구하시오.

해설

원통에 대한 열흐름을 사용하면 된다.

$$\dot{q} = \frac{2\pi Lk}{\ln\frac{r_o}{r_i}}(T_i - T_o)$$

$$= \frac{2\pi(0.5-0.2)\text{m} \times 0.2\text{W/m} \cdot ℃}{\ln\frac{0.5\text{m}}{0.2\text{m}}} \times (500-320)℃ \times \frac{1\text{kW}}{1{,}000\text{W}}$$

$$= 0.074 \fallingdotseq 0.07\text{kW}$$

정답

0.07kW

19 **세 가지의 벽돌로 된 벽의 각 벽돌의 두께는 160, 85, 190mm이고, 열전도도는 각 0,111, 0.0487, 1.24kcal/m · h · ℃이고 벽 안쪽과 바깥쪽 온도는 각각 940, 48℃일 때, 열플럭스 (kcal/m² · h)는?**

해설

직렬 복합 저항일 때의 전도식을 이용하면 구할 수 있다.

$$\frac{\dot{q}}{A} = \frac{\Delta T}{\frac{B_A}{k_A} + \frac{B_B}{k_B} + \frac{B_C}{k_C}}$$

$$= \frac{(940-48)℃}{\frac{160\text{mm} \times \frac{1\text{m}}{1{,}000\text{mm}}}{0.111\text{kcal/m}^2 \cdot \text{h} \cdot ℃} + \frac{85\text{mm} \times \frac{1\text{m}}{1{,}000\text{mm}}}{0.0487\text{kcal/m}^2 \cdot \text{h} \cdot ℃} + \frac{190\text{mm} \times \frac{1\text{m}}{1{,}000\text{mm}}}{1.24\text{kcal/m}^2 \cdot \text{h} \cdot ℃}}$$

= 267.065 ≒ 267.07kcal/m² · h

정답

267.07kcal/m² · h

20 **열교환기의 뜨거운 유체는 90℃에서 35℃로 하강하고, 차가운 유체는 25℃에서 60℃로 상승했을 때, 로그평균 온도차(℃)를 구하시오(단, 향류이다).**

해설

향류일 때 로그평균 온도차 식을 사용하면 된다.

$$\overline{\Delta T_L} = \frac{(90-60)-(35-25)}{\ln\frac{90-60}{35-25}} = 18.204 ≒ 18.20℃$$

정답

18.20℃

21 35℃의 물 25kg/s를 사용하여 20kg/s의 물을 95℃에서 75℃로 냉각시킬 때, 총괄열전달계수는 2,000W/m^2 · ℃로 향류라면 면적은 몇 m^{2}인가?

해설

물 간의 열교환량을 통해 물의 상승온도를 구하고, 향류에 해당하는 대수온도차를 구하여 총괄열전달량식을 통해 면적을 구할 수 있다.

$\dot{q} = \dot{m} C_p \Delta T$ = 20kg/s × 1kcal/kg · ℃ × (95 − 75)℃ = 400kcal/s

400kcal/s = 25kg/s × 1kcal/kg · ℃ × (T_{c2} − 35)℃

$$\Rightarrow T_{c2} = \frac{400\,\text{kcal/s} \cdot ℃}{25\,\text{kcal/s}} + 35℃ = 51℃$$

$$\dot{q} = UA\overline{\Delta T_L}$$

$$\Rightarrow A = \frac{\dot{q}}{U\overline{\Delta T_L}} = \frac{400\,\text{kcal/s} \times \frac{4,186.8\text{kJ}}{1\text{kcal}} \times \frac{1\text{W}}{1\text{J/s}}}{2,000\text{W/m}^2 \cdot ℃ \times \frac{(95-51)℃ - (75-35)℃}{\ln\frac{(95-51)℃}{(75-35)℃}}} = 19.952 \fallingdotseq 19.95\text{m}^2$$

정답

19.95m^2

22 비열이 0.45kcal/kg · ℃인 기름을 1,800kg/h로 열교환기에 흘려보내 온도를 110℃에서 45℃로 냉각시킬 때, 향류이고 총괄열전달계수가 500kcal/m^2 · h · ℃이다. 관 바깥의 수증기의 온도가 20℃에서 50℃로 가열된다고 한다. 이때 전열면적(m^2)은?

해설

기름을 통해 총열전달량을 구하고, 향류의 대수평균온도차를 구하고, 총괄열전달계수을 통한 총열전달량의 식을 통해 전열면적을 구할 수 있다.

$$\dot{q} = \dot{m} C_p \Delta T = UA\overline{\Delta T_L} = UA\frac{\Delta T_2 - \Delta T_1}{\ln\frac{\Delta T_2}{\Delta T_1}}$$

$$\Rightarrow A = \frac{\dot{m} C_p \Delta T}{U\frac{\Delta T_2 - \Delta T_1}{\ln\frac{\Delta T_2}{\Delta T_1}}}$$

$$= \frac{1,800\text{kg/h} \times 0.45\text{kcal/kg} \cdot ℃ \times (110-45)℃}{500\text{kcal/m}^2 \cdot \text{h} \cdot ℃ \times \frac{(110-50)℃ - (45-20)℃}{\ln\frac{(110-50)℃}{(45-20)℃}}}$$

= 2.633 ≒ 2.63m^2

정답

2.63m^2

23 너셀수를 ① 구하는 식과 각 항의 의미를 쓰고, ② 너셀수의 물리적 의미를 쓰시오.

정답

① $Nu. = \dfrac{hD}{k}$

- h : 개별 열전달계수
- D : 직경
- k : 열전도도

② $Nu. = \dfrac{\text{대류 열 전달}}{\text{전도 열 전달}}$

24 아래 그램은 물의 비등곡선이다. 다음 물음에 답하시오.

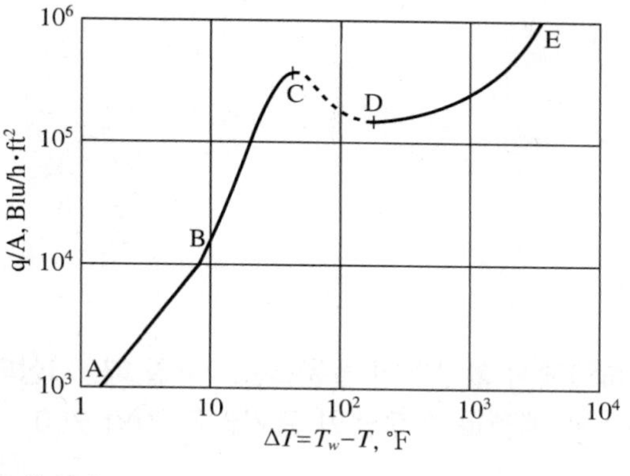

① C점의 온도차 용어를 쓰시오.

② C점의 속도 용어를 쓰시오.

③ D점의 용어를 쓰시오.

정답

① 임계 온도차

② 정점 열 플럭스

③ 라이덴프로스트점

25 복사체의 투과율이 0.2이고 반사율이 0.4이다. 이때의 흡수율은?

해설

한 복사체의 반사율, 흡수율, 투과율의 합은 1이다.

$\rho + \alpha + \tau = 1$

$\Rightarrow \alpha = 1 - (\rho + \tau) = 1 - (0.2 + 0.4) = 0.4$

정답

0.4

26 A, B 액체로 이루어진 혼합액이 있는데, A와 B의 증기압은 각각 3, 1.5atm이고, 몰분율은 각각 0.3, 0.7일 때 전압(atm)을 구하시오.

해설

라울의 법칙과 돌턴의 분압 법칙을 이용하면 구할 수 있다.

$P = x_A P_A{}' + x_B P_B{}' = 0.3 \times 3\text{atm} + 0.7 \times 1.5\text{atm} = 1.95\text{atm}$

정답

1.95atm

27 벤젠과 톨루엔 혼합액에서 톨루엔의 몰분율은 0.3일 때, 기상의 톨루엔의 몰백분율(mol%)은 얼마인가?(단, 순수한 벤젠과 톨루엔의 증기압은 각각 760, 450mmHg이다)

해설

라울의 법칙과 분압의 법칙을 이용하면 구할 수 있다.

$P_T = y_T P = x_T P_A{}'$

$$\Rightarrow y_T = \frac{x_T P_T{}'}{P} = \frac{x_T P_T{}'}{x_T P_T + x_B P_B} = \frac{0.3 \times 760\text{mmHg}}{0.3 \times 760\text{mmHg} + (1 - 0.3) \times 450\text{mmHg}}$$

$= 0.41988 = 41.988 \fallingdotseq 41.99\text{mol\%}$

정답

41.99mol%

28 **원료 100kmol 중 벤젠과 톨루엔이 각각 60, 40kmol의 조성으로 평형 증류를 할 때 탑하제품의 0.4이다. 이때의 탑상제품의 양(kmol)을 구하시오(단, 벤젠과 톨루엔의 증기압은 각각 1,180, 481mmHg이다).**

해설

라울의 법칙을 이용해 상대휘발도를 구하고, 상대휘발도를 통해 탑하 제품의 조성과 평형상태인 탑상 제품의 조성을 구한다. 최종적으로 물질수지를 통해 탑상 제품의 양을 구할 수 있다.

$$\alpha = \frac{P_B{}'}{P_T{}'} = \frac{1,180\text{mmHg}}{481\text{mHg}} = 2.453 \fallingdotseq 2.45$$

$$y_D = \frac{\alpha x_B}{1+(\alpha-1)x_B} = \frac{2.45\times 0.4}{1+(2.45-1)0.4} = 0.620 \fallingdotseq 0.62$$

$$\therefore\ Fx_F = Dx_D + Bx_B$$

$$\Rightarrow 100\text{kmol}\times 0.6 = D\times 0.62 + (100-D)\text{kmol}\times 0.4$$

$$\Rightarrow D = \frac{100(0.6-0.4)}{0.62-0.4} = 90.909 \fallingdotseq 90.91\text{kmol}$$

정답

90.91kmol

29 **이론 단수가 10단이고 HETP가 4m/단일 때, 이론탑의 높이를 구하라.**

해설

이론탑의 높이는 이론 단수와 HETP의 곱으로 구할 수 있다.

4m/단 × 10단 = 40m

정답

40m

30 **환류비와 단수에 대한 설명이다. 적절한 것을 선택하여 고르시오.**

정류탑에서 환류비를 증가시키면 제품 순도는 ① (높아, 낮아)지고, 유출량은 ② (증가, 감소)하며, 또한 단수는 ③ (증가, 감소)하고 일정한 처리량을 위해 탑지름이 ④ (증가, 감소)한다.

정답

① 높아, ② 감소, ③ 감소, ④ 증가

31 20,000kg/h인 원료의 조성이 벤젠(C_6H_6) 45wt%, 톨루엔($C_6H_5CH_3$) 55wt%이며 탑상제품과 탑하제품의 조성은 각각 90wt%, 5wt%일 때, 탑상 제품의 양(kgmol/h)을 구하시오.

해설

물질수지를 통해 탑상 제품과 탑하 제품의 질량유속을 구하고, 평균 분자량을 통해 탑상 제품의 몰유량을 구하면 된다.

(물질수지식) $F_{xF} = D_{xD} + (F-D)x_B$

$$\Rightarrow D = \frac{F(x_F - x_B)}{x_D - x_B}$$

$$= \frac{20{,}000\text{kg/h}(0.45-0.05)}{0.9-0.05} \times \frac{1}{[0.9\times(12\times6+1\times6)+0.05\times(12\times7+1\times8)]\text{kg/kgmol}}$$

$$= 125.825 \fallingdotseq 125.83\text{kgmol/h}$$

정답

125.83kgmol/h

32 환류비가 5일 때, 정류부 조작선의 식을 구하시오.

해설

환류비를 이용한 정류부 조작선의 식을 통해 구할 수 있다.

$$y_{n+1} = \frac{R_D}{R_D+1}x_n + \frac{x_D}{R_D+1}$$

$$= \frac{5}{5+1}x_n + \frac{x_D}{5+1}$$

$$= 0.833x_n + 0.166x_D \fallingdotseq 0.83x_n + 0.17x_D$$

정답

$y_{n+1} = 0.83x_n + 0.17x_D$

33 맥케이브-틸레법에서 q인자에 따른 기울기를 선택하여 적어라.

보기
+, −, 0, ∞

① 비점 아래의 차가운 액체

② 비점의 포화 액체

③ 기포점의 원료

정답

① −

② 0

③ ∞

34 **벤젠의 몰 백분율이 45mol%이고 톨루엔의 몰 백분율이 55mol%인 혼합용액의 끓는점이 93.9℃일 때, 원료의 입구온도가 55℃이고, 몰비열이 40kcal/kgmol, 몰잠열 7,620kcal/kgmol로 한 원료 공급선의 식(q-line)을 구하라.**

해설

차가운 유체일 때 q를 구하는 식을 도입하고, 원료 공급선의 식에 q를 대입하면 구할 수 있다. 원료의 몰분율은 0.45이다.

$$q = 1 + \frac{C_{PL}(T_b - T_F)}{\lambda}$$

$$= 1 + \frac{40\text{kcal/kgmol} \cdot ℃ \times (93.9 - 55)℃}{7,620\,\text{kcal/kgmol}}$$

$$= 1.204 \fallingdotseq 1.20$$

$$\Rightarrow y = -\frac{q}{1-q}x + \frac{x_F}{1-q} = -\frac{1.2}{1-1.2}x + \frac{0.45}{1-1.2}$$

$$= 6x - 2.25$$

정답

$y = 6x - 2.25$

35 **원료의 조성은 n-헵테인 60mol%, n-옥테인 40mol%이고, 비점에서 공급된다. 탑상 제품과 탑하 제품의 조성은 각각 n-헵테인 99.1mol%일 때 최소환류비를 구하시오(단, 상대휘발도는 1.5이다).**

해설

최소환류비의 식에 대입하고, 원료 액상의 조성과 평형상태에 있는 기상의 조성은 상대휘발도 구할 수 있다.

$$y_F{}' = \frac{\alpha x_F{}'}{1 + (\alpha - 1)x_F{}'} = \frac{1.5 \times 0.6}{1 + (1.5 - 1) \times 0.6} = \frac{0.9}{1.3}$$

$$R_{Dm} = \frac{x_D - y_F{}'}{y_F{}' - x_F{}'} = \frac{0.99 - \frac{0.9}{1.3}}{\frac{0.9}{1.3} - 0.6} = 3.225 \fallingdotseq 3.22$$

정답

3.22

36 A, B 혼합액 10mol을 회분증류할 때, A의 액상 몰분율은 0.6이고 증류시킨 후에 A의 액상 몰분율은 0.4이다. 증발된 몰수(mol)는?(단, A의 경우 $y=1.2x$를 따른다)

해설

회분증류의 식을 이용하면 구할 수 있다.

$$\ln\frac{n_1}{n_0}=\int_{x_0}^{x_1}\frac{dx}{y-x}=\int_{x_0}^{x_1}\frac{dx}{1.2x-x}=\int_{x_0}^{x_1}\frac{dx}{0.2x}=5\int_{x_0}^{x_1}\frac{dx}{x}=5[\ln]_{x_0}^{x_1}=5\ln\frac{x_1}{x_0}$$

$$\Rightarrow n_1=n_0\,e^{5\ln\frac{x_1}{x_0}}$$

$$\therefore \text{증발된 몰수}=n_0-n_1=n_0-n_0\,e^{5\ln\frac{x_1}{x_0}}=n_0(1-e^{5\ln\frac{x_1}{x_0}})=10\text{mol}(1-e^{5\ln\frac{0.4}{0.6}})=8.683\fallingdotseq 8.68\text{mol}$$

정답

8.68mol

37 어떤 온도에서 상대습도는 40%이고 포화습도는 0.45kgH_2O/kg Dry Air일 때 비교습도(%)를 구하시오(단, 대기압은 760mmHg이다).

해설

포화습도와 상대습도, 비교습도의 정의식을 이용하면 된다.

$$\mathcal{H}_s=\frac{18}{29}\frac{P_A'}{760-P_A'}=0.45$$

$$\Rightarrow P_A'=\frac{0.45\times\frac{29}{18}\times 760\text{mmHg}}{1+0.45\times\frac{29}{18}}=319.420\fallingdotseq 319.42\text{mmHg}$$

$$\mathcal{H}_R=\frac{P_A}{P_A'}\times 100=40$$

$$\Rightarrow P_A=0.4\times 319.42\text{mmHg}=127.768\text{mmHg}$$

$$\therefore \mathcal{H}_P=\mathcal{H}_R\times\frac{760-P_A'}{760-P_A}$$

$$=40\%\times\frac{760-319.42}{760-127.768}$$

$$=27.874\fallingdotseq 27.87\%$$

정답

27.87%

02

반응공학
(Chemical Reaction Engineering)

CHAPTER 01 반응기 몰수지와 설계방정식

1 몰수지

- 반응속도(Reaction Rate) : 단위시간당 단위부피당 제거되는(생성되는) 성분의 몰수[mol/dm^3 · s], 반응물 (−)[제거됨], 생성물 (+)[생성됨]
  A(반응물) → B(생성물)
- 몰농도(Molar Concentration, M) : 단위부피당 몰수[mol/dm^3]

(1) 몰수지식

대상부피에 대한 몰수지식을 세우면 다음과 같다.

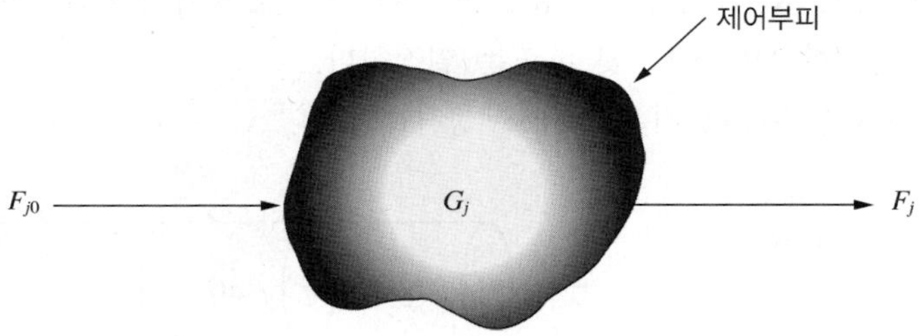

[j의 유입속도] − [j의 유출속도] + [j의 생성속도] = [j의 축적속도]

$$\Rightarrow F_{j0} - F_j + G_j = F_{j0} - F_j + \int^V r_j dV = \frac{dN_j}{dt}$$

(2) 회분반응기(Batch Reactor, BR)

① 소규모 제조공정, 연속운전이 쉽지 않은 공정(예 : 전기밥솥) 등이 있다.

② 높은 전화율 획득, 품질이 균일하지 못하며 대규모 생산이 어렵다.

③ 반응물 또는 생성물의 유입과 유출이 없다.

④ 몰수지식을 세우면 다음과 같다(반응이 완전혼합되어 반응기 부피 전체에 대한 반응속도 변화 없음).

$$F_{A0}(=0) - F_A(=0) + \int^V r_A dV = r_A [V]_0^V = r_A V = \frac{dN_A}{dt}$$

$$\Rightarrow \int_0^t dt = [t]_0^t = t = \int_{N_{A0}}^{N_A} \frac{dN_A}{r_A V} = \int_{N_A}^{N_{A0}} \frac{dN_A}{-r_A V}$$

(3) 흐름반응기(Flow Reactor)

① 연속 교반탱크 반응기(Continuous Stirred Tank Reactor, CSTR)

㉠ 주로 액상 반응이며 정상상태(Steady State, 축적량 = 0)로 운전되고 완전혼합된다.

㉡ 온도조절이 가능하나 반응기 부피당 반응물의 전화율이 흐름반응기 중 가장 작다.

㉢ 반응기 모든 지점에서 온도 및 농도가 일정하다.

㉣ 몰수지식을 세운다.

$$F_{A0} - F_A + \int^{V} r_A \, dV = F_{A0} - F_A + r_A V = \frac{dN_A}{dt} = 0$$

$$\Rightarrow V = \frac{F_{A0} - F_A}{-r_A} (F_A = C_A \cdot v) = \frac{v_0 C_{A0} - v C_A}{-r_A} (v_0 = v) = \frac{v_0 (C_{A0} - C_A)}{-r_A}$$

여기서, v : 부피유량[dm^3/s]

② 플러그 흐름반응기(Plug Flow Reactor, PFR)

㉠ 주로 기상반응에 사용하고 반응기의 길이 방향에 따라 연속적으로 농도가 변한다.

㉡ 흐름반응기 중 반응기 부피당 전화율이 가장 높으나 온도조절이 어렵다.

㉢ 반지름 방향으로 농도 및 온도는 일정하다.

㉣ 몰수지식을 세운다(미분 형태로 생각해보자).

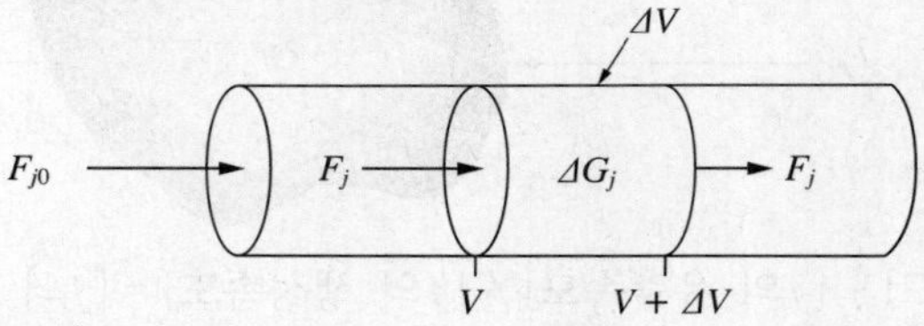

$$F_{A,V} - F_{A,V+\Delta V} + r_A \Delta V = 0$$

$$\Rightarrow \lim_{\Delta V \to 0} r_A = r_A = \lim_{\Delta V \to 0} \frac{F_{A,V+\Delta V} - F_{A,V}}{\Delta V} (\text{미분의 정의}) = \frac{dF_A}{dV}$$

$$\Rightarrow \int_0^V dV = [V]_0^V = V = \int_{F_{A0}}^{F_A} \frac{dF_A}{r_A} = \int_{F_A}^{F_{A0}} \frac{dF_A}{-r_A}$$

③ 충전층반응기(Packed-bed Reactor, PBR)

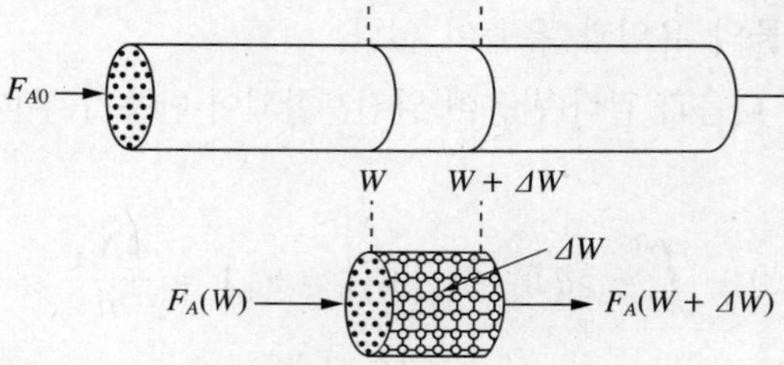

㉠ 온도조절이 쉽지 않고 촉매 교체가 쉽지 않다.

㉡ 촉매반응기 중 촉매 무게당 전화율이 가장 높다.

㉢ 고체 표면에서 일어나는 불균일반응으로 PFR로 가정해보자.

㉣ 반응속도는 반응기 부피 V가 아니라 고체 촉매의 질량 W에 기준을 둔다(r_A = [A의 몰수 /s · g 고체 촉매]).

$$F_{A,W} - F_{A,W+\Delta W} + r_A{}'\Delta W = 0$$

$$\Rightarrow \lim_{\Delta W \to 0} r_A{}' = r_A{}' = \lim_{\Delta W \to 0} \frac{F_{A,W+\Delta W} - F_{A,W}}{\Delta W} = \frac{dF_A}{dW}$$

$$\Rightarrow \int_0^W dW = [W]_0^W = W = \int_{F_{A0}}^{F_A} \frac{dF_A}{r_A{}'} = \int_{F_A}^{F_{A0}} \frac{dF_A}{-r_A{}'}$$

2 전화율과 설계방정식

(1) 전화율(Conversion)

공급된 성분의 몰당 반응한 성분의 몰수를 말한다.

$$X_A = \frac{\text{반응한 } A\text{의 몰수}}{\text{공급된 } A\text{의 몰수}} = \frac{N_{A0} - N_A}{N_{A0}} = \frac{F_{A0} - F_A}{F_{A0}} = \frac{C_{A0} - C_A}{C_{A0}} = 1 - \frac{C_A}{C_{A0}}$$

$$\Rightarrow 1 - X_A = \frac{N_A}{N_{A0}}$$

$$\Rightarrow N_A = N_{A0}(1 - X_A),\ F_A = F_{A0}(1 - X_A),\ C_A = C_{A0}(1 - X_A)$$

(2) 회분 및 흐름반응기의 설계방정식

① 회분반응기(BR) : 전화율을 이용한 설계방정식은 다음과 같다(정용회분식 반응기일 때, $V = V_0$).

$$t = \int_{N_{A0}}^{N_A} \frac{dN_A}{r_A V} = \int_{N_A}^{N_{A0}} \frac{dN_A}{-r_A V} = \int_{N_A}^{N_{A0}} \frac{d\left(\frac{N_A}{V}\right)}{-r_A} = \int_{N_A}^{N_{A0}} \frac{dC_A}{-r_A}\ \frac{dN_A}{-r_A V}$$

$$= \int_{N_A}^{N_{A0}} \frac{d\left(\frac{N_A}{V}\right)}{-r_A} = \int_{N_A}^{N_{A0}} \frac{dC_A}{-r_A}$$

$$N_A = N_{A0}(1 - X_A) = N_{A0} - N_{A0}X_A \Rightarrow dN_A = -N_{A0}dX_A = \int_{X_A}^{0} \frac{-N_{A0}dX_A}{-r_A V}$$

$$= N_{A0}\int_0^{X_A} \frac{dX_A}{-r_A V} = \frac{N_{A0}}{V}\int_0^{X_A} \frac{dX_A}{-r_A} = C_{A0}\int_0^{X_A} \frac{dX_A}{-r_A}$$

② 흐름반응기(FR)

㉠ 액상일 경우 몰농도를 사용하고 기상일 경우 이상기체 상태방정식을 사용한다.

$$F_{A0} = v_0 C_{A0} = v_0 \frac{P_{A0}}{RT_0} = v_0 \frac{y_{A0} P_0}{RT_0} \left(PV = nRT \Rightarrow C = \frac{n}{V} = \frac{P}{RT} \right)$$

여기서, R : 이상기체상수 8.314[kPa · dm³/mol · K]

㉡ 연속 교반탱크 반응기(CSTR)

전화율을 사용하여 설계방정식을 세운다(완전혼합으로 출구 조성이 반응기 내 조성과 동일하다).

$$V = \frac{F_{A0} - F_A}{-r_A} = \frac{F_{A0} X_A}{-r_{A,\,exit}} = \frac{v_0 C_{A0} X_A}{-r_{A,\,exit}}$$

㉢ 관형 흐름반응기(PFR)

전화율을 사용하여 설계방정식을 세운다.

$$V = \int_{F_A}^{F_{A0}} \frac{dF_A}{-r_A} = \int_{X_A}^{0} \frac{-F_{A0} dX_A}{-r_A} = F_{A0} \int_0^{X_A} \frac{dX_A}{-r_A} = v_0 C_{A0} \int_0^{X_A} \frac{dX_A}{-r_A}$$

㉣ 충전층반응기(PBR)

전화율을 사용하여 설계방정식을 세운다.

$$W = \int_{F_A}^{F_{A0}} \frac{dF_A}{-r_A'} = \int_{X_A}^{0} \frac{-F_{A0} dX_A}{-r_A'} = F_{A0} \int_0^{X_A} \frac{dX_A}{-r_A'} = v_0 C_{A0} \int_0^{X_A} \frac{dX_A}{-r_A'}$$

(3) 직렬반응기(Reactors in Series)

측면에서 유입되는 흐름이 없는 경우 i번째 전화율은 다음과 같다.

$$X_i = \frac{i\text{번째 반응기까지 반응한 }A\text{의 몰수}}{\text{첫 번째 반응기에 공급된 }A\text{의 몰수}} = \frac{F_{A0} - F_{Ai}}{F_{A0}}$$

$\Rightarrow F_{Ai} = F_{A0}(1 - X_i)$

① 직렬로 된 두 개의 연속 교반탱크 반응기(CSTR)

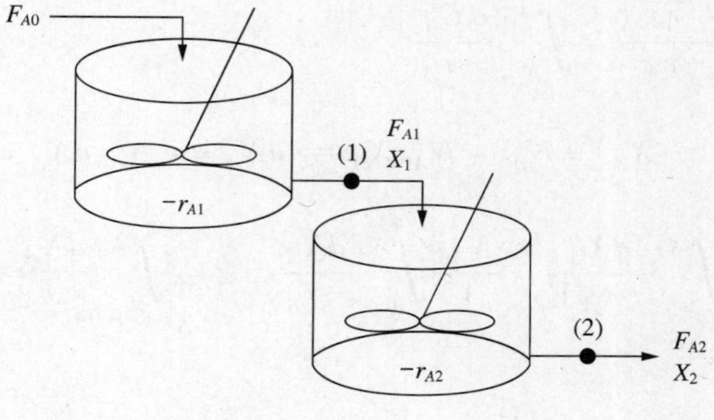

㉠ 첫 번째 반응기의 몰수지식

$$F_{A0} - F_{A1} + r_{A1}V_1 = F_{A0}X_{A1} + r_{A1}V_1 = 0$$

$$\Rightarrow V_1 = \frac{F_{A0}X_{A1}}{-r_{A1}}$$

㉡ 두 번째 반응식의 몰수지식

$$F_{A1} - F_{A2} + r_{A2}V_2 = 0$$

$$\Rightarrow V_1 = \frac{F_{A1} - F_{A2}}{-r_{A2}} = \frac{(F_{A0} - F_{A0}X_{A1}) - (F_{A0} - F_{A0}X_{A2})}{-r_{A2}} = \frac{F_{A0}(X_{A1} - X_{A2})}{-r_{A2}}$$

㉢ 직렬로 된 여러 개의 연속 교반탱크 반응기(CSTR)

전화율 0.8로 동일한 직렬로 된 CSTR과 하나의 PFR를 비교한다.

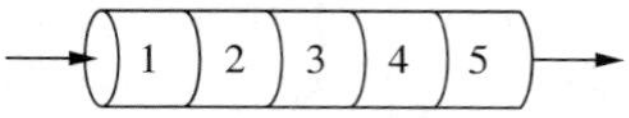

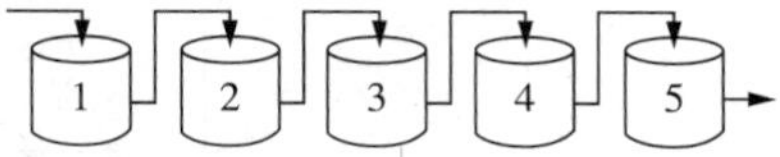

- 직렬된 CSTR과 PFR의 전화율에 대한 반응기 부피 그래프 양상은 다음 그림과 같다.

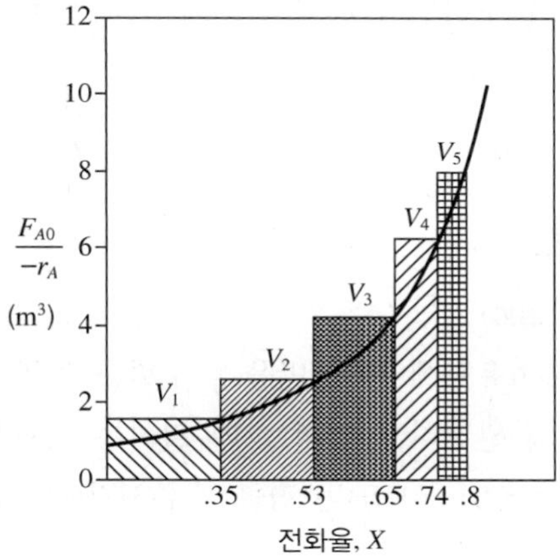

- CSTR의 부피는 각 점에서 사각형의 넓이인데, 이것이 무수히 많아지면 적분의 정의처럼 곡선 아래의 넓이가 된다. 즉 곡선 아래의 넓이는 PFR의 부피에 해당한다.
- 여러 개의 직렬 CSTR의 부피 = PRF의 부피

② 직렬로 된 두 개의 관형 흐름반응기(FPR)

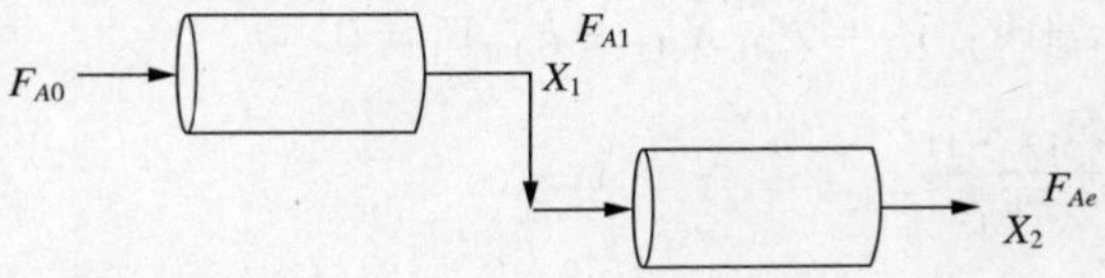

반응기의 부피를 구하면 아래와 같다.

$$V = F_{A0}\int_0^{X_2}\frac{dX}{-r_A} = F_{A0}\int_0^{X_1}\frac{dX}{-r_A} + F_{A0}\int_{X_1}^{X_2}\frac{dX}{-r_A} = V_1 - V_2$$

③ 직렬로 연결된 연속 교반탱크 반응기(CSTR) 두 개와 관형 흐름반응기(PFR) 한 개

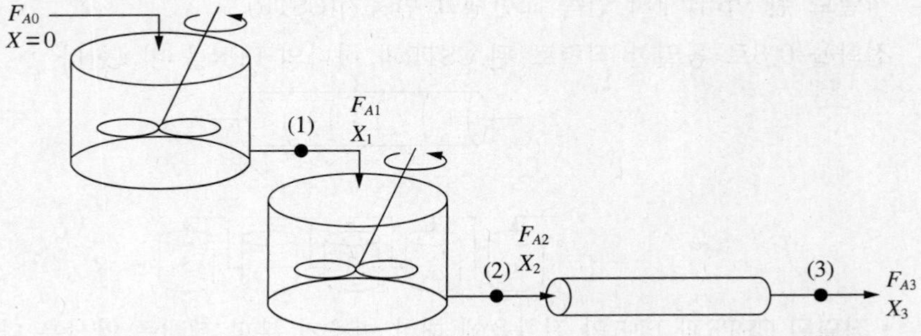

반응기의 부피 합을 구하면 아래와 같다.

$$V = V_1 + V_2 + V_3 = \frac{F_{A0}X_1}{-r_{A1}} + \frac{F_{A0}(X_2 - X_1)}{-r_{A2}} + F_{A0}\int_{X_2}^{X_3}\frac{dX}{-r_{A3}}$$

(4) 공간시간과 공간속도

① 공간시간(Space Time)

㉠ 반응기 유입 부피유량에 대한 반응기 부피를 말한다.

㉡ 액체가 반응기에 완전히 유입되는 데 걸리는 시간을 말한다.

㉢ 보유시간(Holding Time) 또는 평균 체류시간(Mean Residence Time)은 다음과 같다.

$$\tau \equiv \frac{V}{v_0} = \frac{[\mathrm{dm}^3]}{[\mathrm{dm}^3/\mathrm{s}]} = [\mathrm{s}]$$

② 공간속도(Space Velocity)

㉠ 시간당 액체공간속도(Liquid Hourly Space Velocities, LHSV), 시간당 기체공간속도 (Gas Hourly Space Velocities, GHSV)

$$SV \equiv \frac{v_0}{V} = \frac{1}{\tau} = \tau^{-1}$$

$$LHSV = \frac{v_{0,\,23.9\text{ 또는 }15.6℃}}{V},\quad GHSV = \frac{v_{0,\,STP}}{V}$$

㉡ 설계방정식에 적용한다.

$$V_{CSTR} = v_0 C_{A0} \frac{dX_A}{-r_{A,exit}} = \tau_{CSTR} = \frac{V}{v_0} = C_{A0}\int_0^{X_A} \frac{dX_A}{-r_A}$$

$$V_{PFR} = v_0\, C_{A0}\int_0^{X_A} \frac{dX_A}{-r_A}$$

$$\Rightarrow \tau_{PFR} = \frac{V}{v_0} = C_{A0}\int_0^{X_A} \frac{dX_A}{-r_A}$$

$$\Rightarrow \tau_{PBR} = \frac{V}{v_0} = C_{A0}\int_0^{X_A} \frac{dX_A}{-r_A'}$$

CHAPTER 02 화학반응과 반응기 해석

1 화학반응 메커니즘 파악

(1) 속도법칙(Rate Laws)

① 정의

㉠ 균일반응(Homogeneous Reaction) : 하나의 상만으로 이루어진 반응을 말한다.

㉡ 불균일반응(Heterogeneous Reaction) : 둘 이상의 상으로 이루어진 반응을 말한다.

㉢ 가역반응(Reversible Reaction) : 정반응과 역반응이 모두 가능한 반응을 말한다.

㉣ 비가역반응(Irreversible Reaction) : 역반응이 없이 정반응만 가능한 반응을 말한다.

② 상대반응속도(Relative Rate of Reaction)

화학양론계수의 비(Stoichiometric Coefficient's Ratio)를 이용하여 구할 수 있다.

$aA + bB \rightarrow cC + dD$

$\Rightarrow A + \frac{b}{a}B \rightarrow \frac{c}{a}C + \frac{d}{a}D$

양론계수비의 비에 의해 C의 생성속도와 A의 제거속도는 다음과 같다.

$r_C = \frac{c}{a}(-r_A) = -\frac{c}{a}r_A$

따라서, $\frac{-r_A}{a} = \frac{-r_B}{b} = \frac{r_C}{c} = \frac{r_D}{d}$

③ 속도 법칙과 반응차수

㉠ 일반적으로 제한반응물(Limiting Reactant)을 계산의 기준으로 잡고 속도법칙을 나타낸다.

$-r_A = k_A(T)f(C_A, C_B, \cdots)$

여기서, k_A : 반응속도상수(Reaction Rate Constant) 또는 비반응속도(Specific Rate of Reaction)

㉡ 속도법칙을 일반적으로 멱수법칙 모델(Power Law Model)을 사용한다.

$-r_A = k_A C_A^{\alpha} C_B^{\beta}$

여기서, α, β : 반응차수(Reaction Order)

n(총괄 반응차수) $= \alpha + \beta$

㉢ A(반응물) → B(생성물)의 반응에 대한 반응속도상수를 생각해 본다.

$$-r_A = k_A C_A^n \Rightarrow k_A = \frac{-r_A}{C_A^n} = \frac{[\text{mol/dm}^3 \cdot \text{s}]}{[\text{mol/dm}^3]^n} = \left[\frac{(\text{mol/dm}^3)^{1-n}}{s}\right]$$

i) 0차 반응일 때, $-r_A = k_A = [\text{mol/dm}^3 \cdot \text{s}]$

ii) 1차 반응일 때, $-r_A = k_A C_A$, $k_A = [\text{s}^{-1}]$

iii) 2차 반응일 때, $-r_A = k_A C_A^2$, $k_A = [\text{dm}^3/\text{mol} \cdot \text{s}]$

㉣ 기초속도법칙(Elementary Rate Law)은 기초반응은 아니지만, 양론계수가 반응차수와 같은 반응속도식을 말한다.

* 기초반응(Elementary Reaction) : 화학양론계수가 속도법칙의 멱수와 동일한 반응을 말한다.
* 비기초속도법칙(Nonelementary Rate Law) : 단순한 기초속도법칙을 따르지 않은 반응속도식을 말한다.

㉤ 가역반응은 평형상태에 일정한 농도를 유지하고 이때 반응속도는 0이다.

$aA + bB \rightleftarrows cC + dD$에서 평형상수(Equilibrium Constant)는 다음과 같다.

$$K_C = \frac{kA}{k_{-A}} = \frac{C_{Ce}^{\ c}\, C_{De}^{\ d}}{C_{Ae}^{\ a}\, C_{Be}^{\ b}} = [\text{mol/dm}^3]^{d+c-b-a}$$

$$K_{C(T)} = K_C(T_1)e^{\frac{\Delta H_{Rx}}{R}\left(\frac{1}{T_1} - \frac{1}{T}\right)}$$

여기서, ΔH_{Rx} : 반응열

㉥ 알짜 반응속도(Net Reaction Rate)는 정반응속도와 역반응속도의 합이다.

$r_{A,\neq t} = r_{A,\text{정반응}} + r_{B,\text{역반응}}$

④ **반응속도상수**

㉠ 반응속도상수가 온도에만 의존한다고 가정했을 때 아레니우스식(Arrhenius' Equation)

$$k_A(T) = Ae^{-\frac{E_k}{RT}} \Rightarrow \frac{k_A}{A} = e^{-\frac{E_k}{RT}} \Rightarrow \ln\frac{k_A}{A} = -\frac{E_k}{RT}$$

$$\ln k_A = \ln A - \frac{E_k}{RT}$$

여기서, A : 빈도인자(속도상수의 단위)

E_k : 활성화 에너지[J/mol]

R : 기체상수 8.314[J/mol · K]

㉡ 온도 T_0 에서 반응속도상수를 알 때 T에서 반응속도상수는 아래와 같다.

$$k(T_0) = Ae^{-\frac{E_k}{RT_0}},\ k(T) = Ae^{-\frac{E_k}{RT}}$$

$$\Rightarrow \frac{k(T)}{k(T_0)} = e^{-\frac{E_k}{RT} - \left(-\frac{E_k}{RT_0}\right)} = e^{\frac{E_k}{R}\left(\frac{1}{T_0} - \frac{1}{T}\right)}$$

$$\Rightarrow k(T) = k(T_0)e^{\frac{E_k}{R}\left(\frac{1}{T_0} - \frac{1}{T}\right)}$$

(2) 화학양론(Stoichiometry)

① 회분식 반응기(BR)

㉠ 초기상태에 반응기를 열고 미리 정해진 몰수의 성분들에 각각 반응기를 넣는다.

$A + \frac{b}{a}B \rightarrow \frac{c}{a}C\ \frac{d}{a}D$, I : 비활성 성분

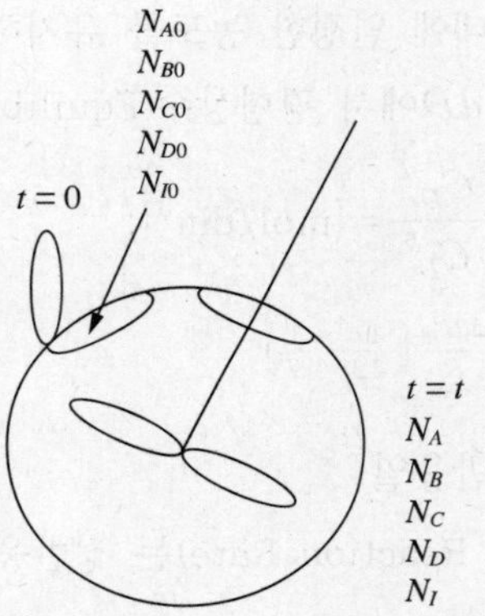

㉡ 1열 성분, 2열 초기 몰수, 3열 몰수 변화, 4열 시간 t일 때 잔존 몰수와 같이 화학양론표 (Stoichiometric Table)를 작성한다.

성분	초기 몰수(mol)	몰수 변화(mol)	잔존 몰수(mol)
A	N_{A0}	$-N_{A0}X_A$	$N_A = N_{A0}(1-X_A) = N_{A0} - N_{A0}X_A$
B	N_{B0}	$-\frac{b}{a}N_{A0}X_A$	$N_B = N_{B0} - \frac{b}{a}N_{A0}X_A$
C	N_{C0}	$\frac{c}{a}N_{A0}X_A$	$N_C = N_{C0} - \frac{b}{a}N_{A0}X_A$
D	N_{D0}	$\frac{d}{a}N_{A0}X_A$	$N_D = N_{D0} - \frac{b}{a}N_{A0}X_A$
I	N_{I0}	–	$N_I = N_{I0}$
합계	N_{T0}	–	$N_T = N_{T0} + \left(\frac{d}{a} + \frac{c}{a} - \frac{b}{a} - 1\right) = N_{T0} + \delta N_{Ao}X_A$

여기서, 파라미터(Parameter) δ : 반응한 A 몰수당 전체 몰수의 증가량

㉢ 농도 변화에 관한 식은 다음과 같다(화학양론표 이용).

- $C_A = \dfrac{N_A}{V} = \dfrac{N_{A0}(1-X_A)}{V} = \dfrac{N_{A0}-N_{A0}X_A}{V}$

- $C_B = \dfrac{N_B}{V} = \dfrac{N_{B0}-\dfrac{b}{a}N_{A0}X_A}{V}$

- $C_C = \dfrac{N_C}{V} = \dfrac{N_{C0}+\dfrac{c}{a}N_{A0}X_A}{V}$

- $C_D = \dfrac{N_D}{V} = \dfrac{N_{D0}+\dfrac{d}{a}N_{A0}X_A}{V}$

㉣ 위의 식에 파라미터 θ_i를 도입하여 정리한다.

- $\theta_i = \dfrac{N_{i0}}{N_{A0}} = \dfrac{C_{i0}}{C_{A0}} = \dfrac{y_{i0}}{y_{A0}}$

- $C_B = \dfrac{N_{A0}\left(\dfrac{N_{B0}}{N_{A0}}-\dfrac{b}{a}X_A\right)}{V} = \dfrac{N_{A0}}{V}\left(\theta_B-\dfrac{b}{a}X_A\right)$

- $C_C = \dfrac{N_{A0}\left(\dfrac{N_{C0}}{N_{A0}}+\dfrac{c}{a}X_A\right)}{V} = \dfrac{N_{A0}}{V}\left(\theta_C+\dfrac{c}{a}X_A\right)$

- $C_D = \dfrac{N_{A0}\left(\dfrac{N_{D0}}{N_{A0}}+\dfrac{d}{a}X_A\right)}{V} = \dfrac{N_{A0}}{V}\left(\theta_D+\dfrac{d}{a}X_A\right)$

㉤ 정용계(Constant Volume System) 또는 정밀도계(Constant Density System)라면 다음과 같다($V = V_0$).

- $C_A = \dfrac{N_{A0}(1-X_A)}{V_0} = C_{A0}(1-X_A)$

- $C_B = \dfrac{N_{A0}}{V_0}\left(\theta_B-\dfrac{b}{a}X_A\right) = C_{B0}\left(\theta_B-\dfrac{b}{a}X_A\right)$

- $C_C = \dfrac{N_{A0}}{V_0}\left(\theta_C+\dfrac{c}{a}X_A\right) = C_{C0}\left(\theta_C+\dfrac{c}{a}X_A\right)$

- $C_D = \dfrac{N_{A0}}{V}\left(\theta_D+\dfrac{d}{a}X_A\right) = C_{D0}\left(\theta_D+\dfrac{d}{a}X_A\right)$

② 흐름반응기(FR)

㉠ 흐름반응기에 대한 화학양론표를 작성한다.

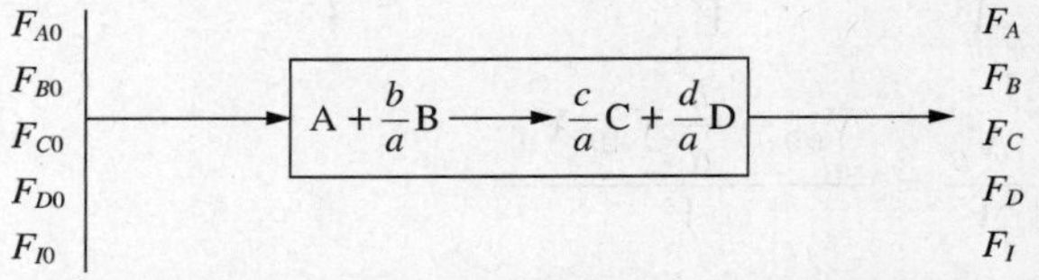

성분	입구 몰유량 (mol/time)	몰유량 변화 (mol/time)	출구 몰유량(mol/time)
A	F_{A0}	$-F_{A0}X_A$	$F_A = F_{A0}(1-X_A) = F_{A0} - F_{A0}X_A$
B	$F_{B0} = \theta_B F_{A0}$	$-\frac{b}{a}F_{A0}X_A$	$F_B = F_{A0}\left(\theta_B - \frac{b}{a}X_A\right)$
C	$F_{C0} = \theta_C F_{A0}$	$\frac{c}{a}F_{A0}X_A$	$F_C = F_{A0}\left(\theta_B + \frac{c}{a}X_A\right)$
D	$F_{D0} = \theta_D F_{A0}$	$\frac{d}{a}F_{A0}X_A$	$F_D = F_{A0}\left(\theta_D + \frac{d}{a}X_A\right)$
I	$F_{I0} = \theta_I F_{A0}$	–	$F_I = F_{I0}\theta_I$
합계	F_{T0}	–	$F_T = F_{T0} + \left(\frac{d}{a} + \frac{c}{a} - \frac{b}{a} - 1\right) = N_{T0} + \delta F_{A0}X_A$

㉡ 농도 변화에 관한 식

- $C_A = \frac{F_A}{v} = \frac{F_{A0}}{v}(1 - X_A)$
- $C_B = \frac{F_B}{v} = \frac{F_{A0}}{v}\left(\theta_B - \frac{b}{a}X_A\right)$
- $C_C = \frac{F_C}{v} = \frac{F_{A0}}{v}\left(\theta_C + \frac{c}{a}X_A\right)$
- $C_D = \frac{F_D}{v} = \frac{F_{A0}}{v}\left(\theta_D + \frac{d}{a}X_A\right)$

㉢ 액상 반응이라면 다음과 같다(부피 변화 무시).

- $C_A = \frac{F_{A0}}{v_0}(1 - X_A) = C_{A0}(1 - X_A)$
- $C_B = \frac{F_{A0}}{v_0}\left(\theta_B - \frac{b}{a}X_A\right) = C_{A0}\left(\theta_B - \frac{b}{a}X_A\right)$
- $C_C = \frac{F_{A0}}{v_0}\left(\theta_C + \frac{c}{a}X_A\right) = C_{A0}\left(\theta_C + \frac{c}{a}X_A\right)$
- $C_D = \frac{F_{A0}}{v_0}\left(\theta_D + \frac{d}{a}X_A\right) = C_{A0}\left(\theta_D + \frac{d}{a}X_A\right)$

㉣ 기상 반응에서 전체 몰수 변화

• 변용(Variable-volume) 회분식 반응기(BR)에서 상태방정식

$PV = ZN_TRT,\ P_0V_0 = Z_0N_{T0}RT_0$

$\Rightarrow \dfrac{PV}{P_0V_0} = \dfrac{ZN_TRT}{Z_0N_{T0}RT_0} \Rightarrow V = V_0\dfrac{P_0}{P}\dfrac{Z}{Z_0}\dfrac{N_T}{N_{T0}}\dfrac{T}{T_0}$

$N_T = N_{T0} + \delta N_{A0}X_A \Rightarrow \dfrac{N_T}{N_{T0}} = \dfrac{N_{T0}}{N_{T0}} + \delta\dfrac{N_{A0}}{N_{T0}}X_A = 1 + \delta y_{A0}X_A$

$= 1 + \varepsilon_A X_A(\varepsilon_A = \delta y_{A0})$

$$\therefore\ \varepsilon_A = \frac{N_T - N_{T0}}{N_{T0}X_A}$$

$(X_A = 1,\ N_T = N_{Tf})$

$\Rightarrow$ 완전전화율(Complete Conversion) $= \dfrac{N_{Tf} - N_{T0}}{N_{T0}}$

$V = V_0\dfrac{P_0}{P}\dfrac{Z}{Z_0}\dfrac{T}{T_0}\dfrac{N_T}{N_{T0}} = V_0\dfrac{P_0}{P}\dfrac{Z}{Z_0}\dfrac{T}{T_0}\dfrac{N_{T0}(1+\varepsilon_A X_A)}{N_{T0}}$

$= V_0\dfrac{P_0}{P}\dfrac{Z}{Z_0}\dfrac{T}{T_0}(1+\varepsilon_A X_A) = V_0\dfrac{P_0}{P}\dfrac{T}{T_0}(1+\varepsilon_A X_A)(Z_0 \cong Z)$

여기서, Z : 압축인자(Compression Factor)

R : 기체상수(= 0.08206[$dm^3 \cdot atm/mol \cdot K$])

• 변용(Variable-volume) 흐름반응기(FR)에서 상태방정식 이용

$C_T = \dfrac{F_T}{v} = \dfrac{P}{ZRT},\ C_{T0} = \dfrac{F_{T0}}{v_0} = \dfrac{P_0}{Z_0RT_0}$

$\Rightarrow \dfrac{F_T}{F_{T0}}\dfrac{v_0}{v} = \dfrac{P}{P_0}\dfrac{Z_0}{Z}\dfrac{T_0}{T}(Z_0 \cong Z)$

$\Rightarrow v = v_0\dfrac{F_T}{F_{T0}}\dfrac{P_0}{P}\dfrac{T}{T_0} = v_0\dfrac{F_{T0} + F_{A0}\delta X_A}{F_{T0}}\dfrac{P_0}{P}\dfrac{T}{T_0} = v_0\left(1 + \dfrac{F_{A0}\delta X_A}{F_{T0}}\right)\dfrac{P_0}{P}\dfrac{T}{T_0}$

$= v_0(1 + y_{A0}\delta X_A)\dfrac{P_0}{P}\dfrac{T}{T_0} = v_0(1+\varepsilon_A X_A)\dfrac{P_0}{P}\dfrac{T}{T_0}$

$C_j = \dfrac{F_j}{v} = \dfrac{F_j}{v_0\dfrac{F_T}{F_{T0}}\dfrac{P_0}{P}\dfrac{T}{T_0}} = \dfrac{F_{A0}(\theta_j + \nu_j X_A)}{v_0(1+\varepsilon_A X_A)\dfrac{P_0}{P}\dfrac{T}{T_0}} = \dfrac{C_{A0}(\theta_j + \nu_j X_A)}{1+\varepsilon_A X_A}\dfrac{P}{P_0}\dfrac{T_0}{T}$

여기서, ν_j : 양론계수[반응물 (−), 생성물 (+)]

㉤ 출구 몰농도(mol/volume・time)

- $C_A = \frac{F_A}{v} = C_{A0}\frac{1-X_A}{1+\varepsilon_A X_A}\frac{P}{P_0}\frac{T_0}{T}$
- $C_B = \frac{F_B}{v} = C_{A0}\frac{\theta_B - \frac{b}{a}X_A}{1+\varepsilon_A X_A}\frac{P}{P_0}\frac{T_0}{T}$
- $C_C = \frac{F_C}{v} = C_{A0}\frac{\theta_C + \frac{c}{a}X_A}{1+\varepsilon_A X_A}\frac{P}{P_0}\frac{T_0}{T}$
- $C_D = \frac{F_D}{v} = C_{A0}\frac{\theta_D + \frac{d}{a}X_A}{1+\varepsilon_A X_A}\frac{P}{P_0}\frac{T_0}{T}$
- $C_I = \frac{F_I}{v} = C_{A0}\frac{\theta_I}{1+\varepsilon_A X_A}\frac{P}{P_0}\frac{T_0}{T}$

2 등온반응기의 설계

(1) 회분식 반응기(BR)

① 등온액상반응

㉠ 몰수지식과 설계방정식

$$\frac{dN_A}{dt} = r_A V \Rightarrow \frac{d\left(\frac{N_A}{V}\right)}{dt} = \frac{d\left(\frac{N_A}{V_0}\right)}{dt} = \frac{dC_A}{dt} = -\frac{C_{A0}\,dX_A}{dt} = r_A$$

㉡ 0차 비가역반응일 때

$$\frac{dC_A}{dt} = r_A = -k \Rightarrow \int_0^t dt = [t]_0^t = t = -\frac{1}{k}\int_{C_{A0}}^{C_A} dC_A = -\frac{1}{k}[t]_{C_{A0}}^{C_A}$$

$$= \frac{C_{A0} - C_A}{k} = \frac{C_{A0}X_A}{k}$$

㉢ 1차 비가역반응일 때

$$\frac{dC_A}{dt} = r_A = -kC_A \Rightarrow \int_0^t dt = [t]_0^t = t = -\frac{1}{k}\int_{C_{A0}}^{C_A}\frac{dC_A}{C_A}$$

$$= -\frac{1}{k}[\ln C_A]_{C_{A0}}^{C_A} = \frac{1}{k}\ln\frac{C_{A0}}{C_A} = \frac{1}{k}\ln\frac{C_{A0}}{C_{A0}(1-X_A)} = \frac{1}{k}\ln\frac{1}{1-X_A}$$

㉣ 2차 비가역반응일 때

$$\frac{dC_A}{dt} = r_A = -kC_A{}^2 \Rightarrow \int_0^t dt = [t]_0^t = t = -\frac{1}{k}\int_{C_{A0}}^{C_A}\frac{dC_A}{C_A^2} = -\frac{1}{k}[-C_A^{-1}]_{C_{A0}}^{C_A}$$

$$= \frac{1}{k}\left(\frac{1}{C_A} - \frac{1}{C_{A0}}\right) = \frac{1}{k}\frac{C_{A0} - C_A}{C_{A0}C_A} = \frac{1}{k}\frac{X_A}{C_{A0}(1 - X_A)} = \frac{1}{k\,C_{A0}}\frac{X_A}{1 - X_A}$$

(2) 연속 교반탱크 반응기(CSTR)

① 단일 CSTR

㉠ 액상반응의 몰수지식과 설계방정식

$$\tau = \frac{C_{A0} - C_A}{-r_A} = \frac{C_{A0}X_A}{-r_A}$$

㉡ 0차 비가역반응일 때

$$\tau = \frac{C_{A0} - C_A}{-r_A} = \frac{C_{A0} - C_A}{k} = \frac{C_{A0}X_A}{k}$$

㉢ 1차 비가역반응일 때

$$\tau = \frac{C_{A0} - C_A}{-r_A} = \frac{C_{A0} - C_A}{kC_A} = \frac{1}{k}\frac{C_{A0}X_A}{C_{A0}(1 - X_A)} = \frac{1}{k}\frac{X_A}{1 - X_A}$$

$$\Rightarrow Da = \tau k = \frac{X_A}{1 - X_A}$$

$$\Rightarrow X_A = \frac{Da}{1 + Da}$$

$$C_A = C_{A0}\left(1 - \frac{Da}{1 + Da}\right) = C_{A0}\frac{1 + Da - Da}{1 + Da} = \frac{C_{A0}}{1 + Da}$$

여기서, Da : 담쾰러수(Damköhler Number, 반응기 입구에서 A의 반응속도와 대류전달 속도의 비를 말한다)

$$Da = \frac{-r_{A0}V}{F_{A0}} = \frac{[\text{mol/dm}^3 \cdot \text{s}][\text{dm}^3]}{[\text{mol/s}]}$$

- 1차 비가역반응일 때

$$Da = \frac{-r_{A0}V}{F_{A0}} = Da = \frac{kC_{A0}V}{v_0 C_{A0}} = \tau k$$

- 2차 비가역반응일 때

$$Da = \frac{-r_{A0}V}{F_{A0}} = Da = \frac{kC_{A0}^2 V}{v_0 C_{A0}} = \tau k C_{A0}$$

㉣ 2차 비가역반응일 때

$$\tau = \frac{C_{A0} - C_A}{-r_A} = \frac{C_{A0} - C_A}{kC_A^2} = \frac{1}{k}\frac{C_{A0}X_A}{C_{A0}^2(1-X_A)^2} = \frac{1}{kC_{A0}}\frac{X_A}{(1-X_A)^2}$$

$$\Rightarrow Da = \tau k C_{A0} = \frac{X_A}{(1-X_A)^2} \Rightarrow Da\,{X_A}^2 - (1+2Da)X_A + Da = 0$$

$$X_A = \frac{-[-(1+2Da)] - \sqrt{(1+2Da)^2 - 4Da^2}}{2Da}\text{(근의 공식)}$$

$$= \frac{(1+2Da) - \sqrt{(1+4Da+4Da^2) - 4Da^2}}{2Da} = \frac{(1+2Da) - \sqrt{1+4Da}}{2Da}$$

② 직렬 CSTR

㉠ 부피유량 변화가 없는 1차 반응일 때 첫 번째 CSTR 출구 농도

$$C_{A1} = \frac{C_{A0}}{1+Da_1}$$

㉡ 두 번째 CSTR에 대한 몰수지

$$\tau_2 = \frac{C_{A1} - C_{A2}}{-r_{A2}} = \frac{C_{A1} - C_{A2}}{k_2 C_{A2}}$$

$$\Rightarrow C_{A2} = \frac{C_{A1}}{1+\tau_2 k_2} = \frac{1}{1+Da_2}\frac{C_{A0}}{1+Da_1} = \frac{C_{A0}}{(1+Da)^2}\ (\tau_1 = \tau_2,\ k_1 = k_2)$$

$$C_{An} = C_{A0}(1-X_A) = \frac{C_{A0}}{(1+Da)^n}(\tau_1 = \tau_2 = \cdots = \tau,\ k_1 = k_2 \cdots = k)$$

$$X_A = 1 - \frac{1}{(1+Da)^n},\ -r_{An} = kC_{An} = k\frac{C_{A0}}{(1+Da)^n}$$

③ 병렬 CSTR

㉠ i번째 반응기의 부피

$$V_i = \frac{F_{A0i}X_{Ai}}{-r_{Ai}}$$

㉡ 반응의 크기와 전화율이 같고 반응속도도 같다면 다음과 같다.

$$V_i = \frac{V}{n},\ F_{A0i} = \frac{F_{A0}}{n}$$

$$\Rightarrow \frac{V}{n} = \frac{\frac{F_{A0}}{n}X_{Ai}}{-r_{Ai}} \Rightarrow V = \frac{F_{A0}X_{Ai}}{-r_{Ai}} = \frac{F_{A0}X_A}{-r_A} \Rightarrow \tau = \frac{C_{A0}X_A}{-r_A}$$

(3) 관형 흐름반응기(PFR)

① 압력은 강하나 열교환이 없는 경우 몰수지식과 설계방정식

$$\tau = \int_{C_{A1}}^{C_{A0}} \frac{dC_A}{-r_A} = C_{A0}\int_0^{X_A} \frac{dX_A}{-r_A}$$

② 액상반응

㉠ 0차 비가역반응일 때

$$\tau = \int_{C_A}^{C_{A0}} \frac{dC_A}{k} = \frac{[C_A]_{C_A}^{C_{A0}}}{k} = \frac{C_{A0}-C_A}{k} = \frac{C_{A0}X_A}{k}$$

㉡ 1차 비가역반응일 때

$$\tau = \int_{C_A}^{C_{A0}} \frac{dC_A}{kC_A} = \frac{1}{k}[\ln C_A]_{C_A}^{C_{A0}} = \frac{1}{k}\ln\frac{C_{A0}}{C_A} = \frac{1}{k}\ln\frac{C_{A0}}{C_{A0}(1-X_A)} = \frac{1}{k}\ln\frac{1}{1-X_A}$$

㉢ 2차 비가역반응일 때

$$\tau = \int_{C_A}^{C_{A0}} \frac{dC_A}{kC_A^2} = \frac{1}{k}[-C_A^{-1}]_{C_A}^{C_{A0}} = \frac{1}{k}\left(\frac{1}{C_A}-\frac{1}{C_{A0}}\right) = \frac{1}{k}\frac{C_{A0}-C_A}{C_AC_{A0}} = \frac{1}{kC_{A0}}\frac{X_A}{1-X_A}$$

$$Da_{2차} = \tau k C_{A0} = \frac{X_A}{1-X_A} \Rightarrow X_A = \frac{1}{1+Da_{2차}}$$

③ 기상반응

㉠ 등온, 등압일 때는 다음과 같다.

$$C_A = C_{A0}\frac{1-X_A}{1+\varepsilon_AX_A}\frac{P}{P_0}\frac{T_0}{T} = C_{A0}\frac{1-X_A}{1+\varepsilon_AX_A}$$

㉡ 2차 반응의 설계방정식에 대입한다.

$$\tau = \int_{C_A}^{C_{A0}} \frac{dC_A}{kC_A^2} = C_{A0}\int_0^X \frac{dX_A}{kC_{A0}^2\dfrac{(1-X)^2}{(1+\varepsilon X)^2}} = \frac{1}{kC_{A0}}\int_0^X \frac{(1+\varepsilon X)^2}{(1-X)^2}dX_A$$

$$= \frac{1}{kC_{A0}}\left[2\varepsilon(1+\varepsilon)\ln(1-X_A) + \varepsilon^2X + (1+\varepsilon)^2\frac{X_A}{1-X_A}\right]$$

※ 반응기별 설계식

- 회분식 반응기(BR)

몰수지식	$t = \int_{C_A}^{C_{A0}} \frac{dC_A}{-r_A}$
설계방정식	$t = C_{A0}\int_0^{X_A} \frac{dX_A}{-r_A}$
비가역 0차 반응	$t = \frac{C_{A0}-C_A}{k} = \frac{C_{A0}X_A}{k}$

비가역 1차 반응	$t = -\frac{1}{k}\ln\frac{C_{A0}}{C_A} = \frac{1}{k}\ln\frac{1}{1-X_A}$
비가역 2차 반응	$t = \frac{1}{k}\left(\frac{1}{C_A} - \frac{1}{C_{A0}}\right) = \frac{1}{k\,C_{A0}}\frac{X_A}{1-X_A}$

• 연속 교반탱크 반응기(CSTR)

몰수지식	$V = \frac{v_0(C_{A0}-C_A)}{-r_A}$, $\tau = \frac{V}{v_0} = \frac{C_{A0}-C_A}{-r_A}$
설계방정식	$V = \frac{v_0 C_{A0} X_A}{-r_{A,exit}}$, $\tau = \frac{V}{v_0} = \frac{C_{A0} X_A}{-r_{A,exit}}$
비가역 0차 반응	$\tau = \frac{C_{A0}-C_A}{k} = \frac{C_{A0}X_A}{k}$
비가역 1차 반응	$\tau = \frac{C_{A0}-C_A}{kC_A} = \frac{1}{k}\frac{X_A}{1-X_A}$
비가역 2차 반응	$\tau = \frac{C_{A0}-C_A}{kC_A^2} = \frac{1}{k\,C_{A0}}\frac{X_A}{(1-X_A)^2}$

• 관형 흐름반응기(PFR)

몰수지식	$V = v_0\int_{C_A}^{C_{A0}}\frac{dC_A}{-r_A}$, $\tau = \frac{V}{v_0} = \int_{C_A}^{C_{A0}}\frac{dC_A}{-r_A}$
설계방정식	$V = v_0\,C_{A0}\int_0^{X_A}\frac{dX_A}{-r_A}$, $\tau = \frac{V}{v_0} = C_{A0}\int_0^{X_A}\frac{dX_A}{-r_A}$
비가역 0차 반응	$\tau = \frac{C_{A0}-C_A}{k} = \frac{C_{A0}X_A}{k}$
비가역 1차 반응	$\tau = \frac{1}{k}\ln\frac{C_{A0}}{C_A} = \frac{1}{k}\ln\frac{1}{1-X_A}$
비가역 2차 반응	$\tau = \frac{1}{k}\left(\frac{1}{C_A} - \frac{1}{C_{A0}}\right) = \frac{1}{k\,C_{A0}}\frac{X_A}{1-X_A}$

• 촉매층반응기(BPR)

몰수지식	$W = v_0\int_{C_A}^{C_{A0}}\frac{dC_A}{-r_A}$, $\tau' = \frac{W}{v_0} = \int_{C_A}^{C_{A0}}\frac{dC_A}{-r_A}$
설계방정식	$W = v_0\,C_{A0}\int_0^{X_A}\frac{dX_A}{-r_A'}$, $\tau' = \frac{W}{v_0} = C_{A0}\int_0^{X_A}\frac{dX_A}{-r_A'}$
비가역 0차 반응	$\tau' = \frac{C_{A0}-C_A}{k'} = \frac{C_{A0}X_A}{k'}$
비가역 1차 반응	$\tau' = \frac{1}{k'}\ln\frac{C_{A0}}{C_A} = \frac{1}{k'}\ln\frac{1}{1-X_A}$
비가역 2차 반응	$\tau' = \frac{1}{k'}\left(\frac{1}{C_A} - \frac{1}{C_{A0}}\right) = \frac{1}{k'\,C_{A0}}\frac{X_A}{1-X_A}$

* τ' : 촉매층반응기(BPR)의 공간시간[g · s/dm^3]

$$\tau' = \frac{W}{v_0} = \frac{\rho_b\,V}{v_0} = \rho_b\tau$$

여기서, ρ_b : 벌크밀도[g/dm^3]

(4) 반회분식 반응기(Semi-batch Reactor)

① 공급 몰 유량이 일정한 반응기로 다음의 기초액상반응을 한다.

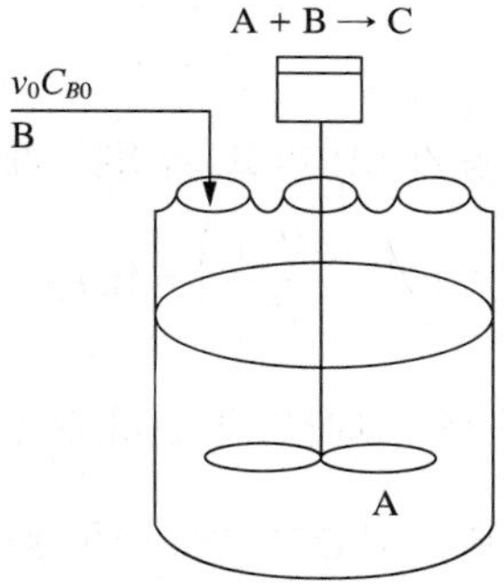

② A성분에 대한 몰수지식

$$(\text{유입속도} = 0) - (\text{유출속도} = 0) + r_A V = \frac{dN_A}{dt} = \frac{d(VC_A)}{dt} = V\frac{dC_A}{dt} + C_A\frac{dV}{dt}$$

③ 총괄 몰수지식

$$\rho_0 v_0 - (\text{유출속도} = 0) + (\text{생성속도} = 0) = \frac{d(\rho V)}{dt}$$

$$\Rightarrow (\rho_0 = \rho)v_0 = \frac{dV}{dt} \Rightarrow \int_{V_0}^{V} dV = [V]_{V_0}^{V} = V - V_0 = v_0\int_0^t dt = v_0[t]_0^t = v_0 t$$

$$r_A V = V\frac{dC_A}{dt} + v_0 C_A \Rightarrow \frac{dC_A}{dt} = r_A - \frac{v_0}{V}C_A = r_A - \frac{1}{\tau}C_A$$

④ B성분은 초기 몰 유량이 공급될 때 B에 관한 몰수지식

$$F_{B0} - (\text{유출속도} = 0) + r_B V = \frac{dN_B}{dt}$$

$$\Rightarrow \frac{d(VC_B)}{dt} = V\frac{dC_B}{dt} + C_B\frac{dV}{dt} = r_B V + F_{B0}$$

$$\frac{dC_B}{dt} = r_B + \frac{v_0 C_{B0} - v_0 C_B}{V} = r_B + \frac{v_0(C_{B0} - C_B)}{V} = r_B + \frac{C_{B0} - C_B}{\tau}$$

3 반응기 해석

(1) 회분식 반응기

① 미분속도 해석법

㉠ 등온의 정용회분식 반응기(BR)라고 가정할 때 속도법칙

$$-d\frac{C_A}{dt} = r_A = kC_A^{\alpha} \Rightarrow \ln\left(-\frac{dC_A}{dt}\right) = \ln k\,C_A^{\alpha} = \ln k_A + \alpha \ln C_A$$

→ $\ln C_A$와 $\ln\left(-\frac{dC_A}{dt}\right)$의 그래프에서 기울기 α, y절편 $\ln k$인 직선의 방정식이 된다.

㉡ 기울기와 y절편을 구해서 반응차수와 속도상수를 구할 수 있다.

② 적분법

농도-시간의 실험자료를 이용하면 다음과 같다.

$$\frac{dC_A}{dt} = r_A = -kC_A^{\alpha}$$

$$\Rightarrow \int_0^t dt = [\,t\,]_0^t = t = -\frac{1}{k}\int_{C_{A0}}^{C_A}\frac{dC_A}{C_A^{\alpha}} = -\frac{1}{k(1-\alpha)}\,[C_A^{1-\alpha}]_{C_{A0}}^{C_A} = \frac{C_{A0}^{1-\alpha} - C_A^{1-\alpha}}{k(1-\alpha)}$$

$$\Rightarrow C_{A0}^{1-\alpha} - C_A^{1-\alpha} = (1-\alpha)kt$$

$$\Rightarrow C_A = C_{A0}^{1-\alpha} - (1-\alpha)kt^{\frac{1}{1-\alpha}}$$

$t_C = \dfrac{C_{A0}^{1-\alpha} - C_A^{1-\alpha}}{k(1-\alpha)}$로 놓고 편차제곱의 합을 최소화시켜 α, k를 구한다.

(2) 초기속도법

초기농도를 변화시켜 가며 실험하고 그때마다 초기속도를 구한다.

$$\left[-\frac{dC_A}{dt}\right]_0 = -r_{A0} = kC_{A0}^{\alpha}$$

$$\Rightarrow \ln\left[-\frac{dC_A}{dt}\right]_0 + \ln k + \alpha \ln C_{A0}$$

→ $\ln C_{A0}$와 $\ln\left[-\frac{dC_A}{dt}\right]_0$의 그래프에서 기울기 α, y절편 $\ln k$인 직선의 방정식이다.

→ 역시 기울기와 y절편을 구하면 속도상수와 반응차수를 계산하면 된다.

(3) 반감기법

① 반감기를 초기농도의 함수로 구하고 반응차수와 속도상수 또한 구할 수 있다.

② 정용회분식 반응기에 대한 몰수지식은 다음과 같다.

$$d\frac{C_A}{dt} = r_A = -kC_A^{\alpha}$$

$$\int_0^t dt = [t]_0^t = t = -\frac{1}{k}\int_{C_{A0}}^{C_A}\frac{dC_A}{C_A^{\alpha}} = -\frac{1}{k(1-\alpha)}[C_A^{1-\alpha}]_{C_{A0}}^{C_A} = \frac{C_A^{1-\alpha} - C_{A0}^{1-\alpha}}{k(\alpha-1)}$$

$$= \frac{C_{A0}^{1-\alpha}\left\{\left(\frac{C_A}{C_{A0}}\right)^{1-\alpha} - 1\right\}}{k(\alpha-1)} = \frac{\left\{\left(\frac{C_{A0}}{C_A}\right)^{\alpha-1} - 1\right\}}{kC_{A0}^{\alpha-1}(\alpha-1)}$$

$$\therefore\ t_{\frac{1}{2}} = \frac{\left\{\left(\frac{C_{A0}}{\frac{1}{2}C_{A0}}\right)^{\alpha-1} - 1\right\}}{kC_{A0}^{\alpha-1}(\alpha-1)} = \frac{2^{\alpha-1}-1}{k(\alpha-1)}\frac{1}{C_{A0}^{\alpha-1}}$$

$$\Rightarrow \ln t_{\frac{1}{2}} = \ln\frac{2^{\alpha-1}-1}{k(\alpha-1)} + \ln\frac{1}{C_{A0}^{\alpha-1}} = \ln\frac{2^{\alpha-1}-1}{k(\alpha-1)} + (1-\alpha)\ln C_{A0}$$

→ $\ln C_{A0}$와 $\ln t_{\frac{1}{2}}$의 그래프에서 기울기 $(1-\alpha)$, y절편 $\ln\frac{2^{\alpha-1}-1}{k(\alpha-1)}$ 인 직선의 방적식이 된다.

* 반감기 : 반응물의 농도가 초기농도의 반으로 줄어들 때까지 걸리는 시간을 말한다.

CHAPTER 03 반응기 최적화

1 복합반응 및 선택도

① 병렬반응[Parallel Reaction 또는 경쟁반응(Competing Reaction)]

반응물이 두 개의 다른 반응을 거쳐 다른 생성물을 만드는 반응을 말한다.

$$A \begin{matrix} \nearrow B \\ \searrow C \end{matrix}$$

② 복합반응(Complex Reaction)

직렬반응과 병렬반응이 함께 발생하는 다중반응을 말한다.

$$A + B \rightarrow C + D$$

$$A + C \rightarrow E$$

③ 독립반응(Independant Reaction)

동시에 반응이 일어나는데, 각 반응의 반응물이나 생성물이 다른 반응의 반응물이나 생성물들과는 반응이 일어나지 않는 것을 말한다.

$$A \rightarrow B + C$$

$$D \rightarrow E + F$$

④ 선택도(Selectivity)

복합반응에서 한 생성물이 다른 생성물에 비해 더 우세한지 나타내는 정도를 말하며, 순간 선택도(Instantaneous Selectivity)와 총괄 선택도(Overall Selectivity)는 다음과 같다.

㉠ $S_{D/U} = \dfrac{r_D}{r_U} = \dfrac{D\text{의 생성속도}}{U\text{의 생성속도}}$

여기서, D : 목적 생성물

U : 비목적 생성물

㉡ $\tilde{S}_{D/U} = \dfrac{N_D}{N_U}(\text{BR}) = \dfrac{F_P}{F_U}(\text{FR})$

⑤ 반응 수율(Reaction Yield)

㉠ 주 반응물의 반응속도에 대한 생성물의 반응속도의 비를 말하며, 순간 수율은 다음과 같다.

$$Y_D = \frac{r_D}{-r_A}$$

㉡ 총괄 수율은 소비된 주 반응물의 몰수에 대한 반응 종결 시 생성물의 몰수비를 말한다.

$$\widetilde{Y}_D = \frac{N_D}{N_{N0} - N_A}(\mathrm{BR}),\ \widetilde{Y}_D = \frac{F_D}{F_{N0} - F_A}(\mathrm{FR})$$

2 병렬반응에서 선택도의 최대화

① 병렬반응에서 화학반응식과 속도식이 다음과 같을 때 순간선택도는 다음과 같다.

$$A \xrightarrow{k_D} D(r_D = k_D C_A^{\alpha_1}),\ A \xrightarrow{k_U} (r_U = k_D C_A^{\alpha_2})$$

$$-r_A = r_D + r_U = k_D C_A^{\alpha_1} + k_D C_A^{\alpha_2}$$

$$S_{D/U} = \frac{r_D}{r_U} = \frac{k_D}{k_U} C_A^{\alpha_1 - \alpha_2}$$

② 순간선택도를 최대화할 수 있는 방법

㉠ $\alpha_1 > \alpha_2$

- 반응물 A의 농도를 가능하면 높게 유지할 수 있는 방법이 필요하다.
- 회분식 반응기(BR)나 플러그 흐름반응기(PFR)의 경우 A농도가 높은 값으로 시작하여 서서히 감소하므로 적합하다.
- 연속 교반탱크 반응기(CSTR)의 A농도가 항상 최솟값으로 유지되어 적합하지 않다.

㉡ $\alpha_1 < \alpha_2$

- 반응물 A의 농도를 가능하면 낮게 유지할 수 있는 방법이 필요하다.
- 회분식 반응기(BR)이나 플러그 흐름반응기(PFR)의 경우보다 연속 교반탱크 반응기(CSTR)를 선택하여 A의 농도를 가능한 작게 해야 한다.

③ 활성화 에너지에 따라 온도를 조작하는 방법

$$S_{D/U} \approx \frac{k_D}{k_U} = \frac{A_D}{A_U} e^{-\frac{E_D - E_U}{RT}}$$

㉠ $E_D > E_U$: 목적반응은 온도가 <u>높을수록</u> 증가, 순간선택도 증가

㉡ $E_D < E_U$: 목적반응은 온도가 <u>낮을수록</u> 증가, 순간선택도 증가

3 직렬반응에서 목적생성물의 수율 최대화

① B는 목적생성물로 다음과 같은 직렬반응을 생각할 수 있다.

$$A \xrightarrow{k_1} B \xrightarrow{k_2} C$$

② A에 대한 몰수지식[관형 흐름반응기(PFR)로 가정]

$$\frac{v_0 dC_A}{dV} = r_A = -k_1 C_A \Rightarrow \tau = -\frac{1}{k_1}\ln\frac{C_A}{C_{A0}}$$

$$\Rightarrow \ln\frac{C_A}{C_{A0}} = -\tau k_1 \Rightarrow \frac{C_A}{C_{A0}} = e^{-\tau k_1} \Rightarrow C_A = C_{A0}e^{-\tau k_1}$$

③ B에 대한 몰수지식

$$\frac{v_0 dC_A}{dV} = r_{B,net} = k_1 C_A - k_2 C_B$$

$$\Rightarrow \frac{dC_B}{d\tau} + k_2 C_B = k_1 C_{A0} e^{-\tau k_1}$$ (적분인자 $= e^{\int k_2 d\tau} = e^{k_2\tau}$로 놓고 미분방정식을 푼다)

$$\frac{d(C_B e^{k_2\tau})}{d\tau} = e^{k_2\tau} k_1 C_{A0} e^{-\tau k_1} = k_1 C_{A0} e^{(k_2 - k_1)\tau}$$

$$\Rightarrow C_B e^{k_2\tau} = k_1 C_{A0}\int e^{(k_2-k_1)\tau} d\tau = \frac{k_1 C_{A0}}{k_2 - k_1} e^{(k_2-k_1)\tau} + K$$

$$\Rightarrow C_B = \frac{k_1 C_{A0}}{k_2 - k_1} e^{-k_1\tau} + K e^{-k_2\tau}$$

τ (반응기 입구 조건) = 0, $C_B = 0$을 대입하면 다음과 같다.

$$0 = \frac{k_1 C_{A0}}{k_2 - k_1} e^{-1} + K e^{-1} \Rightarrow K = -\frac{k_1 C_{A0}}{k_2 - k_1}$$

$$\therefore\ C_B = \frac{k_1 C_{A0}}{k_2 - k_1}(e^{-k_1\tau} - e^{-k_2\tau})$$

* 알짜반응속도($r_{j,net}$)는 성분 j가 나타나는 모든 반응속도의 합으로 구한다.

④ 최적 전화율을 구한다.

$$C_B = \frac{k_1 C_{A0}}{k_2 - k_1}(e^{-k_1\tau} - e^{-k_2\tau})$$

B의 최곳값은 위 식의 미분값이 0일 때 나타나므로, 다음과 같다.

$$\frac{dC_B}{d\tau} = 0 = \frac{k_1 C_{A0}}{k_2 - k_1}[-k_1 e^{-k_1\tau} - (-k_2 e^{-k_2\tau})] \Rightarrow k_1 e^{-k_1\tau} = k_2 e^{-k_2\tau}$$

$$\Rightarrow \frac{k_1}{k_2} = e^{(k_1 - k_2)\tau} \Rightarrow \ln\frac{k_1}{k_2} = (k_1 - k_2)\tau$$

$$\therefore\ \tau_{opt} = \frac{\ln\dfrac{k_1}{k_2}}{k_1 - k_2},\quad V_{opt} = \frac{v_0 \ln\dfrac{k_1}{k_2}}{k_1 - k_2}$$

$$X_{opt} = \frac{C_{A0} - C_A}{C_{A0}} = 1 - \frac{C_{A0}\, e^{-\tau_{opt} k_1}}{C_{A0}} = 1 - e^{-\tau_{opt} k_1} = 1 - e^{-\frac{k_1}{k_1 - k_2}\ln\frac{k_1}{k_2}}$$

$$= 1 - e^{\ln\left(\frac{k_1}{k_2}\right)^{-\frac{k_1}{k_1 - k_2}}} = 1 - \left[\left(\frac{k_1}{k_2}\right)^{-\frac{k_1}{k_1 - k_2}}\right]^{\ln e} = 1 - \left(\frac{k_1}{k_2}\right)^{\frac{k_1}{k_2 - k_1}}$$

⑤ C의 몰수지식

$$\frac{dC_C}{d\tau} = r_C = k_2 C_B = \frac{k_1 k_2 C_{A0}}{k_2 - k_1}(e^{-k_1\tau} - e^{-k_2\tau})$$

$$\Rightarrow \int dC_C = C_C = \int \frac{k_1 k_2 C_{A0}}{k_2 - k_1}(e^{-k_1\tau} - e^{-k_2\tau})\, d\tau$$

$$= \frac{k_1 k_2 C_{A0}}{k_2 - k_1}\left(\frac{1}{-k_1} e^{-k_1\tau} - \frac{1}{-k_2} e^{-k_2\tau}\right) + K$$

$$\Rightarrow \frac{C_{A0}}{k_2 - k_1}[-k_2 e^{-k_1\tau} - (-k_1 e^{-k_2\tau})] + K$$

위 식에 τ(반응기 입구조건) = 0, $C_C = 0$을 대입하면 아래와 같다.

$$0 = \frac{C_{A0}}{k_2 - k_1}(-k_2 + k_1) + K \Rightarrow K = \frac{C_{A0}}{k_2 - k_1}(k_2 - k_1)$$

$$\therefore\ C_C = \frac{C_{A0}}{k_2 - k_1}[-k_2 e^{-k_1\tau} - (-k_1 e^{-k_2\tau})] + \frac{C_{A0}}{k_2 - k_1}(k_2 - k_1)$$

$$= \frac{C_{A0}}{k_2 - k_1}[k_2(1 - e^{-k_1\tau}) - k_1(1 - e^{-k_2\tau})],\ \left[\tau \to \infty,\ C_C = \frac{C_{A0}}{k_2 - k_1}(k_2 - k_1) = C_{A0}\right]$$

$$\therefore\ C_C = C_{A0} - C_A - C_B\, C_{A0}\, e^{-\tau k_1}$$

$$\widetilde{Y}_B = \frac{\text{출구에서 } B\text{의 몰수}}{A\text{의 몰수 변화}} = \frac{\dfrac{k_1 C_{A0}}{k_2 - k_1}(e^{-k_1\tau} - e^{-k_2\tau})}{C_{A0}^{-}}$$

PART 02

적중예상문제

01 연속 교반흐름 반응기가 A → B인 기초 반응을 시킨다. 이 때 전화율 40%인 반응기에서 반응기의 부피를 2배로 할 때 새로운 전화율(%)을 구하시오.

해설

연속 교반흐름 반응기의 설계방정식에 대입하면 구할 수 있다.

$$V = v_0 C_{A0} \frac{X_A}{-r_A}$$

$$\Rightarrow \frac{V}{v_0} = \tau = C_{A0} \frac{X_A}{C_{A0} k(1-X_A)} = \frac{1}{k} \frac{X_A}{1-X_A}$$

$$\Rightarrow \tau k = \frac{X_A}{1-X_A} = \frac{0.4}{1-0.4}$$

$$4\tau k = 4 \times \frac{4}{6} = \frac{8}{3} = \frac{X_A{'}}{1-X_A{'}}$$

$$\Rightarrow X_A{'} = \frac{\frac{8}{3}}{1+\frac{8}{3}} = 0.72727 = 72.727 ≒ 72.73\%$$

정답

72.73%

02 암모니아의 합성반응에서 공간 시간은 2h이고, 반응물이 $20m^3/h$로 들어갈 때 필요한 반응기의 부피(m^3)를 구하시오.

해설

공간 시간 정의식에 대입하면 구할 수 있다.

$$\tau \equiv \frac{V}{v_0}$$

$$\Rightarrow V = v_0 \tau = 20m^3/h \times 2h = 40m^3$$

정답

$40m^3$

03 살균 공정이 30℃에서 30분, 85℃에서 2분이 반응시간일 때 활성화에너지(kJ/mol)를 구하시오.

해설

아레니우스식을 이용하면 된다.

$$\ln\frac{k(T)}{k(T_0)} = \frac{E_A}{R}(T_0^{-1} - T^{-1})$$

$$\Rightarrow E_A = \frac{R\ln\dfrac{k(T)}{k(T_0)}}{T_0^{-1} - T^{-1}} = \frac{8.314\,\text{J/mol}\cdot\text{K}\times\ln\dfrac{30}{2}}{(273.15+30)^{-1}\text{K}^{-1} - (273.15+85)^{-1}\text{K}^{-1}}$$

$= 44,445.374\text{J/mol} = 44.45\text{kJ/mol}$

정답

44.45kJ/mol

04 A + B → C인 비가역 액상 기초반응으로 이용한 반회분식 반응기가 있다. 초기에 A만 존재하고 초기부피는 V_0, 속도상수는 k, B가 들어가는 속도는 v_0일 때 다음에 대한 물음에 답하시오.

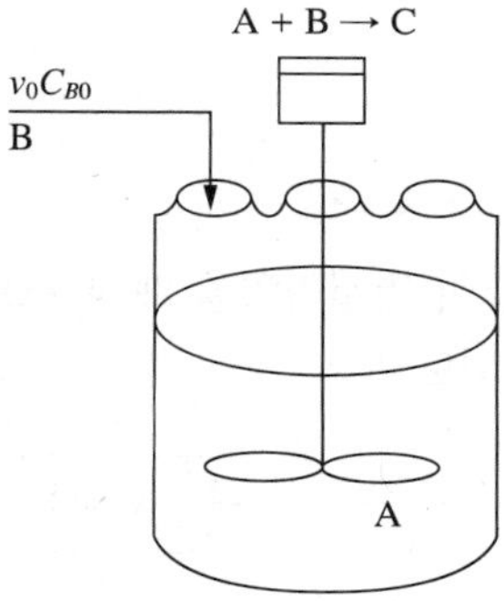

① A의 몰수지를 미분형으로 유도하시오.

② B의 몰수지를 미분형으로 유도하시오.

정답

① (유입속도 = 0) − (유출속도 = 0) + $r_A V = \dfrac{dN_A}{dt} = \dfrac{d(VC_A)}{dt} = V\dfrac{dC_A}{dt} + C_A\dfrac{dV}{dt}$

② F_{B0} − (유출속도 = 0) + $r_B V = \dfrac{dN_B}{dt}$

$$\Rightarrow \frac{d(VC_B)}{dt} = V\frac{dC_B}{dt} + C_B\frac{dV}{dt} = r_B V + F_{B0}$$

$$\frac{dC_B}{dt} = r_B + \frac{v_0C_{B0} - v_0C_B}{V} = r_B + \frac{v_0(C_{B0} - C_B)}{V} = r_B + \frac{C_{B0} - C_B}{\tau}$$

05 비가역 1차 기초반응으로 회분식 반응기의 반감기가 500초일 때, 반응물이 초기 농도의 1/10배가 될 때까지 걸리는 시간(h)은?

해설

회분식 반응기의 설계방정식에 비가역 1차 기초반응의 속도법칙을 대입하여 식을 만든다. 반감기는 초기 농도의 절반이므로 전화율이 0.5이고, 반응물의 초기 농도의 1/10배일 때 전화율은 0.9이다.

$t = \frac{1}{k}\ln\frac{1}{1-X_A} = \frac{1}{k}\ln\frac{1}{1-0.5} = \frac{1}{k}\ln\frac{1}{0.5} = \frac{\ln 2}{k}$ (반감기의 식)

$\Rightarrow k = \frac{\ln 2}{t} = \frac{\ln 2}{600\text{s}} \times \frac{60\text{s}}{1\text{min}} \times \frac{60\text{min}}{1\text{h}} = 6\ln 2\text{h}^{-1}$

$\therefore t = \frac{1}{6\ln 2\,\text{h}^{-1}}\ln\frac{1}{1-0.9} = 0.553 \fallingdotseq 0.55\text{h}$

정답

0.55h

06 관형 흐름반응기를 다음과 같이 연결하였을 때 A 흐름과 B 흐름의 전화율이 같아지도록 하는 각 흐름의 공급분율을 구하시오.

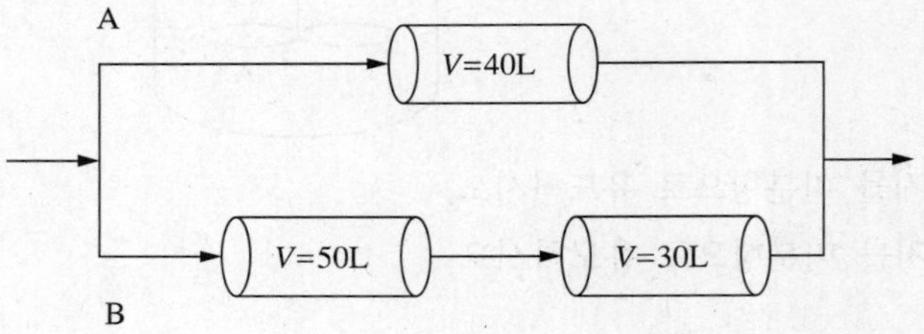

해설

먼저 관형 흐름반응기에서 전화율과 부피는 비례한다. 또 반응기가 직렬일 때는 총 반응기의 부피는 반응기 부피의 합이고, 병렬일 때는 반응기 부피가 모두 같아야 한다. 따라서 비례식을 통해 공급분율을 구하면 된다.

A 흐름의 공급량 : B 흐름의 공급량 = A 흐름의 반응기 부피 : B 흐름의 반응기 부피

40L : (50 + 30)L = 1 : 2

정답

1 : 2

07 순환반응기에서 환류비가 ① 무한대일 때와 ② 0일 때의 각각 해당하는 반응기를 쓰시오.

정답

① 연속 교반탱크 반응기
② 플러그 흐름반응기

08 연속 교반탱크 반응기의 부피가 $1m^3$이고 A를 포함하는 용액의 처리 용량은 100L/min이다. 가역반응 $A \rightleftarrows R$은 $-r_A = (0.04C_A - 0.01C_R)s^{-1}$이다(단, A의 초기농도는 0.1mol/L이다).

① 이론 평형전화율(%)을 구하시오.

② 실제 평형전화율(%)을 구하시오.

해설

① 평형상태일 때 반응속도 = 0이므로 이를 통해 A의 평형 농도를 구하여 평형전화율을 구하면 된다.
(평형상태) $-r_A = 0 = 0.04C_A - 0.01C_R \Rightarrow C_R = 4C_A$, $C_A + C_R = C_{A0}$

$\Rightarrow C_A + 4C_A = 0.1\text{mol/L} \Rightarrow C_A = 0.02\text{mol/L}$

$$\therefore X_{Ae} = \frac{C_{A0} - C_A}{C_{A0}} = \frac{0.1 - 0.02}{0.1} = 0.8 = 80\%$$

② 연속 교반탱크 반응기의 설계방정식에 대입하면 구할 수 있다.

$$\tau = \frac{V}{v_0} = \frac{C_{A0}X_{Ae}'}{-r_A}$$

$$\Rightarrow X_{Ae}' = \frac{V}{v_0}\frac{0.04C_A - 0.01[(C_{A0} - C_A]}{C_{A0}} = \frac{V}{v_0}\frac{0.04C_{A0}(1 - X_{Ae}') - 0.01[(C_{A0} - C_{A0}(1 - X_{Ae}')]}{C_{A0}}$$

$$= \frac{1m^3 \times \frac{1,000L}{1m^3}}{100L/min}[0.04(1 - X_{Ae}') - 0.01X_{Ae}']s^{-1} \times \frac{60s}{1min}$$

$$\Rightarrow X_{Ae}' = \frac{600 \times 0.04}{1 + 600 \times 0.05} = 0.77419 = 77.42\%$$

정답

① 80%
② 77.42%

합격의 공식 시대에듀

SDEDU

교육은 우리 자신의 무지를 점차 발견해 가는 과정이다.

– 윌 듀란트 –

03

공정제어(Process Control)

CHAPTER 01

공정의 동적 거동 (Process's Dynamic Behavior)

1 라플라스 변환

(1) 라플라스 변환(Laplace Transforms)

① 미분방정식을 대수방정식으로 라플라스 변환을 통해 변환하고 그 역변환을 통해 미분방정식을 해결하기 위해 필요하다.

② 라플라스 변환의 정의는 다음과 같다[시간($t > 0$)이 정의역인 함수가 s가 정의역인 함수로 변환됨)].

$$\mathcal{L}[f(t)] = F(s) = \int_0^\infty f(t)e^{-st}dt$$

㉠ 상수(C)를 원함수에 곱한다.

$$\mathcal{L}[C \cdot f(t)] = \int_0^\infty C \cdot f(t)e^{-st}dt = C\int_0^\infty f(t)e^{-st}dt = C \cdot F(s)$$

㉡ 지수함수(Exponential Function)에 대한 라플라스 변환은 다음과 같다.

$$f(t) = e^{-at},\ L[e^{-at}] = \int_0^\infty e^{-at}e^{-st}dt = \int_0^\infty e^{-(s+a)t}dt = -\frac{1}{s+a}[e^{-(s+a)t}]_0^\infty$$

$$= -\frac{1}{s+a}(e^{-\infty} - e^0) = \frac{1}{s+a}$$

㉢ 지연시간(Time Delays, Dead Time)에 대한 라플라스 변환은 다음과 같다.

$$\mathcal{L}[f(t-\theta)] = \int_0^\infty f(t-\theta)e^{-st}dt = \int_0^\infty f(t-\theta)e^{-s(t-\theta+\theta)}dt$$

$$= \int_0^\infty f(t-\theta)e^{-s(t-\theta)}e^{-\theta s}dt = e^{-\theta s}\int_0^\infty f(t-\theta)e^{-s(t-\theta)}d(t-\theta)$$

$$= e^{-\theta s}\int_0^\infty f(t-\theta)e^{-s(t-\theta)}d(t-\theta)\ (t-\theta = t^*\text{로 놓으면})$$

$$= e^{-\theta s}\int_0^\infty f(t^*)e^{-st^*}dt^* = e^{-\theta s}F(s)$$

㉣ 단위계단함수(Unit Step Funtion)에 대한 라플라스 변환은 다음과 같다.

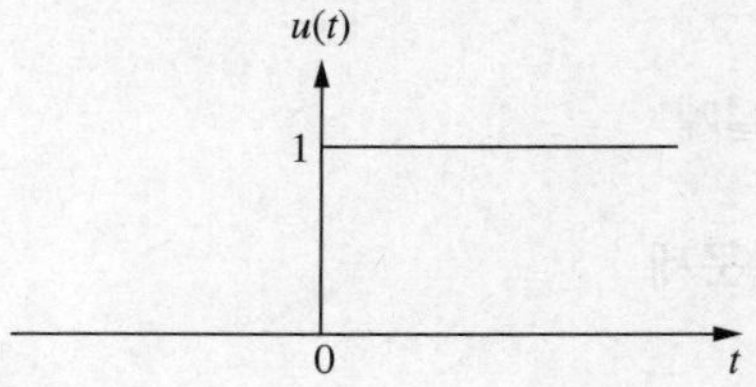

$$u(t) = \begin{cases} t < 0, \ f(t) = 0 \\ t \geq 1, \ f(t) = 1 \end{cases}$$

$$\mathcal{L}[S(t)] = \int_0^{\infty} e^{-st} dt = -\frac{1}{s}[e^{-st}]_0^{\infty} = -\frac{1}{s}(0-1) = \frac{1}{s}$$

* 단위계단함수는 $t < 0 = 0$이고, $t \geq 0 = 1$이다.

ⓜ 펄스함수(Pulse Function)에 대한 라플라스 변환은 다음과 같다.

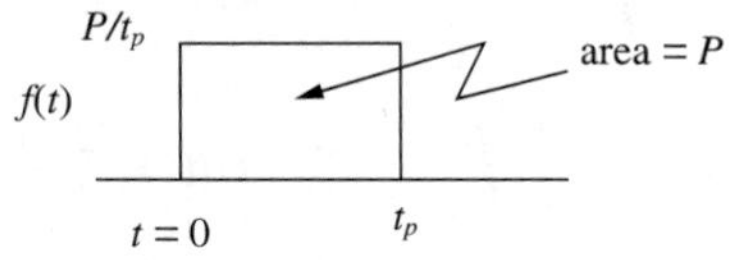

$$f(t) = \begin{cases} 0 \leq t \leq t_p, \ \dfrac{P}{t_p} \\ t > t_p, \ 0 \end{cases}$$

$$\mathcal{L}[f(t)] = \int_0^{\infty} f(t) e^{-st} dt$$

$$= \int_0^{t_p} \frac{P}{t_p} e^{-st} dt + \int_{t_p}^{\infty} 0 \cdot e^{-st} dt = -\frac{P}{t_p} \cdot \frac{1}{s}[e^{-st}]_0^{t_p}$$

$$= \frac{P}{t_p} \cdot \frac{1 - e^{-t_p s}}{s}$$

* 펄스함수는 $t = 0$에서 t_p까지의 면적이 P가 되는 함수이다.

ⓑ 단위임펄스함수(단위충격함수, Unit Impulse Function)에 대한 라플라스 변환은 다음과 같다.

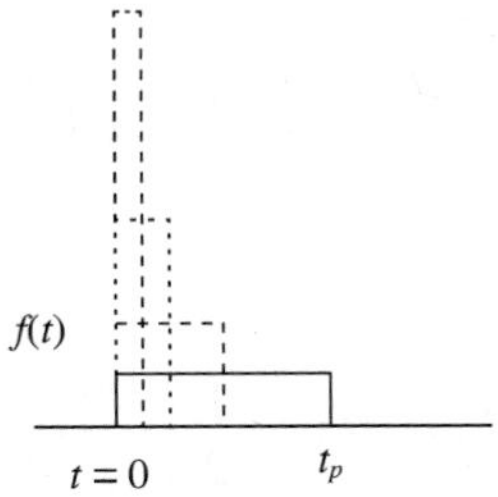

$$\mathcal{L}[\delta(t)] = \lim_{t_p \to 0} \int_0^{\infty} f(t) e^{-st} dt = \lim_{t_p \to 0} \frac{1 - e^{-t_p s}}{t_p s} = \lim_{t_p \to 0} \frac{-(-s e^{-t_p s})}{s} = 1$$

* 단위임펄스함수는 펄스함수와 비슷하지만, t_p가 0으로 접근하는 함수($P = 1$)이다.

㉦ n차 함수의 라플라스 변환

$$f(t)=t,\ \mathcal{L}[t]=\int_0^\infty e^{-st}\cdot t\,dt=-\frac{1}{s}[e^{-st}\cdot t]_0^\infty+\frac{1}{s}\int_0^\infty e^{-st}dt$$

$$=-\frac{1}{s}[0-0]_0^\infty+\frac{1}{s}\left(-\frac{1}{s}\right)[e^{-st}]_0^\infty=-\frac{1}{s^2}[0-1]=\frac{1}{s^2}$$

$$f(t)=t^2,\ \mathcal{L}[t]=\int_0^\infty e^{-st}\cdot t^2dt=-\frac{1}{s}[e^{-st}\cdot t^2]_0^\infty+\frac{2}{s}\int_0^\infty e^{-st}\cdot t\,dt$$

$$=-\frac{1}{s}[0-0]_0^\infty+\frac{2}{s}\int_0^\infty e^{-st}\cdot t\,dt=\frac{2}{s}\frac{1}{s^2}=\frac{2\cdot 1}{s^3}$$

$$f(t)=t^3,\ \mathcal{L}[t]=\int_0^\infty e^{-st}\cdot t^3dt=-\frac{1}{s}[e^{-st}\cdot t^3]_0^\infty+\frac{3}{s}\int_0^\infty e^{-st}\cdot t^2dt$$

$$=-\frac{1}{s}[0-0]_0^\infty+\frac{3}{s}\int_0^\infty e^{-st}\cdot t^2dt+\frac{3}{s}\frac{2\cdot 1}{s^3}=\frac{3\cdot 2\cdot 1}{s^4}=\frac{3!}{s^4}$$

$$\vdots$$

$$f(t)=t^n,\ \mathcal{L}[t^n]=\frac{n!}{s^{n+1}}i$$

◎ n차 함수와 지수함수의 곱에 대한 라플라스 변환

$$f(t)=te^{-at},\ \mathcal{L}[te^{-at}]=\int_0^\infty e^{-st}\cdot te^{-at}dt=\int_0^\infty e^{-(s+a)t}\cdot t\,dt$$

$$=-\frac{1}{s+a}[e^{-(s+a)t}\cdot t]_0^\infty+\frac{1}{s+a}\int_0^\infty e^{-(s+a)t}dt$$

$$=-\frac{1}{(s+a)}[0-0]+\frac{1}{s+a}\left(-\frac{1}{s+a}\right)[e^{-(s+a)t}]_0^\infty=-\frac{1}{(s+a)^2}[0-1]$$

$$=\frac{1}{(s+a)^2}$$

$$f(t)=\frac{t^2}{2}e^{-at},\ \mathcal{L}\left[\frac{t^2}{2}e^{-at}\right]=\frac{1}{2}\int_0^\infty e^{-st}\cdot t^2e^{-at}dt=\frac{1}{2}\int_0^\infty e^{-(s+a)t}\cdot t^2dt$$

$$=-\frac{1}{2}\frac{1}{s+a}[e^{-(s+a)t}\cdot t^2]_0^\infty+\frac{1}{s+a}\int_0^\infty e^{-(s+a)t}\cdot tdt$$

$$=-\frac{1}{2}\frac{1}{s+a}[0-0]+\frac{1}{s+a}\int_0^\infty e^{-(s+a)t}\cdot tdt=\frac{1}{s+a}\frac{1}{(s+a)^2}=\frac{1}{(s+a)^3}$$

$$\vdots$$

$$f(t)=\frac{t^n}{n!}e^{-at},\ \mathcal{L}\left[\frac{t^n}{n!}e^{-at}\right]=\frac{1}{(s+a)^{n+1}}$$

㉧ 상수와 지수함수의 합에 대한 라플라스 변환

$$f(t)=1-e^{-\frac{t}{\tau}},\ \mathcal{L}[1-e^{-\frac{t}{\tau}}]=L[1]-L[e^{-\frac{t}{\tau}}]=\frac{1}{s}-\frac{1}{s-(-\frac{1}{\tau})}=\frac{1}{s}-\frac{\tau}{\tau s+1}$$

$$=\frac{\tau s+1-\tau s}{s(\tau s+1)}=\frac{1}{s(\tau s+1)}$$

㉨ 사인함수의 라플라스 변환

$f(t)=\sin wt$,

$$\mathcal{L}[\sin wt]=\int_0^\infty \sin wt\cdot e^{-st}dt=\frac{1}{s}[e^{-st}\cdot\sin wt]_0^\infty+\frac{w}{s}\int_0^\infty e^{-st}\cos wt\,dt$$

$$=-\frac{1}{s}[0-0]+\frac{w}{s}\left(-\frac{1}{s}[e^{-st}\cdot\cos wt]_0^\infty-\frac{w}{s}\int_0^\infty e^{-st}\sin wt\,dt\right)$$

$$=\frac{w}{s}\left(-\frac{1}{s}[0-1]_0^\infty-\frac{w}{s}\int_0^\infty e^{-st}\sin wt\,dt\right)=\frac{w}{s^2}-\frac{w^2}{s^2}\int_0^\infty e^{-st}\sin wt\,dt$$

$$\Rightarrow\left(1+\frac{w^2}{s^2}\right)=\int_0^\infty \sin wt\cdot e^{-st}dt=\frac{w}{s^2}\Rightarrow\int_0^\infty \sin wt\cdot e^{-st}dt=\frac{\frac{w}{s^2}}{1+\frac{w^2}{s^2}}=\frac{w}{s^2+w^2}$$

$$f(t)=e^{-at}\sin wt,\ \mathcal{L}[e^{-at}\sin wt]=\frac{w}{(s+a)^2+w^2}$$

㉩ 코사인함수의 라플라스 변환

$$f(t)=\cos wt,\ \mathcal{L}[\cos wt]=\int_0^\infty \cos wt\cdot e^{-st}dt$$

$$=-\frac{1}{s}[e^{-st}\cdot\cos wt]_0^\infty-\frac{w}{s}\int_0^\infty e^{-st}\sin wt\,dt$$

$$=-\frac{1}{s}[0-1]-\frac{w}{s}\left(-\frac{1}{s}[e^{-st}\cdot\sin wt]_0^\infty+\frac{w}{s}\int_0^\infty e^{-st}\cos wt\,dt\right)$$

$$=\frac{1}{s}-\frac{w}{s}\left(-\frac{1}{s}[0-0]_0^\infty+\frac{w}{s}\int_0^\infty e^{-st}\cos wt\,dt\right)=\frac{1}{s}-\frac{w^2}{s^2}\int_0^\infty e^{-st}\cos wt\,dt$$

$$\Rightarrow\left(1+\frac{w^2}{s^2}\right)\int_0^\infty \cos wt\cdot e^{-st}dt=\frac{1}{s}$$

$$\Rightarrow\int_0^\infty \cos wt\cdot e^{-st}dt=\frac{\frac{1}{s}}{1+\frac{w^2}{s^2}}=\frac{s}{s^2+w^2}$$

$$f(t)=e^{-at}\cos wt,\ \mathcal{L}[e^{-at}\cos wt]=\frac{s+a}{(s+a)^2+w^2}$$

(2) 미분 · 적분의 라플라스 변환

① 미분항에 대한 라플라스 변환

$$\mathcal{L}[f'(t)] = \int_0^\infty f'(t)\cdot e^{-st}dt = [f(t)\cdot e^{-st}]_0^\infty - (-s)\int_0^\infty f(t)\cdot e^{-st}\,dt$$

$$= [0 - f(0)] + s\int_0^\infty f(t)\cdot e^{-st}dt = sF(s) - f(0)$$

$$\mathcal{L}[f''(t)] = \int_0^\infty f''(t)\cdot e^{-st}dt = [f'(t)\cdot e^{-st}]_0^\infty \; - (-s)\int_0^\infty f'(t)\cdot e^{-st}dt$$

$$= [0 - f'(0)] + s\int_0^\infty f'(t)\cdot e^{-st}dt = s[sF(s) - f(0)] - f'(0)$$

$$= s^2F(s) - sf(0) - f'(0)$$

$$\vdots$$

$$\mathcal{L}[f^{(n)}(t)] = s^nF(s) - s^{n-1}f(0) - s^{n-2}f'(0) - \cdots - f^{(n-1)}(0)$$

② 적분항에 대한 라플라스 변환

$$\int_0^t f(\tau)\,d\tau = g(t) \Rightarrow g(0) = 0,\ g'(t) = f(t)$$

$$\Rightarrow \mathcal{L}[f(t)] = F(s) = \mathcal{L}[g'(t)] = s\mathcal{L}[g(t)] - g(0) = s\mathcal{L}[g(t)]$$

$$\Rightarrow \mathcal{L}[\int_0^t f(\tau)\,d\tau] = \mathcal{L}[g(t)] = \frac{1}{s}F(s)$$

(3) 라플라스 역변환(Inverse Laplace Transforms)

① 라플라스 변환 형태에서 원래의 함수를 찾는 것이다.

※ 아래의 라플라스 변환표를 숙지하고, s에 관한 식에 대응하는 시간 정의역 함수를 찾는다.

② 결국 미분방정식의 해를 구하는 것이다.

$$\mathcal{L}^{-1}[F(s)] = f(t)$$

③ 안정한 시스템에서 초깃값 정리(Initial-value Theorem) 또는 최종값 정리(Final-value Theorem)가 성립한다.

㉠ $\lim_{t\to 0} f(t) = \lim_{s\to\infty} sF(s)$

㉡ $\lim_{t\to\infty} f(t) = \lim_{s\to o} sF(s)$

※ 라플라스 변환표(Table of Laplace Transformation)

시간 정의역 함수	라플라스 정의역 함수
$f(t)$	$F(s) = \int_0^{\infty} f(t) e^{-st} dt$
$\delta(t)$(단위충격함수)	1
$S(t)$(단위계단함수)	$\frac{1}{s}$
C(상수)	$\frac{C}{s}$
$f(t-\theta)$(지연시간)	$e^{-\theta s} F(s)$
t	$\frac{1}{s^2}$
t^n	$\frac{n!}{s^{n+1}}$
e^{-at}(지수함수)	$\frac{1}{s+a}$
te^{-at}	$\frac{1}{(s+a)^2}$
$\frac{t^2}{2} e^{-at}$	$\frac{1}{(s+a)^3}$
$\frac{t^n}{n!} e^{-at}$	$\frac{1}{(s+a)^{n+1}}$
$1-e^{-\frac{t}{\tau}}$	$\frac{1}{s(\tau s+1)}$
$\sin wt$	$\frac{w}{s^2+w^2}$
$\cos wt$	$\frac{s}{s^2+w^2}$
$e^{-at}\sin wt$	$\frac{w}{(s+a)^2+w^2}$
$e^{-at}\cos wt$	$\frac{s+a}{(s+a)^2+w^2}$
$1+\frac{\tau_1 e^{-\frac{t}{\tau_1}} - \tau_2 e^{-\frac{t}{\tau_2}}}{\tau_2-\tau_1}$	$\frac{1}{s(\tau_1 s+1)(\tau_2 s+1)}$
$1-(1-\frac{\tau_n}{\tau_d})e^{-\frac{t}{\tau_d}}$	$\frac{\tau_n s+1}{s(\tau_d s+1)}$
$1+\frac{\tau_3-\tau_1}{\tau_1-\tau_2} e^{-\frac{t}{\tau_1}} + \frac{\tau_3-\tau_2}{\tau_2-\tau_1} e^{-\frac{t}{\tau_2}}$	$\frac{\tau_3 s+1}{s(\tau_1 s+1)(\tau_2 s+1)}$
$1-\frac{1}{\sqrt{1-\zeta^2}} e^{-\frac{\zeta}{\tau}t} \sin(\alpha t+\phi)$	$\frac{1}{s(\tau^2 s+2\zeta\tau s+1)}$ 여기서, α : $\frac{\sqrt{1-\zeta^2}}{\tau}$ ϕ : $\tan^{-1}\frac{\sqrt{1-\zeta^2}}{\zeta}$
$f'(x)$	$sF(s)-f(0)$

시간 정의역 함수	라플라스 정의역 함수
$f^{(n)}(x)$	$s^n F(s) - s^{n-1} f(0) - \cdots - sf^{(n-2)}(0) - f^{(n-1)}(0)$
$\int_0^t f(\tau)\, d\tau$	$\frac{1}{s} F(s)$

2 전달함수(Transfer Function)

① 다음과 같은 n차 미분방정식을 생각해 보자.

$$y^{(n)} + a_{n-1}y^{(n-1)} + \cdots + a_0 y = b_{n-1}u^{(n-1)} + \cdots + b_0 u$$

② 공정 모델이 편차 변수로 되어 있고 최초에 정상상태에 있다면, 초기조건은 다음과 같다.

$$y^{(n)}(0) = \cdots = y(0) = u^{(n-2)}(0) = \cdots = u(0) = 0$$

③ 전체 항에 대한 라플라스 변환

$$\mathcal{L}\,[y^{(n)} + a_{n-1}y^{(n-1)} + \cdots + a_0 y] = \mathcal{L}\,[b_{n-1}u^{(n-1)} + \cdots + b_0 u]$$

$$\Rightarrow (s^n Y(s) - s^{n-1}y(0) - \cdots - y^{(n-1)}(0)) + \cdots + a_0 Y(s) = s^u\, Y(s) + \cdots + a_0 Y(s)$$

$$= b_{n-1}(s^{n-1}\, U(s) - s^{n-1}y(0) - \cdots - y^{(n-3)}(0)) + \cdots + b_0 U(s)$$

$$= b_{n-1}s^{n-1}\, U(s) + \cdots + b_0 U(s)$$

$$\Rightarrow (s^n + \cdots + a_0)\, Y(s) = (b_{n-1}s^{n-1} + \cdots + b_0)\, U(s)$$

$$\therefore\ Y(s) = \frac{b_{n-1}s^{n-1} + \cdots + b_0}{s^n + a_{n-1}s^{n-1} \cdots + a_0}\, U(s) = g_p(s)\, U(s)\ \ \cdots + a_0$$

$$\Rightarrow g_p(s) = \frac{Y(s)}{U(s)} = \frac{(\text{출력함수})}{(\text{입력함수})} = \frac{b_{n-1}s^{n-1} + \cdots + b_0}{s^n + a_{n-1}s^{n-1}}$$

④ 블록선도(Block Diagrams)로 나타내면 다음과 같다.

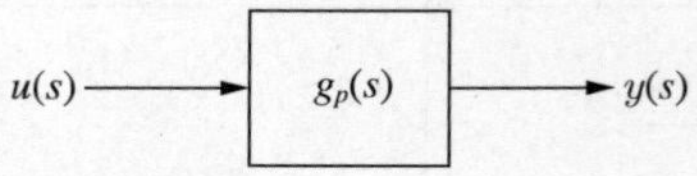

3 제어계 전달함수

(1) 1차계의 전달함수(First-order Transfer Function)

① 선형 1차계 공정에 대한 미분방정식을 생각해 보면 다음과 같다.

$$\tau_p y' + y = k_p u$$

여기서, τ_p : 공정시간상수(Process Time Constant)[s]

k_p : 공정이득(Process Gain)[output/input]

② 라플라스 변환을 한다(초깃값 = 0).

$\mathcal{L}[\tau_p y' + y] = \mathcal{L}[k_p u]$

$\Rightarrow \tau_p(sY(s) - y(0)) + Y(s) = (\tau_p s + 1)Y(s) = k_p U(s)$

$$\therefore\ Y(s) = \frac{k_p}{\tau_p s + 1} U(s)$$

$\dfrac{k_p}{\tau_p s + 1} \rightarrow$ 1차계 전달함수

㉠ 입력값이 계단함수일 때는 다음과 같다.

$$u(s) = \frac{\Delta u}{s} \rightarrow Y(s) = \frac{k_p}{\tau_p s + 1} \cdot \frac{\Delta u}{s} = \frac{k_p \Delta u}{s(\tau_p s + 1)} = k_p \Delta u \left(\frac{1}{s} - \frac{\tau_p}{\tau_p s + 1} \right)$$

$$= k_p \Delta u \left(\frac{1}{s} - \frac{1}{s + \frac{1}{\tau_p}} \right)$$

$$\Rightarrow \mathcal{L}^{-1}[Y(s)] = y(t) = \mathcal{L}^{-1}\left[k_p \Delta u \left(\frac{1}{s} - \frac{1}{s + \frac{1}{\tau_p}} \right) \right] = k_p \Delta u (1 - e^{-\frac{t}{\tau_p}})$$

• 입력값에 대한 오랜 기간 출력값의 변화율

$$\frac{\Delta y}{\Delta u} = \frac{\lim\limits_{t \to \infty} y(t)}{\Delta u} = \frac{\lim\limits_{s \to 0} sY(s)}{\Delta u} = \frac{\lim\limits_{s \to 0} s \cdot \frac{k_p \Delta u}{s(\tau_p s + 1)}}{\Delta u} = \frac{\lim\limits_{s \to 0} \frac{k_p \Delta u}{\tau_p s + 1}}{\Delta u} = \frac{k_p \Delta u}{\Delta u}$$

$= k_p$(공정시간상수)

• 공간 시간상수만큼 지났을 때 출력값

$$y(\tau_p) = k_p \Delta u (1 - e^{-\frac{\tau_p}{\tau_p}}) = k_p \Delta u (1 - e^{-1}) = 0.623 k_p \Delta u$$

$= 0.623\Delta y$ → 총괄 출력값 변화의 62.3%

㉡ 입력값이 충격함수일 때는 다음과 같다.

$$u(s) = P \rightarrow Y(s) = \frac{k_p}{\tau_p s + 1} \cdot P = \frac{k_p P}{\tau_p s + 1} = \frac{k_p P}{\tau_p} \frac{1}{s + \frac{1}{\tau_p}}$$

$$\mathcal{L}^{-1}[Y(s)] = y(t) = \mathcal{L}^{-1}\left[\frac{k_p P}{\tau_p} \frac{1}{s + \frac{1}{\tau_p}} \right] = \frac{k_p P}{\tau_p} e^{-\frac{t}{\tau_p}}$$

㉢ 적분계(Integrating System)

• 액체 서지 탱크 또는 가스 드럼에 대한 물질수지식에 모델링은 다음과 같다.

$y' = ku$

• 라플라스 변환을 취한다(정상상태, 초깃값 = 0이라고 가정).

$\mathcal{L}[y'] = sY(s) - y(0) = sY(s) = \mathcal{L}[ku] = kU(s)$

$\therefore\ Y(s) = \frac{k}{s}U(s)$

• 입력값이 계단함수일 때 다음과 같다.

$Y(s) = \frac{k}{s}U(s) = \frac{k}{s} \cdot \frac{\Delta u}{s} = \frac{k\Delta u}{s^2}$

$\mathcal{L}^{-1}[Y(s)] = y(t) = \mathcal{L}^{-1}\left[\frac{k\Delta u}{s^2}\right] = k\Delta u t$

• 입력값이 충격함수일 때 기울기 = $k\Delta u$로 일정하다.

$Y(s) = \frac{k}{s}U(s) = \frac{k}{s} \cdot P = \frac{kP}{s}$

$\mathcal{L}^{-1}[Y(s)] = y(t) = \mathcal{L}^{-1}\left[\frac{kP}{s}\right] = kP$

→ 출력값이 즉시 새로운 정상상태 값 kP로 일정하다.

(2) 2차계의 전달함수(Second-order Transfer Function)

① 선형 2차계 공정에 대한 미분방정식을 생각해 보면 다음과 같다.

$\tau^2 y'' + 2\zeta\tau y + y = ku(t)$

여기서, ζ : 감쇠인자(Damping Factor)

② 라플라스 변환을 한다(초깃값 = 0).

$\mathcal{L}[\tau^2 y'' + 2\zeta\tau y' + y] = \mathcal{L}[ku(t)]$

$\Rightarrow \tau^2(s^2 Y(s) - sy(0)) + 2\zeta\tau(sY(s0) - y(0)) + Y(s) = (\tau^2 s^2 + 2\zeta\tau s + 1)Y(s) = kU(s)$

$\therefore\ Y(s) = \frac{k}{\tau^2 s^2 + 2\zeta\tau s + 1}U(s)$

㉠ 입력값이 계단함수일 때는 다음과 같다.

$Y(s) = \frac{k}{\tau^2 s^2 + 2\zeta\tau s + 1} \cdot \frac{\Delta u}{s}$

$\tau^2 s^2 + 2\zeta\tau s + 1 = 0$에 대한 근의 공식에 의한 해는 다음과 같다.

$s = \frac{-\zeta\tau \pm \sqrt{(\zeta\tau)^2 - \tau^2}}{\tau^2} = \frac{-\zeta \pm \sqrt{\zeta^2 - 1}}{\tau}$

따라서 판별식은 $\zeta^2 - 1$이다.

• 과도 감쇠(Over Damped)

$\zeta^2 - 1 > 0 \Rightarrow \zeta > 1$

$$Y(s) = \frac{k}{\tau^2 s^2 + 2\zeta\tau s + 1} \cdot \frac{\Delta u}{s} = \frac{k\Delta u}{s(\tau_1 s + 1)(\tau_2 s + 1)}$$

여기서, $s : \dfrac{-\zeta \pm \sqrt{\zeta^2 - 1}}{\tau} = -\dfrac{1}{\tau_{1,2}} \Rightarrow \tau_{1,2} = \dfrac{\tau}{\zeta \pm \sqrt{\zeta^2 - 1}}$

$$\mathcal{L}^{-1}(Y(s)) = y(t) = \mathcal{L}^{-1}\left[\frac{k\Delta u}{s(\tau_1 s + 1)(\tau_2 s + 1)}\right]$$

$$= k\Delta u\left(1 + \frac{\tau_1 e^{-\frac{t}{\tau_1}} - \tau_2 e^{-\frac{t}{\tau_2}}}{\tau_2 - \tau_1}\right)$$

• 임계감쇠(Critically Damped)

$\zeta^2 - 1 = 0 \Rightarrow \zeta = 1$

$$Y(s) = \frac{k}{\tau^2 s^2 + 2\zeta\tau s + 1} \cdot \frac{\Delta u}{s} = \frac{k\Delta u}{s(\tau s + 1)^2}$$

여기서, $s : \dfrac{-\zeta \pm \sqrt{\zeta^2 - 1}}{\tau} = -\dfrac{1}{\tau}$

$$\mathcal{L}^{-1}(Y(s)) = y(t) = \mathcal{L}^{-1}\left[\frac{k\Delta u}{s(\tau s + 1)^2}\right] = k\Delta u\,\mathcal{L}^{-1}\left[\frac{1}{s(\tau s + 1)} - \frac{\tau}{(\tau s + 1)^2}\right]$$

$$= k\Delta u\,\mathcal{L}^{-1}\left[\frac{1}{s} - \frac{\tau}{\tau s + 1} - \frac{\tau}{(\tau s + 1)^2}\right]$$

$$= k\Delta u\left(1 - e^{-\frac{t}{\tau}} - \frac{t}{\tau}e^{-\frac{t}{\tau}}\right) = k\Delta u\left[1 - \left(1 - \frac{t}{\tau}\right)e^{-\frac{t}{\tau}}\right]$$

• 과소감쇠(Under Damped)

$\zeta^2 - 1 < 0 \Rightarrow \zeta < 1$

$$Y(s) = \frac{k}{\tau^2 s^2 + 2\zeta\tau s + 1} \cdot \frac{\Delta u}{s} = \frac{k\Delta u}{s(\tau^2 s^2 + 2\zeta\tau s + 1)}$$

여기서, $s = \dfrac{-\zeta \pm \sqrt{\zeta^2 - 1}}{\tau}$

$$\mathcal{L}^{-1}(Y(s)) = y(t) = \mathcal{L}^{-1}\left[\frac{k\Delta u}{s(\tau^2 s^2 + 2\zeta\tau s + 1)}\right] = k\Delta u\,\mathcal{L}^{-1}\left[\frac{1}{s(\tau^2 s^2 + 2\zeta\tau s + 1)}\right]$$

$$= k\Delta u\left(1 - \frac{1}{\sqrt{1 - \zeta^2}}e^{-\frac{\zeta}{\tau}t}\sin(\alpha t + \phi)\right)$$

여기서, $\alpha : \dfrac{\sqrt{1 - \zeta^2}}{\tau}$, $\phi : \tan^{-1}\dfrac{\sqrt{1 - \zeta^2}}{\zeta}$

* 5개의 특성치 : 상승시간(Rise Time), 첫 최고점 시간(Time to First Peak), 오버슛비(Overshoot Ratio), 감쇠비(Decay Ratio), 진동 주기(Period of Oscillation)

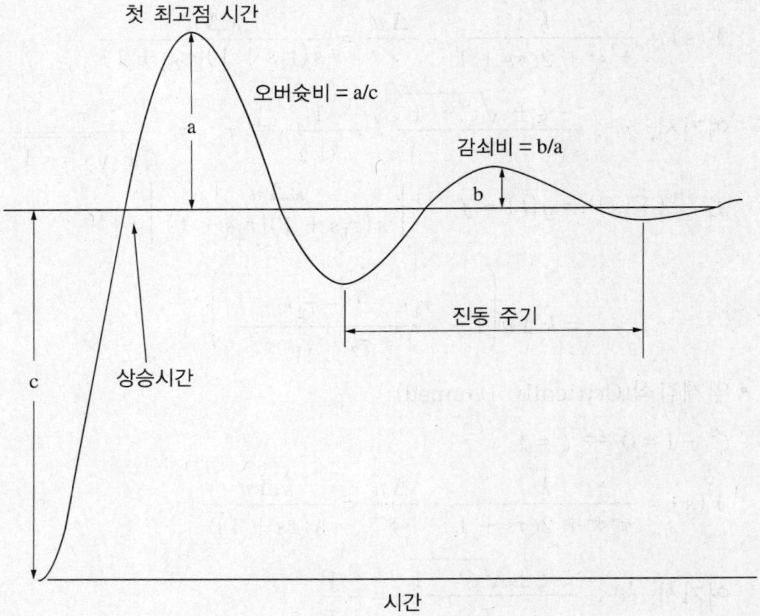

③ 분자 역학(Numerator Dynamics)

분자 역학에 대한 2차계 전달함수를 고려한다(입력값 = 계단함수).

$$Y(s) = \frac{k_p(\tau_n s+1)}{(\tau_1 s+1)(\tau_2 s+1)} U(s) = \frac{k_p(\tau_n s+1)}{(\tau_1 s+1)(\tau_2 s+1)} \cdot \frac{\Delta u}{s} = \frac{k_p \Delta u(\tau_n s+1)}{s(\tau_1 s+1)(\tau_2 s+1)}$$

$$\Rightarrow \mathcal{L}^{-1}[Y(s)] = y(t) = \mathcal{L}^{-1}\left[\frac{k_p \Delta u(\tau_n s+1)}{s(\tau_1 s+1)(\tau_2 s+1)}\right]$$

$$= k_p \Delta u \mathcal{L}^{-1}\left[\frac{\tau_n s+1}{s(\tau_1 s+1)(\tau_2 s+1)}\right]$$

$$= k_p \Delta u\left(1+\frac{\tau_n-\tau_1}{\tau_1-\tau_2} e^{-\frac{t}{\tau_1}}+\frac{\tau_n-\tau_2}{\tau_2-\tau_1} e^{-\frac{t}{\tau_2}}\right)$$

④ 선도-지연 거동(Lead-lag Behavior)

선도-지연에 대한 1차계 전달함수를 고려한다(입력값 = 계단함수).

$$Y(s) = k_p \cdot \frac{\tau_n s+1}{\tau_p s+1} U(s) = k_p \cdot \frac{\tau_n s+1}{\tau_p s+1} \cdot \frac{\Delta u}{s} = k_p \Delta u \cdot \frac{\tau_n s+1}{s(\tau_p s+1)}$$

$$\Rightarrow \mathcal{L}^{-1}[Y(s)] = y(t) = \mathcal{L}^{-1}\left[k_p \Delta u \cdot \frac{\tau_n s+1}{s(\tau_p s+1)}\right] = k_p \Delta u \mathcal{L}^{-1}\left[\frac{\tau_n s+1}{s(\tau_p s+1)}\right]$$

$$= k_p \Delta u\left[1-\left(1-\frac{\tau_n}{\tau_p}\right) e^{-\frac{t}{\tau_p}}\right]$$

⑤ 지연시간이 있는 공정

지연시간이 가지는 1차계 전달함수를 고려한다(입력값 = 계단함수).

$$Y(s) = k_p \cdot \frac{e^{-\theta s}}{\tau_p s + 1} U(s)$$

$$= k_p \cdot \frac{e^{-\theta s}}{\tau_p s + 1} \cdot \frac{\Delta u}{s}$$

$$= k_p \Delta u \cdot \frac{e^{-\theta s}}{s(\tau_p s + 1)}$$

$$\Rightarrow \mathcal{L}^{-1}[Y(s)] = y(t) = \mathcal{L}^{-1}\left[k_p \Delta u \cdot \frac{e^{-\theta s}}{s(\tau_p s + 1)}\right]$$

$$= k_p \Delta u \mathcal{L}^{-1}\left[e^{-\theta s} \cdot \frac{1}{s(\tau_p s + 1)}\right]$$

$$= k_p \Delta u \left(1 - e^{-\frac{t-\theta}{\tau_p}}\right)$$

CHAPTER 02 제어계 설계

1 제어계

(1) 동기화(Motivation)

① 온-오프 제어(On-off Control)

㉠ 설정값과 측정된 출구값의 차이인 오차를 기초로 하고 오차가 양수이면 제어기가 작동하지 않고, 음수이면 제어기가 작동하는 형태이다.

$e = h_{sp} - h_m > 0 \Rightarrow$ 제어기 작동 안 함

$e < 0 \Rightarrow$ 제어기 작동함

여기서, e : 오차(Error)

h_{sp} : 설정값(Set Point)

h_m : 측정된 출력값(Measured Output)

㉡ 제어기는 주기함수(Periodic Function) 형태로 변화한다.

② 비례제어(Proportional Control, P)

비례제어(P)는 오차에 대해 비례하는 제어기의 식을 제시한다.

$u(t) = k_c(h_{sp} - h_m) = k_c e(t)$

여기서, k_c : 비례이득(Proportional Gain)

③ 비례-적분제어(Proportional-integral Control, PI)

비례-적분제어(PI)는 잔류편차가 발생하여 오차에 대한 적분항을 추가한다.

$$u(t) = k_c e(t) + k_I \int_0^t e(\sigma)d\sigma = k_c\left(e(t) + \frac{1}{\tau_I}\int_0^t e(\sigma)d\sigma\right)\left(\tau_I = \frac{k_c}{k_I}\right)$$

$$\Rightarrow \mathcal{L}[u(t)] = \mathcal{L}\left[k_c\left(e(t) + \frac{1}{\tau_I}\int_0^t e(\sigma)d\sigma\right)\right]$$

$$\Rightarrow U(s) = k_c\left(E(s) + \frac{1}{\tau_I}\frac{1}{s}E(s)\right) = k_c\left(1 + \frac{1}{\tau_I s}\right)E(s)$$

$$\therefore\ G_c(s) = 1 + \frac{1}{\tau_I s}$$

여기서, k_I : 비례적분의 이득

τ_I : 적분시간

* 잔류편차(Offset) : 설계된 설정값과 실제 출구값의 차이

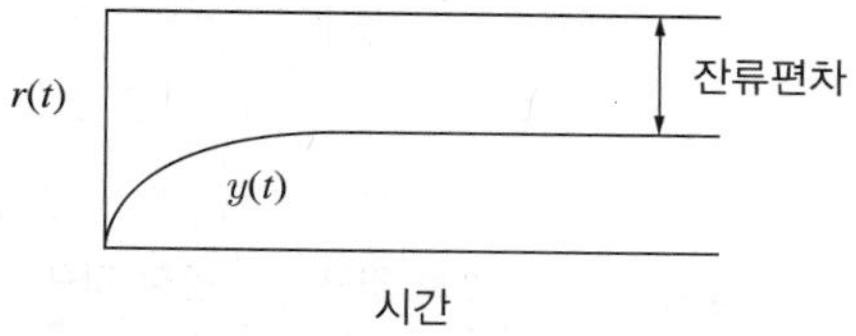

$$offset = \lim_{t \to \infty} e(t) = R - \lim_{t \to \infty} y(t)$$

④ **비례-적분-미분제어(Proportional-Integral-Derivative Control, PID)**

비례-적분제어(PI)에 오차에 대한 현재 속도의 변화(미분항)를 추가하여 미래의 오차를 예측하고 보정할 수 있다.

$$u(t) = k_c e(t) + k_I \int_0^t e(\sigma) d\sigma + k_D e'(t) T$$

$$= k_c \left(e(t) + \frac{1}{\tau_I} \int_0^t e(\sigma) d\sigma + \tau_D e'(t) \right) \left(\tau_D = \frac{k_D}{k_c} \right)$$

$$\Rightarrow \mathcal{L}[u(t)] = \mathcal{L}\left[k_c \left(e(t) + \frac{1}{\tau_I} \int_0^t e(\sigma) d\sigma + \tau_D e'(t) \right) \right]$$

$$\Rightarrow dU(s) = k_c \left(e(t) + \frac{1}{\tau_I} \int_0^t e(\sigma) d\sigma + \tau_D e'(t) \right)$$

$$= k_c \left[E(s) + \frac{1}{\tau_I s} E(s) + \tau_D (sE(s) - e(0)) \right]$$

$$\Rightarrow k_c \left(E(s) + \frac{1}{\tau_I s} E(s) + \tau_D sE(s) \right) = k_c \left(1 + \frac{1}{\tau_I s} + \tau_D s \right)$$

여기서, k_D : 비례적분의 이득

τ_D : 적분시간

⑤ **비례대(Proportional Band, PB)**

비례대는 제어기 출력값이 전체 범위로 변화하는 오차의 범위를 말하고 이것은 비례이득과 관련이 있어서 아래와 같이 구한다.

$$PB = \frac{100}{k_c}$$

(2) 전달함수와 블록선도(Block Diagram)

① 제어 블록선도는 피드백 제어 루프의 동적 효과로 분석하고 한다. 또한 제어 루프의 모든 동적 요소들은 라플라스 변환함수를 사용하여 수반된다.

② 제어기, 밸브, 공정, 외란, 센서 등으로 구성된 블록선도를 생각해보면 다음과 같다.

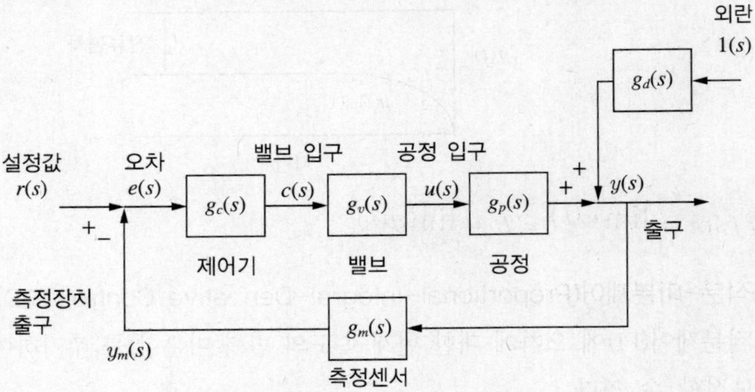

여기서, $G_c(s)$: 제어기 전달함수

$G_v(s)$: 밸브 전달함수

$G_P(s)$: 공정 전달함수

$G_d(s)$: 외란(Disturbance) 전달함수

$G_m(s)$: 측정(센서) 전달함수

$$Y(s) = \frac{G_p(s)\,G_V(s)\,G_c(s)}{1+G_p(s)G_V(s)G_c(s)G_m(s)}R(s) + \frac{G_d(s)}{1+G_p(s)G_V(s)G_c(s)G_m(s)}L(s)$$

2 안전성

(1) 안전성(Stability) 개념

① 제어계가 한정된 입력값을 줬을 때 그 출력값이 한정될 때를 의미한다.

② 특성방정식(Characteristic Polynomial)의 근에 따라 결정된다.

③ 전달함수의 극점(Poles)이 실수인지 허수인지에 따라 달라진다.

(2) 특성방정식

① 특성방정식은 전달함수의 극점을 알기 위한 방정식이다.

② 전달함수의 분모를 0으로 놓은 것이 특성방정식이 된다.

$$G(s) = \frac{b_m s^m + b_{m-1}s^{m-1} + \cdots + b_1 s + b_0}{a_n s^n + a_{n-1}s^{n-1} + \cdots + a_1 s + a_0} = \frac{k_{pz}(s-z_1)(s-z_1)\cdots(s-z_m)}{(s-p_1)(s-p_1)\cdots(s-p_n)}$$

$\Rightarrow a_n s^n + a_{n-1}s^{n-1} + \cdots + a_1 s + a_0 = 0$ (특성방정식)

$\Rightarrow (s-p_1)(s-p_1)\cdots(s-p_n) = 0$

※ 극점의 실수부가 어느 하나 양의 값을 가지면 출력값은 발산되어 제어계는 불안정해진다.

※ 반대로 극점의 실수부가 모두 0보다 작거나 같으면, 출력값은 일정한 값으로 수렴되어 제어계는 안정해진다.

(3) 루스 안정성 판별법(Routh's Stability Criterion)

① 루스 배열(Routh Array)을 세워서 특성방정식의 계수를 분석하는 방법이다.

② 다음과 같은 특성방정식을 생각해보자.

$$a_n s^n + a_{n-1} s^{n-1} + \cdots + a_1 s + a_0 = 0$$

행(Row)	1열			
1	a_n	a_{n-2}	a_{n-4}	$\cdots$
2	a_{n-1}	a_{n-3}	a_{n-5}	$\cdots$
3	b_1	b_2	b_3	$\cdots$
4	c_1	c_2	c_3	$\cdots$
$\vdots$				
$n+1$				

$$\Rightarrow b_1 = \frac{a_{n-1}a_{n-2} - a_n a_{n-2}}{a_{n-1}}$$

$$b_2 = \frac{a_{n-1}a_{n-4} - a_n a_{n-5}}{a_{n-1}}$$

$$c_1 = \frac{b_1 a_{n-3} - a_{n-1} b_2}{b_1}$$

$$c_2 = \frac{b_1 a_{n-5} - a_{n-1} b_3}{b_1}$$

※ 첫 번째 열에서 모든 계수가 같은 부호이면 제어계는 안정하다.

※ 첫 번째 열에서 계수 중 한 개라도 부호가 다르면 제어계는 불안정하다.

PART 03 적중예상문제

01 수은온도계는 현재 0℃이고, 시간상수가 1min, 공정이득은 1이다. 수은온도계를 항온수조에 넣었더니 1min 후 온도가 37.93℃로 되었다. 항온수조의 온도(℃)를 구하시오(단, 수은온도계를 1차라고 가정한다).

해설

1차계 전달함수를 구하면 대입하여 구할 수 있다.

$$Y(s) = \frac{1}{1+1\times s}\frac{T_0-0}{s} = 1\frac{1}{s+1}\frac{T_0}{s} = T_0\left(\frac{1}{s}-\frac{1}{s+1}\right)$$

$$y(t) = T_0(1-e^{-t})$$

$$y(1) = T_0(1-e^{-1}) = 37.93-0$$

$$\Rightarrow T_0 = 60.004 \fallingdotseq 60.00℃$$

정답

60.00℃

02 시간상수가 0.1min이고 단위계가 1℃인 온도계가 90℃를 유지하는 정상상태의 물이 있다. 90℃의 물이 95℃의 수조에 넣었을 때, 온도계가 94℃가 되는 시간(min)을 구하시오(단, 1차계로 가정한다).

해설

전달함수를 유도하고, 입력과 출력값은 편차함수로 나타내는 것을 유념하면 해결할 수 있다.

$$G(s) = \frac{Y(s)}{U(s)} = \frac{1}{1+0.1s} = \frac{10}{s+10}$$

$$\Rightarrow Y(s) = \frac{10}{s+10}\frac{95-90}{s} = 5\left(\frac{1}{s}-\frac{1}{s+10}\right)$$

$$\Rightarrow y(t) = \mathcal{L}^{-1}\left[5\left(\frac{1}{s}-\frac{1}{s+10}\right)\right] = 5(1-e^{-10t})$$

$$y(t_{94℃}) = 5℃(1-e^{-10t_{94℃}}) = 94-90 = 4℃$$

$$\therefore t = -\frac{\ln\left(1-\frac{4}{5}\right)}{10} = 0.160 \fallingdotseq 0.16\text{min}$$

정답

0.16min

03 전달함수 $G(s) = \dfrac{H(s)}{Q_1(s)}$ 를 라플라스의 형태로 유도하시오(단, $q_2 = \dfrac{h}{R}$ 이다).

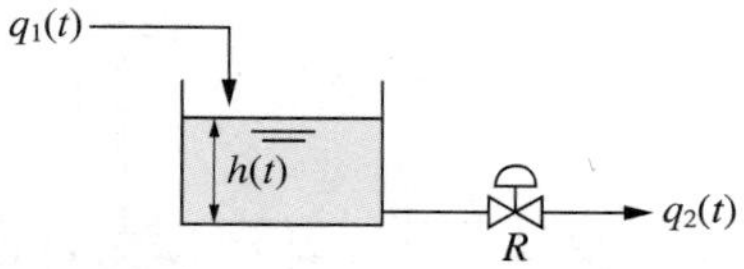

해설

미분 형태의 수지식으로 세우면 구할 수 있다.

정답

$A\dfrac{dh}{dt} = q_1 - q_2 = q_1 - \dfrac{h}{R}$

$\Rightarrow A\dfrac{dh}{dt} + \dfrac{1}{R}h = q_1$

$\Rightarrow AR\dfrac{dh}{dt} + h = Rq_1 \Rightarrow \tau\dfrac{dh}{dt} + h = Rq_1$

(라플라스 변환) $\tau(sH(s) - h(0)) + H(s) = RQ_1(s)$

$\Rightarrow H(s)(\tau s + 1) = RQ_1(s)$

$\therefore G(s) = \dfrac{H(s)}{Q_1(s)} = \dfrac{R}{\tau s + 1}$

시간상수가 τ이고 공정이득이 R인 1차계 전달함수이다.

04 다음 블록선도에 대한 총괄 전달함수식을 구하시오.

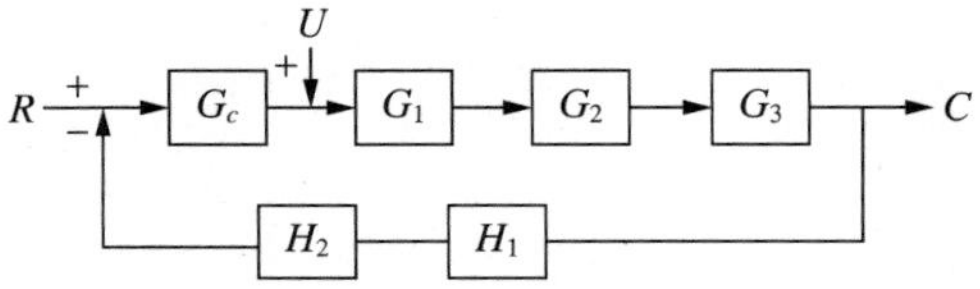

해설

전달함수와 외란 전달함수를 각각 구해서 총괄 전달함수를 구하면 된다.

정답

$C(s) = \dfrac{G_C G_1 G_2 G_3}{1 + G_C G_1 G_2 G_3 H_1 H_2} R(s) + \dfrac{G_1 G_2 G_3}{1 + G_C G_1 G_2 G_3 H_1 H_2} U(s)$

05 다음은 P형 제어기에 대한 블록선도이다. 입력값은 크기가 A일 때 비례이득(K_c)을 포함한 식으로 잔류편차를 구하시오(단, $G_v = G_m = 1$, $G_p = 1/ts + 1$).

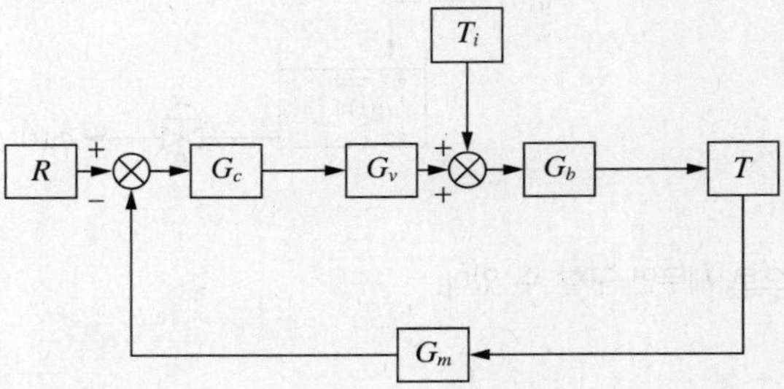

해설

전달함수를 구하고 이것에 대한 오프셋을 구하면 된다.

$$G(s) = \frac{K_c \times 1 \times \frac{1}{1+ts} \times 1}{1 + K_c \times 1 \times \frac{1}{1+ts} \times 1} = \frac{K_c}{ts + 1 + K_c}$$

$$\Rightarrow\ Y(s) = \frac{K_c}{ts+1+K_c}\frac{A}{s} = AK_C\frac{1}{s(ts+1+K_c)}$$

Offset $= \lim_{t\to\infty} e(t) = R - \lim_{t\to\infty} y(t) = R - \lim_{s\to 0} sY(s)$(∵ 최종값 정리)

$$= A - \lim_{s\to 0} s\frac{AK_c}{s(ts+1+K_c)} = A - \frac{AK_c}{1+K_c} = \frac{A}{1+K_c}$$

정답

$$\frac{A}{1+K_c}$$

PART 04

작업형

CHAPTER 01 단증류(Simple Distillation) 실험의 이론

CHAPTER 02 단증류 실험의 준비 및 실험기구, 실습재료, 주의사항

CHAPTER 03 단증류 실험의 요구사항 및 실험순서

CHAPTER 04 단증류 실험의 과정

CHAPTER 05 단증류 실험의 답안지 작성

CHAPTER 01 단증류(Simple Distillation) 실험의 이론

① 증류기를 나가는 증기와 증류기 잔류 액체는 평형상태이다.

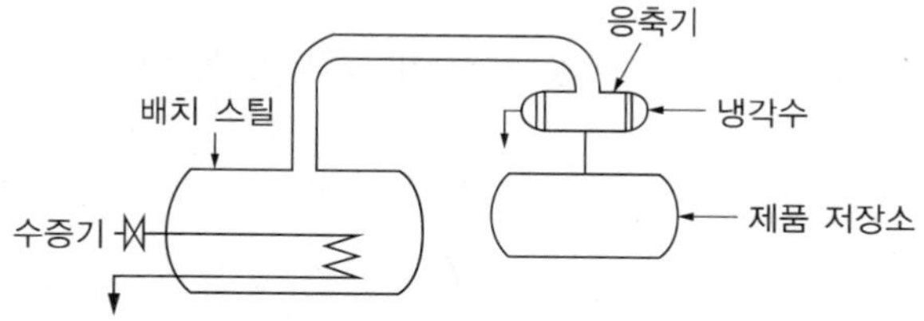

② n_0을 넣었을 때 시간에 따른 액체 조성(x)과 증기 조성(y)을 알아본다(잔류 액체의 몰수 = n).

$$n_A = n_x$$

$$\Rightarrow ydn = dn_A = d(xn) = ndx + xdn$$

$$\Rightarrow (y - x)dn = ndx$$

$$\Rightarrow \int_{n_0}^{n_1} \frac{dn}{n} = [\ln n]_{n_0}^{n_1} = \ln\frac{n_1}{n_0} = \ln\frac{\frac{W_1}{M_w}}{\frac{W_0}{M_w}} = \int_{x_0}^{x_1} \frac{dx}{y - x} = I_1 - I_0$$

$$\Rightarrow \ln\frac{W_1}{W_2} = \ln W_1 - \ln W_2 = I_1 - I_2$$

$$\therefore \ln W_2 = \ln W_1 - I_1 + I_2$$

$$\Rightarrow W_2 = e^{\ln W_1 - I_1 + I_2}$$

③ 이 식은 레일리의 식(Rayleigh's Equation)이다.

④ W_1과 W_2의 평균 조성

$$X_{Dav} = \frac{W_1 x_1 - W_2 x_2}{W_1 - W_2}$$

⑤ 오차율

$$\text{오차율}[\%] = \frac{\text{실험값} - \text{이론값}}{\text{이론값}} \times 100$$

⑥ 선형보간법[밀도(y)나 조성(x)을 찾을 때, 표에 없는 값이 필요한 경우 이용한다]

$$y^* = \frac{y_2 - y_1}{x_2 - x_1} \times (x^* - x_1) + y_1$$

CHAPTER 02 단증류 실험의 준비 및 실험기구, 실습재료, 주의사항

1 실험준비

신분증, 수험표, 실험복(필수!! 미착용 시 10점 감점!!), 운동화, 공학용 계산기, 필기구, 30cm 자

2 실험기구

① 공용 실험기구 : 전자저울(소수점 둘째 자리), 화학저울(소수점 넷째 자리, 비중병), 파라필름, 테플론 테이프, 실험 장갑

② 개인용 실험기구 : 둥근 바닥 플라스크(수용액), 삼각 플라스크(유출액), 비커 2~3개, 메스실린더, 게이뤼삭 비중병(밀도 측정), 리비히 냉각기 + 고무호스, 냉각기 어댑터, 곡형 어댑터, 온도계, 지지대, 클램프 및 클램프 홀더, 가열기, 세척병, 비등석 3개, 일회용 스포이트

3 실습재료

에탄올(1회 지급이 원칙!!), 증류수

4 주의사항

① 실험복은 반드시 착용하여야 하며 미착용 시 10점(실험복 단추가 열려 있거나, 슬리퍼 착용 등 실험복을 착용하였더라도 실험에 부적합하다고 감독위원이 판단될 시 10점)이 감점된다.

② 지급한 재료는 1회 지급이 원칙이며 지급 기준은 아래와 같다.

㉠ 실습 기구류 : 준비된 실습 기구류의 이상 유무를 시험 전 수험자가 확인한 시점

㉡ 시약류 : 시험 중 시약을 시약병에서 칭량하여 소분한 시점

③ 파손 및 결손 등으로 인해 지급 재료의 재지급이 필요할 경우 매 파손 및 결손 또는 재지급마다(개당) 실습 기구류는 10점, 시약류는 5점 감점된다(단, 재지급의 사유가 수험자의 과오가 아니라는 감독위원의 전원 합의가 있을 경우 감점 없이 추가 지급할 수 있으며, 실습 기구의 파손으로 인한 시약 재지급은 중복 감점하지 않는다).

④ 시약 취급 시 저울이나 바닥 등에 시약을 과도하게 흘릴 경우 5점 감점되며, 폐시약은 감독위원의 안내에 따라 처리한다.

⑤ 시험에 사용한 시설 및 기구는 답안지 제출 후 세척 및 정리 정돈하고 감독위원의 안내에 따라 퇴장하며, 세척 및 정리 정돈 미흡 시 5점 감점 처리된다(단, 세척 및 정리 정돈 시간은 시험시간에 포함되지 않는다).

⑥ 계산문제는 반드시 '계산 과정'과 '답'란에 계산 과정과 답을 정확하게 기재하여야 하며, 계산 과정이 틀리거나 없는 경우 0점 처리된다.

⑦ 계산 문제는 최종 결괏값 답에서 소수점 셋째 자리에서 반올림하여 둘째 자리까지 구해 그 값을 모두 표기해야 하나 개별 문제에서 소수점 처리에 대한 요구사항이 있을 경우 그 요구사항에 따라야 하며, 반올림을 잘못 수행하였을 시 5점 감점된다.

⑧ 답에 단위가 없으면 0점 처리된다(단, 문제의 요구사항에 단위가 주어졌을 경우 생략해도 무방하다).

⑨ 감독위원이 제시한 ①~④ 값을 문제지 및 답안지에 기재한 후 답안지에 감독위원 확인 날인을 받아야 하며 그렇지 않을 경우에는 실격 처리된다.

⑩ 비중병을 이용한 무게 측정은 소수점 넷째 자리까지 측정이 가능한 저울을 사용하여 나타난 측정값을 그대로 기재하여야 하며 그 외의 무게 측정은 소수점 둘째 자리까지 측정이 가능한 저울을 사용하여 나타난 측정값을 그대로 기재한다.

⑪ 모든 무게 측정은 1회씩만 할 수 있으며 수험자의 원에 의해 재측정할 경우 재측정 1회마다 총점에서 3점씩 감점 처리된다.

⑫ 무게 측정값은 반드시 감독위원의 입회하에 수험자가 기재한 후 즉시 감독위원의 확인 날인을 받아야 하며 그렇지 않을 경우 및 확인 날인을 받은 후 임의로 값을 수정할 경우에는 실격 처리된다.

⑬ 문항 '1', '2'의 측정값이 이후 문항의 모든 값과 일치하여야 하며 하나라도 일치하지 않을 경우 해당되는 항목(문항 1~4)의 배점이 0점 처리된다.

⑭ 모든 밀도는 비중병을 이용하여 소수점 다섯째 자리에서 반올림하여 소수점 넷째 자리까지 구하고 그 외 값은 소수점 셋째 자리에서 반올림하여 소수점 둘째 자리까지 구한다.

CHAPTER 03

단증류 실험의 요구사항 및 실험순서

1 요구사항

(①)wt% [A]수용액을 (②)mL 제조한 후 (③)mL을 취하여 무게를 구하고 실험순서에 의하여 실험을 시작하고 실험 결괏값과 레일리의 식에 의한 이론값을 구하시오(단, 실험 온도는 제시된 실험실 온도는 (④)℃를 기준으로 하고 압력은 1기압으로 가정한다).

* ①~④까지는 실험 시작 전 감독위원이 제시해주는 값들이다.

2 실험순서

① 지급된 [A]용액의 밀도와 농도를 구하시오.

② 요구사항에서 주어진 농도로 알코올 수용액을 제조한 다음 수용액의 밀도 및 조성을 구하시오.

③ 단증류 실험 장치를 조립한 후 비등석을 수용액이 들어 있는 플라스크에 넣으시오.

④ 가열기 전원을 넣어 가열하시오.

⑤ 둥근 바닥 플라스크 내의 액이 약 절반 정도 유출되면 증류를 멈추고 상온에 도달할 때까지 방치한 후 잔류액과 유출액의 양과 밀도를 구하시오.

⑥ 밀도와 조성 관계로부터 잔류액과 유출액의 조성을 구하시오.

⑦ 레일리의 식을 이용하여 잔류액 양의 이론값을 구하고 유출액의 평균 조성(x_{Dav}) 이론값을 구하시오.

* 계산 과정이 요구되는 값들과 중요한 사항이다.

PART 04 작업형

CHAPTER 04 단증류 실험의 과정

1 비중병 질량 측정[화학저울 사용(소수점 넷째 자리까지 작성)]

① 빈 비중병의 질량 측정하기

② (증류수 + 비중병) 질량 측정하기

③ (지급된 시약[A] + 비중병) 질량 측정하기

★ 게이뤼삭 비중병 사용법

i) 비중병에 용액을 가득 채운다.

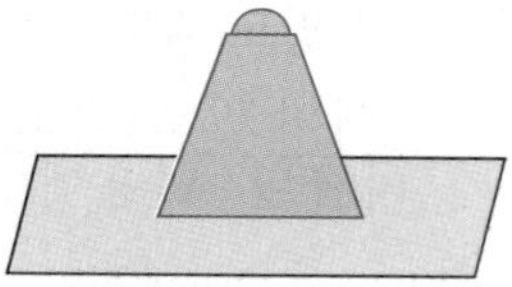

ii) 비중병 뚜껑을 닫는다. 물이 튀지 않도록 뚜껑을 천천히 닫아야 한다.

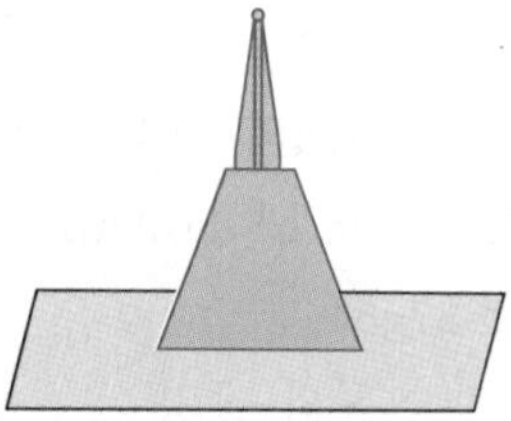

iii) 비중병의 물기를 제거하고 모세관 안쪽에 기포가 없는 상태에서 질량을 측정한다.

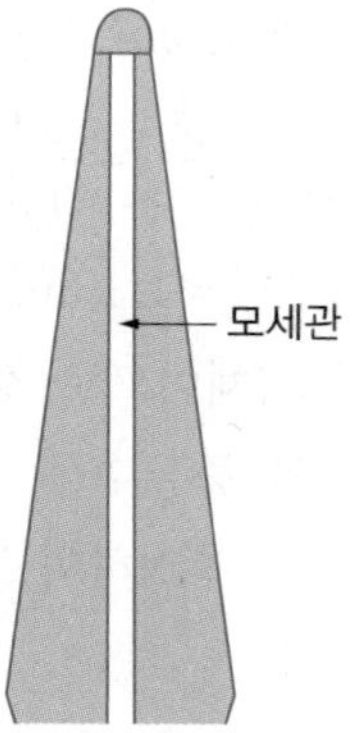

* 비중병의 뚜껑 끝이 깨져 있거나 불량하면 꼭! 감독위원에게 교환을 요청한다.
* ①번 문항 작성

2 빈 플라스크의 질량 측정(전자저울 사용)

① 빈 둥근 바닥 플라스크(비등석 3개 포함)의 질량 측정하기

② 빈 삼각 플라스크의 질량 측정하기

3 수용액 제조를 위한 증류수와 시약[A]의 양 계산 및 수용액 제조(메스실린더 사용)

① ★ 필요한 시약[A]와 증류수의 양 계산하기

지급된 [A]용액 중 알코올의 양 = 제조할 수용액 중 알코올의 양

⇒ 지급된 [A]용액 중 알코올의 조성 × x

= 20℃, 30wt% [A]수용액의 밀도(밀도표) × 제조할 부피 × 제조할 조성

$$\Rightarrow x = \frac{20℃, 30\text{wt\%}\,[\text{A}]\text{수용액의 밀도(밀도표)} \times (\text{제조할 부피}) \times (\text{제조할 조성})}{\text{지급된 [A]용액 중 알코올의 조성}}$$

$$= \frac{0.95382\text{g/cm}^3 \times 300\text{mL} \times 30\text{wt\%}}{96.37\text{wt\%}} \times \frac{1\text{cm}^3}{1\text{mL}}$$

= 89.0773g

⇒ 증류수의 질량 = 제조할 수용액의 질량 − 알코올의 질량

= 0.95382g/cm^3 × 300mL − 89.0773g

= 197.0687g

$$\therefore \text{알코올의 부피} = \frac{\text{알코올의 질량}}{\text{지급된 시약[A]의 밀도}} \times \frac{89.0773\text{g}}{0.8003\text{g/cm}^3} \times \frac{1\text{mL}}{1\text{cm}^3}$$

= 111.30 ≒ 111.3mL

$$\therefore \text{증류수의 부피} = \frac{\text{증류수의 질량}}{\text{증류수의 밀도}} = \frac{197.0687\text{g}}{0.99823\text{g/cm}^3} \times \frac{1\text{mL}}{1\text{cm}^3} = 197.42 ≒ 197.4\text{mL}$$

* 알코올의 부피 + 증류수의 부피 = 111.3mL + 197.4mL = 308.7mL

⇒ 300mL를 넘어도 둘 다 액체이므로 상관이 없다.

② 메스실린더로 지급된 시약[A]와 증류수를 정확히 측정하여 수용액을 제조한다.

③ 제조한 후 메스실린더로 170mL를 측정하여 둥근 바닥 플라스크에 넣고, 수용액 + 플라스크의 질량을 측정한다(전자저울 사용).

④ 수용액 비중병의 질량 측정[화학저울 사용(소수점 넷째 자리까지 작성)]

둥근 바닥 플라스크에 넣은 후 남은 수용액을 비중병으로 질량을 측정한다.

⑤ 실험 기구 조립(★ 파라필름, 테플론 테이프 등을 적절히 사용)

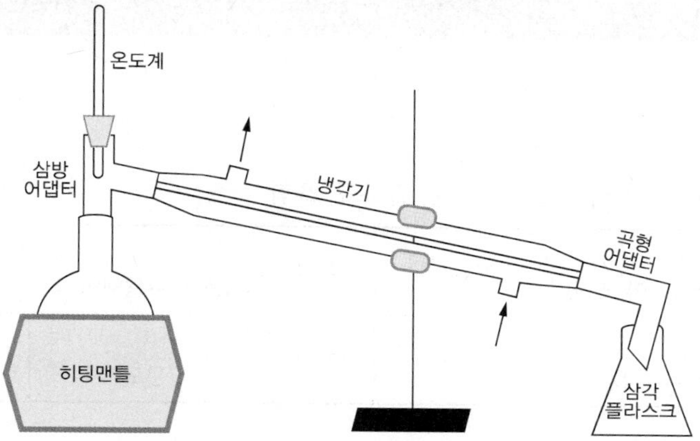

㉠ 두 실험 기구를 연결하면 처음은 파라필름으로 감싸고 테플론 테이프로 한 번 더 감싸준다.

- 둥근 바닥 플라스크 – 냉각기 어댑터
- 온도계 – 고무마개
- 리비히 냉각기 – 냉각기 어댑터
- 곡형 어댑터 – 삼각 플라스크

★ 단증류 실험 중 용액이 새지 않아야 한다.

㉡ 리비히 냉각기의 찬물의 흐름과 유출액의 흐름을 향류로 배치한다.

⑥ 단증류 실험장치 가동

㉠ 실험을 하는 동안 수용액의 온도는 75~85℃ 사이를 유지한다.

㉡ 수용액의 절반 정도가 소모되고 유출액의 양이 비중병에 두 번 정도 담을 수 있는 양이 되면 단증류를 종료한다.

* ③의 수용액 계산 과정 작성

⑦ 둥근 바닥 플라스크 냉각 : 공기 중에서 냉각하고 다시 흐르는 물로 적셔 준다(30℃ 부근까지).

⑧ 실험 기구 해체하기 : 유출액이 더이상 흘러나오지 않으면 해체해도 된다.

⑨ 유출액의 질량(전자저울) 및 (유출액 + 비중병) 질량 측정[화학저울 사용(소수점 넷째 자리까지 작성)]

* ③의 유출액 계산 과정 작성

⑩ 잔류액의 질량(전자저울) 및 (잔류액 + 비중병) 질량 측정[화학저울 사용(소수점 넷째 자리까지 작성)

* ③의 수용액 계산 과정 작성 및 ②의 표 완성

⑪ 답안지의 ④, ⑤ 작성하기

⑫ 답안지를 제출하고 실험 기구를 세척 및 정리 정돈한다.

⑬ ★★★ 실험 결과 피드백

㉠ ④ 계산 결과 : 잔류액의 양 실험 결과와 비교(오차)

㉡ ⑤ 계산 결과 : 유출액의 조성 실험 결과와 비교(오차율)

㉢ 용액의 양 손실과 용액[A]의 양 손실을 비교(차이)

CHAPTER 05 단증류 실험의 답안지 작성

※ 모범 답안, 레일리의 그래프 및 밀도표 포함

① (제조할 수용액의 조성)	30wt%	(확인)	② (제조할 수용액의 양)	300mL	(확인)
③ (단증류할 양)	170mL	(확인)	④ (온도)	20℃	(확인)

1 지급된 용액[A]의 밀도(g/cm²)와 조성(g/cm²)을 구하시오(단, 밀도는 소수점 넷째 자리까지 구하시오).

<table>
<tr><td>빈 비중병의 질량(g)</td><td rowspan="5">(확인)</td><td>(증류수 + 비중병)의 질량(g)</td><td rowspan="2">(확인)</td></tr>
<tr><td rowspan="4">32.1392
(소수점 넷째자리)</td><td>57.7717
(소수점 넷째자리)</td></tr>
<tr><td>(지급된 [A]용액 + 비중병) 질량(g)</td><td rowspan="2">(확인)</td></tr>
<tr><td>47.8785
(소수점 넷째자리)</td></tr>
</table>

(1) 비중병의 부피 $= \dfrac{(\text{증류수} + \text{비중병})\ \text{질량} - \text{빈 비중병 질량}}{20℃, 0\text{wt 에탄올수용액 밀도(밀도표)}} = \dfrac{(51.7717 - 32.1392)\text{g}}{0.99823\text{g/cm}^3}$

$= 19.66731 ≒ 19.6673\text{cm}^3$

(2) 지급된 용액[A]의 밀도 $= \dfrac{(\text{지급된 에탄올} + \text{비중병})\ \text{질량} - \text{빈 비중병 질량}}{\text{비중병의 부피}}$

$= \dfrac{(47.8785 - 32.1392)\text{g}}{19.6673\text{cm}^3} = 0.800274 ≒ 0.8003\text{g/cm}^3$

(3) 지급된 용액[A]의 조성 $= \dfrac{97 - 96}{0.79846(\text{밀도표}) - 0.80138(\text{밀도표})} \times (0.8003 - 0.80138) + 96$

$= 936.369 ≒ 96.37\text{wt\%}$

정답

- 밀도 : 0.8003g/cm²
- 조성 : 96.37wt%

2 실험 결과표를 완성하시오(단, 밀도는 넷째 자리까지 나타내시오).

측정값	수용액		잔류액		유출액		손실양(g)
(비중병 + 용액) 질량(g)	50.9431 (소수점 넷째 자리)	(확인)	51.4918 (소수점 넷째 자리)	(확인)	49.4346 (소수점 넷째 자리)	(확인)	–
빈 플라스크 질량(g)	320.16 (소수점 둘째 자리) * 비등석 3개 포함			(확인)	175.32 (소수점 둘째 자리)	(확인)	–
(플라스크 + 용액) 질량(g)	480.14 (소수점 둘째 자리)	(확인)	418.30 (소수점 둘째 자리)	(확인)	232.12 (소수점 둘째 자리)	(확인)	–
밀도(g/cm^3)	0.9561 (소수점 넷째 자리)		0.9840 (소수점 넷째 자리)		0.8794 (소수점 넷째 자리)		–
양(g)	159.98 (소수점 둘째 자리)		**98.14 (소수점 둘째 자리)		***56.80 (소수점 둘째 자리)		5.04 (소수점 둘째 자리)
조성(wt%)	28.62 (소수점 둘째 자리)		8.53 (소수점 둘째 자리)		65.03 (소수점 둘째 자리)		–
시약[A]양(g)	45.79 (소수점 둘째 자리)		8.37 (소수점 둘째 자리)		36.94 (소수점 둘째 자리)		0.48 (소수점 둘째 자리)

* 손실(시약[A])양(g) = 수용액의 (시약[A])양(g) – 잔류액의 (시약[A])양(g) – 유출액(시약[A])의 양(g)

3 2번 문항의 실험 결과표 작성에 필요한 계산과정을 쓰시오.

(1) 수용액의 밀도 계산과정

$$\text{수용액의 밀도} = \frac{(\text{지급된 에탄올} + \text{비중병})\text{ 질량} - \text{빈 비중병 질량}}{\text{비중병의 부피}}$$

$$= \frac{(50.9431 - 32.1392)\text{g}}{19.6673\text{cm}^3} = 0.95609 ≒ 0.9561\text{g/cm}^3$$

(2) 수용액의 조성 및 시약[A] 양 계산과정

① $\text{수용액의 조성} = \dfrac{29 - 28}{0.95548(\text{밀도표}) - 0.95710(\text{밀도표})} \times (0.9561 - 0.95710) + 28$

$= 28.617 ≒ 28.62\text{wt\%}$

② 시약[A]의 양 = (수용액의 질량) × 수용액의 조성 = [(플라스크 + 수용액)질량 – 빈 플라스크 질량] × 수용액의 조성

$= (480.14 - 320.16)\text{g} \times 0.2862 = 159.98\text{g} \times 0.2862 = 45.786 ≒ 45.79\text{g}$

(3) 잔류액 밀도 계산과정

$$\text{잔류액의 밀도} = \frac{(\text{잔류액} + \text{비중병})\text{질량} - \text{빈 비중병 질량}}{\text{비중병의 부피}} = \frac{(51.4918 - 32.1392)\text{g}}{19.6673\text{cm}^3}$$

$$= 0.98399 \fallingdotseq 0.9840\text{g/cm}^3$$

(4) 잔류액의 조성 및 시약[A] 양 계산과정

① 잔류액의 조성 $= \dfrac{9-8}{0.98331(\text{밀도표}) - 0.98478(\text{밀도표})} \times (0.9840 - 0.98478) + 8$

$= 8.530 \fallingdotseq 8.53\text{wt\%}$

② 시약[A]의 양 = 잔류액의 질량 × 잔류액의 조성 = (플라스크 + 잔류액) 질량

= [(플라스크 + 잔류액) 질량 − 빈 플라스크 질량] × 잔류액의 조성

$= (418.30 - 320.13)\text{g} \times 0.0853 = 98.14\text{g} \times 0.0853$

$= 8.371 \fallingdotseq 8.37\text{g}$

(5) 유출액 밀도 계산 과정

$$\text{유출액의 밀도} = \frac{(\text{유출액} + \text{비중병})\text{질량} - \text{빈 비중병 질량}}{\text{비중병의 부피}} = \frac{(49.4346 - 32.1392)\text{g}}{19.6673\text{cm}^3}$$

$$= 0.87939 \fallingdotseq 0.8794\text{g/cm}^3$$

(6) 유출액 조성 및 시약[A] 양 계산 과정

① 유출액의 조성 $= \dfrac{66-65}{0.87713(\text{밀도표}) - 0.87948(\text{밀도표})} \times (0.8794 - 0.87948) + 65$

$= 65.034 \fallingdotseq 65.03\text{wt\%}$

② 시약[A]의 양 = 유출액의 질량 × 유출액의 조성

= [(플라스크 + 유출액) 질량 − 빈 플라스크 질량] × 유출액의 조성

$= (232.12 - 175.32)\text{g} \times 0.6503 = 56.80\text{g} \times 0.653$

$= 36.937 \fallingdotseq 36.94\text{g}$

4 수용액의 양과 조성 및 잔류액의 조성으로부터 잔류액 양의 이론값(g)을 구하시오.

$W_2 = e^{\ln W_1 - I_1 + I_2} = e^{\ln 159.98 - 0.19 + (-0.38)} = 90.472 \fallingdotseq 90.47\text{g}$

⇒ 잔류액의 실험값 98.14g

여기서, W_1 : 수용액의 양

W_2 : 잔류액의 양(이론값)

I_1 : 그래프의 수용액 조성(28.62wt)에 대응하는 값

I_2 : 그래프의 잔류액 조성(8.53wt)에 대응하는 값

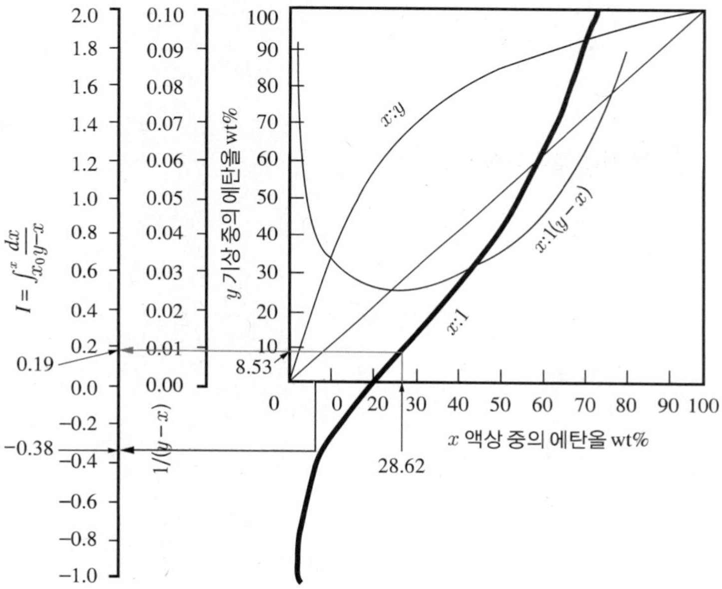

정답

90.47g

실험결과 피드백

오차 : 잔류액 양의 실험값 – 잔류액 양의 이론값

∴ 오차 = 90.47g – 98.14g = –7.67g

5 위의 4번 문항으로 구한 잔류액의 양의 이론값을 이용하여 유출액의 조성 X_{Dav}(wt%)를 구하시오.

$$x_{Dav} = \frac{W_1 x_1 - W_2 x_2}{W_1 - W_2} = \frac{159.98 \times 28.62 - 90.47 \times 8.53}{159.98 - 90.47} = 54.767 \fallingdotseq 54.77\text{wt\%}$$

정답

54.77wt%

실험결과 피드백

실험결과 오차율 : 유출액 조성의 이론값과 유출액 조성의 실험값의 오차율

$$\therefore \text{ 오차율} = \frac{65.03 - 54.77}{54.77} \times 100 = 18.732 \fallingdotseq 18.73\%$$

그림 1. $\int_{x_0}^{x} \frac{dx}{y-x}$ 의 계산 결과 그래프

표 1. 수용액[A]의 상대밀도 조성(atm)

%	10℃	15℃	20℃	25℃	30℃	35℃	40℃	%	10℃	15℃	20℃	25℃	30℃	35℃	40℃
0	0.99973	0.99913	0.99823	0.99708	0.99568	0.99406	0.99225	50	0.92126	0.91776	0.91384	0.90985	0.90580	0.90168	0.89750
1	785	725	636	520	379	217	034	51	.91943	555	160	760	353	.89940	519
2	602	542	453	336	194	031	.98846	52	723	333	.90936	534	125	710	288
3	426	365	275	157	014	.98849	663	53	502	110	711	307	.89896	479	056
4	258	195	103	.98984	.98839	672	485	54	279	.90885	485	079	667	248	.88823
5	098	032	.98938	817	670	501	311	55	055	659	258	.89850	437	016	589
6	.98946	.98877	780	656	507	335	142	56	.90831	433	031	621	206	.88784	356
7	801	729	627	500	347	172	.97975	57	607	207	.89803	392	.88975	552	122
8	660	584	478	346	189	009	808	58	381	.89980	574	162	744	319	.87888
9	524	442	331	193	031	.97846	641	59	154	752	344	.88931	512	085	653
10	393	304	187	043	.97875	685	475	60	.89927	523	113	699	278	.87851	417
11	267	171	047	.97897	723	527	312	61	698	293	.88882	446	044	615	180
12	145	041	.97910	753	573	371	150	62	468	062	650	233	.87809	379	.86943
13	026	.97914	775	611	424	216	.96989	63	237	.88830	417	.87998	574	142	705
14	.97911	790	643	472	278	063	829	64	006	597	183	763	337	.86905	466
15	800	669	514	334	133	.96911	670	65	.88774	364	.87948	527	100	667	227
16	692	552	387	199	.96990	760	512	66	541	130	713	291	.86863	429	.85987
17	583	433	259	062	844	607	352	67	308	.87895	477	054	625	190	747
18	473	313	129	.96923	697	452	189	68	074	660	241	.86817	387	.85950	407
19	363	191	.96997	782	547	294	023	69	.87839	424	004	579	148	710	266
20	252	068	864	639	395	134	.95856	70	602	187	.86766	340	.85908	470	025
21	139	.96944	729	495	242	.95973	687	71	365	.86949	527	100	667	228	.84783
22	024	818	592	348	087	809	516	72	127	710	287	.85859	426	.84986	540
23	.96907	689	453	199	.95929	643	343	73	.86888	470	047	618	184	743	297
24	787	558	312	048	769	476	168	74	648	229	.85806	376	.84941	500	053
25	665	424	168	.95895	607	306	.94991	75	408	.85988	564	134	698	257	.83809
26	539	287	020	738	442	133	810	76	168	747	322	.84891	455	013	564
27	406	144	.95867	576	272	.94955	625	77	.85927	505	079	647	211	.83768	319
28	268	.95996	710	410	098	774	438	78	685	262	.84835	403	.83966	523	074
29	125	844	548	241	.94922	590	248	79	442	018	590	158	720	277	.82827
30	.95977	686	382	067	741	403	055	80	197	.84772	344	.83911	473	029	578
31	823	524	212	.94890	557	214	.93860	81	.84950	525	096	664	224	.82780	329
32	665	357	038	709	370	021	662	82	702	277	.83848	415	.82974	530	079
33	502	186	.94860	525	180	.93825	461	83	453	028	599	164	724	279	.81828
34	334	011	679	337	.93986	626	257	84	203	.83777	348	.82913	473	027	576
35	162	.94832	494	146	790	425	051	85	.83951	525	095	660	220	.81774	322
36	.94986	650	306	.93952	591	221	.92843	86	697	271	.82840	405	.81965	519	067
37	805	464	114	756	390	016	634	87	441	014	583	148	708	262	.80811
38	620	273	.93919	556	186	.92808	422	88	181	.82754	323	.81888	448	003	552
39	431	079	720	353	.92979	597	208	89	.82919	492	062	626	186	.80742	291
40	238	.93882	518	148	770	385	.91992	90	654	227	.81797	362	.80922	478	028
41	042	682	314	.92940	558	170	774	91	386	.81959	529	094	655	211	.79761
42	.93842	478	107	729	344	.91952	554	92	114	688	257	.80823	384	.79941	491
43	639	271	.92897	516	128	733	332	93	.81839	413	.80983	549	111	669	220
44	433	062	685	301	.91910	513	108	94	561	134	705	272	.79835	393	.79847
45	226	.92852	472	085	692	291	.90884	95	278	.80852	424	.79991	555	114	670
46	017	640	257	.91868	472	069	660	96	.80991	566	138	706	271	.78831	388
47	.92806	426	041	649	250	.90845	434	97	698	274	.79846	415	.78981	542	100
48	593	211	.91823	429	028	621	207	98	399	.79975	547	117	684	247	.77806
49	379	.91995	604	208	.90805	396	.89979	99	094	670	243	.78814	382	.77946	507
								100	.79784	360	.78934	506	075	641	203

* 연습용 답안지(예시)

① (제조할 수용액의 조성)	wt%	(확인)	② (제조할 수용액의 양)	mL	(확인)
③ (단증류할 양)	mL	(확인)	④ (온도)	℃	(확인)

1 지급된 용액[A]의 밀도(g/cm²)와 조성(g/cm²)을 구하시오(단, 밀도는 소수점 넷째 자리까지 구하시오).

빈 비중병의 질량(g)	(확인)	(증류수+비중병) 질량(g)	(확인)
		(소수점 넷째 자리)	
(소수점 넷째 자리)		(지급된 [A]용액+비중병) 질량(g)	(확인)
		(소수점 넷째 자리)	

정답

밀도 : g/cm², 조성 : wt%

2 실험 결과표를 완성하시오(단, 밀도는 넷째 자리까지 나타내시오).

측정값	수용액		잔류액		유출액		손실양[g]
(비중병+용액) 질량(g)	(소수점 넷째 자리)	(확인)	(소수점 넷째 자리)	(확인)	(소수점 넷째 자리)	(확인)	–
빈 플라스크 질량(g)	(소수점 둘째 자리) * 비등석 3개 포함			(확인)	(소수점 둘째 자리)	(확인)	–
(플라스크+용액) 질량(g)	(소수점 둘째 자리)	(확인)	(소수점 둘째 자리)	(확인)	(소수점 둘째 자리)	(확인)	–
밀도(g/cm³)	(소수점 넷째 자리)		(소수점 넷째 자리)		(소수점 넷째 자리)		–
양(g)	(소수점 둘째 자리)		(소수점 둘째 자리)		(소수점 둘째 자리)		5.04 (소수점 둘째자리)
조성(wt%)	(소수점 둘째 자리)		(소수점 둘째 자리)		(소수점 둘째 자리)		–
시약[A]양(g)	(소수점 둘째 자리)		(소수점 둘째 자리)		(소수점 둘째 자리)		0.48 (소수점 째자리)

* 손실(시약[A])양(g) = 수용액의 (시약[A])양(g) – 잔류액의 (시약[A])양(g) – 유출액(시약[A])의 양(g)

3 2번 문항의 실험 결과표 작성을 필요한 계산 과정을 쓰시오.

(1) 수용액의 밀도 계산 과정

(2) 수용액의 조성 및 시약[A] 양 계산 과정

(3) 잔류액 밀도 계산 과정

(4) 잔류액의 조성 및 시약[A] 양 계산 과정

(5) 유출액 밀도 계산 과정

(6) 유출액 조성 및 시약[A] 양 계산 과정

4 수용액의 양과 조성 및 잔류액의 조성으로부터 잔류액 양의 이론값(g)을 구하시오.

정답

실험결과 피드백

오차

5 위의 4번 문항으로 구한 잔류액의 양의 이론값을 이용하여 유출액의 조성 X_{Dav}(wt%)를 구하시오.

정답

실험결과 피드백

오차율

그림 1. $\int_{x_0}^{x} \frac{dx}{y-x}$의 계산 결과 그래프

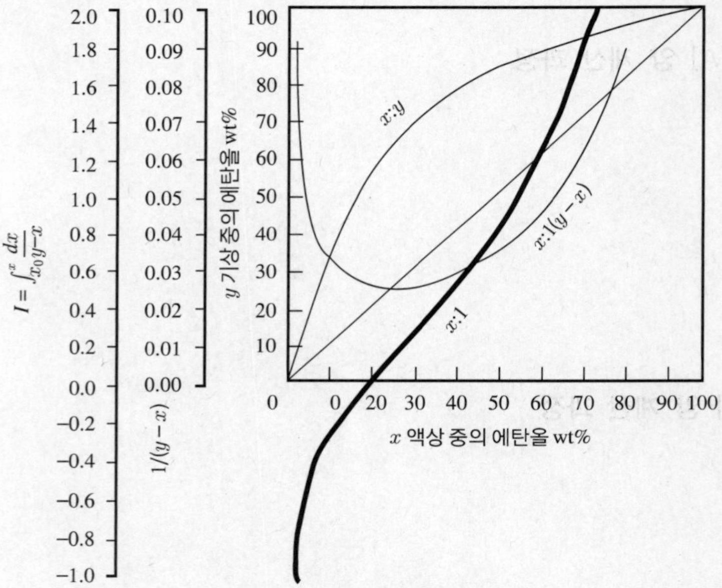

표 1. 수용액[A]의 상대밀도 조성(atm)

%	10℃	15℃	20℃	25℃	30℃	35℃	40℃	%	10℃	15℃	20℃	25℃	30℃	35℃	40℃
0	0.99973	0.99913	0.99823	0.99708	0.99568	0.99406	0.99225	50	0.92126	0.91776	0.91384	0.90985	0.90580	0.90168	0.89750
1	785	725	636	520	379	217	034	51	.91943	555	160	760	353	.89940	519
2	602	542	453	336	194	031	.98846	52	723	333	.90936	534	125	710	288
3	426	365	275	157	014	.98849	663	53	502	110	711	307	.89896	479	056
4	258	195	103	.98984	.98839	672	485	54	279	.90885	485	079	667	248	.88823
5	098	032	.98938	817	670	501	311	55	055	659	258	.89850	437	016	589
6	.98946	.98877	780	656	507	335	142	56	.90831	433	031	621	206	.88784	356
7	801	729	627	500	347	172	.97975	57	607	207	.89803	392	.88975	552	122
8	660	584	478	346	189	009	808	58	381	.89980	574	162	744	319	.87888
9	524	442	331	193	031	.97846	641	59	154	752	344	.88931	512	085	653
10	393	304	187	043	.97875	685	475	60	.89927	523	113	699	278	.87851	417
11	267	171	047	.97897	723	527	312	61	698	293	.88882	446	044	615	180
12	145	041	.97910	753	573	371	150	62	468	062	650	233	.87809	379	.86943
13	026	.97914	775	611	424	216	.96989	63	237	.88830	417	.87998	574	142	705
14	.97911	790	643	472	278	063	829	64	006	597	183	763	337	.86905	466
15	800	669	514	334	133	.96911	670	65	.88774	364	.87948	527	100	667	227
16	692	552	387	199	.96990	760	512	66	541	130	713	291	.86863	429	.85987
17	583	433	259	062	844	607	352	67	308	.87895	477	054	625	190	747
18	473	313	129	.96923	697	452	189	68	074	660	241	.86817	387	.85950	407
19	363	191	.96997	782	547	294	023	69	.87839	424	004	579	148	710	266
20	252	068	864	639	395	134	.95856	70	602	187	.86766	340	.85908	470	025
21	139	.96944	729	495	242	.95973	687	71	365	.86949	527	100	667	228	.84783
22	024	818	592	348	087	809	516	72	127	710	287	.85859	426	.84986	540
23	.96907	689	453	199	.95929	643	343	73	.86888	470	047	618	184	743	297
24	787	558	312	048	769	476	168	74	648	229	.85806	376	.84941	500	053
25	665	424	168	.95895	607	306	.94991	75	408	.85988	564	134	698	257	.83809
26	539	287	020	738	442	133	810	76	168	747	322	.84891	455	013	564
27	406	144	.95867	576	272	.94955	625	77	.85927	505	079	647	211	.83768	319
28	268	.95996	710	410	098	774	438	78	685	262	.84835	403	.83966	523	074
29	125	844	548	241	.94922	590	248	79	442	018	590	158	720	277	.82827
30	.95977	686	382	067	741	403	055	80	197	.84772	344	.83911	473	029	578
31	823	524	212	.94890	557	214	.93860	81	.84950	525	096	664	224	.82780	329
32	665	357	038	709	370	021	662	82	702	277	.83848	415	.82974	530	079
33	502	186	.94860	525	180	.93825	461	83	453	028	599	164	724	279	.81828
34	334	011	679	337	.93986	626	257	84	203	.83777	348	.82913	473	027	576
35	162	.94832	494	146	790	425	051	85	.83951	525	095	660	220	.81774	322
36	.94986	650	306	.93952	591	221	.92843	86	697	271	.82840	405	.81965	519	067
37	805	464	114	756	390	016	634	87	441	014	583	148	708	262	.80811
38	620	273	.93919	556	186	.92808	422	88	181	.82754	323	.81888	448	003	552
39	431	079	720	353	.92979	597	208	89	.82919	492	062	626	186	.80742	291
40	238	.93882	518	148	770	385	.91992	90	654	227	.81797	362	.80922	478	028
41	042	682	314	.92940	558	170	774	91	386	.81959	529	094	655	211	.79761
42	.93842	478	107	729	344	.91952	554	92	114	688	257	.80823	384	.79941	491
43	639	271	.92897	516	128	733	332	93	.81839	413	.80983	549	111	669	220
44	433	062	685	301	.91910	513	108	94	561	134	705	272	.79835	393	.79847
45	226	.92852	472	085	692	291	.90884	95	278	.80852	424	.79991	555	114	670
46	017	640	257	.91868	472	069	660	96	.80991	566	138	706	271	.78831	388
47	.92806	426	041	649	250	.90845	434	97	698	274	.79846	415	.78981	542	100
48	593	211	.91823	429	028	621	207	98	399	.79975	547	117	684	247	.77806
49	379	.91995	604	208	.90805	396	.89979	99	094	670	243	.78814	382	.77946	507
								100	.79784	360	.78934	506	075	641	203

우리 인생의 가장 큰 영광은 결코 넘어지지 않는 데 있는 것이 아니라

넘어질 때마다 일어서는 데 있다.

– 넬슨 만델라 –

PART 05

과년도 + 최근 기출복원문제

2015~2023년	과년도 기출복원문제
2024년	최근 기출복원문제

※ 필답형 기출복원문제는 수험자의 기억에 의해 문제를 복원하였습니다. 실제 시행문제와 일부 상이할 수 있음을 알려드립니다.

화공기사

2015년 제1회 과년도 기출복원문제

1 단위조작(유체역학, 양론)

01 1wt%인 용액을 10,000kg/h로 증류기에 넣고 70℃, 1기압 상태에서 증류하여 2wt% 용액으로 만들 때, 증발한 증기 양(kg/h)을 구하시오.

해설

증류하여도 용질의 양은 변하지 않으므로, 전체 양에서 증발한 증기량을 뺀 값에 대한 용질의 백분율이 2wt%라고 놓고 방정식을 풀면 증발한 증기 양을 구할 수 있다.

$$\frac{10{,}000\text{kg/h} \times \frac{1}{100}}{(10{,}000 - x)\text{kg/h}} \times 100 = 2$$

$$\Rightarrow x = \frac{10{,}000(0.02 - 0.01)}{0.02} = 5{,}000\text{kg/h}$$

정답

5,000kg/h

02 다음에 대한 정의를 쓰시오.

① 절대점도

② 동점도

정답

① 뉴턴 유체에서는 전단율과 전단응력이 서로 비례하고, 이때 비례상수가 점도이다.

② 밀도에 대한 유체의 절대점도의 비이다.

03 다음 그림에서 상당직경(m)을 구하시오(단, 높이는 4m, 아랫변의 길이는 10m이며, 비율은 2 : 1이다).

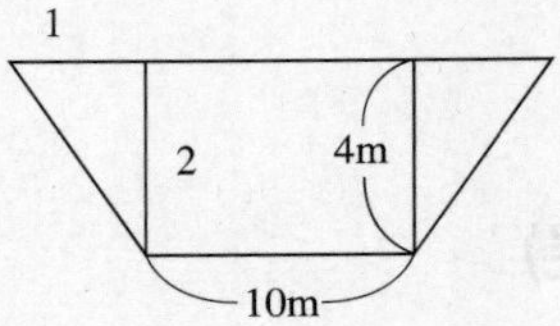

해설

상당직경은 젖음둘레에 대한 유로단면적 비의 4배이다.

$$D_{eq} = 4r_H = 4\frac{S}{L_P} = 4 \times \frac{\frac{(10+14)\times 4}{2}}{(10+14+2\sqrt{2^2+4^2})} = 5.828 \fallingdotseq 5.83\text{m}$$

정답

5.83m

04 수면이 매우 넓은 탱크에 비중이 1.84인 액체가 담겨 있는데, 손실수두는 3m이고 7.6cm인 관을 통해 액체를 1m/s로 10m 위에 있는 상부의 탱크로 옮기려고 할 때 ① 하부탱크의 펌프의 압력(N/m²)은 얼마인가? 또한 효율이 70%일 때 ② 필요한 동력(W)은 얼마인가?

해설

마찰손실과 펌프의 일이 포함된 베르누이식을 세우고 펌프의 일을 구한 후, 그 펌프의 일은 압력으로 변환해준다. 마지막으로 유체의 질량과 펌프의 일을 곱해주면 구할 수 있다.

베르누이식에 대입할 때 탱크의 수면이 매우 넓으므로 처음 속도는 0을 넣는다.

① $\frac{P_1 - P_2}{\rho} + g(Z_1 - Z_2) + \frac{\bar{u}_1^2 - \bar{u}_2^2}{2} = \Sigma F - W_p$

$\Rightarrow W_p = \Sigma F - \left[\frac{P_1 - P_2}{\rho} + g(Z_1 - Z_2) + \frac{\bar{u}_1^2 - \bar{u}_2^2}{2}\right] = 3\text{m} \times 9.8\text{m/s}^2 - [0 + 9.8\text{m/s}^2 \times (0-10)\text{m} + \frac{(0^2 - 1^2)}{2}]$

$= 127.9\text{m/s}^2 \times \frac{\text{kg}}{\text{kg}} = 127.9\frac{(\text{kg}\cdot\text{m/s}^2)\cdot\text{m}}{\text{kg}} \times \frac{\text{J}}{\text{kg}\cdot\text{m/s}^2\cdot\text{m}} = 127.9\text{J/kg}$

$\therefore\ W_p = \frac{\Delta P}{\rho}$

$\Rightarrow \Delta P = \rho W_p = 1.84 \times 1{,}000\text{kg/m}^3 \times 127.9\text{J/kg} = 235{,}336\text{J/m}^3 \times \frac{(\text{kg}\cdot\text{m/s}^2)\cdot\text{m}}{\text{J}} = 235{,}336\frac{\text{kg}\cdot\text{m/s}^2}{\text{m}^2}$

$= 235{,}336\text{N/m}^2$

② $P = \frac{W_P \cdot \dot{m}}{\eta} = \frac{W_P \cdot \rho u A}{\eta} = \frac{127.9\text{J/kg} \times 1.84 \times 1{,}000\text{kg/m}^3 \times 1\text{m/s} \times \frac{\pi}{4} \times \left(7.6\text{cm} \times \frac{1\text{m}}{100\text{cm}}\right)^2}{0.7}$

$= 1{,}525.131 \fallingdotseq 1{,}525.13\text{W}$

정답

① 235,336N/m²

② 1,525.13W

2 단위조작(열전달)

05 **세 가지의 벽돌로 된 벽의 각 벽돌 두께는 160, 85, 190mm이고 열전도도는 각각 0.111, 0.0487, 1.24kcal/m · h · ℃, 벽 안쪽과 바깥쪽 온도는 각각 940, 48℃일 때 열 플럭스(kcal/m^2 · h)는 얼마인가?**

해설

직렬 복합저항일 때의 전도식을 이용하면 구할 수 있다.

$$\frac{\dot{q}}{A}=\frac{\Delta T}{\frac{B_A}{k_A}+\frac{B_B}{k_B}+\frac{B_C}{k_C}}=\frac{(940-48)℃}{\frac{160\text{mm}\times\frac{1\text{m}}{1{,}000\text{mm}}}{0.111\text{kcal/m}^2\cdot\text{h}\cdot℃}+\frac{85\text{mm}\times\frac{1\text{m}}{1{,}000\text{mm}}}{0.0487\text{kcal/m}^2\cdot\text{h}\cdot℃}+\frac{190\text{mm}\times\frac{1\text{m}}{1{,}000\text{mm}}}{1.24\text{kcal/m}^2\cdot\text{h}\cdot℃}}$$

$= 267.062 ≒ 267.06$kcal/m^2 · h

정답

267.06kcal/m^2 · h

06 **비열이 0.45kcal/kg · ℃인 기름을 1,800kg/h로 열교환기에 흘려보내 온도를 110℃에서 45℃로 냉각시킬 때, 향류이고 총괄 열전달계수가 500kcal/m^2 · h · ℃이다. 관 바깥의 수증기 온도가 20℃에서 50℃로 가열된다고 한다. 이때 전열면적(m^2)은 얼마인가?**

해설

기름을 통해 총열전달량을 구하고 향류의 대수평균 온도차를 구하고, 총괄 열전달계수를 통한 총열전달량의 식을 통해 전열면적을 구할 수 있다.

$$\dot{q}=\dot{m}C_p\Delta=UA\overline{\Delta_L}=UA\frac{\Delta T_2-\Delta T_1}{\ln\frac{\Delta T_2}{\Delta T_1}}$$

$$\Rightarrow A=\frac{\dot{m}C_p\Delta T}{U\frac{\Delta T_2-\Delta T_1}{\ln\frac{\Delta T_2}{\Delta T_1}}}=\frac{1{,}800\text{kg/h}\times0.45\text{kcal/kg}\cdot℃\times(110-45)℃}{500\text{kcal/m}^2\cdot\text{h}\cdot℃\times\frac{(110-50)℃-(45-20)℃}{\ln\frac{(110-50)℃}{(45-20)℃}}}=2.633≒2.63\text{m}^2$$

정답

2.63m^2

07 **너셀수를 ① 구하는 식과 각 항의 의미를 쓰고 너셀수의 ② 물리적 의미를 쓰시오.**

정답

① $Nu.=\frac{hD}{k}$

- h : 개별 열전달계수
- D : 직경
- k : 열전도도

② $Nu.=\frac{\text{대류 열 전달}}{\text{전도 열 전달}}$

08 빈칸에 알맞은 용어를 넣으시오.

> 흑체는 (㉠)이(가) 1인 물질을 말하며 (㉡)이(가) 최대가 된다. 회색체는 단색광에서 (㉢)이(가) (㉣)에 따라 동일한 물질을 말한다.

정답

㉠ 흡수율, ㉡ 방사력, ㉢ 방사율, ㉣ 파장

3 단위조작(물질전달)

09 벤젠과 톨루엔 혼합액에서 톨루엔의 몰분율이 0.4일 때 기상에서 톨루엔의 몰퍼센트(mol%)는 얼마인가?(단, 순수한 벤젠과 톨루엔의 증기압은 각각 780, 480mmHg이다)

해설

라울의 법칙과 분압의 법칙을 이용하면 구할 수 있다.

$P_T = y_T P = x_T P_T'$

$\Rightarrow y_T = \frac{x_T P_T'}{P} = \frac{x_T P_T'}{x_T P_T + x_B P_B} = \frac{0.4 \times 480\text{mmHg}}{0.4 \times 480\text{mmHg} + (1-0.4) \times 780\text{mmHg}} = 0.29090 = 29.090\text{mol\%}$

정답

29.09mol%

10 맥케이브-틸레법에서 q인자에 따른 기울기를 선택하여 적어라.

> 보기
>
> +, −, 0, ∞

① 비점 아래의 차가운 액체

② 비점의 포화 액체

③ 기포점의 원료

정답

① −

② 0

③ ∞

11 공비혼합물의 ① 의미와 ② 증류 방법을 설명하여라.

정답

① 공비점을 가진 혼합물로, 공비점은 한 온도에서 평형상태에 있는 증기와 액체의 조성이 같은 점을 말한다.

② • 공비증류 : 분리제가 원료 성분과 공비물을 만들 때 이것을 공비증류라 하고 이 분리제를 공비제 또는 엔트레이너라고 한다.

• 추출증류 : 분리제가 원료 속 주성분과 공비물을 만들지 않을뿐더러 분리해야 할 성분보다 비점이 높은 경우를 추출증류라 하고 이 분리제를 추출제라고 하고 있다.

12 A, B 혼합액 10mol을 회분증류할 때, A의 액상 몰분율은 0.6이고 증류시킨 후에 A의 액상 몰분율은 0.4이다. 증발된 몰수(mol)는?(단, A의 경우 $y = 1.2x$를 따른다)

해설

회분증류의 식을 이용하면 구할 수 있다.

$$\ln\frac{n_1}{n_0} = \int_{x_0}^{x_1}\frac{dx}{y-x} = \int_{x_0}^{x_1}\frac{dx}{1.2x-x} = \int_{x_0}^{x_1}\frac{dx}{0.2x} = 5\int_{x_0}^{x_1}\frac{dx}{x} = 5[\ln]_{x_0}^{x_1} = 5\ln\frac{x_1}{x_0}$$

$$\Rightarrow n_1 = n_0 e^{5\ln\frac{x_1}{x_0}}$$

$$\therefore \text{증발된 몰수} = n_0 - n_1 = n_0 - n_0 e^{5\ln\frac{x_1}{x_0}} = n_0(1-e^{5\ln\frac{x_1}{x_0}}) = 10\text{mol}(1-e^{5\ln\frac{0.4}{0.6}}) = 8.683 \fallingdotseq 8.68\text{mol}$$

정답

8.68mol

화공기사

2015년 제2회 과년도 기출복원문제

1 단위조작(유체역학, 양론)

01 내경이 5cm인 원형관에서 유체의 임계유속(cm/s)을 구하시오(단, 유체의 비중은 0.789, 점도는 1.25cP이다).

해설

레이놀즈수를 2,100으로 유속을 구하면 된다.

$$Re. = \frac{D\bar{u}\rho}{\mu}$$

$$\Rightarrow \bar{u}_c = \frac{Re.\mu}{D\rho} = \frac{2,100 \times 0.0125\text{g/cm}\cdot\text{s}}{5\text{cm} \times 0.789\text{g/cm}^3} = 6.653 \fallingdotseq 6.65\text{cm/s}$$

정답

6.65cm/s

02 비중이 0.8이고 점도가 2cP인 액체를 20cm/s 유속으로 외경과 내경이 각각 5cm, 3cm인 이중관을 통해 흐를 때, ① 레이놀즈수를 구하고 ② 층류인지 난류인지 판정하시오.

해설

상당직경을 먼저 구하고 레이놀즈수를 구하면 된다.

$D_e = D_o - D_i = (5-3)\text{cm}$

$$Re. = \frac{D_e \bar{u}\rho}{\mu} = \frac{2\text{cm} \times 20\text{cm/s} \times 0.8\text{g/cm}^3}{0.02\text{g/m}\cdot\text{s}} = 1,600 < 2,100$$

∴ 층류

정답

① 1,600
② 층류

03 물이 지름 10cm, 총길이 20m인 원형관을 따라 2m/s로 흐른다. 패닝마찰계수 층류일 때 조건으로 마찰손실(J/kg)을 구하시오.

해설

직선관에서 하겐-푸아죄유식에 대입하면 구할 수 있다.

$$F_s = \frac{\Delta P_s}{\rho} = \frac{32\mu\bar{u}L}{D^2\rho} = \frac{32 \times 0.001\text{kg/m}\cdot\text{s} \times 2\text{m/s} \times 20\text{m}}{0.1^2\text{m}^2 \times 1,000\text{kg/m}^3} \times \frac{1\text{J}}{1\text{kg}\cdot\text{m/s}^2 \times \text{m}} = 0.128 \fallingdotseq 0.13\text{J/kg}$$

정답

0.13J/kg

04 내경이 15cm인 밸브가 60L/s로 유량을 흘려보낼 때 손실계수는 10이다. 이때 상당길이(m)를 구하시오(단, 동점도는 1.01×10^{-5}m²/s이고, 마찰계수는 $0.0791 Re.^{-0.25}$이다).

해설

상당길이를 이용한 마찰손실 계산식과 손실계수를 이용한 식을 가지고 해결하면 된다.

$$F_s = 4f\frac{L_e}{D}\frac{\bar{u}^2}{2} = k_f\frac{\bar{u}^2}{2}$$

$$\Rightarrow L_e = \frac{k_f D}{4f} = \frac{k_f D}{4 \times 0.0791 Re.^{-0.25}} \frac{k_f D}{4 \times 0.0791\left(\frac{D\bar{u}}{\nu}\right)^{-0.25}} = \frac{10 \times 0.15\text{m}}{4 \times 0.0791\left(\frac{0.15\text{m} \times \frac{0.06\text{m}^3/\text{s}}{\frac{\pi}{4}0.15^2\text{m}^2}}{1.01 \times 10^{-5}\text{m}^2/\text{s}}\right)^{-0.25}}$$

$= 71.042 \fallingdotseq 71.04$m

정답

71.04m

05 물이 길이가 10m이고 직경이 10mm인 원형관을 0.1m/s로 흐르고 있다. 글로브 밸브, 엘보의 개수와 손실계수(Le/D)는 각각 1개와 10, 2개와 0.9일 때 물의 마찰손실(J/kg)을 구하시오(단, 층류 흐름이다).

해설

하겐-푸아죄유식을 이용해 표면마찰을 구하고, 각 관 부속물의 마찰손실을 더하면 된다.

$$\Sigma F = \frac{32\mu\bar{u}L}{D^2\rho} + (1 \times k_{\text{밸브}} + 2 \times k_{\text{엘보}})\frac{\bar{u}^2}{2}$$

$$= \left[\frac{32 \times 0.001\text{kg/m}\cdot\text{s} \times 0.1\text{m/s} \times 10\text{m}}{(0.01\text{m})^2 \times 1{,}000\text{kg/m}^3} + (1 \times 10 + 2 \times 0.9)\frac{(0.1\text{m/s})^2}{2}\right] \times \frac{1\text{kg}}{1\text{kg}} \times \frac{1\text{J}}{1\text{kg}\cdot\text{m/s}^2}$$

$= 0.379 \fallingdotseq 0.38$J/kg

정답

0.38J/kg

06 허용응력이 200kg$_f$/cm²이고 작업압력이 8kg$_f$/cm²일 때 스케줄 넘버를 구하시오.

해설

스케줄 넘버의 식에 대입하면 구할 수 있다.

$$\text{Schedule No.} = 1{,}000 \times \frac{\text{작업압력}}{\text{허용응력}} = 1{,}000 \times \frac{8\text{kg}_f/\text{cm}^2}{200\text{kg}_f/\text{cm}^2} = 40$$

정답

No. 40

07 비중이 1.6인 유체를 100m 위로 올리는 데, 유속 10m/s, 점도 10cP, 총 관의 길이 200m, 관의 직경 12.5cm, 패닝마찰계수 0.007, 펌프의 효율은 70%이다. 표면 마찰손실만 있고 다른 마찰손실이 없을 때, 펌프의 일(J/kg)을 구하시오.

해설

베르누이식을 이용하고 표면 마찰손실을 구해서 대입하면 된다.

$$\frac{P_1 - P_2}{\rho} + \frac{\bar{u}_1^{\,2} - \bar{u}_2^{\,2}}{2} + g(Z_1 - Z_2) = \Sigma F - \eta W_p$$

$$\Rightarrow\ W_p = \frac{\dfrac{\bar{u}_2^{\,2}}{2} + gZ_2 + 4f\dfrac{L}{D}\dfrac{\bar{u}_2^{\,2}}{2}}{\eta}$$

$$= \frac{\dfrac{(10\text{m/s})^2}{2} + 9.8\text{m/s}^2 \times 100\text{m} + 4 \times 0.007\dfrac{200\text{m}}{0.125\text{m}}\dfrac{(10\text{m/s})^2}{2}}{0.7} \times \frac{1\text{kg}}{1\text{kg}} \times \frac{1\text{J}}{1\text{kg}\cdot\text{m/s}^2}$$

$= 4,671.428 ≒ 4,671.43$J/kg

정답

4,671.43J/kg

08 760mmHg, 27℃의 공기가 지름이 1m이고 길이가 30m인 송풍기를 통해 7m/s로 흐른다. 송풍기의 일률(kW)을 구하시오(단, 공기의 비중은 0.001205이고 마찰계수는 0.0045, 점도는 0.018cP, 송풍기의 효율은 20%, 모터의 효율은 90%이다).

해설

공기의 표면 마찰손실을 구하고 베르누이식에 대입하여 계산하면 된다. 마지막으로 질량유량을 구한 다음 효율과 송풍기의 일로 일률을 계산한다.

$$\frac{P_1 - P_2}{\rho} + \frac{\bar{u}_1^{\,2} - \bar{u}_2^{\,2}}{2} + g(Z_1 - Z_2) = F_s - W_p$$

$$\Rightarrow\ W_p = 4f\frac{L}{D}\frac{\bar{u}_2^{\,2}}{2} + \frac{\bar{u}_2^{\,2}}{2} = \left(4 \times 0.0045 \times \frac{30\text{m}}{1\text{m}} + 1\right)\frac{(7\text{m/s})^2}{2} \times \frac{1\text{kg}}{1\text{kg}} \times \frac{1\text{J}}{1\text{kg}\cdot\text{m/s}^2\cdot\text{m}} = 37.73\text{J/kg}$$

$$\therefore\ P = \frac{\dot{m}W_P}{\eta_{송풍기}\cdot\eta_{모터}} = \frac{\rho\dfrac{\pi D^2}{4}\bar{u}_2 W_P}{\eta_{송풍기}\cdot\eta_{모터}} = \frac{1.205\text{kg/m}^3 \times \dfrac{\pi(1\text{m})^2}{4}7\text{m/s} \times 37.73\text{J/kg} \times \dfrac{1\text{kW}}{1,000\text{J/s}}}{0.2 \times 0.9}$$

$= 1.388 ≒ 1.39$kW

정답

1.39kW

09 직경이 200mm인 원형관에 밀도가 1.2kg/m³인 공기가 1,000m³/h로 송풍된다. 오리피스의 지름이 120mm인 마노미터의 유체는 물을 사용할 때 이 마노미터의 읽음(mm)을 구하시오(단, 오리피스 계수는 0.65이다).

해설

오리피스의 유량 계산식을 통해 구할 수 있다.

$$Q = \frac{\pi}{4}D_2{}^2 \frac{C_o}{\sqrt{1-\left(\frac{D_2}{D_1}\right)^4}} \sqrt{\frac{2gR_m(\rho_A - \rho_B)}{\rho_B}}$$

$$\Rightarrow R_m = \frac{16Q^2\left[1-\left(\frac{D_2}{D_1}\right)^4\right]}{(\pi C_o D_2{}^2)^2} \frac{\rho_B}{2gR_m(\rho_A - \rho_B)}$$

$$= \frac{16\times(1{,}000\text{m}^3/\text{h})^2\left[1-\left(\frac{120}{200}\right)^4\right]}{(\pi 0.651\times 0.12^2\text{m}^2)^2} \frac{1.2\text{kg/m}^3}{2\times 9.8\text{m/s}^2\times(1{,}000-1.2)\text{kg/m}^3} \times \frac{1\text{h}^2}{3{,}600^2 s^2} \times \frac{1{,}000\text{mm}}{1\text{m}}$$

= 75.944 ≒ 75.94mm

정답

75.94mm

2 단위조작(열전달)

10 열전도도가 0.2W/m · ℃인 원형관을 석면으로 둘러싸고 있고 열전달계수가 3W/m² · ℃일 때 임계절연 반지름(mm)을 구하시오.

해설

임계절연 반지름의 정의식으로 구하면 된다.

$$r_{\text{임계절연 반지름}} = \frac{k}{h} = \frac{0.2\text{W/m}\cdot℃}{3\text{W/m}^2\cdot℃} \times \frac{1{,}000\text{mm}}{1\text{m}}$$ = 66.666 ≒ 66.67mm

정답

66.67mm

11 키르히호프 법칙에 대해 설명하시오.

정답

- 키르히호프 법칙은 온도 평형상태에서 그 물체의 흡수율에 대한 총복사력의 비가 단지 그 복사체의 온도에만 의존된다.

$$\frac{W_1}{\alpha_1} = \frac{W_2}{\alpha_2}$$

- 복사체 2가 흑체이면($\alpha_2 = 1$),

$$\frac{W_1}{\alpha_1} = \frac{W_b}{1} = W_b = \frac{W_2}{\alpha_2} \Rightarrow \alpha_2 = \frac{W_2}{W_b} = \varepsilon_2$$

3 단위조작(물질전달)

12 **환류비와 단수에 대한 설명이다. 적절한 것을 선택하여 고르시오.**

> 정류탑에서 환류비를 증가시키면 제품 순도는 ① (높아, 낮아)지고, 유출량은 ② (증가, 감소)하며, 또한 단수는 ③ (증가, 감소)하고 일정한 처리량을 위해 탑지름이 ④ (증가, 감소)한다.

정답

① 높아, ② 감소, ③ 감소, ④ 증가

13 **A, B 액체로 이루어진 혼합액이 있는데, A와 B의 증기압은 각각 2atm, 1atm이고, 몰분율은 각각 0.4, 0.5일 때 전압(atm)을 구하시오.**

해설

라울의 법칙과 돌턴의 분압법칙을 이용하면 구할 수 있다.

$P = x_A P_A{}' + x_B P_B{}' = (0.4 \times 2) + (0.5 \times 1) = 1.3\text{atm}$

정답

1.3atm

14 **연탄가스 중 이산화황을 황산나트륨 용액으로 흡수시키려고 하는데 운반가스 100mol에 대해 1mol의 이산화황이 0.087이 된다. 1atm에서 200kmol/h인 동반 가스를 처리하는 탑의 높이(m)를 구하시오(단, 분압차당 부피당 물질전달계수는 400kmol/h · m^3 · atm이고 탑의 지름은 1m이다).**

해설

흡수속도식을 이용하면 구할 수 있다.

$$rV = N(y_{Ai} - y_A) = k_G a V \overline{\Delta P_{A_L}} = k_G a \pi D Z_T \frac{P_{Ai} - P_A}{\ln \frac{P_{Ai}}{P_A}}$$

$$\Rightarrow Z_T = \frac{N(y_{Ai} - y_A)}{k_G a \pi D \dfrac{P_{Ai} - P_A}{\ln \dfrac{P_{Ai}}{P_A}}} = \frac{200\text{kmol/h}\left(\dfrac{1}{100} - \dfrac{0.087}{100}\right)}{400\text{kmol/h} \cdot \text{m}^3 \cdot \text{atm} \times \pi \times 1 \dfrac{1\text{atm}\dfrac{1}{100+1} - 1\text{atm}\dfrac{0.087}{100+0.087}}{\ln \dfrac{1\text{atm}\dfrac{1}{100+1}}{1\text{atm}\dfrac{0.087}{100+0.087}}}}$$

$= 0.391 ≒ 0.39\text{m}$

정답

0.39m

2015년 제4회 과년도 기출복원문제

1 단위조작(유체역학, 양론)

01 직경이 12cm인 원형관에 물이 흐를 때 임계속도(cm/s)를 구하시오.

해설

레이놀즈수가 2,100일 때의 유속을 구하면 된다.

$$Re. = \frac{D\bar{u}\rho}{\mu} = 2{,}100$$

$$\Rightarrow \bar{u}_c = \frac{2{,}100\mu}{D\rho} = \frac{2{,}100 \times 0.01\text{g/cm}\cdot\text{s}}{12\text{cm} \times 1\text{g/cm}^3} = 1.75\text{cm/s}$$

정답

1.75cm/s

02 물이 가득 차 있는 높이 5m 탱크에 직경이 2.54cm인 관을 통해 물이 흘러나온다고 할 때 부피유량(L/s)을 구하시오(단, 마찰손실은 모두 무시한다).

해설

베르누이식에서 중력에 의한 속도를 구하고 단면적을 곱하면 부피유량을 구할 수 있다.

$$\frac{P_1 - P_2}{\rho} + \frac{\bar{u}_1^{\,2} - \bar{u}_2^{\,2}}{2} + g(Z_1 - Z_2) = 0$$

$$\Rightarrow \bar{u} = \sqrt{2g(0 - Z_2)}$$

$$\therefore \dot{Q} = \frac{\pi D^2}{4}\bar{u} = \frac{\pi D^2}{4}\sqrt{2g(0-Z_2)} = \frac{\pi(0.0254\text{m})^2}{4}\sqrt{2 \times 9.8\text{m/s}^2[0-(-5\text{m})]} \times \frac{1{,}000\text{L}}{1\text{m}^3} = 5.016 \fallingdotseq 5.02\text{L/s}$$

정답

5.02L/s

03 밀도가 900kg/m³이고 점도가 0.1kg/m·s인 유체가 길이 10^6m이고, 직경 0.3m인 원형관으로 0.5m/s로 수송된다. 중개소 1개소당 처리 가능한 수송압력이 50kgf/cm²일 때 중개소는 몇 개소가 필요한지 구하시오(단, 층류로 가정한다).

해설

하겐-푸아죄유식을 이용하여 압력강하를 구한 뒤, 그 값을 수송압력을 나누어 정수 형태의 값을 구하면 된다.

$$F = \frac{\Delta P_s}{\rho} = \frac{32\mu \bar{u} L}{g_c D^2 \rho} = \frac{32 \times 0.1\text{kg/m}\cdot\text{s} \times 0.5\text{m/s} \times 10^6\text{m}}{\frac{9.8\text{N}}{1\text{kg}_\text{f}}} = 2{,}015.62\text{kgf}\cdot\text{m/kg}$$

$$\Delta P_s = \rho F = 900\text{kg/m}^3 \times 2{,}015.62\text{kgf}\cdot\text{m/kg} = 1{,}814{,}058\text{kgf}\cdot\text{m}^2 = 181.4\text{kgf}\cdot\text{cm}^2$$

$$\therefore \frac{181.4\text{kg}_\text{f}/\text{cm}^2}{50\text{kg}_\text{f}/\text{cm}^2} = 3.61 \fallingdotseq 4$$

정답

4개소

04 1.5m/s의 유체가 12cm 관에서 5cm 관으로 축소될 때 관 축소에 의한 마찰손실(J/kg)을 구하시오.

해설

관 축소에 의한 마찰손실식으로 구하면 된다.

$$\dot{Q} = \frac{\pi D_1^{\ 2}}{4}\bar{u}_1 = \frac{\pi D_2^{\ 2}}{4}\bar{u}_2$$

$$\Rightarrow \bar{u}_2 = \left(\frac{D_1}{D_2}\right)^2 \bar{u}_1$$

$$F_c = 0.4\left[1-\left(\frac{D_1}{D_2}\right)^2\right]\frac{\bar{u}_2^{\ 2}}{2} = 0.4\left[1-\left(\frac{5}{12}\right)^2\right]\frac{\left[\left(\frac{12}{5}\right)^2 1.5\text{m/s}\right]^2}{2} \times \frac{1\text{kg}}{1\text{kg}} \times \frac{1\text{J}}{1\text{kg}\cdot\text{m/s}^2\cdot\text{m}}$$

$$= 12.337 \fallingdotseq 12.34\text{J/kg}$$

정답

12.34J/kg

05 높이가 12m인 물탱크에 직경이 0.025m, 길이가 30m인 관으로 물을 1.25L/s로 흘려보낸다. 먼저 ① 레이놀즈수와 ② 표면 마찰손실(J/kg), ③ 펌프동력(kW)을 구하시오(단, 점도는 1.3×10^{-3}kg/m · s, 마찰계수는 $0.0791 Re.^{-0.25}$, 펌프 효율은 60%로 한다. 마찰손실은 표면마찰만 고려한다).

해설

레이놀즈수는 정의식, 표면 마찰손실 계산식, 베르누이식을 이용해 펌프동력을 구하면 된다.

$$① \ Re. = \frac{D\bar{u}\rho}{\mu} = \frac{0.025\text{m}\left(\dfrac{0.00125\text{m}^3/\text{s}}{\dfrac{\pi 0.025^2\text{m}^2}{4}}\right)1{,}000\text{kg/m}^3}{0.0013\text{kg/m}\cdot\text{s}} = 48{,}970.751 \fallingdotseq 48{,}970.75$$

$$② \ F_s = 4f\frac{L}{D}\frac{\bar{u}^2}{2} = 4 \times 0.0791 Re.^{-0.25}\frac{L}{D}\frac{\bar{u}^2}{2}\text{J/s}$$

$$= 4 \times 0.0791 \times 48{,}970.75^{-0.25}\frac{30}{0.025}\frac{\left(\dfrac{0.00125\text{m}^3/\text{s}}{\dfrac{\pi 0.025^2\text{m}^2}{4}}\right)^2}{2} \times \frac{1\text{kg}}{1\text{kg}} \times \frac{1\text{J}}{1\text{kg}\cdot 1\text{m/s}^2\cdot\text{m}}$$

$$= 82.753 = 82.75\text{J/kg}$$

$$③ \ \dot{m} = \rho\dot{Q}$$

$$\frac{P_1 - P_2}{2} + \frac{\bar{u}_1^{\ 2} - \bar{u}_2^{\ 2}}{2} + g(Z_1 - Z_2) = F_s - W_p$$

$$\Rightarrow W_p = F_s + \frac{\bar{u}_2^{\ 2}}{2} + gZ_2$$

$$= 82.75\text{J/kg} + \left[\frac{\left(\dfrac{0.00125\text{m}^3/\text{s}}{\dfrac{\pi 0.025^2\text{m}^2}{4}}\right)^2}{2} + 9.8\text{m/s}^2[0-(-12\text{m})]\right] \times \frac{1\text{kg}}{1\text{kg}} \times \frac{1\text{J}}{1\text{kg}\cdot 1\text{m/s}^2\cdot\text{m}}$$

$$= 203.592 \fallingdotseq 203.59\text{J/kg}$$

$$\therefore P = \frac{\dot{m}W_P}{\eta} = \frac{1{,}000\text{kg/m}^3 \times 0.00125\text{m}^3/\text{s} \times 203.59\text{J/kg}}{0.6} \times \frac{1\text{kW}}{1{,}000} = 0.424 = 0.42\text{kW}$$

정답

① 48,970.75
② 82.75J/kg
③ 0.42kW

06 아래 빈칸에 알맞은 용어를 넣으시오.

서로 다른 2종의 금속선 또는 합금선으로 폐회로를 만들어 회로의 두 접점의 온도차로 (㉠)을(를) 발생시키고, 그 전압을 측정하여 두 접점의 온도차로 환산할 수 있는 온도계는 (㉡)(이)라고 한다.

정답

㉠ 열기전력, ㉡ 열전대 온도계

2 단위조작(열전달)

07 내경과 외경이 각각 2, 4cm인 강관 주위에 두께 3cm인 단열재가 둘러싸여 있고 내부온도와 외부온도는 각각 600℃, 100℃이면 열전달량(W)을 구하시오(단, 강관과 단열재의 열전도도는 각각 19, 2.2W/m·℃이다).

해설

직결로 된 원통에 대한 열흐름식으로 구할 수 있다.

$$\dot{q} = \frac{T_{내부} - T_{외부}}{\frac{\ln\frac{r_1}{r_0}}{2\pi k_{강관}L_{강관}} + \frac{\ln\frac{r_2}{r_1}}{2\pi k_{단열재}L_{단열재}}}$$

$$= \frac{(600-100)℃}{\frac{\ln\frac{2cm}{1cm}}{2\pi\times 19W/m\cdot℃\times(0.02-0.01)m} + \frac{\ln\frac{5cm}{2cm}}{2\pi\times 2.2W/m\cdot℃\times(0.05-0.02)m}}$$

= 179.198 ≒ 179.20W

정답

179.20W

08 50℃의 기름이 200kg/h로 들어와서 95℃로 열교환기로 들어가면 108℃의 수증기로 가열된다. 기름의 비열은 0.7kcal/kg·℃이고, 총괄 열전달계수는 500kcal/h·m^2·℃일 때 ① 열전달량(kcal/h)과 ② 열교환기의 길이(m)를 구하시오(단, 기름의 관 직경은 0.04m이다).

해설

먼저 비열을 통한 열전달량 계산식으로 구하고, 열교환기의 길이는 총괄 열전달계수를 통한 열전달량 계산식을 통해 구하면 된다.

① $\dot{q} = \dot{m}C_p(T_{c2} - T_{c1})$ = 200kg/h × 0.7kcal/kg·℃ × (95 − 50)℃ = 6,300kcal/h

② $\dot{q} = UA\overline{\Delta T_L} = U\pi DL\overline{\Delta T_L}$

$$\therefore L = \frac{\dot{q}}{U\pi D\overline{\Delta T_L}} = \frac{6,300\,kcal/h}{500kcal/h\cdot m^2\cdot ℃\times\pi 0.04\times\frac{(108-50)-(108-95)}{\ln\frac{108-50}{108-95}}℃}$$ = 3.332 ≒ 3.33m

정답

① 6,300kcal/h, ② 3.33m

09 프란틀수의 ① 정의식으로 나타내고 각각 항의 의미를 쓰시오. 또한 프란틀수가 ② 1보다 크다는 것의 물리적 의미를 설명하시오.

정답

① $\text{Pr.} \equiv \dfrac{\nu(\text{운동량확산계수})}{\alpha(\text{열확산계수})} = \dfrac{\frac{\mu}{\rho}}{\frac{k}{\rho C_P}} = \dfrac{C_P\mu}{k}$

여기서, C_p : 비열(kcal/kg · ℃)

μ : 점도(kg/m · s)

k : 열전도도(kW/m · ℃)

ρ : 밀도(kg/m^3)

② 프란틀수가 1보다 크면 운동량 확산량이 열 확산량보다 크다는 의미이다.

10 20℃, 4,500kg/h인 10%인 수산화나트륨 용액 중 물을 110℃인 포화수증기로 증발시켜 20%로 제조하려고 한다. 이때 단면적은 40m^{2}일 때 총괄 열전달계수(kcal/h · m^2 · ℃)와 소요되는 포화수증기의 양(kg/h)을 구하시오(단, 수산화나트륨 용액의 비열은 0.92kcal/kg · ℃이고, 잠열은 545kcal/kg, 끓는점은 90℃이다. 그리고 포화수증기의 잠열은 534kcal/kg이다).

해설

물질수지를 통해 수증기 양과 증발 후의 용액 양을 구하여 열전달량을 계산하고, 마지막으로 포화수증기 열전달량을 통해 포화수증기 양을 구하면 된다.

① • 20% 용액의 양 : $4{,}500 \times 0.1 = B \times 0.2 \Rightarrow B = \dfrac{4{,}500\text{kg/h} \times 0.1}{0.2} = 2{,}250\text{kg/h}$

• 증발된 수증기의 양 : $4{,}500 = D + 2{,}250 \Rightarrow 4{,}500 - 2{,}250 = 2{,}250\text{kg/h}$

$\Rightarrow \dot{q} = FC_{P,\ \text{수산화나트륨 용액}}(T_2 - T_1) + D\lambda_{\text{수산화나트륨 용액}} = UA(T_{\text{포화수증기}} - T_{\text{끓는점}})$

$\therefore\ U = \dfrac{FC_{P,\ \text{수산화나트륨 용액}}(T_2 - T_1) + D\lambda_{\text{수산화나트륨 용액}}}{A(T_{\text{포화수증기}} - T_{\text{끓는점}})}$

$= \dfrac{4{,}500\text{kg/h} \times 0.92\text{kcal/kg} \cdot ℃\,(90-20)℃ + 2{,}250\text{kg/h} \times 545\text{kcal/kg}}{40\text{m}^2\,(110-90)℃}$

$= 1{,}895.062 \fallingdotseq 1{,}895.06\text{kcal/h} \cdot \text{m}^2 \cdot ℃$

② $\dot{q} = V\lambda_{\text{포화수증기}} \Rightarrow V = \dfrac{\dot{q}}{\lambda_{\text{포화수증기}}} = \dfrac{4{,}500\text{kg/h} \times 0.92\text{kcal/kg} \cdot ℃\,(90-20)℃ + 2{,}250\text{kg/h} \times 545\text{kcal/kg}}{534\text{kcal/kg}}$

$= 2{,}839.044 \fallingdotseq 2{,}839.04\text{kg/h}$

정답

① 1,895.06kcal/h · m^2 · ℃

② 2,839.04kg/h

3 단위조작(물질전달)

11 A, B 혼합액 10mol을 회분증류할 때, A의 액상 몰분율은 0.6이고 증류시킨 후에 A의 액상 몰분율은 0.4이다. 증발된 몰수(mol)는 얼마인가?(단, A의 경우 $y=1.2x$를 따른다.)

해설

회분증류의 식을 이용하면 구할 수 있다.

$$\ln\frac{n_1}{n_0}=\int_{x_0}^{x_1}\frac{dx}{y-x}=\int_{x_0}^{x_1}\frac{dx}{1.2x-x}=\int_{x_0}^{x_1}\frac{dx}{0.2x}=5\int_{x_0}^{x_1}\frac{dx}{x}=5[\ln]_{x_0}^{x_1}=5\ln\frac{x_1}{x_0}$$

$$\Rightarrow n_1=n_0e^{5\ln\frac{x_1}{x_0}}$$

$$\therefore \text{증발된 몰수}=n_0-n_1=n_0-n_0e^{5\ln\frac{x_1}{x_0}}=n_0(1-e^{5\ln\frac{x_1}{x_0}})$$

$$=10\text{mol}(1-e^{5\ln\frac{0.4}{0.6}})=8.683 \fallingdotseq 8.68\text{mol}$$

정답

8.68mol

2016년 제1회 과년도 기출복원문제

1 단위조작(유체역학, 양론)

01 외경과 내경이 각각 10cm, 5cm이고 길이가 50m인 이중 원형관에 500L/h로 물이 흐른다. 물의 비중은 1, 점도는 1cP라고 할 때 압력강하(Pa)를 구하시오.

해설

이중 원형관의 상당직경을 구하고, 그 값으로 레이놀즈수를 구하여 압력강하식에 대입한다.

$$Re.\frac{D_e \bar{u} \rho}{\mu} = \frac{(D_o - D_i)\frac{\dot{Q}}{A}\rho}{\mu} = \frac{(10-5)\text{cm}\,\frac{500{,}000\text{cm}^3/\text{h}}{\frac{\pi}{4}(10^2-5^2)\text{cm}^2}\times\frac{1\text{h}}{3{,}600\text{s}}1\text{g/cm}^3}{0.01\text{g/cm}\cdot\text{s}} = 1{,}178.925 \Rightarrow \text{층류}$$

(하겐-푸아죄유식) $\triangle P_s = \frac{32\,\mu \bar{u}\,L}{{D_e}^2}$

$$= \frac{32\times 0.001\,\text{kg/m}\cdot\text{s}\times\frac{0.5\text{m}^3/\text{h}}{\frac{\pi}{4}(0.1^2-0.05^2)\text{m}^2}\times\frac{1\text{h}}{3{,}600\text{s}}\times 50\text{m}}{(0.1-0.05)^2\text{m}^2}\times\frac{1\text{N}}{1\text{kg}\cdot\text{m/s}^2}\times\frac{1\,\text{Pa}}{1\text{N/m}^2}$$

$= 15.09\text{Pa}$

정답

15.09Pa

02 글리세린 용액이 담긴 탱크가 지면으로부터 30m 위에 있다. 직경 5cm 관을 통해 이 용액을 지면으로 보낸 후 수평관을 통해 흘려보낼 때 용액의 질량유량(kg/s)을 구하시오(단, 탱크의 수위는 3m, 수평관의 길이는 300m, 관 부속품 등 모든 마찰에 의한 상당길이는 400m, 글리세린 용액의 비중은 1.23, 점도는 97cP이다).

해설

베르누이식을 이용하여 유속을 구하면 질량유량을 구할 수 있다.

$$\frac{P_1 - P_2}{\rho} + \frac{2(\bar{u}_1{}^2 - \bar{u}_2{}^2)}{2} + g(Z_1 - Z_2) = \Sigma F - \dot{W}_s$$

$$\Rightarrow \bar{u}_2^2 = g(Z_1 - Z_2) - 4f\frac{L_e}{D}\frac{\bar{u}_2^2}{2} = 9.8\times(33-0) - 2\frac{16\times 0.097(300+400)}{(0.05)^2\,\bar{u}_2\,1{,}230}\bar{u}_2^2 \Rightarrow \bar{u}_2^2 + 706.6\bar{u}_2 - 323.4 = 0$$

$$\Rightarrow \bar{u}_2 = \frac{-706.6\pm\sqrt{706.6^2 - 4\times 1\times(-323.4)}}{2\times 1}$$

$$\therefore\ \dot{m} = \rho A_2 \bar{u}_2 = 1{,}230\text{kg/m}^3\times\frac{\pi}{4}(0.05)^2\text{m}\times\frac{-706.6\pm\sqrt{706.6^2 - 4\times 1\times(-323.4)}}{2\times 1}\text{m/s} = 1.104 \fallingdotseq 1.10\text{kg/s}$$

정답

1.10kg/s

03 탱크 안에 비중이 0.9, 점도가 2P인 유체를 직경 10cm 원형관을 통해 10m 위로 70,000m³/h로 보낸다. 이때 관의 총길이는 990m이고 펌프의 효율은 60%라면 펌프의 소요동력(kW)을 구하시오(단, 마찰손실은 표면 마찰손실만 고려한다).

해설

베르누이식으로 펌프 일을 구하고 질량속도를 통해 펌프의 동력을 계산한다.

$$Re. = \frac{D\bar{u}\rho}{\mu} = \frac{10\text{cm}\dfrac{70{,}000{,}000\text{cm}^3/\text{h}}{\dfrac{\pi(10\text{cm})^2}{4}} \times \dfrac{1\text{h}}{3{,}600\text{s}} \times 0.9\text{g/cm}^3}{2\text{g/cm}\cdot\text{s}} = 1{,}114.08$$

⇒ 층류 ⇒ 하겐–푸아죄유식, $\alpha = 2$

(베르누이식) $\dfrac{P_1 - P_2}{\rho} = \alpha\dfrac{\bar{u}_1^{\,2} - \bar{u}_2^{\,2}}{2} = g(Z_1 - Z_2) = F_s = W_p$

$$\Rightarrow\ W_p = 2\frac{\bar{u}_2^{\,2}}{2} + gZ_2 + \frac{32\mu\bar{u}L}{D^2\rho}$$

$$\therefore\ P = \frac{\dot{m}W_P}{\eta}$$

$$= \frac{\rho\dot{Q}\left(\bar{u}_2^{\,2} + gZ_2 + \dfrac{32\mu\bar{u}L}{D^2\rho}\right)}{\eta}$$

$$= 900\text{kg/m}^3 \times 70\text{m}^3/\text{h} \times \frac{1\text{h}}{3{,}600\text{s}}$$

$$\times\left[\left(\frac{70\text{m}^3/\text{h}}{\dfrac{\pi(0.1\text{m})^2}{4}} \times \frac{1\text{h}}{3{,}600\text{s}}\right)^2 + 9.8\text{m/s}^2 \times 10\text{m} + \frac{32 \times 0.2\text{kg/m}\cdot\text{s} \times \dfrac{70\text{m}^3/\text{h}}{\dfrac{\pi(0.1\text{m})^2}{4}} \times \dfrac{1\text{h}}{3{,}600\text{s}} \times 990\text{m}}{(0.1\text{m})^2\, 900\text{kg/m}^3}\right] \times \frac{1}{0.6}$$

$$\times \frac{\text{kg}}{\text{kg}} \times \frac{1\text{J}}{1\text{kg}\cdot\text{m/s}^2\cdot\text{m}} \times \frac{1\text{kW}}{1{,}000\text{J/s}}$$

$= 53.872 \fallingdotseq 53.87\text{kW}$

정답

53.87kW

2 단위조작(열전달)

04 열교환기의 뜨거운 유체는 80℃에서 35℃로 하강하고 차가운 유체는 20℃에서 60℃로 상승했을 때, 로그평균 온도차(℃)를 구하시오(단, 향류이다).

해설

향류일 때 로그평균 온도차 식을 사용하면 된다.

$$\overline{\Delta T_L} = \frac{(80-60)-(35-20)}{\ln\dfrac{80-60}{35-20}} = 17.380 = 17.38℃$$

정답

17.38℃

05 지구에서 받는 열과 대기층 흡수열이 각각 1kW/m^2, 0.3kW/m^{2}일 때 태양의 온도(K)를 구하시오(단, 태양의 반지름은 7×10^8m, 지구와 태양 사이의 거리는 1.5×10^{11}m이고, 슈테판-볼츠만 상수는 5.67×10^{-8}W/m^2 · K^4).

해설

지구가 태양을 공전하면서 생기는 원의 넓이와 지구에서 받은 열과 대기층 흡수열을 곱하면 태양으로 받은 열전달량과 태양이 표면적을 통해 복사하는 열전달량이 같다는 것을 이용한다.

$(1{,}000+300)\text{W/m}^2\times 2\pi(1.5\times10^{11}\text{m})^2 = 4\pi(7\times10^8\text{m})^2 5.67\times10^{-8}\text{W/m}^2\cdot\text{K}^4\times T^4$

$$\Rightarrow T=\sqrt[4]{\frac{(1{,}000+300)\,\text{W/m}^2\times 2\pi(1.5\times10^{11}\text{m})^2}{4\pi(7\times10^8\text{m})^2\,5.67\times10^{-8}\,\text{W/m}^2\cdot\text{K}^4}}=3{,}910.961 \fallingdotseq 3{,}910.96\text{K}$$

정답

3,910.96K

06 20℃, 4,500kg/h인 10% 수산화나트륨 용액 중 물을 110℃인 포화수증기로 증발시켜 20%로 제조하려고 한다. 이때 단면적은 40m^{2}일 때 총괄 열전달계수(kcal/h · m^2 · ℃)와 소요되는 포화수증기의 양(kg/h)을 구하시오(단, 수산화나트륨 용액의 비열은 0.92kcal/kg · ℃이고, 잠열은 545kcal/kg, 끓는점은 90℃이다. 그리고 포화수증기의 잠열은 534kcal/kg이다).

해설

물질수지를 통해 수증기 양과 증발 후의 용액 양을 구하고 열전달량 계산 후, 마지막으로 포화수증기 열전달량을 통해 포화수증기 양을 구하면 된다.

① • 20% 용액의 양 : $4{,}500\times0.1=B\times0.2 \Rightarrow B=\dfrac{4{,}500\text{kg/h}\times0.1}{0.2}=2{,}250\text{kg/h}$

• 증발된 수증기의 양 : $4{,}500=D+2{,}250 \Rightarrow D=4{,}500-2{,}250=2{,}250\text{kg/h}$

$\Rightarrow \dot{q}=FC_{P,\ \text{수산화나트륨 용액}}(T_2-T_1)+D\lambda_{\text{수산화나트륨 용액}}=UA(T_{\text{포화수증기}}-T_{\text{끓는점}})$

$$\therefore U=\frac{FC_{P,\ \text{수산화나트륨 용액}}(T_2-T_1)+D\lambda_{\text{수산화나트륨 용액}}}{A(T_{\text{포화수증기}}-T_{\text{끓는점}})}=1{,}895.062 \fallingdotseq 1{,}895.06\text{kcal/h}\cdot\text{m}^2\cdot℃$$

② $\dot{q}=V\lambda_{\text{포화수증기}} \Rightarrow V=\dfrac{\dot{q}}{\lambda_{\text{포화수증기}}}=\dfrac{4{,}500\text{kg/h}\times0.92\text{kcal/kg}\cdot℃(90-20)℃+2{,}250\text{kg/h}\times545\text{kcal/kg}}{534\text{kcal/kg}}$

$=2{,}839.044 \fallingdotseq 2{,}839.04\text{kg/h}$

정답

① 1,895.06kcal/h · m^2 · ℃

② 2,839.04kg/h

07 열교환기에 공기를 넣어서 20℃에서 90℃로 가열하려고 한다. 원형관을 통과하면서 1기압에서 30mmH_2O의 압력강하가 발생한다. 공기의 처음 속도가 10m/s이고 정압비열이 0.24kcal/kg · ℃라고 하면 공기의 질량속도가 일정하다고 가정했을 때 공기의 열량(kcal/kg)을 구하시오.

해설

나중 속도는 압력과 온도에 따른 속도 변화를 구하고 나중 압력은 단위를 환산해서 총괄에너지 수지식에 넣으면 구할 수 있다.

$$\Delta P = P_1 - P_2 = 1\text{atm} - P_2 = 30\text{mmH}_2\text{O} \times \frac{1\text{atm}}{10{,}332\text{mmH}_2\text{O}} = \frac{30}{10{,}332}\text{atm}$$

$$\Rightarrow P_2 = \left(1 - \frac{30}{10{,}332}\right)\text{atm}$$

$$\frac{\bar{u}_1^{\,2} - \bar{u}_2^{\,2}}{2} + g(Z_1 - Z_2) = \Delta H = W - \dot{q}$$

$$\Rightarrow \dot{q} = \frac{\left(\bar{u}_2 \dfrac{P_1}{P_2}\dfrac{T_2}{T_1}\right)^2 - \bar{u}_2^{\,2}}{2} + \Delta H$$

$$= \frac{(10\text{m/s})^2}{2} \times \left[\left(\frac{1}{1 - \dfrac{30}{10{,}332}}\frac{273.15 + 90}{273.15 + 20}\right)^2 - 1\right] \times \frac{1\text{kg}}{1\text{kg}} \times \frac{1\text{kJ}}{1{,}000\text{kg}\cdot\text{m/s}^2\cdot\text{m}} \times \frac{1\text{kcal}}{4.184\text{kJ}}$$

$$+ 0.24\text{kcal/kg}\cdot℃ \times (90 - 20)℃$$

$$= 16.806 \fallingdotseq 16.81\text{kcal/kg}$$

정답

16.81kcal/kg

3 단위조작(물질전달)

08 원료의 조성은 n-헵테인 70mol%, n-옥테인 30mol%이고 비점에서 공급된다. 탑상 제품과 탑하 제품의 조성은 각각 n-헵테인 98mol%, 1mol%일 때 최소환류비를 구하시오(단, 상대휘발도는 2이다).

해설

원료 액상의 조성과 평형상태에 있는 기상의 조성은 상대휘발도의 식으로 구하고, 최종적으로 최소환류비의 식에 대입한다.

$$y_F{}' = \frac{\alpha x_F{}'}{1 + (\alpha - 1)x_F{}'} = \frac{2 \times 0.7}{1 + (2-1)0.7} = \frac{1.4}{1.7}$$

$$\therefore R_{Dm} = \frac{x_D - y_F{}'}{y_F{}' - x_F{}'} = \frac{0.98 - \dfrac{1.4}{1.7}}{\dfrac{1.4}{1.7} - 0.7} = 1.266 \fallingdotseq 1.27$$

정답

1.27

09 단수의 효율이 0.7이고 이론 단수는 15일 때 실제 단수를 구하시오.

해설

이론 단수를 효율로 나눠주면 구할 수 있다.

$\frac{15}{0.7} = 21.4 \fallingdotseq 22$

정답

22단

10 어떤 온도에서 상대습도는 50%이고 포화습도는 0.3095kgH$_2$O/kg Dry Air일 때 비교습도(%)를 구하시오(단, 대기압은 1기압이다).

해설

포화습도와 상대습도, 비교습도의 정의식을 이용하면 된다.

$$\mathcal{H}_s = \frac{18}{29}\frac{P_A{}'}{760 - P_A{}'} = 0.3095$$

$$\Rightarrow P_A{}' = \frac{0.3095\frac{29}{18}760\text{mmHg}}{1 + 0.3095\frac{29}{18}} = 252.873 \fallingdotseq 252.87\text{mmHg}$$

$$\mathcal{H}_R = \frac{P_A}{P_A{}'} \times 100 = 50$$

$$\Rightarrow P_A = 0.5 \times 252.87\text{mmHg} = 126.435\text{mmHg}$$

$$\therefore \mathcal{H}_P = \mathcal{H}_R \times \frac{760 - P_A{}'}{760 - P_A} = 50\% \times \frac{760 - 252.87}{760 - 126.435} = 40.021 \fallingdotseq 40.02\%$$

정답

40.02%

11 최소유동화 속도의 ① 재현성을 정확하게 입증하는 방법과 공탑 속도에 대한 ② 압력강하와 층높이에 대한 그래프를 완성하시오.

정답

① 최소유동화 속도를 측정하려면 층을 격렬하게 유동화시킨 후 기체의 흐름을 정지시켜 가라앉히다 이어서 유량이 증가하여 층이 팽창되도록 한다.

②

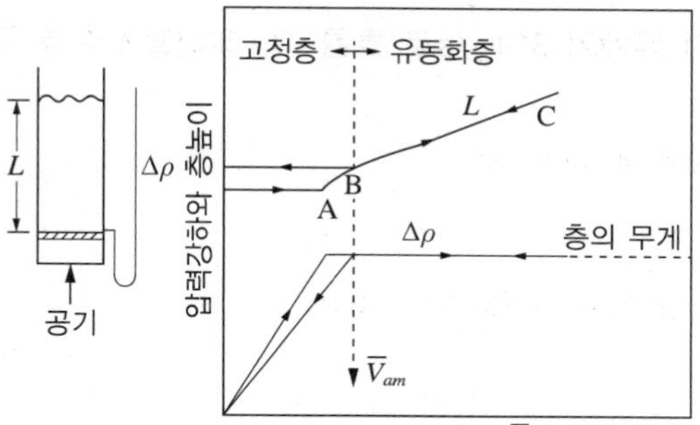

2016년 제2회 과년도 기출복원문제

1 단위조작(유체역학, 양론)

01 다음은 속도구배에 대한 전단응력에 대한 그래프이다. A, B, C, D에 해당하는 유체를 쓰시오.

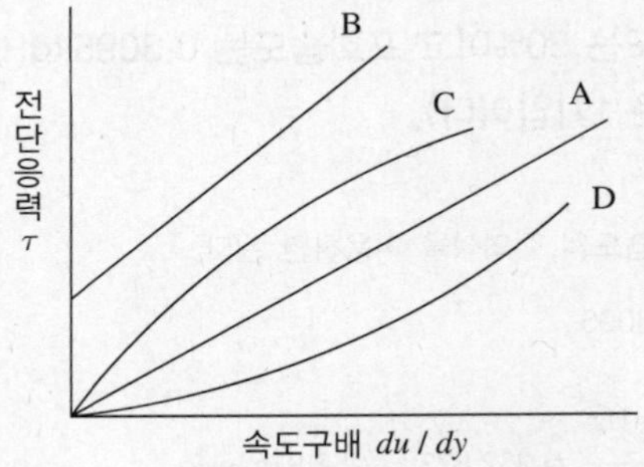

정답

- A : 뉴턴 유체
- B : 빙햄 가소성 유체
- C : 유사 가소성 유체
- D : 팽창성 유체

02 직경이 10cm인 원형관에 점도가 0.1P인 유체가 314g/s로 흐를 때, 레이놀즈수를 구하시오.

해설

질량유속을 선속도로 변환하여 레이놀즈수 정의식에 대입하면 된다.

$$Re. = \frac{D\bar{u}\rho}{\mu} = \frac{D\frac{\dot{m}}{A}}{\mu} = \frac{10\text{cm} \times \frac{314\text{g/s}}{\frac{\pi(10\text{cm})^2}{4}}}{0.1\text{g/cm}\cdot\text{s}} = 399.797 \fallingdotseq 399.80 \Rightarrow \text{층류}$$

정답

399.80

03 일정한 직경을 가진 원형관에 물이 일정한 속도로 흐르고 10m 높이의 위로 끌어 올려진다. 입구와 출구의 압력이 각각 50, 90kN/m^2(절대압)이고 펌프의 일은 150J/kg일 때 마찰손실(J/kg)을 구하시오.

해설

베르누이식에 대입하면 구할 수 있다.

$$\frac{P_1 - P_2}{2} + \frac{\bar{u}_1{}^2 - \bar{u}_2{}^2}{2} + g(Z_1 - Z_2) = \Sigma F - W_p$$

$$\Rightarrow \Sigma F = \frac{P_1 - P_2}{2} + \frac{\bar{u}_1{}^2 - \bar{u}_2{}^2}{2} + g(Z_1 - Z_2) + W_p$$

$$= \frac{(50-90)\times 1{,}000\text{N/m}^2}{1{,}000\text{kg/m}^3} \times \frac{1\text{J}}{1\text{N}\cdot\text{m}} + 9.8\text{m/s}(0-10)\text{m} \times \frac{1\text{kg}}{1\text{kg}} \times \frac{1\text{J}}{1\text{kg}\cdot\text{m/s}^2\cdot\text{m}} + 150\text{J/kg}$$

$= 12\text{J/kg}$

정답

12J/kg

04 수면이 매우 넓은 탱크에 비중이 1.84인 액체가 담겨 있는데, 손실수두는 3m이고 7.6cm인 관을 통해 액체를 1m/s로 10m 위에 있는 상부의 탱크로 옮기려고 할 때 하부탱크의 ① 펌프의 압력(N/m^2)은 얼마인가? 또한 효율이 70%일 때 필요한 ② 동력(W)은 얼마인가?

해설

마찰손실과 펌프의 일이 포함된 베르누이식을 세우고, 펌프의 일을 구해 압력으로 변환한다. 마지막으로 유체의 질량과 펌프의 일을 곱하면 구할 수 있다. 베르누이식에 대입할 때 탱크의 수면이 매우 넓으므로 처음 속도는 0을 넣어준다.

① $$\frac{P_1 - P_2}{\rho} + g(Z_1 - Z_2) + \frac{\bar{u}_1{}^2 - \bar{u}_2{}^2}{2} = \Sigma F - W_p$$

$$\Rightarrow W_p = \Sigma F - \left[\frac{P_1 - P_2}{\rho} + g(Z_1 - Z_2) + \frac{\bar{u}_1^2 - \bar{u}_2^2}{2}\right]$$

$$= 3\text{m} \times 9.8\text{m/s}^2 - \left[0 + 9.8\text{m/s}^2 \times (0-10)\text{m} + \frac{(0^2 - 1^2)}{2}\right]$$

$$= 127.9\text{m}^2/\text{s}^2 \times \frac{\text{kg}}{\text{kg}} = 127.9\frac{(\text{kg}\cdot\text{m/s}^2)\cdot\text{m}}{\text{kg}} \times \frac{\text{J}}{\text{kg}\cdot\text{m/s}^2\cdot\text{m}}$$

$= 127.9\text{J/kg}$

$$W_p = \frac{\Delta P}{\rho}$$

$$\Rightarrow \Delta P = \rho W_p = 1.84 \times 1{,}000\text{kg/m}^3 \times 127.9\text{J/kg} = 235{,}336\text{J/m}^3 \times \frac{(\text{kg}\cdot\text{m/s}^2)\cdot\text{m}}{\text{J}} = 235{,}336\frac{\text{kg}\cdot\text{m/s}^2}{\text{m}^2}$$

$= 235{,}336\text{N/m}^2$

② $$P = \frac{W_P \cdot \dot{m}}{\eta} = \frac{W_P \cdot \rho u A}{\eta} = \frac{127.9\text{J/kg} \times 1.84 \times 1{,}000\text{kg/m}^3 \times 1\text{m/s} \times \frac{\pi}{4} \times \left(7.6\text{cm} \times \frac{1\text{m}}{100\text{cm}}\right)^2}{0.7} = 1{,}525.131$$

$= 1{,}525.13\text{W}$

정답

① 235,336N/m^2

② 1,521.13W

2 단위조작(열전달)

05 열교환기의 뜨거운 유체는 80℃에서 35℃로 하강하고, 차가운 유체는 20℃에서 60℃로 상승했을 때, 로그평균 온도차(℃)를 구하시오(단, 향류이다).

해설

항류일 때 로그평균 온도차 식을 사용하면 된다.

$$\overline{\Delta T_L} = \frac{(80-60)-(35-20)}{\ln\frac{80-60}{35-20}} = 17.380 \fallingdotseq 17.38℃$$

정답

17.38℃

06 아래 그림은 물의 비등곡선이다. 다음 물음에 답하시오.

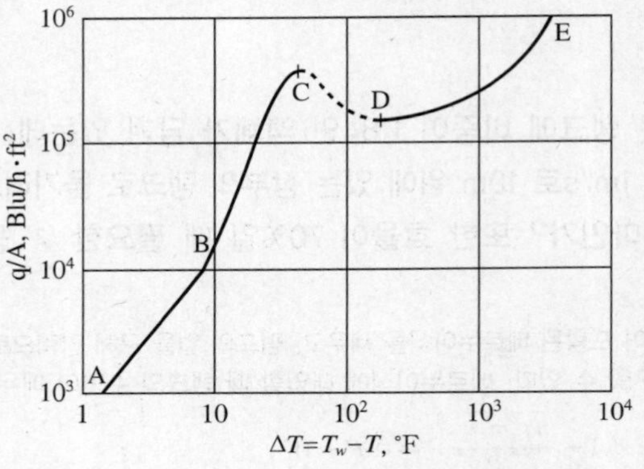

① C점의 온도차 용어를 쓰시오.

② C점의 속도 용어를 쓰시오.

③ D점의 용어를 쓰시오.

정답

① 임계 온도차
② 정점 열 플럭스
③ 라이덴프로스트점

07 복사체의 투과율이 0.1이고 반사율이 0.2이다. 이때 흡수율은 얼마인가?

해설

한 복사체의 반사율, 흡수율, 투과율의 합은 1이다.

$\rho \times \alpha \times \tau = 1$

$\Rightarrow \alpha = 1-(\rho+\tau) = 1-(0.1+0.2) = 0.7$

정답

0.7

08 방사능이 0.8이며 엄청나게 큰 용광로에 반경이 10cm이고 방사능이 0.5의 구가 있고, 노와 구의 온도는 각각 1,027℃, 127℃이다. 이때의 복사열 전달량(kW)을 구하시오(단, 슈테판-볼츠만 상수는 $5.676 \times 10^{-8} W/m^2 \cdot K^4$이다).

해설

표면 간의 복사열 전달량을 계산하면 된다.

$\dot{q} = \sigma \varepsilon_{구} A_{구}(T_{용광로}{}^4 - T_{구}{}^4)$

$= 5.676 \times 10^{-8} W/m^2 \cdot K^4 \times 0.5 \times 4\pi(0.1m)^2[(273.15 + 1,027)^4 - (273.15 + 127)^4] \times \frac{1kW}{1,000W}$

$= 10.099 ≒ 10.10kW$

정답

10.10kW

3 단위조작(물질전달)

09 10wt% 수산화나트륨 100kg을 80wt% 용액으로 증발시키려고 할 때 증발되어야 할 수분의 양(kg)을 구하시오.

해설

물질수지를 세우고 증발된 수분의 양을 구하면 된다.

- 물질수지 : $100 \times 0.1 = B \times 0.8 \Rightarrow \frac{100 \times 0.1}{0.8} = 12.5$
- 증발되어야 할 수분의 양 : $100 - 12.5 = 87.5kg$

정답

87.5kg

10 0℃에서 공기의 포화습도는 0.086kgH_2O/kg Dry Air이다. 비교습도가 60%일 때 이 공기의 절대습도(kgH_2O/kg Dry Air)를 구하시오.

해설

비교습도의 식에 대입하면 구할 수 있다.

$\mathcal{H}_P = \frac{\mathcal{H}}{\mathcal{H}_s} \times 100\% \Rightarrow 60\% = \frac{\mathcal{H}}{0.086} \times 100\%$

$\therefore \mathcal{H} = 0.0516 ≒ 0.052kgH_2O/kg\ Dry\ Air$

정답

0.052kgH_2O/kg Dry Air

2016년 제4회 과년도 기출복원문제

1 단위조작(유체역학, 양론)

01 밀도가 0.8g/cm^3, 점도가 1cP인 유체가 원형관에 5cm/s로 흐르고 있고 마찰계수가 0.01이라면 관의 직경(cm)을 구하시오(단, 층류라고 가정한다).

해설

층류일 때 마찰계수와 레이놀즈수의 관계식을 통해 구할 수 있다.

$$f = \frac{16}{Re.} = \frac{16\mu}{D\bar{u}\rho}$$

$$\Rightarrow D = \frac{16\mu}{f\bar{u}\rho} = \frac{16 \times 0.01\text{g/cm}\cdot\text{s}}{0.01 \times 5\text{cm/s} \times 0.8\text{g/cm}^3} = 4\text{cm}$$

정답

4cm

02 외경과 내경이 각각 0.33m, 0.17m이고 길이가 200m인 동심 원형관에 물이 1m^3/h로 흘러갈 때 압력강하(Pa)를 구하시오(단, 물의 점도는 1cP이다).

해설

직경은 상당직경을 사용하고 레이놀즈수를 통해 층류인지 판별하여 하겐-푸아죄유식을 이용하면 된다.

$$Re. = \frac{D_e\bar{u}\rho}{\mu} = \frac{(D_o - D_i)\frac{\dot{Q}}{A}\rho}{\mu} = \frac{(0.33-0.17)\text{m}\,\dfrac{1\text{m}^3/\text{h}}{\dfrac{\pi(0.33^2-0.17^2)\text{m}^2}{4}} \times \dfrac{1\text{h}}{3{,}600\text{s}} \times 1{,}000\text{kg/m}^3}{0.001\text{kg/m}\cdot\text{s}}$$

$= 707.35 \Rightarrow$ 층류

$$\therefore \Delta P_s = \frac{32\mu\bar{u}L}{{D_e}^2} = \frac{32 \times 0.001\text{kg/m}\cdot\text{s} \times \dfrac{1\text{m}^3/\text{h}}{\dfrac{\pi(0.33^2-0.17^2)\text{m}^2}{4}} \times \dfrac{1\text{h}}{3{,}600\text{s}} \times 200\text{m}}{(0.33-0.17)^2\text{m}^2} \times \frac{1\text{Pa}}{1\dfrac{\text{kg}\cdot\text{m/s}^2}{\text{m}^2}}$$

$= 1.105 ≒ 1.11$Pa

정답

1.11Pa

03 직경이 0.0004m이고 길이가 0.03m인 모세관에 산소 기체를 $1cm^3/s$로 송풍하고 있다. 산소의 밀도는 $1.33kg/m^3$이고 점도는 0.00021P라면 모세관에 의한 마찰손실(J/kg)을 구하시오.

해설

레이놀즈수를 통해 층류인지 판별하여 하겐-푸아죄유식을 이용하면 된다.

$$Re. = \frac{D\bar{u}\rho}{\mu} = \frac{D\frac{\dot{Q}}{A}\rho}{\mu} = \frac{0.0004\text{m}\dfrac{0.000001\text{m}^3/\text{s}}{\dfrac{\pi(0.0004\text{m})^2}{4}}1.33\text{kg/m}^3}{0.000021\text{kg/m}\cdot\text{s}} = 201.596 \Rightarrow \text{층류}$$

$$\therefore\ F_s = \frac{32\mu\bar{u}L}{D^2\rho} = \frac{32\times 0.000021\text{kg/m}\cdot\text{s}\times\dfrac{0.000001\text{m}^3/\text{s}}{\dfrac{\pi(0.0004\text{m})^2}{4}}\times 0.03\text{m}}{(0.0004\text{m})^2\times 1.33\text{kg/m}^3}\times\frac{1\text{kg}}{1\text{kg}}\times\frac{1\text{J}}{1\text{kg}\cdot\text{m/s}^2\cdot\text{m}}$$

$= 753.891 ≒ 753.89\text{J/kg}$

정답

753.89J/kg

04 직경이 0.5m, 길이가 1,000m인 원형관을 유체가 4.45m/s의 유속으로 흘러간다. 이때의 손실수두(m)를 구하시오(단, 마찰계수는 0.03이다).

해설

원형관에 의한 표면 마찰손실을 구하고 두로 환산하면 된다.

$$H = \frac{F_s}{g} = 4f\frac{L}{D}\frac{\bar{u}^2}{2g} = 4\times 0.03\frac{1{,}000\text{m}}{0.5\text{m}}\times\frac{(4.45\text{m/s})^2}{2\times 9.8\text{m/s}^2} = 242.479 ≒ 242.48\text{m}$$

정답

242.48m

2 단위조작(열전달)

05 내경과 외경이 각각 0.04m, 0.06m인 동심원 관이 있다. 관의 내부 측 온도와 외부 측 온도는 각각 200℃, 1,200℃이다. 이때 외관의 안쪽 온도(℃)를 구하시오(단, 내부와 외부 열전달계수는 각각 1,000kcal/h · m^2 · ℃, 100kcal/h · m^2 · ℃이고 열전도도는 50kcal/h · m^2 · ℃이다).

해설

총괄 열전달계수를 통한 열전달량과 외부 열전달계수에 의한 열전달이 같다고 놓고 풀면 외관의 안쪽 온도를 구할 수 있다.

$$\dot{q} = \frac{T_h - T_c}{\frac{1}{h_o} + \frac{x_w}{k_m}\frac{D_o}{\overline{D}_L} + \frac{1}{h_i}\frac{D_o}{D_i}} = h_0(T_h - T_{wh})$$

$$\Rightarrow T_{wh} = T_h - \frac{1}{h_o}\frac{T_h - T_c}{\frac{1}{h_o} + \frac{x_w}{k_m}\frac{D_o}{\overline{D}_L} + \frac{1}{h_i}\frac{D_o}{D_i}} = 1{,}200℃ - \frac{1}{100\text{kcal/h}\cdot\text{m}^2\cdot℃} \times$$

$$\frac{(1{,}200-200)℃}{\frac{1}{100\text{kcal/h}\cdot\text{m}^2\cdot℃} + \frac{\frac{0.06-0.04}{2}\text{m}}{50\text{kcal/h}\cdot\text{m}\cdot℃}\frac{0.06}{\frac{0.06-0.04}{\ln\frac{0.06}{0.04}}} + \frac{1}{1{,}000\text{kcal/h}\cdot\text{m}^2\cdot℃}\frac{0.06}{0.04}}$$

$= 348.449 ≒ 348.45℃$

정답

348.45℃

06 열교환기에서 뜨거운 유체는 140℃에서 90℃로 냉각되고 차가운 유체는 40℃에서 70℃로 상승할 때, 향류와 병류일 때 각각의 로그평균 온도차(℃)를 구하시오.

해설

향류일 때와 병류일 때의 로그평균 온도차의 식에 대입하여 구하면 된다.

① 향류일 때

$$\overline{\Delta T_{L,향}} = \frac{(140-70)℃ - (90-40)℃}{\ln\frac{(140-70)℃}{(90-40)℃}} = 59.440 ≒ 59.44℃$$

② 병류일 때

$$\overline{\Delta T_{L,병}} = \frac{(140-40)℃ - (90-70)℃}{\ln\frac{(140-40)℃}{(90-70)℃}} = 49.706 ≒ 49.71℃$$

정답

① 59.44℃, ② 49.71℃

07 가시광선 영역에서 임의의 파장으로 휘도를 측정할 때 빈의 법칙을 이용하여 온도를 나타내는 온도계는?

정답

광온도계

3 단위조작(물질전달)

08 원료 100kmol 중 벤젠과 톨루엔이 각각 60kmol, 40kmol의 조성으로 평형증류할 때 탑하 제품의 조성은 0.4이다. 이때 탑상 제품의 양(kmol)을 구하시오(단, 벤젠과 톨루엔의 증기압은 각각 1,180mmHg, 481mmHg이다).

해설

라울의 법칙을 이용해 상대휘발도를 구하고, 상대휘발도를 통해 탑하 제품의 조성과 평형상태인 탑상 제품의 조성을 구한다. 최종적으로 물질수지를 통해 탑상 제품의 양을 구할 수 있다.

$$\alpha = \frac{P_B{}'}{P_T{}'} = \frac{1,180\text{mmHg}}{481\text{mHg}} = 2.453 \fallingdotseq 2.45$$

$$y_D = \frac{\alpha x_B}{1+(\alpha-1)x_B} = \frac{2.45\times 0.4}{1+(2.45-1)0.4} = 0.620 \fallingdotseq 0.62$$

$$\therefore\ Fx_F = Dx_D + Bx_B$$

$$\Rightarrow 100\text{kmol}\times 0.6 = D\times 0.62 + (100-D)\text{kmol}\times 0.4$$

$$\Rightarrow D = \frac{100(0.6-0.4)}{0.62-0.4} = 90.909 \fallingdotseq 90.91\text{kmol}$$

정답

90.91kmol

09 **어떤 온도에서 상대습도는 50%이고 포화습도는 0.3095kgH_2O/kg Dry Air일 때 비교습도(%)를 구하시오(단, 대기압은 1기압이다).**

해설

포화습도와 상대습도, 비교습도의 정의식을 이용하면 된다.

$$\mathscr{H}_s = \frac{18}{29}\frac{P_A{}'}{760 - P_A{}'} = 0.3095$$

$$\Rightarrow P_A{}' = \frac{0.3095\dfrac{29}{18}760\text{mmHg}}{1 + 0.3095\dfrac{29}{18}} = 252.873 \fallingdotseq 252.87\text{mmHg}$$

$$\mathscr{H}_R = \frac{P_A}{P_A{}'} \times 100 = 50$$

$$\Rightarrow P_A = 0.5 \times 252.87\text{mmHg} = 126.435\text{mmHg}$$

$$\therefore \mathscr{H}_P = \mathscr{H}_R \times \frac{760 - P_A{}'}{760 - P_A} = 50\% \times \frac{760 - 252.87}{760 - 126.435} = 40.021 \fallingdotseq 40.02\%$$

정답

40.02%

10 **아세트산 22kg, 물 80kg에 아이소프로필에터 100kg으로 추출한다. 아이소프로필에터 속 아세트산 분율은 각각 0.03, 0.045, 0.06, 0.075, 0.09이고, 물속 초산 분율은 각각 0.1, 0.15, 0.2, 0.25, 0.3일 때 추출되는 아세트산의 질량(kg)을 구하시오.**

해설

분배계수의 평균값으로 추출률을 계산하고 아세트산의 질량(kg)을 구하면 된다.

$$K_D = \frac{y}{x},\ \overline{K}_D = \frac{\dfrac{0.03}{0.1} + \dfrac{0.045}{0.15} + \dfrac{0.06}{0.2} + \dfrac{0.075}{0.25} + \dfrac{0.09}{0.3}}{5} = 0.3$$

$$\therefore \text{초산의 질량} \times \text{추출률} = 22\text{kg}\left(1 - \frac{1}{1 + \overline{K}_D\dfrac{S}{B}}\right) = 22\text{kg}\left(1 - \frac{1}{1 + 0.3 \times \dfrac{100\text{kg}}{80\text{kg}}}\right) = 6\text{kg}$$

정답

6kg

2017년 제1회 과년도 기출복원문제

1 단위조작(유체역학, 양론)

01 U자형 마노미터로 오리피스에 있는 유체의 압력차를 측정하였다. 이때 마노미터 읽음이 15cm라면 오리피스의 압력차(kPa)는 얼마인가?(단, 수은과 유체의 비중은 각각 13.6, 0.79이다)

해설

마노미터의 식으로 구하면 된다.

$$\Delta P = gR_m(\rho_A - \rho_B) = 9.8\text{m/s}^2 \times \frac{15}{100}\text{m} \times (13.6 - 0.79) \times 1{,}000\text{kg/m}^3 \times \frac{1\text{kPa}}{1{,}000\frac{\text{kg}\cdot\text{m/s}^2\cdot\text{m}}{\text{m}^2}}$$

$$= 18.830 \fallingdotseq 18.83\text{kPa}$$

정답

18.83kPa

02 지름이 5cm인 원형관에 비중이 1.2, 점도가 1.6cP인 유체가 3cm/s의 유속이라고 할 때 흐름을 판별하시오.

해설

레이놀즈수의 정의식을 통해 판별할 수 있다.

$$Re. = \frac{D\bar{u}\rho}{\mu} = \frac{5\text{cm}\times 3\text{cm/s}\times 1.2\text{g/cm}^3}{0.016\text{g/cm}\cdot\text{s}} = 1{,}125 < 2{,}100 \Rightarrow \text{층류}$$

정답

층류

03 점도와 동점도의 단위를 cgs 단위계로 쓰시오.

정답

- 점도 : g/cm · s
- 동점도 : cm^2/s

04 직경이 10cm, 높이가 5m인 탱크에 직경 10cm의 원형 크랙이 발생하여 물이 유출되기 시작했다. 이 크랙을 통해 물이 모두 빠지는 데 걸리는 시간(h)을 구하시오.

해설

수위 변화를 미분방정식의 형태로 유도하고, 수위를 구하여 유출유량을 계산한다.

$$\frac{P_1 - P_2}{\rho} + \frac{\bar{u}_1^{\ 2} - \bar{u}_2^{\ 2}}{2} + g(Z_1 - Z_2) = 0$$

$$\Rightarrow \bar{u}_2 = \sqrt{2g[-(-h)]} = \sqrt{2gh}$$

$$Q = -\frac{dV}{dt} = -A\frac{dh}{dt} = A_{크랙}\sqrt{2gh}$$

$$\Rightarrow -\int_{h_i}^{h_f}\frac{dh}{\sqrt{h}} = \frac{A_{크랙}}{A}\sqrt{2g}\int_0^{1h}dt$$

$$\Rightarrow -2[\sqrt{h}]_{h_i}^{h_f} = -2(\sqrt{h_f} - \sqrt{h_i}) = \frac{A_{크랙}}{A}\sqrt{2g}\,[t]_0^{1h} = \frac{A_{크랙}}{A}t\sqrt{2g}$$

$$\Rightarrow t = \frac{-2(\sqrt{h_f} - \sqrt{h_i})}{\frac{A_{크랙}}{A}\sqrt{2g}} = \frac{-2(\sqrt{0} - \sqrt{5\text{m}})}{\frac{\frac{\pi(0.1\text{m})^2}{4}}{\frac{\pi(10\text{m})^2}{4}}\sqrt{2\times 9.8\text{m/s}^2}} \times \frac{1\text{h}}{3,600\text{s}} = 2.805 \fallingdotseq 2.81\text{h}$$

정답

2.81h

05 보기는 관 부속품을 나열한 것이다. 용도에 맞게 보기에서 골라 쓰시오(단, 없는 경우는 "없음"이라고 표기하시오).

보기
니플, 리듀서, 부싱, 소켓, 엘보, 유니온, 커플링, 플랜지

① 관지름이 같은 원형관을 연결할 때

② 관의 반향을 바꿀 때

③ 관의 직경을 변경할 때

정답

① 니플, 소켓, 유니온, 커플링, 플랜지

② 엘보

③ 리듀서, 부싱

06 원형관에 오리피스 유량계를 설치하여 비중이 0.001인 유체를 측정하였더니 압력차는 29.40N/m^{2}이고 유량은 2,000L/min이었을 때, 오리피스 유량계의 직경(m)을 구하시오(단, 압력차는 오리피스 계수는 0.6이고 관에 비해 오리피스 직경은 매우 작다고 가정한다).

해설

오리피스 유량계의 유량 계산식으로 구할 수 있다.

$$\dot{Q} = \frac{C_o}{\sqrt{1-\left(\frac{D_o}{D_1}\right)^4}} \frac{\pi D_o{}^2}{4} \sqrt{\frac{2\Delta P}{\rho}}$$

$$\Rightarrow D_0 = \sqrt{\frac{4\dot{Q}}{\pi C_o}} \sqrt[4]{\frac{1-\left(\frac{D_o}{D_1}\right)^4}{\frac{2\Delta P}{\rho}}} = \sqrt{\frac{4\times\frac{2,000}{1,000}\mathrm{m^3/min}\times\frac{1\mathrm{min}}{60\mathrm{s}}}{\pi 0.6}} \sqrt[4]{\frac{1-0^4}{\frac{2\times 29.4\mathrm{N/m^2}}{1\mathrm{kg/m^3}}\times\frac{1\mathrm{kg}\cdot\mathrm{m/s^2}}{1\mathrm{N}}}}$$

$= 0.096 \fallingdotseq 0.10\mathrm{m}$

정답

0.10m

2 단위조작(열전달)

07 관의 유체 압력강하가 3,000N/m^{2}이고 열교환은 없다. 이때의 온도차(℃)는 얼마인가?(단, 유체의 정적 비열은 2J/kg · ℃이고, 비중은 0.6이다)

해설

엔탈피와 내부에너지 관계식을 이용하면 구할 수 있다.

$\Delta H = 0 = \Delta(U+PV) = \Delta U + \Delta PV$

$\Rightarrow \Delta U = mC_V\Delta T = -\Delta PV$

$$\Rightarrow \frac{mC_V\Delta T}{m} = C_V\Delta T = \frac{-\Delta PV}{m} = \frac{-V\Delta P}{m} = \frac{-\Delta P}{\rho}$$

$$\therefore \Delta T = \frac{-\Delta P}{\rho C_V} = \frac{3,000\mathrm{N/m^2}}{600\mathrm{kg/m^3}\times 2\mathrm{J/kg}\cdot℃}\times\frac{1\mathrm{J}}{1\mathrm{N}\cdot\mathrm{m}} = 2.5℃$$

정답

2.5℃

3 단위조작(물질전달)

08 ① 평형증류와 ② 단증류에 대해 각각 설명하시오.

정답

① 평형증류는 발생된 증기가 나머지 액체와 평형을 이루고 액체의 일정한 비율이 기화되고, 증기를 액체로부터 분리한 다음 증기를 응축시키는 과정이다.

② 단증류는 액체와 평형하게 있는 증기를 증류탑 안에서 액화하여 하강시키지 않고 그대로 응축기에 유도하여 응축시키는 조작이다.

09 30,000kg/h인 원료의 조성이 벤젠 45wt%, 톨루엔 55wt%이며 탑상 제품과 탑하 제품의 조성은 각각 92wt%, 10wt%이다. 환류비는 3.5이고 원료는 끓는점으로 공급될 때 탑상제품의 양(kgmol/h)을 구하시오.

해설

물질수지를 통해 탑상 제품과 탑하 제품의 질량유속을 구하고 평균분자량을 통해 탑상 제품의 몰유량을 구한다.

(물질수지식) $Fx_F = Dx_D + (F-D)x_B$

$$\Rightarrow D = \frac{F(x_F - x_B)}{x_D - x_B} = \frac{30{,}000\text{kg/h}(0.45-0.1)}{0.92-0.1} \times \frac{1}{[0.92\times(12\times6+1\times6)+0.08\times(12\times7+1\times8)]\text{kg/kgmol}}$$

$= 161.841 \fallingdotseq 161.84$kgmol/h

정답

161.84kgmol/h

10 아래 충전탑의 명칭을 쓰시오.

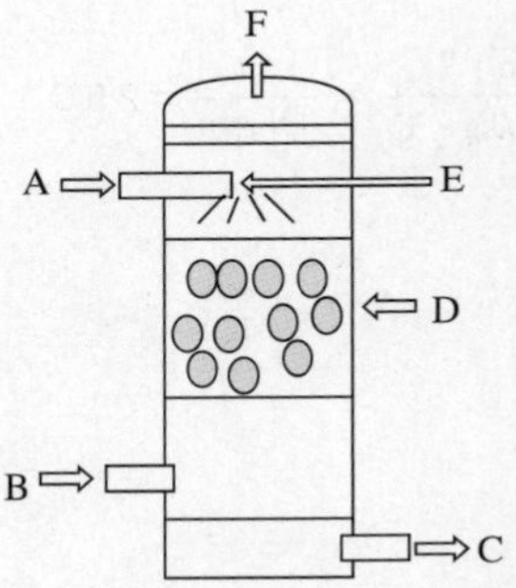

정답

- A : 액체의 입구
- B : 기체의 입구
- C : 액체의 출구
- D : 충전물
- E : 액분배기
- F : 기체의 출구

11 30wt%의 습윤 펄프 100kg을 건조시켜 처음 수분의 50%를 제거했을 때 건조된 펌프의 조성(wt%)을 구하시오.

해설

물질수지를 통해 구할 수 있다.

$$\frac{100\times 0.3}{(100\times 0.3)+(100\times 0.7\times 0.5)} = 0.46153 = 46.15\text{wt\%}$$

정답

46.15wt%

4 반응공학

12 1차 반응에서 회분식 반응기의 반감기가 1,000초이다. 이 물질 초기농도의 1/10이 되는 시간(분)을 구하시오.

해설

1차 반응에 대한 반감기의 식을 통해 반응속도상수를 구하고 이를 통해 시간을 구한다.

$$t = \frac{1}{k}\ln\frac{1}{1-X_A}$$

$$\Rightarrow t_{\frac{1}{2}} = \frac{1}{k}\ln\frac{1}{1-0.5} = \frac{1}{k}\ln2 = 1{,}000\text{s}$$

$$\Rightarrow k = \frac{\ln2}{1{,}000}s^{-1}$$

$$\therefore t_{\frac{1}{10}} = \frac{1}{\frac{\ln2}{1{,}000}s^{-1}}\ln\frac{1}{1-0.9}\times\frac{1\text{min}}{60\text{s}} = 55.365 \fallingdotseq 55.37\text{분}$$

정답

55.37분

2017년 제2회 과년도 기출복원문제

1 단위조작(유체역학, 양론)

01 20℃의 상태에서 50L의 용기에 질소 기체 100g이 들어있다면, 이때의 질소 기체의 계기압력(psi)을 구하시오(단, 대기압은 14.7psi).

해설

질소 기체의 압력은 이상기체 상태방정식을 통해 구하고, 절대압력이 대기압력과 계기압력의 합이므로 이를 통해 계기압력을 구할 수 있다.

$$PV = \frac{w}{M}RT$$

$$\Rightarrow P = \frac{wRT}{MV} = \frac{100\text{g} \times 0.082\,\text{atm} \cdot \text{L/mol} \cdot \text{K} \times (273.15 + 20)\text{K}}{14 \times 2\text{g/mol} \times 50\text{L}} \times \frac{14.7\text{psi}}{1\text{atm}} = 25.240 ≒ 25.24\text{psi}$$

∴ 계기압력 = 절대압력 − 대기압 = 25.24 − 14.7 = 10.54psi

정답

10.54psi

02 내경이 5cm인 원형관에서 유체의 임계유속(cm/s)을 구하시오(단, 유체의 비중은 0.789, 점도는 1.25cP이다).

해설

레이놀즈수를 2,100으로 유속을 구하면 된다.

$$Re. = \frac{D\bar{u}\rho}{\mu}$$

$$\Rightarrow \bar{u}_c = \frac{Re. \mu}{D\rho} = \frac{2{,}100 \times 0.0125\,\text{g/cm} \cdot \text{s}}{5\text{cm} \times 0.789\,\text{g/cm}^3} = 6.653 ≒ 6.65\text{cm/s}$$

정답

6.65cm/s

03 한 변의 길이가 4cm인 정육각형 모양의 관에 상당직경(cm)을 구하시오.

해설

상당직경의 정의식으로 구하면 된다. 넓이는 한 변의 길이가 4cm인 정삼각형이 6개가 있다고 생각하고 계산하면 된다.

$$D_e = 4r_H = 4\frac{S}{S_P} = 4\frac{\frac{4 \times 2\sqrt{3}}{2}\text{cm}^2 \times 6}{4\text{cm} \times 6} = 6.928 ≒ 6.93\text{cm}$$

정답

6.93cm

04 마찰계수를 통한 직선관에서 표면마찰 손실을 식으로 표현하시오.

정답

$$F_s = \frac{\Delta P_s}{\rho} = 4f\frac{L}{D}\frac{\bar{u}^2}{2}\,\mathrm{J/kg}$$

여기서, ΔP_s : 압력강하(N/m^2)

ρ : 밀도(kg/m^3)

f : 마찰계수

L : 관의 길이(m)

$\bar{u}$: 평균유속(m/s)

05 스케줄 넘버를 구하는 식을 쓰시오.

정답

$$\text{Schedule No.} = 1{,}000 \times \frac{\text{작업압력}(\mathrm{kg_f/cm^2})}{\text{허용응력}(\mathrm{kg_f/cm^2})}$$

06 세 가지 밸브를 쓰고 그 밸브에 대해 설명하시오.

정답

- 체크밸브 : 역류를 방지하기 위해 사용하는 밸브로, 유체를 한 방향으로만 흐르게 한다.
- 안전밸브 : 배관에 설치하여 제한 압력이 이상 상승이 되면 자동으로 개방되어 유체를 대기 중으로 방출함으로써 고압으로부터 설비 및 장치를 보호해 주는 기능을 한다.
- 게이트밸브 : 섬세한 유량이 조절이 가능한 밸브로서 입구와 출구의 중심선이 일직선상에 있고 유체의 흐름이 S자 모양이다.

07 임펠러의 회전을 통해 액체를 회전시켜 압력을 높여 물을 끌어올리는 펌프로, 부유물질을 포함한 액체를 이송할 때도 쓰이는 펌프의 이름을 쓰시오.

정답

원심펌프

08 지름이 0.1m이고 길이가 400m인 원형관으로 25m 위에 있는 탱크로 기름을 $60m^3$/h로 올리려고 한다. 이때 펌프의 동력(kW)을 구하시오(단, 기름의 밀도는 $900kg/m^3$이고 점도는 200cP이다. 펌프의 효율은 50%이다).

해설

마찰손실은 표면마찰손실만 계산하고, 베르누이식을 이용해 펌프의 일을 구하면 된다.

$$Re. = \frac{D\bar{u}\rho}{\mu} = \frac{0.1\text{m} \times \dfrac{60\text{m}^3/\text{h}}{\dfrac{\pi(0.1\text{m})^2}{4}} \times \dfrac{1\text{h}}{3{,}600\text{s}} \times 900\text{kg/m}^3}{0.2\text{kg/m}\cdot\text{s}} = 954.929 < 2{,}100 \Rightarrow \text{층류}$$

$$\frac{P_1 - P_2}{\rho} + \frac{\alpha(\bar{u}_1{}^2 - \bar{u}_2{}^2)}{2} + g(Z_1 - Z_2) = F_s - W_p$$

$$\Rightarrow W_p = \frac{32\mu\bar{u}_2 L}{D^2\rho} + \frac{\alpha\bar{u}_2{}^2}{2} + gZ_2$$

$$= \left[\frac{32 \times 0.2\text{kg/m}\cdot\text{s} \times \dfrac{60\text{m}^3/\text{h}}{\dfrac{\pi(0.1\text{m})^2}{4}} \times \dfrac{1\text{h}}{3{,}600\text{s}} \times (400+25)\text{m}}{(0.1\text{m})^2 900\text{kg/m}^3} + \frac{2\left(\dfrac{60\text{m}^3/\text{h}}{\dfrac{\pi(0.1\text{m})^2}{4}} \times \dfrac{1\text{h}}{3{,}600\text{s}}\right)^2}{2} + 9.8\text{m/s}^2 \times 25\text{m}\right]$$

$$\times \frac{1\text{kg}}{1\text{kg}} \times \frac{1\text{J}}{1\text{kg}\cdot\text{m/s}^2\cdot\text{m}}$$

$= 890.838 \fallingdotseq 890.84$J/kg

$$\therefore P = \frac{\dot{m}W_P}{\eta} = \frac{60\text{m}^3/\text{h} \times 900\text{kg/m}^3 \times 890.84\text{J/kg} \times \dfrac{1\text{h}}{3{,}600\text{s}}}{0.5} = 26{,}725.2\text{W} = 26.73\text{kW}$$

정답

26.73kW

2 단위조작(열전달)

09 실린더 형태인 관의 외경과 직경이 각각 1m, 0.4m, 길이가 10m이고 내면과 외면의 온도가 각각 500℃, 320℃이고 열전도도는 0.2W/m · ℃이다. 이때 열전달량(kW)을 구하시오.

해설

원통에 대한 열흐름을 사용하면 된다.

$$\dot{q} = \frac{2\pi Lk}{\ln\dfrac{r_o}{r_i}}(T_i - T_o) = \frac{2\pi(0.5-0.2)\text{m} \times 0.2\text{W/m}\cdot℃}{\ln\dfrac{0.5\text{m}}{0.2\text{m}}}(500-320)℃ \times \frac{1\text{kW}}{1{,}000\text{W}} = 0.074 \fallingdotseq 0.07\text{kW}$$

정답

0.07kW

10 170℃인 수증기에 의해 50kg/h의 물이 10℃에서 90℃로 상승하는 열교환기가 있을 때, 이 면적(m^2)을 구하시오(단, 총괄 열전달계수는 100kcal/h · m^2 · ℃).

해설

물의 온도변화에 의한 열전달량을 계산하고, 총괄 열전달계수에 의한 열전달량식을 이용한다.

$\dot{q} = m_c C_P (T_{c2} - T_{c1}) = UA\overline{\Delta T_L}$

$$\Rightarrow A = \frac{m_c C_P (T_{c2} - T_{c1})}{U\overline{\Delta T_L}} = \frac{50\text{kg/h} \times 1\text{kcal/kg} \cdot ℃ \times (90-10)℃}{100\text{kcal/h} \cdot \text{m}^2 \cdot ℃ \times \dfrac{(170-10)-(170-90)}{\ln \dfrac{170-10}{170-90}}℃} = 0.346 \fallingdotseq 0.35\text{m}^2$$

정답

0.35m^2

3 단위조작(물질전달)

11 55℃인 원료의 조성이 벤젠 45mol%, 톨루엔 55mol%이고, 끓는점은 93.9℃이다. 원료의 비열과 잠열은 각각 40kcal/kg · ℃, 7,620kcal/kg일 때 원료 공급선을 구하시오.

해설

끓는점 이하일 때의 q값을 구해 원료 공급선의 식에 대입한다.

$$q = 1 + \frac{C_{PL}(T_b - T_F)}{\lambda} = 1 + \frac{40\text{kcal/kg} \cdot ℃ \times (93.9-55)℃}{7{,}620\text{kcal/kg}} = 1.204 \fallingdotseq 1.20$$

$$\therefore\ y = -\frac{q}{1-q}x + \frac{x_F}{1-q} = -\frac{1.2}{1-1.2}x + \frac{0.45}{1-1.2} = 6x - 2.25$$

정답

$y = 6x - 2.25$

12 물 32wt%인 1,000kg 고형물을 3wt%로 수분을 제거시킬 때 제거된 물의 양(kg)을 구하시오.

해설

물질수지식을 세우면 구할 수 있다.

$1{,}000 \times (1-0.32) = (1{,}000 - W) \times (1-0.03)$

$$\Rightarrow W = \frac{970-680}{0.97} = 298.969 \fallingdotseq 298.97\text{kg}$$

정답

298.97kg

13 다음 듀링 차트를 보고 10atm, 50wt% 수산화나트륨 용액의 끓는점을 구하시오.

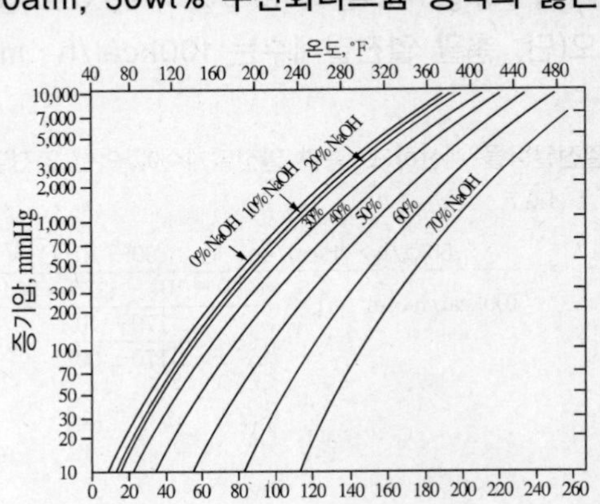

해설

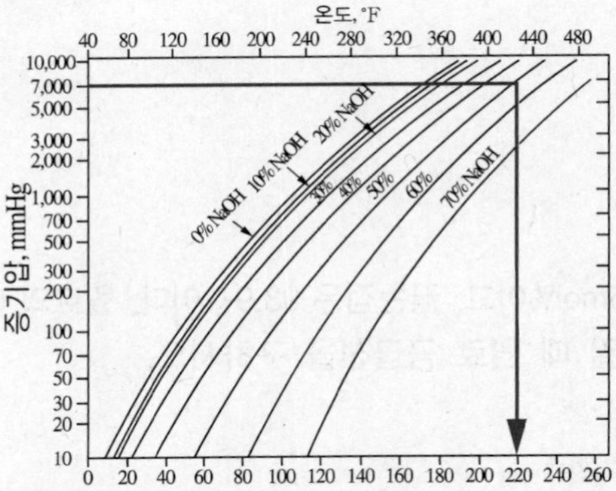

정답

약 220℃

14 수증기를 열원으로 사용하는 증발기의 장점 네 가지를 쓰시오.

정답

- 열원은 저렴한 비용으로 획득이 용이하다.
- 수증기의 큰 열전달계수를 이용할 수 있다.
- 가열이 균일하게 진행되어 일부만 불균일하게 가열될 요소가 적다.
- 다중 효용관에 의한 증발 원리를 이용할 수 있다.

화공기사

2017년 제4회 과년도 기출복원문제

1 단위조작(유체역학, 양론)

01 지름이 0.04m인 원형관으로 2m 위에 있는 탱크로 유체를 10L/s로 올리려고 한다. 이때 펌프의 동력(kW)을 구하시오(단, 기름의 밀도는 1,500kg/m^{3}이고 총 마찰손실은 98J/kg이다. 또 펌프의 효율은 60%이다).

해설

베르누이식을 이용해 펌프의 일을 구하면 된다.

$$\frac{P_1 - P_2}{\rho} + \frac{\bar{u}_1{}^2 - \bar{u}_2{}^2}{2} + g(Z_1 - Z_2) = \Sigma F - W_p$$

$$\Rightarrow W_p = \Sigma F + \frac{\left(\frac{\dot{Q}}{A_2}\right)^2}{2} + gZ_2 = 98\text{J/kg} + \left[\frac{\left(\frac{0.01\text{m}^3/\text{s}}{\frac{\pi(0.04\text{m})^2}{4}}\right)^2}{2} + 9.8\text{m/s}^2 \times 2\text{m}\right] \times \frac{1\text{kg}}{1\text{kg}} \times \frac{1\text{J}}{1\text{kg}\cdot\text{m/s}^2\cdot\text{m}}$$

$$\therefore P = \frac{\dot{m}W_P}{\eta}$$

$$= \frac{0.01\text{m}^3/\text{s} \times 1{,}500\text{kg/m}^3\left[98\text{J/kg} + \left[\frac{\left(\frac{0.01\text{m}^3/\text{s}}{\frac{\pi(0.04\text{m})^2}{4}}\right)^2}{2} + 9.8\text{m/s}^2 \times 2\text{m}\right]\right]}{0.6} \times \frac{1\text{kg}}{1\text{kg}} \times \frac{1\text{J}}{1\text{kg}\cdot\text{m/s}^2\cdot\text{m}} \times \frac{1\text{kW}}{1{,}000\text{J/s}}$$

$= 3.731 ≒ 3.73$kW

정답

3.73kW

02 마노미터 읽음이 0.054, 지름은 0.3m이고 물을 사용하는 마노미터가 있을 때, 피토관으로 측정한 공기의 유속(m/s)을 구하시오(단, 공기의 비중은 0.00121이다).

해설

피토관 유속의 식을 통해 구할 수 있다.

$$u_0 = \sqrt{\frac{2\Delta P}{\rho_B}} = \sqrt{\frac{2gR_m(\rho_A - \rho_B)}{\rho_B}} = \sqrt{\frac{2\times 9.8\text{m/s}^2 \times 0.054\text{m}(1 - 0.00121)}{0.00121}} = 29.557 ≒ 29.56\text{m/s}$$

정답

29.56m/s

03 ① 옥테인가와 ② 세테인가에 대해 설명하시오.

정답

① 옥테인가는 아이소옥테인을 100, 노말헵테인을 0으로 해서 나타내는 값으로 휘발유 품질의 척도이다.
② 세테인가는 노말헥사데케인(n-Hexadecane)을 100, 메틸나프탈렌를 0으로 해서 나타내는 값으로 경유 품질의 척도이다.

2 단위조작(열전달)

04 푸리에의 법칙을 설명하시오.

정답

- 열 플럭스(Heat Flux, 단위시간당 면적당 열량)와 온도차는 서로 비례한다.
- x-방향으로 정상상태의 일차원 흐름으로 가정한다.
- $\frac{d\dot{q}}{dA}$(열플럭스) $\propto$ $\frac{dT}{dx}$(거리에 따른 온도차)

$\Rightarrow$ $\frac{d\dot{q}}{dA} = -k$(비례인자)$\frac{dT}{dx}$

여기서, $\dot{q}$: 표면의 직각 방향에 대한 열흐름속도(J/s = W)
A : 표면적(m^2)
T : 온도(K)
x : 표면의 직각으로 측정된 거리(m)
k : 열전도도(W/m · ℃)

05 열전달계수와 열전도도가 각각 200kcal/h · m^2 · ℃, 20kcal/h · m · ℃인 두께가 0.05m 벽의 내부 및 외부온도는 30℃, 100℃이다. 이때의 열 플럭스(kcal/h · m^2)를 구하시오.

해설

복합 열전달량을 구하는 식에 대입하면 구할 수 있다.

$$\frac{\dot{q}}{A} = \frac{T_o - T_i}{\frac{1}{h} + \frac{x_w}{k_M}} = \frac{(100-30)℃}{\frac{1}{200\text{kcal/h} \cdot \text{m}^2 \cdot ℃} + \frac{0.05\text{m}}{20\text{kcal/h} \cdot \text{m} \cdot ℃}}$$

$= 9,333.333 ≒ 9,333.33\text{kcal/h} \cdot \text{m}^2$

정답

9,333.33kcal/h · m^2

06 두 개의 큰 무한한 평판의 복사능이 각각 0.8, 0.5이고, 온도는 각각 1,100K, 650K일 때 복사열 전달량(kcal/h · m²)을 구하시오(단, 슈테판-볼츠만 상수는 4.88×10^{-8}kcal/h · m² · K⁴이다).

해설

무한한 평판일 때의 총괄 호환인자를 이용하여 복사열 플럭스(kcal/h · m²)를 구하면 된다.

$$\frac{\dot{q}}{A} = \sigma \mathscr{F}_{12}(T_1^{\,4} - T_2^{\,4}) = \frac{\sigma}{\frac{1}{\varepsilon_1} + \frac{1}{\varepsilon_2} - 1}(T_1^{\,4} - T_2^{\,4}) = \frac{4.88 \times 10^{-8}\,\mathrm{kcal/h \cdot m^2 \cdot K^4}}{\frac{1}{0.8} + \frac{1}{0.5} - 1} \times (1{,}100^4 - 650^4)\mathrm{K}^4$$

$= 27{,}883.1$kcal/h · m²

정답

27,883.1kcal/h · m²

07 다음 열전대 유형별 사용하는 금속재료를 두 가지씩 쓰시오.

J, K, R

정답

- J : 철-콘스탄탄
- K : 코로멜-알루멜
- R : 백금-로듐

3 단위조작(물질전달)

08 2기압, 110℃에서 벤젠과 톨루엔의 이상용액이 기액평형을 이루고 있을 때 기상 중 벤젠과 톨루엔의 조성을 구하시오(단, 벤젠과 톨루엔의 증기압은 각각 1,750mmHg, 760mmHg이다).

해설

라울의 법칙과 돌턴의 분압법칙을 이용하면 구할 수 있다.

$P = x_B P_B' + x_T P_T'$

$\Rightarrow 2\text{atm} \times \dfrac{760\text{mmHg}}{1\text{atm}} = x_B \times 1{,}750\text{mmHg} + (1 - x_B) \times 760\text{mmHg}$

$\Rightarrow x_B = \dfrac{2 \times 760 - 760}{1{,}750 - 760}$

$\therefore y_B = \dfrac{x_B P_B'}{P} = \dfrac{\dfrac{2 \times 760 - 760}{1{,}750 - 760} 1{,}750\text{mmHg}}{2\text{atm} \times \dfrac{760\text{mmHg}}{1\text{atm}}} = 0.883 \fallingdotseq 0.88$

$\therefore y_T = 1 - y_B = 1 - 0.88 = 0.12$

정답

- 벤젠 : 0.88
- 톨루엔 : 0.12

09 탑의 높이가 180m이고 이론 단수가 9라면 이론단의 해당 높이(m/단)를 구하시오.

해설

탑의 높이는 이론 단수와 이론단의 해당 높이의 곱이다.

$\dfrac{180\text{m}}{9\text{단}} = 20\text{m/단}$

정답

20m/단

2018년 제1회 과년도 기출복원문제

1 단위조작(유체역학, 양론)

01 절대압과 대기압이 각각 0.051kgf/cm², 700mmHg일 때 진공압력(kgf/cm²)을 구하시오.

해설

절대압은 대기압과 진공압의 차이다.

$$700\text{mmHg} \times \frac{1.0332\text{kg}_f/\text{cm}^2}{760\text{mmHg}} - 0.051\text{kg}_f/\text{cm}^2 = 0.9006 \fallingdotseq 0.901\text{kg}_f/\text{cm}^2$$

정답

0.901kgf/cm²

02 한 변의 길이가 4cm인 정육각형 모양의 관에 상당직경(cm)을 구하시오.

해설

상당직경의 정의식으로 구하면 된다. 넓이는 한 변의 길이가 4cm인 정삼각형이 6개 있다고 생각하고 계산하면 된다.

$$D_e = 4r_H = 4\frac{S}{S_P} = 4\frac{\frac{4\times 2\sqrt{3}}{2}\text{cm}^2\times 6}{4\text{cm}\times 6} = 6.928 \fallingdotseq 6.93\text{cm}$$

정답

6.93cm

03 지름이 0.15m인 관 속으로 밀도가 1,120kg/m³이고 점도가 0.001P인 유체가 0.05m³/min으로 이동한다. 엘보와 밸브의 상당길이(L_e/D)와 개수가 각각 40 및 3개, 100 및 1개이고 원형관의 총길이는 5m라고 하면 압력손실(N/m²)을 구하시오(단, 마찰계수는 0.046$Re.^{-0.5}$이다).

해설

관 부속품의 상당길이를 관의 길이에 포함시켜서 압력강하식에 대입하면 된다.

$$\Delta P = 4f\rho\frac{L_e}{D}\frac{\bar{u}^2}{2} = 4\times 0.046Re.^{-0.5}\rho\frac{L_e}{D}\frac{\left(\frac{\dot{Q}}{A}\right)^2}{2} = 4\times 0.046\left[\frac{0.15\text{m}\times\frac{0.05\text{m}^3/\text{min}}{\frac{\pi(0.15\text{m})^2}{4}}\times\frac{1\text{min}}{60\text{s}}\times 1,120\text{kg/m}^3}{0.0001\text{kg/m}\cdot\text{s}}\right]^{-0.5}$$

$$\times 1,120\text{kg/m}^3\frac{[15+(3\times 40+1\times 100)0.15]\text{m}}{0.15\text{m}}\frac{\left(\frac{0.05\text{m}^3/\text{min}}{\frac{\pi(0.15\text{m})^2}{4}}\times\frac{1\text{min}}{60s}\right)^2}{2}\times\frac{1\text{N}}{1\text{kg}\cdot\text{m/s}^2} = 0.260 \fallingdotseq 0.26\text{N/m}^2$$

정답

0.26N/m²

04 지름이 0.05m인 원형관을 이용하여 물탱크 위로 물을 10m/s로 50m 끌어올릴 때 필요한 동력(kW)을 구하시오(단, 모든 마찰손실은 무시한다).

해설

베르누이식을 이용하여 펌프 일을 구하고 질량유량과 펌프 일의 곱으로 동력을 구하면 된다.

$$\frac{P_1 - P_2}{\rho} + \frac{\bar{u}_1^{\,2} - \bar{u}_2^{\,2}}{2} + g(Z_1 - Z_2) = \Sigma F_s - W_p$$

$$\Rightarrow W_p = \frac{\bar{u}_2^{\,2}}{2} + gZ_2$$

$$\therefore P = \dot{m} W_P = \rho A \bar{u}_2 \left(\frac{\bar{u}_2^{\,2}}{2} + gZ_2 \right) = 1{,}000\text{kg/m}^3 \times \frac{\pi (0.05\text{m})^2}{4} 10\text{m/s} \left[\frac{(10\text{m/s})^2}{2} + 9.8\text{m/s}^2 \times 50\text{m} \right] \times \frac{1\text{kg}}{1\text{kg}} \times \frac{1\text{J}}{1\text{kg} \cdot \text{m/s}^2 \cdot \text{m}} \times \frac{1\text{kW}}{1{,}000\text{J/s}} = 10.602 \fallingdotseq 10.60\text{kW}$$

정답

10.60kW

05 압력계가 150mmH₂O이고 15℃에서 마노미터 읽음이 25mmH₂O인 피토관으로 측정한 공기의 유속(m/s)을 구하시오(단, 공기의 평균분자량은 29kg/kmol이다).

해설

압력은 절대압과 계기압의 합으로 하고 공기의 밀도를 구하고 피토관 유속의 식을 통해 구할 수 있다.

$$u_0 = \sqrt{\frac{2\Delta P}{\rho_B}} = \sqrt{\frac{2\Delta P}{\frac{PM}{RT}}} = \sqrt{\frac{2 \times 25\text{mmH}_2\text{O} \times \frac{101{,}325\text{N/m}^2}{10{,}330\text{mmH}_2\text{O}}}{\frac{(150 + 10{,}330)\text{mmH}_2\text{O} \times \frac{101{,}325\text{N/m}^2}{10{,}330\text{mmH}_2\text{O}} \times 29\text{kg/kmol}}{8.314\text{kJ/kmol} \cdot \text{K} \times \frac{1{,}000\text{kg} \cdot \text{m/s}^2 \cdot \text{m}}{1\text{kJ}} \times (273.15 + 15)\text{K}}}}$$

$$= 19.852 \fallingdotseq 19.85\text{m/s}$$

정답

19.85m/s

2 단위조작(열전달)

06 **열교환기에서 뜨거운 유체는 140℃에서 90℃로 냉각되고 차가운 유체는 40℃에서 70℃로 상승할 때, ① 향류와 ② 병류일 때 각각의 로그평균 온도차(℃)를 구하시오.**

해설

향류일 때와 병류일 때의 로그평균 온도차의 식에 대입하여 구하면 된다.

① $\overline{\Delta T_{L,향}} = \dfrac{(140-70)℃-(90-40)℃}{\ln\dfrac{(140-70)℃}{(90-40)℃}} = 59.440 ≒ 59.44℃$

② $\overline{\Delta T_{L,병}} = \dfrac{(140-40)℃-(90-70)℃}{\ln\dfrac{(140-40)℃}{(90-70)℃}} = 49.706 ≒ 49.71℃$

정답

① 59.44℃, ② 49.71℃

07 **① 너셀수와 ② 비오트수에 대해 설명하시오.**

정답

① 너셀수(Nusselt Number)

$$Nu. = \frac{hD}{k} = \frac{\dfrac{-k\left(\dfrac{dT}{dy}\right)_w}{T-T_w}}{k}D = -D\frac{\left(\dfrac{dT}{dy}\right)_w}{T-T_w} = \frac{\text{대류 열전달}}{\text{전도 열전달}} = \frac{(\text{W/m}^2\cdot℃)\cdot\text{m}}{\text{W/m}\cdot℃}$$

전도만 일어나는 층류층의 두께 x에서 모든 열전달이 일어난다고 하면,

$$\frac{d\dot{q}}{dA} = h(T-T_w) = \frac{k}{x}(T-T_w)$$

$$\Rightarrow h = \frac{k}{x}$$

$$Nu. = \frac{hD}{k} = \frac{k}{x}\frac{D}{k} = \frac{D}{x}$$

② 비오트수(Biot Number)

$$Bi. = \frac{hs}{k}(\text{수평관}) = \frac{hr_m}{k}(\text{구 또는 원통형}) = \frac{\text{대류 열전달}}{\text{전도 열전달}}$$

3 단위조작(물질전달)

08 **① 공비증류와 ② 추출증류에 대해 설명하시오.**

정답

① 분리제가 원료 성분과 공비물을 만들 때 이것을 공비증류라 하고 이 분리제를 공비제 또는 엔트레이너라고 한다.
② 분리제가 원료 속 주성분과 공비물을 만들지 않을뿐더러 분리해야 할 성분보다 비점이 높은 경우를 추출증류라 하고 이 분리제를 추출제라고 하고 있다.

09 다음 물음에 답하시오.

① 맥케이브-틸레법에서는 몇 성분계를 가정하는 것인가?
② 이론 단수와 실제 단수의 비는 무엇인가?
③ 이론 단수가 무한대일 때의 환류비는 무엇인가?

정답

① 2성분계
② 총괄효율
③ 최소환류비

10 벤젠의 몰 백분율이 45mol%이고 톨루엔의 몰 백분율이 55mol%인 혼합용액의 끓는점이 93.9℃일 때, 원료의 입구 온도가 55℃이고 몰비열이 40kcal/kgmol, 몰잠열 7,620kcal/kgmol로 한 원료 공급선의 식(q-line)을 구하라.

해설

차가운 유체일 때 q를 구하는 식을 도입하고, 원료 공급선의 식에 q를 대입하면 구할 수 있다. 원료의 몰분율은 0.45이다.

$$q = 1 + \frac{C_{PL}(T_b - T_F)}{\lambda} = 1 + \frac{40\text{kcal/kgmol} \cdot ℃ \times (93.9 - 55)℃}{7,620\,\text{kcal/kgmol}} = 1.204 ≒ 1.20$$

$$\Rightarrow\ y = -\frac{q}{1-q}x + \frac{x_F}{1-q} = -\frac{1.2}{1-1.2}x + \frac{0.45}{1-1.2} = 6x - 2.25$$

정답

$y = 6x - 2.25$

11 28wt% 황산 용액 100kg/h와 96wt% 황산 용액을 혼합하여 50wt% 황산 용액을 만들 때 소요되는 96wt% 황산 용액의 양(kg/h)을 구하시오.

해설

황산 물질수지로 구할 수 있다.

$$100\text{kg/h} \times 0.28 + \text{B} \times 0.96 = (100\text{kg/h} + \text{B}) \times 0.5$$

$$\Rightarrow\ \text{B} = \frac{50 - 28}{0.96 - 0.5}\text{kg/h} = 47.826 ≒ 47.83\text{kg/h}$$

정답

47.83kg/h

12 표준상태에서 공기 380m³ 중에 수분 16.8kg이 있을 때 절대습도(kgH_2O/kg Dry Air)를 구하시오.

해설

이상기체 상태방정식을 통해 수증기의 질량을 구하고 절대습도 정의식에 대입하면 된다.

$$\mathcal{H} = \frac{m_A}{m_B} = \frac{m_A}{\frac{PVM_B}{RT}} = \frac{16.8\text{kg}}{\frac{1\text{atm} \times 380\text{m}^3 \times 29\text{kg/kgmol}}{0.082\text{atm} \cdot \text{m}^3/\text{kgmol} \cdot \text{K} \times (273.15+0)\text{K}}} = 0.03414 \fallingdotseq 0.0341\text{kgH}_2\text{O/kg Dry Air}$$

정답

0.0341kgH_2O/kg Dry Air

13 ① 유동층과 ② 최소유동화 속도에 대해 설명하시오.

정답

① 유동층은 일반적으로 용기 바닥을 통해 공기나 가스를 불어 넣어 고체 입자를 유체와 같은 상태로 부유시키는 상태이다.
② 최소유동화 속도를 측정하려면 층을 격렬하게 유동화시킨 후 기체의 흐름을 정지시켜 가라앉히다 이어서 유량이 증가하여 층이 팽창되도록 한다.

화공기사

2018년 제2회

과년도 기출복원문제

1 단위조작(유체역학, 양론)

01 온도 스케일을 결정하려면 2개의 고정된 온도가 필요하다. 다음 네 가지 중 가능한 경우를 고르시오.

보기
㉠ 고립된 호수에서 물의 온도
㉡ 1기압에서 드라이아이스의 승화점
㉢ 대기 중에서 얼음의 온도
㉣ 납의 1기압에서 녹는점

정답

㉣

02 다음을 차원으로 나타내시오(단, 질량 : M, 길이 : L, 시간 : T).

① 가속도

② 밀도

③ 점도

④ 동력

⑤ 압력

정답

① LT^{-2}

② ML^{-3}

③ $ML^{-1}T^{-1}$

④ $ML^{2}T^{-3}$

⑤ $ML^{-1}T^{-2}$

03 1지점과 2지점의 지름은 각각 0.15m, 0.05m이고 압력은 각각 1.04, 1.0kg$_f$/cm^{2}이다. 유체는 물, 2지점의 유속은 8m/s이고 1지점보다 2지점의 고도가 8m가 더 낮은 곳에 있을 때 손실수두(m)를 구하시오.

해설

베르누이의 식을 이용해 마찰손실을 구하고 그 마찰손실을 두로 환산하면 된다.

$$\dot{Q} = A_1\bar{u}_1 = A_2\bar{u}_2$$

$$\Rightarrow \bar{u}_1 = \frac{\frac{\pi D_2^2}{4}}{\frac{\pi D_1^2}{4}}\bar{u}_2 = \frac{D_2^2}{D_1^2}\bar{u}_2,\quad \frac{P_1 - P_2}{\rho} + \frac{\bar{u}_1^{\,2} - \bar{u}_2^{\,2}}{2} + g(Z_1 - Z_2) = \Sigma F_s - W_p$$

$$\Rightarrow \Sigma F_s = \frac{P_1 - P_2}{\rho} + \frac{\bar{u}_1^{\,2} - \bar{u}_2^{\,2}}{2} + g(Z_1 - Z_2) = \frac{(1.04 - 1.0)\text{kg}_\text{f}/\text{cm}^2}{1{,}000\text{kg/m}^3} \times \frac{101{,}325\text{N/m}^2}{1.0332\text{kg}_\text{f}/\text{cm}^2} \times \frac{1\text{J}}{1\text{N}\cdot\text{m}}$$

$$+ \left[\frac{\left[\left(\frac{5\text{cm}}{15\text{cm}}\right)^4 (8\text{m/s})^2 - (8\text{m/s})^2\right]}{2} + 9.8\text{m/s}^2[0 - (-8\text{m})]\right] \times \frac{1\text{kg}}{1\text{kg}} \times \frac{1\text{J}}{1\text{kg}\cdot\text{m/s}^2\cdot\text{m}}$$

$$= 50.7178\text{J/kg}$$

$$\therefore H = \frac{\Sigma F_s}{g} = \frac{50.7178\text{J/kg}}{9.8\text{m/s}^2} \times \frac{1\text{kg}\cdot\text{m/s}^2\cdot\text{m}}{1\text{J}} = 5.175 \fallingdotseq 5.18\text{m}$$

정답

5.18m

04 밸브 중 유체의 흐름에 수직방향으로 작용하는 것의 명칭을 쓰시오.

정답

게이트 밸브

05 축류부(Vena Contracta)에 대해 설명하시오.

정답

유체가 내경이 큰 관에서 내경이 작은 관으로 흐를 때, 관성으로 유선이 내경이 작은 관측에서 더 작은 내경으로 수축되어 흐르는 현상을 말한다.

2 단위조작(열전달)

06 벽 A와 B의 두께는 각각 2m, 4m이고, 열전도는 각각 0.8W/m · ℃, 0.2W/m · ℃이다. 벽 A의 안쪽 온도는 100℃이고 열전달량은 600J/min일 때, 벽 B의 바깥쪽 온도(℃)를 구하시오(단, 벽 A, B의 면적은 모두 $5m^2$이다).

해설

직렬층의 전도열전달식을 이용하면 구할 수 있다.

$$\frac{\dot{q}}{A} = \frac{T_h - T_c}{\frac{B_A}{k_A} + \frac{B_B}{k_B}}$$

$$\Rightarrow T_c = T_h - \frac{\dot{q}}{A}\left(\frac{B_A}{k_A} + \frac{B_B}{k_B}\right) = 100℃ - \frac{600\mathrm{J/min}}{5\mathrm{m}^2} \times \frac{1\mathrm{W}}{60\mathrm{J/min}}\left(\frac{2\mathrm{m}}{0.8\mathrm{W/m}\cdot℃} + \frac{4\mathrm{m}}{0.2\mathrm{W/m}\cdot℃}\right) = 55℃$$

정답

55℃

07 열교환기의 총괄 열전달계수는 72kcal/h · m^2 · ℃이고 뜨거운 유체는 70℃에서 30℃로 되고 차가운 유체는 20℃에서 50℃로 가열될 때, 열 플럭스(kcal/h · m^2)를 구하시오(단, 향류 흐름이라고 가정한다).

해설

향류일 때의 로그평균 온도차를 구하고, 총괄 열전달계수를 이용해 열교환량을 구한다.

$$\frac{\dot{q}}{A} = U\overline{\Delta T_L} = 72\mathrm{kcal/h}\cdot\mathrm{m}^2\cdot℃\,\frac{(70-50)-(30-20)}{\ln\frac{70-50}{30-20}}℃ = 1{,}038.740 \fallingdotseq 1{,}038.74\mathrm{kcal/h}\cdot\mathrm{m}^2$$

정답

1,038.74kcal/h · m^2

08 관의 내부 열전달계수와 외부 열전달계수는 각각 300kcal/h · m^2 · ℃, 1,500kcal/h · m^2 · ℃이고 관의 두께는 0.004m, 열전도도는 50kcal/h · m · ℃일 때 총괄 열전달계수(kcal/h · m^2 · ℃)를 구하시오.

해설

총괄 열전달계수를 구하는 식을 이용하면 구할 수 있다.

$$U = \frac{1}{\frac{1}{h_i} + \frac{x_w}{k_m} + \frac{1}{h_o}} = \frac{1}{\frac{1}{300\mathrm{kcal/h}\cdot\mathrm{m}^2\cdot℃} + \frac{0.004\mathrm{m}}{50\mathrm{kcal/h}\cdot\mathrm{m}\cdot℃} + \frac{1}{1{,}500\mathrm{kcal/h}\cdot\mathrm{m}^2\cdot℃}}$$

$$= 245.098 \fallingdotseq 245.10\mathrm{kcal/h}\cdot\mathrm{m}^2\cdot℃$$

정답

245.10kcal/h · m^2 · ℃

09 쉘 앤 튜브 열교환기에서 아세트산 수용액을 차가운 유체로 사용할 경우 쉘 측과 튜브 측 중 어느 곳에 흐르게 해야 하는가?

정답

아세트산 수용액이 부식성이 있는 경우는 쉘 측이다.

10 아래 빈칸에 알맞은 용어를 넣으시오.

서로 다른 2종의 금속선 또는 합금선으로 폐회로를 만들어 회로의 두 접점의 온도차로 (㉠)을(를) 발생시키고, 그 전압을 측정하여 두 접점의 온도차로 환산할 수 있는 온도계는 (㉡)(이)라고 한다.

정답

㉠ 열기전력, ㉡ 열전대 온도계

3 단위조작(물질전달)

11 물이 100kg이고 전압은 760mmHg, 수소 분압은 200mmHg, 헨리상수 5.19×10^7atm일 때 물속에 녹는 수소의 질량(kg)은?

해설

헨리의 법칙과 몰분율 구하는 식을 도입하여 해결한다.

$P_A = x_A H_A$

$$\Rightarrow x_A = \frac{P_A}{H_A} = \frac{200\text{mmHg} \times \frac{1\text{atm}}{760\text{mmHg}}}{5.19 \times 10^7 \text{atm}}$$

$$\therefore x_A = \frac{\frac{w_{H_2}}{2\text{kg/mol}}}{\frac{w_{H_2}}{2\text{kg/mol}} + \frac{100\text{kg}}{18\text{kg/mol}}} = \frac{\frac{200}{760}}{5.19 \times 10^7}$$

$$\Rightarrow w_{H_2} = \frac{\frac{100}{18} \times \frac{\frac{200}{760}}{5.19 \times 10^7}}{\frac{1}{2}\left(1 - \frac{\frac{200}{760}}{5.19 \times 10^7}\right)} = 0.5633 \times 10^{-7} \fallingdotseq 5.63 \times 10^{-8}\text{kg}$$

정답

5.63×10^{-8}kg

12 원료의 조성은 벤젠 40mol%, 톨루엔 60mol%로 공급된다. 탑상 제품과 탑하 제품의 조성은 각각 벤젠 98.5mol%, 1mol%일 때 최소환류비를 구하시오(단, 상대휘발도는 2이다).

해설

최소환류비에 식에 대입하고, 원료 액상의 조성과 평형상태에 있는 기상의 조성은 상대휘발도를 구할 수 있다.

$$y_F{}' = \frac{\alpha x_F{}'}{1+(\alpha-1)x_F{}'} = \frac{2\times 0.4}{1+(2-1)0.4} = \frac{0.8}{1.4}$$

$$\therefore\ R_{Dm} = \frac{x_D - y_F{}'}{y_F{}' - x_F{}'} = \frac{0.985-\frac{0.8}{1.4}}{\frac{0.8}{1.4}-0.4} = 2.412 \fallingdotseq 2.41$$

정답

2.41

13 현재 760mmHg에서 수증기압과 포화증기압이 각각 30mmHg, 50mmHg일 때 상대습도(%)를 구하시오.

해설

상대습도식에 대입하면 구할 수 있다.

$$\mathscr{H}_R = 100\times\frac{P_A}{P_A{}'} = 100\times\frac{30\text{mmHg}}{50\text{mmHg}} = 60\%$$

정답

60%

4 공정제어

14 다음에 대해 설명하시오.

① P & ID(Piping & Instrumentation Diagram, 공정배관계장도)

② 공정흐름도(Process Flow Diagram, PFD)

정답

① 플랜트의 파이핑과 기계(기기)의 연결, 프로세스의 흐름과 제어의 관계를 도식화한 것이다. 또 현장의 엔지니어와 오퍼레이터가 공정에 대해 더 잘 이해할 수 있게 도와주고, 기계가 어떻게 연결되어 있는지 알 수 있게 해준다. 대부분은 표준화된 심볼을 사용한다.

② 공정계통과 장치설계기준을 나타내는 도면이며 주요 장치, 장치 간의 공정 연관성, 운전조건, 운전변수, 물질·에너지 수지, 제어설비 및 연동장치 등의 기술적 정보를 파악할 수 있다. 구성은 공정 처리 순서 및 흐름의 방향, 주요 동력 기계, 장치 및 설비류의 배열, 기본 제어논리, 기본설계를 바탕으로 한 온도, 압력, 물질수지 및 열수지 등, 압력용기, 저장탱크 등 주요 용기류의 간단한 사양, 열교환기, 가열로 등의 간단한 사양, 펌프, 압축기 등 주요 동력기계의 간단한 사양, 회분식 공정인 경우에는 작업순서 및 작업시간이다.

2018년 제4회 과년도 기출복원문제

1 단위조작(유체역학, 양론)

01 마노미터의 읽음이 12.7cm일 때 압력차(N/m²)를 구하시오(단, 마노미터 유체는 비중이 0.00129인 공기이고, 흐르는 유체는 비중이 0.8일 액체이다).

해설

마노미터의 식에 대입하면 구할 수 있다.

$$\Delta P = gR_m(\rho_A - \rho_B) = 9.8\text{m/s}^2 \times 0.127\text{m} \times (0.8 - 0.00129) \times 1{,}000\text{kg/m}^3 \times \frac{1\text{N}}{1\text{kg}\cdot\text{m/s}^2} = 994.074 \fallingdotseq 994.07\text{N/m}^2$$

정답

994.07N/m^2

02 동심 원형관의 외경과 상당직경이 각각 30cm, 10cm일 때 내경(cm)을 구하시오.

해설

동심 원형관의 상당직경 식에 대입하면 구할 수 있다.

$$D_{eq} = D_o - D_i \Rightarrow D_i = D_o - D_{eq} = 30 - 10 = 20\text{cm}$$

정답

20cm

03 물이 길이 50m, 직경 0.4m인 원형관을 10m³/min로 흐르고 있다. 글로브 밸브, 엘보의 개수와 손실계수(Le/D)는 각각 3개와 100, 2개와 40일 때 마찰손실(J/kg)을 구하시오(단, 마찰계수는 0.004이다).

해설

각 관 부속물의 상당길이를 대입하여 마찰손실을 구하면 된다.

$$F_s = 4f\frac{L_e}{D}\frac{\bar{u}^2}{2} = 4\times0.004\times\frac{(50+3\times100\times0.4+2\times40\times0.4)\text{m}}{0.4\text{m}}\times\frac{\left[\dfrac{\dfrac{10\text{m}^3/\text{min}}{\pi(0.4\text{m})^2}\times\dfrac{1\text{min}}{60\text{s}}}{4}\right]^2}{2}\times\frac{1\text{kg}}{1\text{kg}}\times\frac{1\text{J}}{1\text{kg}\cdot\text{m/s}^2\cdot\text{m}}$$

$$= 0.027 \fallingdotseq 0.03\text{J/kg}$$

정답

0.03J/kg

2 단위조작(열전달)

04 **벽 A와 B의 두께는 각각 0.15m, 0.3m이고 열전도도는 각각 0.15W/m · ℃, 1.5W/m · ℃이다. 벽의 안쪽과 바깥쪽 온도는 각각 1,000℃, 100℃일 때 열 플럭스(W/m²)를 구하시오.**

해설

직렬층의 전도열전달식을 이용하면 구할 수 있다.

$$\frac{\dot{q}}{A}=\frac{T_h-T_c}{\frac{B_A}{k_A}+\frac{B_B}{k_B}}=\frac{(1{,}000-100)℃}{\frac{0.15\text{m}}{0.15\text{W/m}\cdot℃}+\frac{0.3\text{m}}{1.5\text{W/m}\cdot℃}}=750\text{W/m}^2$$

정답

750W/m²

05 **열교환기의 총괄 열전달계수는 50kcal/h · m² · ℃이고 뜨거운 유체는 80℃에서 40℃로 되고 차가운 유체는 20℃에서 30℃로 가열될 때, 열 플럭스(kcal/h · m²)를 구하시오(단, 병류 흐름이라고 가정한다).**

해설

병류일 때의 로그평균 온도차를 구하고, 총괄 열전달계수를 이용해 열교환량을 구한다.

$$\frac{\dot{q}}{A}=U\overline{\Delta T_L}=50\text{kcal}\cdot\text{m}^2\cdot℃\,\frac{(80-30)-(40-20)}{\ln\frac{80-30}{40-20}}℃=1{,}637.035 \fallingdotseq 1{,}637.04\text{kcal/h}\cdot\text{m}^2$$

정답

1,637.04kcal/h · m²

06 **빈의 법칙에 대해 설명하시오.**

정답

빈의 법칙은 최대 단색광 복사력(Maximum Monochromatic Radiating Power)의 일정한 파장(λ_{max})이 절대온도에 반비례한다는 것을 설명한다.

$T\cdot\lambda_{max}=C$(단, C : 상수, λ_{max}가 μm 단위, T가 K 단위일 때 2,890, T가 °R일 때 5,200)

플랑크의 법칙을 파장(λ)에 대하여 미분하고 함숫값 = 0으로 놓고 λ_{max} 값을 구하면 유도된다.

07 열전대 온도계에 대해 설명하시오.

정답

열전대 온도계는 구조적으로 간단하고 조작이 간편하여 산업현장이나 실험실 등에서 많이 쓰이는 전기 신호식 온도계이다. 측정값이 전기적 신호인 전압 크기로 출력되어 측정값을 먼 거리까지 전송할 수 있어 중앙제어에 유용하게 활용되고 있는 범용의 온도 센서이다.

3 단위조작(물질전달)

08 기액평형에서 라울의 법칙을 설명하시오.

정답

라울의 법칙은 두 가지 액체가 섞여 있을 경우 각 성분의 증기 압력은 혼합물에서의 각 성분의 몰분율과 그의 순수한 상태에서의 증기 압력에 정비례한다.

- $P = x_A P_A{}' + x_B P_B{}'$
- $P_A = x_A P_A{}',\ P_B = x_B P_B{}'$

09 다음 ( )에 들어갈 적절한 용어를 쓰시오.

환류비가 증가하면 이론 단수는 (㉠)한다. 또한 이론 단수가 최소일 때의 환류비는 (㉡)라 하고 최소환류비일 때 단수는 (㉢)가 된다.

정답

㉠ 감소, ㉡ 전환류, ㉢ 무한대

10 **공장에 7.5kg$_f$/cm^{2}의 원료 응축수 24ton/h를 유입시킨다. 이를 2kg$_f$/cm^{2}의 압력으로 재증발시켜 수증기를 생산하려고 할 때, 다음 물음에 답하시오.**

① 재증발되는 수증기의 양(ton/h)을 구하시오(단, 원료와 탑상 제품, 수증기의 엔탈피는 각각 165.7, 119.9, 646.2kcal/kg이다).

② 플래시 드럼 내 응축수와 수증기가 혼합되어 비말되는 것을 방지하기 위해 드럼 내 수증기의 평균유속을 1m/s로 할 때(드럼이 실린더형이라고 가정), 수증기관의 지름(m)을 구하시오(단, 수증기의 비중은 0.00102이다).

해설

① 엔탈피 수지식을 이용하면 구할 수 있다.

$FH_F = (F - S)H_D + SH_s$

$\Rightarrow S = \dfrac{F(H_F - H_D)}{H_S - H_D} = \dfrac{24\text{ton/h}(165.7 - 119.9)\text{kcal/kg}}{(646.2 - 119.9)\text{kcal/kg}} = 2.088 \fallingdotseq 2.09\text{ton/h}$

② 질량유속을 부피유속으로 변환한 다음 지름을 구하면 된다.

$\dot{m}_S = \rho \dfrac{\pi D^2}{4} \bar{u}$

$\Rightarrow D = \sqrt{\dfrac{4\dot{m}_S}{\pi \rho \bar{u}}} = \sqrt{\dfrac{4 \times 2{,}090\text{kg/h}}{\pi 1.02\text{kg/m}^3 \times 1\text{m/s}} \times \dfrac{1\text{h}}{3{,}600\text{s}}} = 0.851 \fallingdotseq 0.85\text{m}$

정답

① 2.09ton/h
② 0.85m

11 **① 평형함수율과 ② 자유함수율, ③ 임계함수율에 대해 설명하시오.**

정답

① 평형함수율은 공기 습도로 인해 들어가는 공기로 제거할 수 있는 고체의 함수율을 말한다.
② 자유함수율은 고체의 총 함수율과 평형 함수율의 차를 말한다.
③ 임계함수율은 건조속도가 일정한 기간이 끝나는 함수율을 말한다.

화공기사

2019년 제1회 과년도 기출복원문제

1 단위조작(유체역학, 양론)

01 다음을 차원으로 나타내시오(단, 질량 : M, 길이 : L, 시간 : T).

① 가속도 ② 밀도

③ 점도 ④ 동력

⑤ 압력

정답

① LT^{-2}

② ML^{-3}

③ $ML^{-1}T^{-1}$

④ $ML^{2}T^{-3}$

⑤ $ML^{-1}T^{-2}$

02 비압축성 유체에 대해 설명하시오.

정답

비압축성 유체는 온도와 압력에 따라 밀도가 거의 변하지 않는 유체를 의미하며, 일반적인 유체를 말한다.

03 다음은 속도구배에 대한 전단응력에 대한 그래프이다. A, B, C, D에 해당하는 유체를 쓰시오.

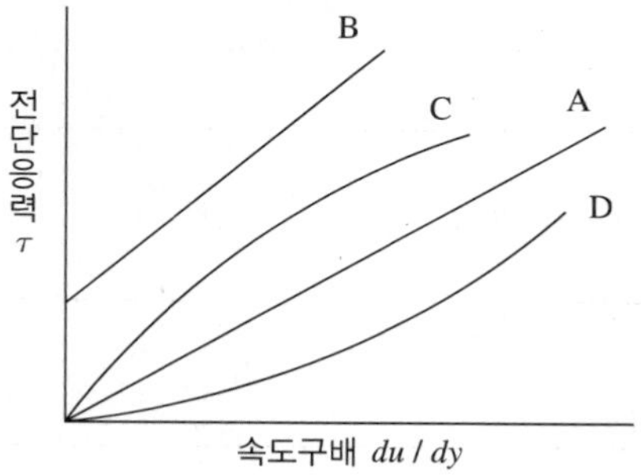

정답

- A : 뉴턴 유체
- B : 빙햄 가소성 유체
- C : 유사 가소성 유체
- D : 팽창성 유체

04 $30m^3/h$의 유체가 0.1m의 관에서 0.125m의 관으로 축소될 때 관 축소에 의한 마찰손실(J/kg)을 구하시오.

해설

관 축소에 의한 마찰손실식으로 구하면 된다.

$$\dot{Q} = \frac{\pi D_2^{\ 2}}{4}\bar{u}_2 \ \Rightarrow \ \bar{u}_2 = \frac{\dot{Q}}{\frac{\pi D_2^{\ 2}}{4}}$$

$$F_c = 0.4\left[1-\left(\frac{D_1}{D_2}\right)^2\right]\frac{\bar{u}_2^{\ 2}}{2} = 0.4\left[1-\left(\frac{0.125\text{m}}{1.0\text{m}}\right)^2\right]\frac{\left[\dfrac{10\text{m}^3/\text{h}}{\dfrac{\pi(0.125\text{m})^2}{4}} \times \dfrac{1\text{h}}{3{,}600\text{s}}\right]^2}{2} \times \frac{1\text{kg}}{1\text{kg}} \times \frac{1\text{J}}{1\text{kg}\cdot\text{m/s}^2\cdot\text{m}}$$

$$= 0.010 \fallingdotseq 0.01\text{J/kg}$$

정답

0.01J/kg

05 다음의 관 부속품의 명칭을 쓰시오.

관 부속품	명칭
	①
	②
	③
	④

정답

① 엘보, ② 소켓, ③ 플러그, ④ 니플

06 공기의 유량을 측정하는 오리피스미터에 물을 사용하는 마노미터의 압력차가 30mmH$_2$O일 때, 마노미터의 읽음(mm)을 구하시오(단, 공기의 비중은 0.00129이다).

해설

마노미터 정의의 식을 통해 구할 수 있다.

$\Delta P = gR_m(\rho_A - \rho_B)$

$$\Rightarrow R_m = \frac{\Delta P}{g(\rho_A - \rho_B)} = \frac{25\text{mmH}_2\text{O} \times \dfrac{101,325\,\text{N/m}^2}{10,330\,\text{mmH}_2\text{O}}}{9.8\text{m/s}^2(1-0.00129)\,1,000\text{kg/m}^3} \times \frac{1\text{kg}\cdot\text{m/s}^2}{1\text{N}} \times \frac{1,000\text{mm}}{1\text{m}} = 25.054 ≒ 25.05\text{mm}$$

정답

25.05mm

2 단위조작(열전달)

07 어떤 노의 열전도도가 0.1kcal/h · m · ℃이고 두께가 50mm, 내부온도와 외부온도가 각각 250℃, 50℃일 때 열 플럭스(kcal/h · m^2)를 구하라.

해설

푸리에의 법칙을 이용해 열 플럭스를 구한다.

$$\frac{\dot{q}}{A} = \frac{k}{B}(T_i - T_o) = 0.1\text{kcal/h}\cdot\text{m}\cdot℃ \times \frac{(250-50)℃}{0.05\text{m}} = 400\text{kcal/h}\cdot\text{m}^2$$

정답

400kcal/h · m^2

08 벽과 석면의 두께는 각각 0.1m, 0.05m이고, 열전도도는 각각 5.5kcal/h · m · ℃, 0.15kcal/h · m · ℃이다. 면적은 2m^{2}이고, 벽의 안쪽과 석면의 바깥쪽 온도는 각각 400℃, 20℃일 때 열전달량(kcal)을 구하시오.

해설

직렬층의 전도열전달식을 이용하면 구할 수 있다.

$$\dot{q} = A\frac{T_h - T_c}{\dfrac{B_A}{k_A} + \dfrac{B_B}{k_B}} = 2\text{m}^2 \times \frac{(400-20)℃}{\dfrac{0.1\text{m}}{5.5\text{kcal/h}\cdot\text{m}\cdot℃} + \dfrac{0.05\text{m}}{0.15\text{kcal/h}\cdot\text{m}\cdot℃}} = 2,162.068 ≒ 2,162.07\text{kcal/h}$$

정답

2,162.07kcal/h

09 열교환기에서 뜨거운 유체는 80℃에서 40℃로 냉각되고, 차가운 유체는 25℃에서 60℃로 상승할 때, 로그평균 온도차(℃)를 구하시오(향류라고 가정한다).

해설

향류일 때의 로그평균 온도차의 식에 대입하여 구하면 된다.

$$\overline{\Delta T_L} = \frac{(80-60)℃-(40-25)℃}{\ln\frac{(80-60)℃}{(40-25)℃}} = 17.380 \fallingdotseq 17.38℃$$

정답

17.38℃

10 무한하고 평행한 큰 평판 2개의 복사능이 모두 1이고, 온도가 각각 727℃, 227℃일 때 복사열 전달량(W/m²)을 구하시오(단, 슈테판-볼츠만 상수는 $5.67\times10^{-8}\text{W/m}^2\cdot\text{K}^4$이다).

해설

무한한 평판일 때의 총괄 호환인자를 이용하여 복사열 플럭스를 구하면 된다.

$$\frac{\dot{q}}{A} = \sigma \mathscr{F}_{12}(T_1{}^4 - T_2{}^4) = \frac{\sigma}{\frac{1}{\varepsilon_1}+\frac{1}{\varepsilon_2}-1}(T_1{}^4 - T_2{}^4)$$

$$= \frac{5.67\times10^{-8}\text{W/m}^2\cdot\text{K}^4}{\frac{1}{1}+\frac{1}{1}-1}\times[(273.15+727)^4-(273.15+227)^4]\text{K}^4$$

$$= 53{,}186.023 \fallingdotseq 53{,}186.02\text{W/m}^2$$

정답

53,186.02W/m²

11 광고온계에 대해 설명하시오.

정답

광고온계는 측정물의 휘도(輝度)를 표준램프의 휘도와 비교하여 온도를 측정하는 것으로 700℃를 넘는 고온체, 특히 직접 온도계를 삽입할 수 없는 고온체의 온도를 측정하는 데 사용된다.

3 단위조작(물질전달)

12 벤젠-톨루엔 혼합기체의 전압은 760mmHg이고 80℃에서 기액평형에 도달할 때, 각 성분의 기상 조성을 구하시오(단, 80℃에서 벤젠과 톨루엔의 증기압은 각각 1,000mmHg, 400mmHg이다).

해설

라울의 법칙과 돌턴의 분압법칙을 이용하면 구할 수 있다.

$P = x_B P_B' + x_T P_T'$

$\Rightarrow 760 = x_B \times 1{,}000 + (1 - x_B) \times 400$

$\therefore\ x_B = \dfrac{760 - 400}{1{,}000 - 400} = 0.6$

- $y_B = \dfrac{x_B P_B'}{P} = \dfrac{0.6 \times 1{,}000}{760} = 0.789 \fallingdotseq 0.79$
- $y_T = 1 - y_B = 1 - 0.79 = 0.21$

정답

- 벤젠 : 0.79
- 톨루엔 : 0.21

13 ① 결합수분과 ② 평형수분에 대해 설명하시오.

정답

① 결합수분은 100% 상대습도에서 고체의 평형수분 함량보다 낮은 수분 함량을 말한다.
② 평형수분은 공기 중의 수증기압과 재료의 수증기압이 같아질 때의 수분 함량을 말한다.

14 아세트산에 대한 벤젠의 선택도를 구하시오.

구분(wt%)	벤젠	물	아세트산
추출상	96.5	0.5	3.00
추잔상	3.00	70.00	27.00

해설

선택도를 정의의 식에 대입하면 된다(단, A : 아세트산, B : 물).

$$\beta = \dfrac{\dfrac{y_A}{x_A}}{\dfrac{y_B}{x_B}} = \dfrac{\dfrac{3.00}{27.00}}{\dfrac{0.50}{70.00}} = 15.555 \fallingdotseq 15.56$$

정답

15.56

2019년 제2회 과년도 기출복원문제

1 단위조작(유체역학, 양론)

01 정상상태에 대해 설명하시오.

정답

정상상태는 유체의 흐름, 열 및 물질이동 등의 동적 현상에서 각각의 상태를 결정하는 여러 가지 상태량이 시간적으로 변하지 않는 상태를 말한다.

02 점도 0.01cP를 SI 단위계로 변환하시오.

정답

$$0.01\text{cP}\times\frac{0.01\text{g/cm}\cdot\text{s}}{1\text{cP}}\times\frac{1\text{kg}}{1{,}000\text{g}}\times\frac{100\text{cm}}{1\text{m}}=0.00001=1\times10^{-5}\text{kg/m}\cdot\text{s}$$

03 지름이 0.01m인 원형관에 비중이 0.9, 점도가 10cP인 유체의 유속이 20cm^3/s라고 할 때 흐름을 판별하시오.

해설

레이놀즈수의 정의식을 통해 판별할 수 있다.

$$Re.=\frac{D\bar{u}\rho}{\mu}=\frac{D\frac{\dot{Q}}{A}\rho}{\mu}=\frac{1\text{cm}\,\dfrac{20\text{cm}^3/\text{s}}{\frac{\pi(1\text{cm})^2}{4}}\,0.9\text{g/cm}^3}{0.1\text{g/cm}\cdot\text{s}}=229.1831<2{,}100\Rightarrow\text{층류}$$

정답

층류

2 단위조작(열전달)

04 **물을 50kg/h로 총괄 열전달계수가 100kcal/m2 · h · ℃인 열교환기에 흘려보내 온도를 200℃에서 300℃로 가열시킬 때, 수증기의 온도가 500℃로 가열된다고 한다. 이때 전열면적(m^2)은? (향류로 가정한다)**

해설

물을 통해 총열전달량을 구하고 향류의 대수평균 온도차를 구하여 총괄 열전달계수를 통한 총열전달량의 식을 통해 전열면적을 구할 수 있다.

$$\dot{q} = \dot{m}C_p\Delta T = UA\overline{\Delta T_L} = UA\frac{\Delta T_2 - \Delta T_1}{\ln\frac{\Delta T_2}{\Delta T_1}}$$

$$\Rightarrow A = \frac{\dot{m}C_p\Delta T}{U\frac{\Delta T_2 - \Delta T_1}{\ln\frac{\Delta T_2}{\Delta T_1}}} = \frac{50\text{kg/h} \times 1\text{kcal/kg} \cdot ℃ \times (300-200)℃}{100\text{kcal/m}^2 \cdot \text{h} \cdot ℃ \times \frac{(500-200)℃ - (500-300)℃}{\ln\frac{(500-200)℃}{(500-300)℃}}} = 0.202 \fallingdotseq 0.20\text{m}^2$$

정답

$0.20m^2$

05 **관의 내부 열전달계수와 외부 열전달계수는 각각 2,000kcal/h · m^2 · ℃, 6,000kcal/h · m^2 · ℃이고 관의 두께는 0.005m, 열전도도는 40kcal/h · m · ℃일 때 총괄 열전달계수(kcal/h · m^2 · ℃)를 구하시오.**

해설

총괄 열전달계수를 구하는 식을 이용하면 구할 수 있다.

$$U = \frac{1}{\frac{1}{h_i} + \frac{x_w}{k_m} + \frac{1}{h_o}} = \frac{1}{\frac{1}{2{,}000\text{kcal/h} \cdot \text{m}^2 \cdot ℃} + \frac{0.005\text{m}}{40\text{kcal/h} \cdot \text{m} \cdot ℃} + \frac{1}{6{,}000\text{kcal/h} \cdot \text{m}^2 \cdot ℃}}$$

$= 1{,}263.157 \fallingdotseq 1{,}263.16$kcal/h · m^2 · ℃

정답

1,263.16kcal/h · m^2 · ℃

06 두 물질 복사능이 각각 0.5, 0.8, 온도가 각각 200℃, 100℃이고, 전열면적은 각각 2m², 10m²이다. 0.5일 물질이 0.8일 물질 속에 둘러싸여 있을 때 복사열 전달량(W/m²)을 구하시오(단, 슈테판-볼츠만 상수는 4.88×10⁻⁸kcal/h · m² · K⁴이다).

해설

한 물질이 둘러싸여 있을 때의 총괄 호환인자를 이용하여 복사열 플럭스를 구하면 된다.

$$\dot{q} = \sigma \mathcal{F}_{12} A_1 (T_1^{\ 4} - T_2^{\ 4}) = \frac{\sigma A_1}{\dfrac{1}{\varepsilon_1} + \dfrac{A_1}{A_2}\left(\dfrac{1}{\varepsilon_2} - 1\right)} (T_1^{\ 4} - T_2^{\ 4})$$

$$= \frac{4.88 \times 10^{-8}\text{kcal/h} \cdot \text{m}^2 \cdot \text{K}^4}{\dfrac{1}{0.5} + \dfrac{2\text{m}^2}{10\text{m}^2}\left(\dfrac{1}{0.8} - 1\right)} 2\text{m}^2 \times [(273.15 + 200)^4 - (273.15 + 100)^4]\text{K}^4$$

$$= 1{,}463.055\text{W/m}^2 \fallingdotseq 1{,}463.06\text{W/m}^2$$

정답

1,463.06W/m²

3 단위조작(물질전달)

07 2기압, 110℃에서 벤젠과 톨루엔의 이상용액이 기액평형을 이루고 있을 때 기상 중 ① 벤젠과 ② 톨루엔의 조성을 구하시오(단, 벤젠과 톨루엔의 증기압은 각각 1,750mmHg, 760mmHg 이다).

해설

라울의 법칙과 돌턴의 분압법칙을 이용하면 구할 수 있다.

$$P = x_B P_B{}' + x_T P_T{}'$$

$$\Rightarrow 2\text{atm} \times \frac{760\text{mmHg}}{1\text{atm}} = x_B \times 1{,}750\text{mmHg} + (1 - x_B) \times 760\text{mmHg}$$

$$\therefore\ x_B = \frac{2 \times 760 - 760}{1{,}750 - 760}$$

① $y_B = \dfrac{x_B P_B{}'}{P} = \dfrac{\dfrac{2 \times 760 - 760}{1{,}750 - 760} \times 1{,}750\text{mmHg}}{2\text{atm} \times \dfrac{760\text{mmHg}}{1\text{atm}}} = 0.883 \fallingdotseq 0.88$

② $y_T = 1 - y_B = 1 - 0.88 = 0.12$

정답

① 벤젠 : 0.88

② 톨루엔 : 0.12

08 충전탑의 NTU가 10이고, HTU가 0.1m일 때 탑의 높이(m)를 구하시오.

해설

탑의 높이는 NTU와 HTU의 곱이다.

Z_T = NTU × HYU = 10 × 0.1m = 1m

정답

1m

4 반응공학

09 ① 회분공정과 ② 연속공정에 대해 설명하시오.

정답

① 회분공정은 공정 초기에만 반응물을 유입시키고, 반응기를 차단하여 유입이나 배출이 없는 상태로 일정 시간 반응시킨 후 생성물을 빼내는 공정을 말한다.

② 연속공정은 유입물과 유출물이 공정 반응 중에 연속적으로 이송되는 공정을 말한다.

2019년 제4회 과년도 기출복원문제

1 단위조작(유체역학, 양론)

01 동점도의 정의를 쓰시오.

정답

밀도에 대한 유체의 절대점도의 비

$\nu = \frac{\mu}{\rho}$

여기서, μ : 점도(g/cm · s)

ρ : 밀도(g/cm^3)

- SI 단위 : $1\frac{\mathrm{kg/m \cdot s}}{\mathrm{kg/m^3}}$ = 1m^2/s = 1,000St
- cgs 단위 : cm^2/s = St(Stoke)
- 영국 단위 : 1St = 1.07630ft^2/s

02 길이 1,000m, 직경 0.5m인 원형관에 물이 4.5m/s로 흐르고 있다. 엘보의 개수와 손실계수는 2개와 0.79일 때, 마찰손실(J/kg)을 구하시오(단, 마찰계수는 0.02이다).

해설

표면 마찰손실과 관 부속물의 마찰손실의 합으로 구하면 된다.

$$\Sigma F_s = 4f\frac{L}{D}\frac{\bar{u}^2}{2} + K_f\frac{\bar{u}^2}{2} = (4f\frac{D}{L} + 2K_f)\frac{\bar{u}^2}{2}$$

$$= (4 \times 0.02 \times \frac{1{,}000\mathrm{m}}{0.5\mathrm{m}} + 2 \times 0.79) \times \frac{(4.5\mathrm{m/s})^2}{2} \times \frac{1\mathrm{kg}}{1\mathrm{kg}} \times \frac{1\mathrm{J}}{1\mathrm{kg \cdot m/s^2 \cdot m}}$$

$$= 1{,}635.997 ≒ 1{,}636.00\mathrm{J/kg}$$

정답

1,636.00J/kg

03 밸브 중 유체의 흐름에 수직방향으로 작용하는 것의 명칭을 쓰시오.

정답

게이트 밸브

04 다음 유량계의 원리를 설명하시오.

① 면적식 유량계

② 차압식 유량계

③ 용적식 유량계

정답

① 관속의 유체량을 측정하는 유량계로서 흐름의 통로에 스로틀을 설치하고, 그 스로틀 전후의 차압을 일정하게 유지시키면서 스로틀의 면적 증감에 따라 그 면적으로 유량을 측정한다.

② 오리피스 플레이트나 피토 튜브들은 유체가 흐를 때 배관 내에서 차압을 발생시켜 부피나 질량유량을 직접 측정 가능하게 한다.

③ 관로 속에 흐르는 유체를 일정 부피를 가진 공간에 채우고 흘려보내어 두 개의 정밀하게 가공된 딱 들어맞는 톱니바퀴가 측정 체임버 내에서 회전하여 기어 회전수를 계산하여 체적 액체 유량을 측정한다.

2 단위조작(열전달)

05 3층으로 된 벽돌로 쌓은 노벽이 있는데, 내부에서 차례로 열전도도가 0.1, 0.01, 1kcal/h·m·℃이고, 벽 두께가 0.1, 0.15, 0.2m이고, 내부온도와 외부온도가 각각 900, 40℃이다. 이때 0.1 벽과 0.01 벽 사이의 온도(℃)를 구하시오.

해설

직렬 복합저항에 대한 전도식을 사용하면 구할 수 있다.

$$\frac{\dot{q}}{A} = \frac{T_i - T_o}{\frac{B_A}{\overline{k}_A} + \frac{B_B}{\overline{k}_B} + \frac{B_C}{\overline{k}_C}} = \frac{\overline{k}_A}{B_A}(T_i - T_1) \Rightarrow T_1 = T_i - \frac{B_A}{\overline{k}_A}\frac{T_i - T_o}{\frac{B_A}{\overline{k}_A} + \frac{B_B}{\overline{k}_B} + \frac{B_C}{\overline{k}_C}}$$

$$= 900℃ - \frac{0.1\text{m}}{0.1\text{kcal/h}\cdot\text{m}\cdot℃} \times \frac{(900-40)℃}{\frac{0.1\text{m}}{0.1\text{kcal/h}\cdot\text{m}\cdot℃} + \frac{0.15\text{m}}{0.01\text{kcal/h}\cdot\text{m}\cdot℃} + \frac{0.2\text{m}}{1\text{kcal/h}\cdot\text{m}\cdot℃}}$$

$$= 846.913 \fallingdotseq 846.91℃$$

정답

846.91℃

06 열교환기에서 뜨거운 유체는 120℃에서 60℃로 냉각되고, 차가운 유체는 25℃에서 40℃로 상승할 때, 각각의 로그평균 온도차(℃)를 구하시오(향류라고 가정한다).

해설

향류일 때의 로그평균 온도차의 식에 대입하여 구하면 된다.

$$\overline{\Delta T_L} = \frac{(120-40)℃ - (60-25)℃}{\ln\frac{(120-40)℃}{(60-25)℃}} = 54.434 \fallingdotseq 54.43℃$$

정답

54.43℃

07 관의 내부 열전달계수와 외부 열전달계수는 각각 2,000, 6,000kcal/h · m^2 · ℃, 관의 두께는 0.005m이고 열전도도는 40kcal/h · m^2 · ℃일 때 총괄 열전달계수(kcal/h · m^2 · ℃)를 구하시오.

해설

총괄 열전달계수를 구하는 식을 이용하면 구할 수 있다.

$$U = \frac{1}{\frac{1}{h_i} + \frac{x_w}{k_m} + \frac{1}{h_o}} = \frac{1}{\frac{1}{2{,}000\text{kcal/h} \cdot \text{m}^2 \cdot ℃} + \frac{0.005\,\text{m}}{40\text{kcal/h} \cdot \text{m} \cdot ℃} + \frac{1}{6{,}000\text{kcal/h} \cdot \text{m}^2 \cdot ℃}}$$

$= 1{,}263.157 \fallingdotseq 1{,}236.16\text{kcal/h} \cdot \text{m}^2 \cdot ℃$

정답

1,263.16kcal/h · m^2 · ℃

08 열교환기에서 수증기 1kg/s를 100℃에서 45℃로 냉각시킬 때, 10℃에서 80℃로 가열되는 냉각수의 양(kg/s)을 구하시오(단, 물의 잠열은 539kcal/kg이다).

해설

수증기 열량과 냉각수 열량은 같다고 하고 냉각수의 양을 구하면 된다.

$$\dot{q} = m_c C_p \Delta T_c = m_h(\lambda_h + C_p \Delta T_h)$$

$$\Rightarrow m_c = \frac{m_h(\lambda_h + C_p \Delta T_h)}{C_p \Delta T_c} = m_h\left(\frac{\lambda_h}{C_p \Delta T_c} + \frac{\Delta T_h}{\Delta T_c}\right) = 1\text{kg/s}\left[\frac{539\text{kcal/kg}}{1\text{kcal/kg} \cdot ℃ \times (80-10)℃} + \frac{(100-45)℃}{(80-10)℃}\right]$$

$= 8.485 \fallingdotseq 8.49\text{kg/s}$

정답

8.49kg/s

3 단위조작(물질전달)

09 헨리의 법칙에 대해 설명하시오.

정답

헨리의 법칙은 일정 온도에서 기체의 용해도가 용매와 평형을 이루고 있는 그 기체의 부분압력에 비례한다는 법칙이다.

$P_A = x_A H_A$

여기서, x_A : 몰분율

H_A : 헨리상사(atm)

10 35% 에탄올 용액 48kg/s를 증류시켜 탑상 제품의 조성은 85%, 탑하 제품의 조성은 10%일 때 ① 탑상 제품과 ② 탑하 제품의 양(kg/s)을 구하시오.

해설

물질수지식을 세우면 된다.

$Fx_F = Dx_D + Bx_B$

$\Rightarrow$ 48kg/s × 0.35 = D × 0.85 + (48kg/s − D) × 0.1

$\therefore\ D = \dfrac{48\text{kg/s}\,(0.35-0.1)}{0.85-0.1}$ = 16kg/s, B = 48 − 16 = 32kg/s

정답

① 탑상 제품 : 16kg/s
② 탑하 제품 : 32kg/s

11 850℃인 건조한 공기를 이용하여 25℃이고 초기 함수율이 10%인 습윤재료를 함수율 1%로 건조시킬 때, 함수율 1% 재료 1kg/h를 획득하기 위한 건조한 공기의 질량유속(kg/h)을 구하시오(단, 재료와 건조한 공기의 비열은 각각 0.19, 0.24kcal/kg · ℃이고, 물의 잠열은 534kcal/kg이다. 또 재료와 건조한 공기의 출구 온도는 각각 93, 98℃이다).

해설

물질수지식을 통해 유량과 조성을 구하고 열수지를 통해 공기의 유량을 구할 수 있다.

- 탑하제품 : 건조재료의 질량유량(x) $\Rightarrow$ $\dfrac{1-x}{x}$ × 100 = 1(함수율)

  $\therefore\ x = \dfrac{1}{1.01}$ = 0.990 ≒ 0.99

- 원료 : 물의 질량유량(y) $\Rightarrow$ $\dfrac{y}{0.99}$ × 100 = 10(함수율)

  $\therefore\ y$ = 0.1 × 0.99 = 0.099 ≒ 0.10

- 탑상제품(= 수증기) : 탑상제품의 질량유량 = $F - B$ = (0.10 + 0.99) − 0.09kg/h

  $\therefore\ \dot{q} = m_F C_{p,F}\Delta T_F + D\times\lambda_D = m_B C_{p,B}\Delta T_B \Rightarrow m_B = \dfrac{m_F C_{p,F}\Delta T_F + D\times\lambda_D}{C_{p,B}\Delta T_B}$

  $= \dfrac{(0.1+0.99)\text{kg/h}\times 0.19\text{kcal/kg}\cdot℃\times(93-25)℃ + 0.09\text{kg/h}\times 534\text{kcal/kg}}{0.24\text{kcal/kg}\cdot℃\times(850-98)℃}$

  = 0.344 ≒ 0.34kg/h

정답

0.34kg/h

12 상계점을 설명하시오.

정답

상계점은 추질의 농도가 추출상과 추잔상에서 서로 같아지는 점을 말한다.

13 고체와 액체 추출에서 분리된 추제의 양이 50kg/h이고 잔존한 추제의 양이 10kg/h일 때 추제비를 구하시오.

해설

추제비는 남은 추제의 양에 대한 분리된 추제의 양을 말한다.

$$\alpha = \frac{V}{v} = \frac{50\text{kg/h}}{10\text{kg/h}} = 5$$

정답

5

화공기사

2020년 제1회 과년도 기출복원문제

1 단위조작(유체역학, 양론)

01 내경이 75mm인 관에 내경이 25mm인 벤투리미터를 설치했다. 벤투리계수는 0.98이고 마노미터 읽음이 20cm일 때, 유량(m^3/s)은?

해설

벤투리 식에 대입하면 구할 수 있다.

$$\dot{Q}_v = \frac{C_v}{\sqrt{1-\left(\frac{D_v}{D}\right)^4}}\frac{\pi D_v^2}{4}\sqrt{\frac{2(\rho_v-\rho)gR_m}{\rho}}$$

$$= \frac{0.98}{\sqrt{1-\left(\frac{25\text{mm}}{75\text{mm}}\right)^4}}\frac{\pi\left(25\text{mm}\times\frac{1\text{m}}{1,000\text{mm}}\right)^2}{4}\sqrt{\frac{2(13.6-1)\text{g/cm}^3\times 9.8\text{m/s}^2\times 20\text{cm}\times\frac{1\text{m}}{100\text{cm}}}{1\text{g/cm}^3}}$$

$= 0.003401 ≒ 0.0034m^3/s$

정답

$0.0034m^3/s$

02 축류부(Vena Contracta)에 대해 설명하시오.

정답

유체가 내경이 큰 관에서 작은 관으로 흐를 때, 관성으로 인해 유선이 작은 내경의 관측보다 더 작은 내경으로 수축되어 흐르는 현상을 말한다.

2 단위조작(물질전달)

03 물이 100kg이고 전압 760mmHg, 수소 분압 200mmHg, 헨리상수 5.19×10^7atm이다. 이때 물속에 녹는 수소의 질량(kg)은?

해설

헨리의 법칙과 몰분율 구하는 식을 도입하며 해결한다.

$$P_A = x_A H_A$$

$$\Rightarrow x_A = \frac{P_A}{H_A} = \frac{200\text{mmHg}\times\dfrac{1\text{atm}}{760\text{mmHg}}}{5.19\times10^7\,\text{atm}}$$

$$\therefore x_A = \frac{\dfrac{w_{H_2}}{2\text{kg/mol}}}{\dfrac{w_{H_2}}{2\text{kg/mol}}+\dfrac{100\text{kg}}{18\text{kg/mol}}} = \frac{\dfrac{200}{760}}{5.19\times10^7}$$

$$\Rightarrow w_{H_2} = \frac{\dfrac{100}{18}\times\dfrac{\dfrac{200}{760}}{5.19\times10^7}}{\dfrac{1}{2}\left(1-\dfrac{\dfrac{200}{760}}{5.19\times10^7}\right)} = 0.5633\times10^{-7} \fallingdotseq 5.63\times10^{-8}\text{kg}$$

정답

5.63×10^{-8}kg

04 ① 소레 효과(Soret Effect)와 ② 뒤푸르 효과(Dufour Effect)에 대해 설명하시오.

정답

① 소레 효과는 열확산으로 혼합물 중에 온도 기울기가 있으면 물질의 확산이 일어나서 농도 기울기가 생기는 현상이다.
② 뒤푸르 효과는 열확산의 반대 현상으로 혼합물 중에 농도 기울기가 있어 물질이 서로 확산하면 온도 기울기가 생기는 현상이다.

05 맥케이브-틸레의 원료 공급선 식에서 q의 ① 식과 ② 의미를 설명하시오.

정답

① $q = \dfrac{H_f - h_H}{H_f - h_f}$

여기서, H_f : 원료 중 기체의 엔탈피

h_H : 원료 중 기액 엔탈피

h_f : 원료 중 기체 액체의 엔탈피

② 공급 원료 1몰당 탈거부를 내려가는 액체의 몰수

06 최소유동화 속도의 재현성을 정확하게 ① 입증하는 방법과 공탑 속도에 대한 ② 압력강하와 층높이에 대한 그래프를 완성하시오.

정답

① 최소유동화 속도를 측정하려면 층을 격렬하게 유동화시킨 후 기체의 흐름을 정지시켜 가라앉히다 이어서 유량이 증가하여 층이 팽창되도록 한다.

②

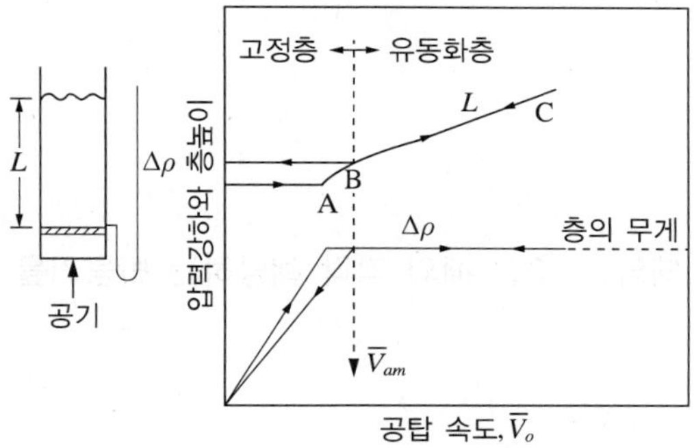

3 반응공학

07 A → B인 반응식에서 A의 초기농도는 5mol/L이고 시간에 따른 B의 농도는 아래 표와 같을 때 반응속도식을 구하시오.

시간(min)	B의 농도(mol/L)
10	2.33
20	3.29

해설

A에 대한 n차 반응식으로 가정하고 n과 k를 구하면 된다. 미지수가 2개이므로 연립식도 2개가 필요하다.

$-r_A = kC_A^n = -\frac{dC_A}{dt}$ 식이 성립하지 않음($n \neq 1$이라고 가정함)

$\Rightarrow k\int_0^t dt = k[t]_0^t = kt = -\int_{C_{A0}}^{C_A} C_A^{-n}dC_A = -\left[\frac{C_A^{1-n}}{1-n}\right]_{C_{A0}}^{C_A} = \frac{1}{n-1}(C_A^{1-n} - C_{A0}^{1-n})$

$\Rightarrow (n-1)kt = C_A^{1-n} - C_{A0}^{1-n}$

$\frac{r_A}{-1} = \frac{r_B}{1}$, $C_A = C_{A0} - C_{A0}X_A = C_{A0} - C_B$

i) $t = 10$min, $10(n-1)k = (5-2.33)^{1-n} - 5^{1-n}$ ⋯ ①

ii) $t = 20$min, $20(n-1)k = (5-3.29)^{1-n} - 5^{1-n}$ ⋯ ②

$$\begin{array}{rl} & 20(n-1)k = 2(5-2.33)^{1-n} - 2\times 5^{1-n} \\ (-) & 20(n-1)k = (5-3.29)^{1-n} - 5^{1-n} \\ \hline & 0 = 2(5-2.33)^{1-n} - (5-3.29)^{1-n} - 2\times 5^{1-n} + 5^{1-n} \cdots \end{array}$$

$\Rightarrow 2\times 2.67^{1-n} - 1.71^{1-n} = 5^{1-n}$

n차 반응의 n의 값은 0, 1, 2, 3, ⋯과 같은 0을 포함한 자연수이므로 하나씩 대입하면,

i) $n = 0$, $2\times 2.67^{1-0} - 1.71^{1-0} = 5^{1-0}$ ⇒ $3.63 \neq 5$ ⇒ 식이 성립하지 않음

ii) $n = 2$, $2\times 2.67^{1-2} - 1.71^{1-2} = 5^{1-2}$ ⇒ $0.16 \approx 0.2$ ⇒ 식이 거의 성립함

iii) $n = 3$, $2\times 2.67^{1-3} - 1.71^{1-3} = 5^{1-3}$ ⇒ $-0.0614 \neq 0.04$ ⇒ 식이 성립하지 않음

⇒ ①식에 $n = 2$를 대입하면,

$10(2-1)k = (5-2.33)^{1-2} - 5^{1-2} \Rightarrow k = \frac{(5-2.33)^{1-2} - 5^{1-2}}{10} = 0.01745 \fallingdotseq 0.0174(\text{L/mol}\cdot\text{s})C_A^2$

정답

$-r_A = 0.0174(\text{L/mol}\cdot\text{s})C_A^2$

08 순환반응기에서 환류비가 ① 무한대일 때와 ② 0일 때의 각각 해당하는 반응기를 쓰시오.

정답

① 연속 교반탱크 반응기

② 플러그

4 공정제어

09 입력값은 단위계단함수이고 1차 공정에서 전화율이 95%일 때 시간상수는 얼마인가?

해설

1차 공정의 전달함수를 도입하고 시간상수를 구하면 된다.

$$Y(s) = \frac{k}{\tau s+1}\frac{1}{s} = k\left(\frac{1}{s} - \frac{\tau}{\tau s+1}\right) = k\left(\frac{1}{s} - \frac{1}{s+\frac{1}{\tau}}\right)$$

$$\Rightarrow \mathcal{L}^{-1}\left[k\left(\frac{1}{s} - \frac{1}{s+\frac{1}{\tau}}\right)\right] = k(1-e^{-\frac{t}{\tau}})$$

$$y(t') = k(1-e^{-\frac{t'}{\tau}}) = 0.95kv \Rightarrow t' = -\tau \ln(1-0.95) = 2.995\tau ≒ 3.00\tau$$

정답

3.00τ

화공기사

2020년 제2회 과년도 기출복원문제

1 단위조작(유체역학, 양론)

01 유체에 하이젠-포아죄유식을 적용하기 위한 가정 다섯 가지를 쓰시오.

정답

- 층류
- 연속방정식
- 뉴턴 유체
- 정상상태
- 완전발달흐름

02 처음 상태가 해발 5m에서 나중 상태가 해발 30m로 직경(지름) 40cm인 원형관으로 물을 60L/s로 펌프를 이용해 끌어올릴 때 효율이 80%라고 하면 펌프의 동력(HP)을 구하시오(단, 1HP = 745.7W, 마찰손실은 무시한다).

해설

베르누이식 중에 마찰손실과 펌프일이 포함된 식을 사용하고 압력변화 = 0, 처음 속도 = 0으로 넣고 펌프일을 구하고 마지막으로 펌프 동력을 구하면 된다.

$$\frac{\pi}{4}D^2\bar{u}_2 = \dot{Q}$$

$$\Rightarrow \bar{u}_2 = \frac{4\dot{Q}}{\pi D^2} = \frac{4\times 60\text{L/s}\times\frac{1\text{m}^3}{1{,}000\text{L}}}{\pi\left(40\text{cm}\times\frac{1\text{m}}{100\text{cm}}\right)^2}$$

$$\frac{P_1-P_2}{\rho}+g(Z_1-Z_2)+\frac{\bar{u}_1^{\,2}-\bar{u}_2^{\,2}}{2} = \Sigma F_s - \eta W_p$$

$$\Rightarrow W_p = \frac{g(Z_2-Z_1)+\frac{\bar{u}_2^{\,2}}{2}}{\eta} = \frac{9.8\text{m/s}^2\times(30-5)\text{m}+\frac{\left[\frac{4\times 60\text{L/s}\times\frac{1\text{m}^3}{1{,}000\text{L}}}{\pi\left(40\text{cm}\times\frac{1\text{m}}{100\text{cm}}\right)^2}\right]^2}{2}}{0.8}\times\frac{\text{kg}}{\text{kg}}\times\frac{1\text{J}}{1\text{kg}\cdot\text{m/s}^2\cdot\text{m}}$$

$= 306.392 ≒ 306.39$J/kg

$$\rho = \frac{\dot{m}}{\dot{Q}} \Rightarrow \dot{m} = \rho\dot{Q} = 1{,}000\text{kg/m}^3\times 60\text{L}\times\frac{1\text{m}^3}{1{,}000\text{L}}$$

$$\therefore P_B = \dot{m}W_P = 1{,}000\text{kg/m}^3\times 60\text{L/s}\times\frac{1\text{m}^3}{1{,}000\text{L}}\times 306.39\text{J/kg}\times\frac{1\text{W}}{1\text{J/s}}\times\frac{1\text{HP}}{745.7\text{W}} = 24.652 ≒ 24.65\text{HP}$$

정답

24.65HP

2 단위조작(열전달)

03 내경 7cm, 두께 1cm의 원형관 안쪽에는 수증기, 바깥쪽엔 공기가 흐른다. 원형관의 열전도도는 36kcal/m · h · ℃이고 원형관 안쪽온도는 160℃, 바깥온도는 25℃일 때, 길이 1m당 열손실량(kcal/h)을 구하시오(단, 경막계수는 각각 수증기 27.6kcal/m^2 · h · ℃, 공기 7.5kcal/m^2 · h · ℃이다).

해설

외부면적 기준 총괄 열전달계수를 구하고 전열면적은 외경 9cm와 길이 1m를 이용하면 된다.

D_o = 7cm + (1 + 1)cm = 9cm

$$\dot{q} = U_o A_o \Delta T = \frac{\pi D_o L(T_h - T_c)}{\frac{1}{h_i}\frac{D_o}{D_i} + \frac{x_w}{k_w}\frac{D_o}{\overline{D}_L} + \frac{1}{h_o}} = \frac{\pi D_o L(T_h - T_c)}{\frac{1}{h_i}\frac{D_o}{D_i} + \frac{x_w}{k_w}\frac{D_o}{\frac{D_o - D_i}{\ln\frac{D_o}{D_i}}} + \frac{1}{h_o}}$$

$$= \frac{\pi \times 9\text{cm} \times \frac{1\text{m}}{100\text{cm}} \times 1\text{m} \times (160-25)℃}{\frac{1}{27.6\,\text{kcal/m}^2 \cdot \text{h} \cdot ℃} \times \frac{9\text{cm}}{7\text{cm}} + \frac{1\text{cm} \times \frac{1\text{m}}{100\text{cm}}}{36\text{kcal/m} \cdot \text{h} \cdot ℃} \times \frac{9\,\text{cm}}{\frac{(9-7)\text{cm}}{\ln\frac{9\text{cm}}{7\text{cm}}}} + \frac{1}{7.5\text{kcal/m}^2 \cdot \text{h} \cdot ℃}}$$

= 211.764 ≒ 211.76kcal/h

정답

211.76kcal/h

04 복사능 0.6, 전열면적 3m^2, 온도가 100℃인 물질이 복사능 0.9, 전열면적 10m^2, 온도가 300℃인 물질 속에 둘러싸인 복사전열이 일어날 때 복사전열량(kcal/h)을 구하시오(단, 슈테판-볼츠만 상수는 5.670373 × 10^{-8}W/m^2 · K^{4}이다).

해설

일반적인 회색체의 식을 이용하고 총괄 호환인자는 다른 물체로 완전히 둘러싸인 경우로 구한다.

$$\dot{q}_{12} = \sigma A_2 \mathcal{F}_{12}(T_1^4 - T_2^4) = \sigma A_2 (T_1^4 - T_2^4)\frac{1}{\frac{1}{\varepsilon_2} + \frac{A_2}{A_1}\left(\frac{1}{\varepsilon_1} - 1\right)}$$

$$= 5.670373 \times 10^{-8}\text{W/m}^2 \cdot \text{K}^4 \times 3\text{m}^2[(300 + 273.15)^4 - (100 + 273.15)^4]\text{K}^4 \times \frac{1}{\frac{1}{0.6} + \frac{3}{10}\left(\frac{1}{0.9} - 1\right)}$$

$$= 1.505 \times 10^4\text{W} \times \frac{1\text{J/s}}{1\text{W}} \times \frac{1\text{cal}}{4.184\text{J}} \times \frac{1\text{kcal}}{1{,}000\text{cal}} \times \frac{3{,}600\text{s}}{1\text{h}}$$

= 7,621.840 ≒ 7,621.84kcal/h

정답

7,621.84kcal/h

05 1기압, 20℃인 공기가 40m/s로 길이와 너비가 각각 1m인 사각형 평판 위로 흘러가고 있고 평판의 평균온도는 60℃, 평판의 열전도는 0.02723W/m · ℃, 열용량은 1.007kJ/kg · ℃, 공기의 평균분자량은 29g/mol, 공기의 점도는 2×10^{-4}p이다. 다음 식을 활용하여 열전달량(W)을 구하시오(단, 온도차는 산술평균과 같다고 가정한다).

① $Re < 10^7 \Rightarrow \dfrac{hL}{k} = \sqrt[3]{\mathrm{Pr}} \times (0.037Re^{0.8} - 850)$

② $Re > 10^7 \Rightarrow \dfrac{hL}{k} = \sqrt[3]{\mathrm{Pr}} \times (0.037Re^{0.8} - 850)$

해설

공기의 레이놀즈의 수를 구하고 조건에 맞게 식에 대입하여 열전달계수 h를 구하면 된다.

$$Re = \frac{D_{eq}\bar{u}\rho}{\mu} = \frac{4R_H\bar{u}\dfrac{PM}{RT}}{\mu} = \frac{4\times\dfrac{1^2\mathrm{m}^2}{4\mathrm{m}}\times 40\mathrm{m/s}\times\dfrac{1\mathrm{atm}\times 29\mathrm{kg/kmol}}{0.082\mathrm{atm}\cdot\mathrm{m}^3/\mathrm{kmol}\cdot\mathrm{K}\times\left(\dfrac{20+60}{2}+273.15\right)\mathrm{K}}}{2\times10^{-4}\mathrm{p}\times\dfrac{1\mathrm{g/cm}\cdot\mathrm{s}}{\mathrm{p}}\times\dfrac{1\mathrm{kg/m}\cdot\mathrm{s}}{10\mathrm{g/cm}\cdot\mathrm{s}}}$$

$= 225.87 \times 10^4 = 2{,}258{,}700 < 10^7$

∴ ① 식을 선정한다.

$$\frac{hL}{k} = \sqrt[3]{\frac{C_P\mu}{k}}\,(0.037Re^{0.8} - 850)$$

$$\Rightarrow h = \frac{k}{L}\sqrt[3]{\frac{C_P\mu}{k}}\times(0.037Re^{0.8} - 850) = \frac{0.02723\,\mathrm{W/m}\cdot℃}{1\mathrm{m}}$$

$$\times\sqrt[3]{\frac{1.007\mathrm{kJ/kg}\cdot℃\times\dfrac{1{,}000\mathrm{J}}{1\mathrm{kJ}}\times2\times0.1\times10^{-4}\mathrm{kg/m}\cdot\mathrm{s}}{0.02723\mathrm{W/m}\cdot℃}}\times(0.037\ 2{,}258{,}700^{0.8} - 850) = 89.393 ≒ 89.39$$

∴ $\dot{q} = hA\Delta T = 89.39\mathrm{W/m^2}\cdot℃\times(1\times1)\mathrm{m}^2\times(60-20)℃ = 3{,}575.6\mathrm{W}$

정답

3,575.6W

3 단위조작(물질전달)

06 탑 상부에서 물을 공급하고 압력차가 0.009atm, 탑 저부에서 비활성 기체와 암모니아 기체를 공급하고 압력차가 0.09atm이다. 기상 물질전달계수가 44.9kmol/h · m^3 · atm, 흡수탑 부피가 8.5m^3, 암모니아 기체 공급속도가 250kg/h일 때 암모니아의 흡수율(%)을 구하시오.

해설

분압차를 이용한 물질전달식으로 물질전달량을 계산하고 마지막으로 흡수율을 계산하면 된다.

$$J_A = K_g V\overline{\Delta P_L} = 44.9\text{kmol/h} \cdot \text{m}^3 \cdot \text{atm} \times 8.5\text{m}^3 \times \frac{0.09 - 0.009}{\ln\frac{0.09}{0.009}}\text{atm} = 13.425 \fallingdotseq 13.42\text{kmol/h}$$

$$\therefore \text{암모니아 흡수율} = \frac{\text{전달된 암모니아 양}}{\text{암모니아 공급량}} = \frac{13.42\text{kmol/h} \times (14 + 1 \times 3)\text{kg/kmol}}{250\text{kg/h}} \times 100 = 91.256 \fallingdotseq 91.26\%$$

정답

91.26%

4 반응공학

07 연속 교반탱크 반응기에서 반응물을 완전혼합시키고 다음 반응식일 때 A, R, S의 출구 농도(mol/L)를 구하시오(단, 모든 반응에 대해 반응속도상수는 1min^{-1}으로 동일하고, 유량은 1L/min, A의 초기농도는 1mol/L, 반응기 부피는 1L이다. 또한 추가 유입은 없다).

$$A \rightarrow R \rightarrow S$$

해설

연속 교반탱크 반응기에서 직렬반응의 식을 이용해 출구 농도를 각각 구하면 된다. 추가 유입은 없으므로 A, R, S의 출구 농도의 합은 A의 초기농도와 같다.

$$\tau = \frac{V}{v_0} = \frac{1\text{L}}{1\text{L/min}} = 1\text{min},\ C_A = \frac{C_{A0}}{1 + Da_1} = \frac{C_{A0}}{1 + \tau k} = \frac{1\text{mol/L}}{1 + 1\text{min} \times 1\text{min}^{-1}} = 0.5\text{mol/L}$$

$$C_{R0} = \frac{C_{A0}}{1 + \tau k}X_A = \frac{C_{A0}}{1 + \tau k}\left(1 - \frac{1}{1 + Da_1}\right) = \frac{C_{A0}}{1 + \tau k}\left(1 - \frac{1}{1 + \tau k}\right) = \tau k\frac{C_{A0}}{1 + \tau k}$$

$$C_R = \tau k\frac{C_{A0}}{1 + \tau k}\frac{1}{1 + Da_1} = \frac{\tau k C_{A0}}{1 + \tau k} = \frac{1\text{mol/L} \times 1\text{min} \times 1\text{min}^{-1}}{(1 + 1\text{min} \times 1\text{min}^{-1})^2} = 0.25\text{mol/L}$$

$$C_S = C_{A0} - C_R - C_S = 1 - 0.5 - 0.25 = 0.25\text{mol/L}$$

정답

- A : 0.5mol/L
- R : 0.25mol/L
- S : 0.25mol/L

08 관형 흐름반응기가 다음과 같이 연결되었을 때 A 흐름과 B 흐름의 전화율이 같아지도록 하는 각 흐름의 공급분율을 구하시오.

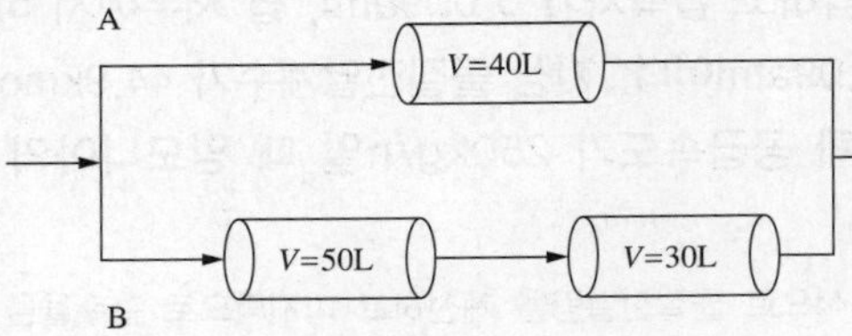

해설

먼저 관형 흐름반응기에서 전화율과 부피는 비례한다. 또 반응기가 직렬일 때는 총 반응기의 부피는 반응기 부피의 합이고, 병렬일 때는 반응기 부피들이 같아야 한다. 따라서 비례식을 통해 공급분율을 구하면 된다.

A 흐름의 공급량 : B 흐름의 공급량 = A 흐름의 반응기 부피 : B 흐름의 반응기 부피 ⇒ 40L : (50 + 30)L = 1 : 2

정답

1 : 2

09 촉매의 종류는 벌크 촉매와 담지 촉매가 있다. 이 중 담지 촉매 제조법 세 가지를 쓰시오.

정답

- 침전법은 용액에 시약을 넣고 특정 성분을 침전시키는 방법으로 담체에 용액에 넣은 후 담체 위에 침전을 흡착한다.
- 이온교환법은 음이온 담체 용액을 넣어 양이온을 흡착한다.
- 함침법은 담체의 기공에 용액을 넣고 건조시키고 소성 처리를 하여 금속을 담지한다.

5 공정제어

10 다음의 블록선도에서 먼저 ① 특성방정식을 구하고, 그 특성방정식의 ② 안정성을 판별하시오.

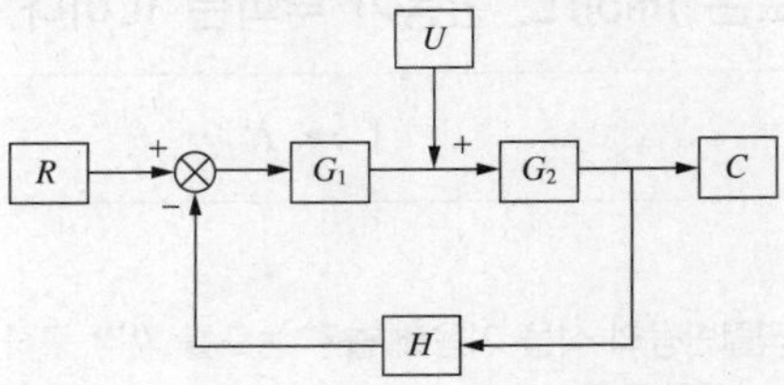

$$G_1 = 10\left(0.5s + \frac{1}{s}\right),\ G_2 = \frac{1}{s} + 1,\ H = 1(\text{측정요소})$$

해설

블록선도의 전달함수를 구하고 그 전달함수의 특성방정식을 구하여 안정성을 판별하면 된다.

① $G(s) = \dfrac{C(s)}{R(s)} = \dfrac{10\left(\dfrac{0.5s+1}{s}\right)\left(\dfrac{1}{s+1}\right)\cdot 1}{1+10\left(\dfrac{0.5s+1}{s}\right)\left(\dfrac{1}{s+1}\right)\cdot 1} = \dfrac{10(0.5s+1)(1)}{s(s+1)+10(0.5s+1)(1)} = \dfrac{5s+10}{s^2+6s+10}$

$\therefore\ s^2 + 6s + 10 = 0$(분모 = 0)

② 근의 짝수공식$(s) = \dfrac{-3 \pm \sqrt{9-1\cdot 10}}{1} = -3 \pm \sqrt{-1} = -3 \pm i$

∴ 안정하다(s의 근, 즉 극점의 실수부가 모두 0보다 작거나 같으므로).

정답

① $s^2+6s+10=0$

② 안정하다.

11 정상상태에서 $2ft^3/min$으로 유체가 공급될 때 수위에 따른 유량의 변화는 다음과 같다. 입력 유량이 $2ft^3/min$에서 $2.2ft^3/min$으로 계단 변화하였다. 이렇게 했을 때 2분이 흐른 뒤 탱크의 수위(ft)를 구하시오(단, 탱크의 단면적은 $2ft^2$, 소수점은 다섯째 자리에서 반올림하여 넷째 자리로 구한다).

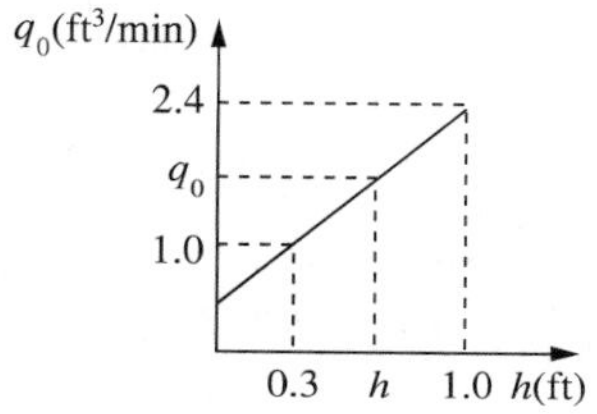

해설

그래프를 통해 수위와 유량의 관계식을 구하고 공정의 식을 세워 편차함수를 유도한다. 마지막으로 전달함수를 구하고 라플라스 역변환을 통해 시간에 대한 함수를 구하면 된다.

- 비례식 : $\dfrac{2.4-1.0}{1.0-0.3}=\dfrac{1.4}{0.7}=2=\dfrac{q_0-1.0}{h-0.3}$

  $\Rightarrow q_0=2h-0.6+1.0=2h+0.4$

- 공정의 식 : $A\dfrac{dh}{dt}=q_i-q_0=q_i-(2h+0.4)$

- 일반상태의 식 : $2\dfrac{dh}{dt}=q_i-(2h+0.4)$ ⋯ ①

- 정상상태의 식 : $2\dfrac{dh_s}{dt}=q_{is}-(2h_s+0.4)$ ⋯ ②

  ① − ② $=2\left(\dfrac{dh}{dt}-\dfrac{dh_s}{dt}\right)=(q_i-q_{is})-2(h-h_s)$

- 편차함수 도입 : $Q(s)=q_i-q_{is}$, $H(s)=h-h_s \Rightarrow 2\dfrac{dH(s)}{dt}=2(sH(s)-h(0))=2sH(s)=Q(s)-2H(s)$

  $\Rightarrow (2s+1)H(s)=Q(s) \Rightarrow G(s)=\dfrac{H(s)}{Q(s)}=\dfrac{1}{2s+2}$

  입력값의 크기가 0.2(편차함수이므로 $2.2-2=0.2$)인 계단함수이므로,

  $\Rightarrow H(s)=\dfrac{1}{2s+2}\dfrac{0.2}{s}=0.2\dfrac{1}{s}\left(\dfrac{\frac{1}{2}}{s+\frac{1}{2}}\right)=0.1\left(\dfrac{1}{s}-\dfrac{1}{s+1}\right)$

  $\Rightarrow h(t)=\mathcal{L}^{-1}\left[0.1\left(\dfrac{1}{s}-\dfrac{1}{s+1}\right)\right]=0.1(1-e^{-t})$

$\therefore\ h(2)=0.1(1-e^{-2})=0.08646 \fallingdotseq 0.0865ft$

정답

0.0865ft

2020년 제3회 과년도 기출복원문제

1 단위조작(유체역학, 양론)

01 비중이 0.9인 기름이 150kg/min의 속도로 직경이 1in인 리듀서에서 직경이 0.5in인 리듀서를 통과했다. 이때 마노미터 읽음이 30mmHg였을 때 리듀서 통과 이후 마찰손실(m)을 구하시오.

해설

단면이 급격히 축소될 때를 마찰손실식으로 구하고 마찰손실값을 개발 두로 환산하면 된다.

$$\frac{150\text{kg/min}\times\frac{1\text{min}}{60\text{s}}}{0.9\times1{,}000\text{kg/m}^3}=\frac{\pi D_2^{\ 2}}{4}\times\overline{u_2}$$

$$\Rightarrow \overline{u_2}=\frac{150\text{kg/min}\times\frac{1\text{min}}{60\text{s}}}{0.9\times1{,}000\text{kg/m}^3\times\frac{\pi\left(0.5\text{in}\times\frac{1\text{ft}}{12\text{in}}\times\frac{0.3048\text{m}}{1\text{ft}}\right)^2}{4}}=21.928 ≒ 21.93\text{m/s}$$

$$F_c=0.4\left(1-\frac{S_2}{S_1}\right)\frac{\overline{u_2}^{\ 2}}{2}=0.4\left(1-\frac{\pi D_2^{\ 2}}{\pi D_1^{\ 2}}\right)\frac{\overline{u_2}^{\ 2}}{2g_c}$$

$$\Rightarrow H=\frac{F_c g_c}{g}=0.4\left(1-\frac{D_2^{\ 2}}{D_1^{\ 2}}\right)\frac{\overline{u_2}^{\ 2}}{2g_c}\frac{g_c}{g}=0.4\left(1-\frac{0.5^2}{1^2}\right)\frac{(21.93\text{m/s})^2}{2}\times\frac{1}{9.8\text{m/s}^2}=7.361 ≒ 7.36\text{m}$$

정답

7.36m

2 단위조작(열전달)

02 **사염화탄소는 5kg/s로 공급되어 85℃에서 40℃로 냉각되고 냉각수는 4kg/s, 20℃로 공급된다. 경막계수는 무시하고 열전달계수는 사염화탄소 1.7kW/m^2 · ℃, 물 11kW/m^2 · ℃이고 비열은 사염화탄소 0.837J/g · ℃, 물 4.184J/g · ℃이다. 향류일 때의 전열면적은 병류일 때의 전열면적의 몇 %인가?**

해설

사염화탄소와 물의 열교환량을 통해 냉각수의 출구 온도를 구하고 향류일 때와 병류일 때의 각각 대수평균 온도차를 구한다. 마지막으로 향류와 병류의 각각 전열면적을 구하면 된다.

4,000g/s × 4.184J/g · ℃ × (T_{c2} − 20)℃ = 5,000g/s × 0.837J/g · ℃ × (85 − 40)℃

$$\Rightarrow T_{c2} = 20℃ + \frac{5{,}000\text{g/s} \times 0.837\text{J/g}\cdot℃ \times (85-40)℃}{4{,}000\text{g/s} \times 4.184\text{J/g}\cdot℃} = 31.252 ≒ 31.25℃$$

- 향류일 때

$$\overline{\Delta T_{L,향}} = \frac{(85-31.25)-(40-20)}{\ln\frac{85-31.25}{40-20}} = 34.138 ≒ 34.14℃$$

- 병류일 때

$$\overline{\Delta T_{L,병}} = \frac{(85-20)-(40-31.25)}{\ln\frac{85-20}{40-31.25}} = 28.050 ≒ 28.05℃$$

$$\dot{q} = UA_{향}\overline{\Delta T_{L,향}} = UA_{병}\overline{\Delta T_{L,병}}$$

$$\therefore \frac{A_{향}}{A_{병}} = \frac{\overline{\Delta T_{L,병}}}{\overline{\Delta T_{L,향}}} = \frac{28.05℃}{34.14℃} = 0.82161 = 82.16\%$$

정답

82.16%

03 **흑체가 100℃일 때 복사전열량(W/m^2)을 구하시오(단, 슈테판-볼츠만 상수는 5.672 × 10^{-8}W/m^2 · K^{4}이다).**

해설

흑체의 복사전열량식에 대입하면 구할 수 있다.

$W_b = \sigma T^4$ = 5.672 × 10^{-8}W/m^2 · K^4 × (273.15 + 100)^{4}K^4 = 1,099.689 ≒ 1,099.69W/m^2

정답

1,099.69W/m^2

3 단위조작(물질전달)

04 물-에탄올 기상에서 물-에탄올 액상으로 확산이 일어나는 데 1기압, 90℃이고 부피확산계수는 $0.8m^2/h$, 기체 교환막 두께는 0.1mm, 단면적은 $10m^2$이다. 외부 경막의 에탄올 농도는 80%, 내부 경막의 물 농도는 90%이다. ① 물과 ② 에탄올의 전달속도(kg/h)를 구하시오(단, 등몰확산으로 가정한다).

해설

등몰확산의 전달속도식을 세우고 분자량을 통해 질량속도로 환산하면 된다.

$N_A A = \frac{D_v \rho_M A}{B_T}(y_{Ai} - y_A)$ = 1,880.42kmol/h × (12 × 2 + 1 × 6 + 16)kg/kgmol = 86,499.32kg/h

$$\because \frac{0.8\text{m}^2/\text{h} \times \frac{1\text{kmol}}{22.4\text{m}^3} \times \frac{273.15}{273.15+90} \times 10\text{m}^2}{0.1\text{mm} \times \frac{1\text{m}}{1{,}000\text{mm}}}[0.8-(1-0.9)] = 1{,}880.421 \fallingdotseq 1{,}880.42\text{kmol/h}$$

① 물(H_2O)

1,880.42kmol/h × (1 × 2 + 16)kg/kgmol = 33,847.56kg/h

② 에탄올(C_2H_5OH)

1,880.42kmol/h × (12 × 2 + 1 × 6 + 16)kg/kgmol = 86,499.32kg/h

정답

① 물 : 33,847.56kg/h

② 에탄올 : 86,499.32kg/h

05 40mol% 벤젠, 60mol% 톨루엔인 원료가 연속증류되는데, 탑상 제품은 99.5mol% 벤젠, 탑하 제품은 1mol% 벤젠의 조성으로 나온다. 탑상 제품의 양이 1kmol/h일 때 원료의 양(kmol/h)을 구하시오.

해설

양과 조성으로 양론식을 세우면 구할 수 있다.

$Fx_F = Dx_D + Bx_B$

$\Rightarrow 0.4F = 0.995 \times 1 + 0.01(F-1)$

$\Rightarrow F = \frac{0.995-0.01}{0.4-0.01} = 2.525 \fallingdotseq 2.53\text{kmol/h}$

정답

2.53kmol/h

06 현재 100kPa, 30℃에서 비교습도 40%이다. 포화증기압이 4.24kPa일 때 상대습도(%)를 구하시오.

해설

비교습도식을 통해 수증기압을 구하고 상대습도식에 대입하면 구할 수 있다.

$$\mathscr{H}_A = 100 \times \frac{\dfrac{M_A P_A}{M_B(P-P_A)}}{\dfrac{M_A P_A{'}}{M_B(P-P_A{'})}} = 100 \times \frac{\dfrac{P_A}{100-P_A}}{\dfrac{4.24}{100-4.24}} = 40$$

$$\Rightarrow P_A = \frac{100 \times 0.4 \times \dfrac{4.24}{100-4.24}}{1+0.4 \times \dfrac{4.24}{100-4.24}} = 1.740 \fallingdotseq 1.74\text{kPa}$$

$$\therefore \mathscr{H}_R = 100 \times \frac{P_A}{P_A{'}} = 100 \times \frac{1.74}{4.24} = 41.037 \fallingdotseq 41.04\%$$

정답

41.04%

4 반응공학

07 $A \rightarrow R$의 기초반응을 연속 교반탱크 반응기에서 반응시킨다. 이때 전화율이 0.7인 연속 교반탱크 반응기에서 반응기 부피를 2배로 할 때 새로운 전화율을 구하시오(단, A 초기농도는 10mol/L이고 공급속도는 일정하다).

해설

전화율을 이용한 연속 교반탱크 반응기 설계식을 이용해 구할 수 있다.

$$V = \frac{F_{A0}X_A}{-r_A} = \frac{v_0 C_{A0} X_A}{kC_{A0}(1-X_A)}$$

$$\Rightarrow \frac{V}{v_0} = \tau = \frac{1}{k}\frac{X_A}{1-X_A}$$

$$\Rightarrow \tau k = \frac{X_A}{1-X_A} = \frac{0.7}{1-0.7} = \frac{7}{3}$$

$$\therefore \frac{2V}{v_0} = 2\tau = \frac{1}{k}\frac{X_A{'}}{1-X_A{'}}$$

$$\Rightarrow \frac{X_A{'}}{1-X_A{'}} = 2\tau k = 2 \times \frac{7}{3}$$

$$\Rightarrow X_A{'} = \frac{2 \times \dfrac{7}{3}}{1+2 \times \dfrac{7}{3}} = 0.823 \fallingdotseq 0.82$$

정답

0.82

08 암모니아의 합성반응에서 전화율이 70%일 때 공간시간은 1h이고 반응물이 $2m^3$/min으로 들어갈 때 필요한 반응기의 부피(m^3)를 구하시오.

해설

공간 간 정의식에 대입하면 구할 수 있다.

$$\tau \equiv \frac{V}{v_0} \Rightarrow V = v_0 \tau = 2m^3/\text{min} \times \frac{60\text{min}}{1\text{h}} \times 1\text{h} = 120m^3$$

정답

$120m^3$

5 공정제어

09 다음 제어시스템의 $G_m = G_R = G_T = 1$, $G_L = G_P = (5s+1)-1$, $G_V = (2s+1)-1$일 때 이 제어시스템이 안정하기 위한 비례제어기 이득의 범위를 구하시오.

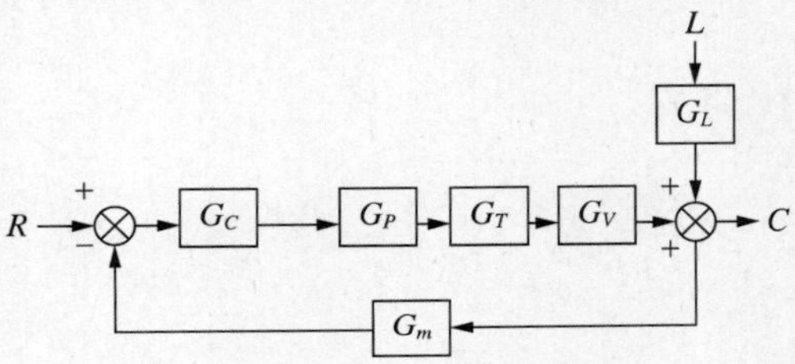

해설

제어시스템의 전달함수를 구하고 특성방정식의 안정성을 판별하면 구할 수 있다.

$$G(s) = \frac{C(s)}{R(s)} = \frac{K_C \frac{1}{5s+1} \times 1 \times \frac{1}{2s+1} \times 1}{1 + K_C \frac{1}{5s+1} \times 1 \times \frac{1}{2s+1} \times 1} = \frac{K_C}{10s^2 + 7s + 1 + K_C}$$

$\Rightarrow 10s^2 + 7s + 1 + K_c = 0$

$$\therefore s = \frac{-7 \pm \sqrt{7^2 - 4 \times 10 \times (1 + K_C)}}{20}$$

- s의 실수부가 모두 0보다 작거나 같을 때,

  $\pm\sqrt{7^2 - 40(1+K_C)} \leqq 7$

  $\Rightarrow 7^2 - 4 \times 10 \times (1 + K_c) \leqq 7^2$

  $\Rightarrow K_c \geqq -1$

- s가 복소수일 때,

  $7^2 - 40(1 + K_c) < 0$

  $\Rightarrow K_c > \frac{7^2}{40} - 1$

  $\Rightarrow K_c > 0.225$

$\therefore K_c \geqq -1$ 또는 $K_c > 0.225 \Rightarrow K_c \geqq -1$

정답

$K_c \geqq -1$

2020년 제4 · 5회 과년도 기출복원문제

1 단위조작(유체역학, 양론)

01 뉴턴의 ① 점성법칙을 쓰고 각각의 ② 물리적 의미를 쓰시오.

정답

① $\tau = \mu \dfrac{du}{dy}$

② • τ : 전단응력(kg/m · s^2)
• μ : 절대점도(kg/m · s)
• $\dfrac{du}{dy}$: 속도구배$\left(\dfrac{\mathrm{m/s}}{\mathrm{m}} = \mathrm{s}^{-1}\right)$

02 너비가 3m인 평판 위에 기름의 길이 5m로 흘러갈 때 힘이 2N이 작용한다. 기름은 정상상태로 완전발달흐름이라 가정했을 때 평균유속(m/s)을 구하시오(단, 기름의 동점도는 6.0 × $10^{-4}$$m^2$/s, 밀도는 1.2 × 10^3kg/m^3이다).

해설

뉴턴의 속도법칙을 이용하면 평균유속을 구할 수 있다.

$$\tau_v = \frac{F_s}{A_s} = \mu\frac{du}{dy} = \rho\nu\frac{\bar{u}}{y}$$

$$\bar{u} = \frac{F_s}{A_s}\frac{y}{\rho\nu} = \frac{2\mathrm{N}}{3\times 5\mathrm{m}^2}\times\frac{1\mathrm{kg}\cdot\mathrm{m/s}^2}{1\mathrm{N}}\times\frac{5\mathrm{m}}{1.2\times10^3\,\mathrm{kg/m}^3\times 6.0\times10^{-4}\,\mathrm{m}^2/\mathrm{s}} = 0.925 \fallingdotseq 0.93\mathrm{m/s}$$

정답

0.93m/s

03 물이 10m/s의 평균유속으로 직경이 0.0158m, 길이가 500m인 수평관으로 흐른다. 패닝마찰계수가 0.0065일 때 압력강하(N/m^2)를 구하시오.

해설

패닝마찰계수를 통한 직선관에서 표면마찰 손실식을 이용하면 압력강하를 구할 수 있다.

$$\Sigma F = \frac{\Delta P_s}{\rho} = 4f\frac{L}{D}\frac{\bar{u}^2}{2}$$

$$\Rightarrow \Delta P_s = 4\rho f\frac{L}{D}\frac{\bar{u}^2}{2} = 4\times 1{,}000\mathrm{kg/m}^3\times 0.0065\times\frac{500\mathrm{m}}{0.0158\mathrm{m}}\times\frac{(10\mathrm{m/s})^2}{2}\times\frac{1\mathrm{N}}{1\mathrm{kg}\cdot\mathrm{m/s}^2} = 41{,}139{,}240.51\mathrm{N/m}^2$$

정답

41,139,240.51N/m^2

2 단위조작(열전달)

04 3층으로 된 벽돌로 쌓은 노벽이 있는데 내부에서 차례로 열전도도가 0.104, 0.0595, 1.04kcal/h·m·℃이고, 벽 두께가 152, 76, 252mm, 내부온도가 760℃, 외부온도가 38℃이다. 이때 ① 열 플럭스(kcal/h·m²)와 ② 내부 사이 온도(T_1)와 외면 사이 온도(T_2)를 구하시오.

해설

직렬 복합저항에 대한 전도식을 사용하면 구할 수 있다.

① $$\frac{\dot{q}}{A} = \frac{\Delta T}{\frac{B_A}{\overline{k_A}} + \frac{B_B}{\overline{k_B}} + \frac{B_C}{\overline{k_C}}} = \frac{(760-38)℃}{\frac{152\text{mm}\times\frac{1\text{m}}{1{,}000\text{mm}}}{0.104\text{kcal/h}\cdot\text{m}\cdot℃} + \frac{76\text{mm}\times\frac{1\text{m}}{1{,}000\text{mm}}}{0.0595\text{kcal/h}\cdot\text{m}\cdot℃} + \frac{252\text{mm}\times\frac{1\text{m}}{1{,}000\text{mm}}}{1.04\text{kcal/h}\cdot\text{m}\cdot℃}}$$

$= 242.187 ≒ 242.19\text{kcal/h}\cdot\text{m}^2$

② $$\frac{\dot{q}}{A} = \frac{\overline{k_A}}{B_A}(760 - T_1) = \frac{\overline{k_B}}{B_B}(T_2 - 38)$$

• $$T_1 = 760 - \frac{\dot{q}}{A}\frac{B_A}{\overline{k_A}} = 760℃ - 242.19\text{kcal/h}\cdot\text{m}^2 \times \frac{152\text{mm}\times\frac{1\text{m}}{1{,}000\text{mm}}}{0.104\text{kcal/h}\cdot\text{m}\cdot℃} = 406.03℃$$

• $$T_2 = \frac{\dot{q}}{A}\frac{B_A}{\overline{k_A}} + 38 = 242.19\text{kcal/h}\cdot\text{m}^2 \times \frac{252\text{mm}\times\frac{1\text{m}}{1{,}000\text{mm}}}{1.04\text{kcal/h}\cdot\text{m}\cdot℃} + 38℃ = 96.684 ≒ 96.68℃$$

정답

① 242.19kcal/h·m²

② $T_1 = 406.03℃$, $T_2 = 96.68℃$

05 점도가 0.45cP, 열용량이 1kcal/kg·℃, 열전도도가 0.54kcal/h·m·℃일 때 프란틀수를 구하시오.

해설

프란틀수의 식을 이용하면 구할 수 있다.

$$\text{Pr.} = \frac{C_P\,\mu}{k} = \frac{1\text{kcal/kg}\cdot℃ \times 0.45\times10^{-3}\text{kg/m}\cdot\text{s}}{0.54\text{kcal/h}\cdot\text{m}\cdot℃\times\frac{1\text{h}}{3{,}600\text{s}}} = 3$$

정답

3

06 무한히 큰 두 흑체판이 평행하게 놓여 있다. 각각의 복사능이 1이고, 온도는 각각 649, 427℃일 때 열 플럭스(W/m^2)를 구하시오(단, 슈테판-볼츠만 상수는 $5.67 \times 10^{-8} W/m^2 \cdot K^4$이다).

해설

흑체 표면 간의 복사식을 사용하면 구할 수 있다.

$$\frac{\dot{q}}{A} = \varepsilon\sigma(T_1^{\ 4} - T_2^{\ 4}) = 1 \times 5.67 \times 10^{-8} W/m^2 \cdot K^4 \times [(273.15 + 649)^4 - (273.15 + 427)^4] K^4$$

$$= 27{,}375.175 \fallingdotseq 27{,}375.18 W/m^2$$

정답

27,375.18W/m^2

3 단위조작(물질전달)

07 벤젠과 톨루엔의 이상용액이 110℃, 755mmHg에서 기액평형을 이룰 때 톨루엔의 ① 액상의 조성과 ② 기상의 조성을 구하시오(단, 벤젠과 톨루엔의 증기압은 각각 1,010, 400mmHg이다).

해설

라울의 법칙과 돌턴의 분압법칙을 이용하면 구할 수 있다.

① $P = x_B P_B{}' + x_T P_T{}' = (1 - x_T) P_B{}' + x_T P_T{}'$

$$\Rightarrow x_T = \frac{P - P_B{}'}{P_T{}' - P_B{}'} = \frac{755 - 1{,}010}{400 - 1{,}010} = 0.418 \fallingdotseq 0.42$$

② $y_T P = x_T P_T{}'$

$$\Rightarrow y_T = \frac{x_T P_T{}'}{P} = \frac{0.42 \times 400}{755} = 0.222 \fallingdotseq 0.22$$

정답

① 액상의 조성 : 0.42
② 기상의 조성 : 0.22

08 메탄올 42mol%와 물 58mol%인 원료 100kmol을 정류하여 메탄올이 96mol%인 탑상 제품과 메탄올이 6mol%인 탑하 제품을 생산할 때 탑상 제품 중 메탄올의 회수율(%)을 구하시오.

해설

정류해서 물질수지식을 세우면 구할 수 있다.

$Fx_F = Dx_D + Bx_B = Dx_D + (F - D)x_B$

$$\Rightarrow D = \frac{F(x_F - x_B)}{x_D - x_B} = \frac{100\text{kmol}\,(0.42 - 0.06)}{0.96 - 0.06} = 40\text{kmol}$$

$$\therefore \text{회수율} = \frac{\text{탑상제품의 메탄올 양}}{\text{원료의 메탄올 양}} \times 100 = \frac{40 \times 0.96}{100 \times 0.42} \times 100 = 91.428 \fallingdotseq 91.43\%$$

정답

91.43%

09 30℃, 760mmHg에서 상대습도가 59%인 공기의 절대습도(kgH_2O/kg Dry Air)를 구하시오(단, 30℃에서 포화수증기압은 92.6mmHg이고 물과 공기의 분자량은 각각 18g/mol, 29g/mol이다).

해설

상대습도의 식과 절대습도의 식을 통해 구할 수 있다.

$$\mathcal{H}_R = \frac{P_A}{P_A{}'} \times 100$$

$$\Rightarrow P_A = \frac{\mathcal{H}_R}{100} \times P_A{}' = \frac{59}{100} \times 92.6\text{mmHg} = 54.634\text{mmHg}$$

$$\mathcal{H} = \frac{M_A P_A}{M_B(P - P_A)} = \frac{18 \times 54.634\,\text{mmHg}}{29 \times (760 - 54.634)\,\text{mmHg}} = 0.0480 \fallingdotseq 0.048\text{kgH}_2\text{O/kg Dry Air}$$

정답

0.048kgH_2O/kg Dry Air

10 아세트산 25.6kg, 물 80kg, 에터 100kg을 넣고 분배계수가 0.321일 때 추출되는 아세트산의 양을 구하시오.

해설

추출률을 구하는 식을 이용하고 추출률로 아세트산의 양(kg)을 계산하면 된다.

$$\text{초산의 양} \times \text{추출률} = \text{초산의 양}\left(1 - \frac{1}{1 + K_D \dfrac{V}{L}}\right) = 25.6\text{kg}\left(1 - \frac{1}{1 + 0.321 \times \dfrac{100}{80}}\right) = 7.330 \fallingdotseq 7.33\text{kg}$$

정답

7.33kg

2021년 제1회 과년도 기출복원문제

1 단위조작(유체역학, 양론)

01 메테인가스와 수증기에 개질촉매를 이용하면 수소를 생산할 수 있다. 다음 식과 표를 이용하여 반응물을 20℃에서 800℃로 가열하여 수소를 생산할 때 필요한 몰당 에너지(J/mol)를 구하시오(단, 메테인가스와 물의 몰수비는 1 : 2로 유입된다).

$$\frac{C_P}{R} = \mathrm{A} + \mathrm{B}\,T + \mathrm{C}\,T^2 + \frac{\mathrm{D}}{T^2}$$

구분	A	$B \times 10^3(K^{-1})$	$C \times 10^6(K^{-2})$	$D \times 10^{-5}(K^2)$
메테인	1.702	9.081	−2.164	−
수증기	3.470	1.450	−	0.121

해설

해당하는 상수와 몰수비로 대입하고 온도변화대로 적분하면 구할 수 있다.

$$\Delta H = \int_{293.15K}^{1,073.15K} RC_{P,mix}\,dT = \int_{293.15K}^{1,073.15K} R\times\frac{1}{3}(C_{P,CH_4} + 2C_{P,H_2O})\,dT = \int_{293.15K}^{1,073.15K} 8.314\mathrm{J/mol\cdot K}\times\frac{1}{3}[1.702 + 9.081\times10^{-3}\mathrm{K}^{-1}T - 2.164\times10^{-6}\mathrm{K}^{-2}T^2 + 2(3.470 + 1.450\times10^{-3}\mathrm{K}^{-1}T + 0.121\times10^5\mathrm{K}^2T^{-2})]\,dT$$

$$= 8.314\mathrm{J/mol\cdot K}\times\frac{1}{3}\int_{293.15K}^{1,073.15K}[8.642 + 11.981\times10^{-3}\mathrm{K}^{-1}T - 2.164\times10^{-6}\mathrm{K}^{-2}T^2 + 0.242\times10^5\mathrm{K}^2T^{-2})]\,dT$$

$$= 8.314\mathrm{J/mol\cdot K}\times\frac{1}{3}\left[8.642T + \frac{11.981}{2}\times10^{-3}\mathrm{K}^{-1}T^2 - \frac{2.164}{3}\times10^{-6}\mathrm{K}^{-2}T^3 - 0.242\times10^5\mathrm{K}^2T^{-1}\right]_{293.15K}^{1,073.15K}$$

$$= 8.314\mathrm{J/mol\cdot K}\times\frac{1}{3}[8.642(1,073.15 - 293.15)\mathrm{K} + \frac{11.981}{2}\times10^{-3}(1,073.15^2 - 293.15^2)\mathrm{K} - \frac{2.164}{3}\times10^{-6}(1,073.15^3 - 293.15^3)\mathrm{K} - 0.242\times10^5(1,073.15^{-1} - 293.15^{-1})\mathrm{K}]$$

= 34,119.551 ≒ 34,119.55J/mol

정답

34,119.55J/mol

02 내경 20cm인 유리관에서 4℃ 물로 레이놀즈 실험을 진행할 때 잉크가 관 전체에 퍼지기 시작하는 유속(m/s)을 구하시오.

해설

레이놀즈수가 4,000일 때의 유속을 구하면 된다.

$$Re. = \frac{D\bar{u}\rho}{\mu} \Rightarrow \bar{u}\ \frac{Re.\mu}{D\rho} = \frac{4,000\times\frac{1,530}{1,000}\mathrm{Pa\cdot s}\times\frac{\frac{1\mathrm{kg\cdot m/s^2}}{\mathrm{m^2}}}{1\mathrm{Pa}}}{\frac{20}{100}\mathrm{m}\times1,000\mathrm{kg/m^3}} = 30.6\mathrm{m/s}$$

정답

30.6m/s

03 P_1은 2.5kg$_f$/cm^2, P_2는 2.4026bar, P_3는 0.2354MPa일 때 P_4(kg$_f$/cm^2)를 구하시오(단, 90° 엘보의 상당길이는 1개당 5m, 밸브의 길이는 20m이다, 압력은 소수점 넷째 자리까지 구한다).

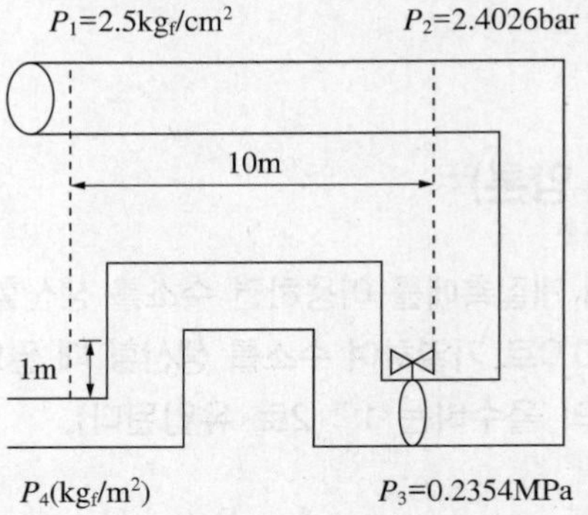

해설

압력차와 상당길이에 대한 압력을 구하면 된다.

$$P_4 = P_3 - (L + L_e) \times \frac{P_1 - P_2}{L'}$$

$$= 0.235 \times 10^6\text{Pa} \times \frac{1.0332\text{kg}_f/\text{cm}^2}{101,325\text{Pa}} - [10\text{m}+(4\times5\text{m}+20\text{m})]\times \frac{2.5\text{kg}_f/\text{cm}^2 - 2.4026\text{bar} \times \frac{10^5\text{Pa}}{1\text{bar}} \times \frac{1.0332\text{kg}_f/\text{cm}^2}{101,325\text{Pa}}}{10\text{m}}$$

$$= 2.14987 ≒ 2.1499\text{kg}_f/\text{cm}^2$$

정답

2.1499kg$_f$/cm^2

04 20℃, 1기압인 공기가 2×10^{-4}P의 점도로 35m/s로 지나간다. 선단의 끝에서 난류가 시작될 때 60℃로 유지되며 길이가 1m인 판의 끝에서 열 경계층의 두께(m)를 구하시오(단, $\delta/x = 0.381Re^{-0.2}$, x는 평판의 길이, δ는 경계층의 두께이고 공기는 질소 : 산소 = 79 : 21인 이상기체로 가정한다).

해설

공기의 밀도를 구하고 레이놀즈와 경계층 두께의 식에 대입하면 구할 수 있다.

$$\frac{\delta}{x} = 0.381\left(\frac{x\bar{u}\frac{m}{V}}{\mu}\right)^{-0.2}$$

$$\Rightarrow \delta = 0.381x\left(\frac{x\bar{u}\frac{PM}{RT}}{\mu}\right)^{-0.2} = 0.381 \times 1\text{m} \times \left[\frac{1\text{m} \times 35\text{m/s} \times \frac{1\text{atm} \times (0.79 \times 14 \times 2 + 0.21 \times 16 \times 2)\text{kg/kmol}}{0.082\text{atm}\cdot\text{m}^3/\text{kmol}\cdot\text{K} \times (273.15+20)\text{K}}}{2\times10^{-4}\times10^{-1}\text{kg/m}\cdot\text{s}}\right]^{-0.2}$$

$$= 0.0207 ≒ 0.021\text{m}$$

정답

0.021m

2 단위조작(열전달)

05 잘린 원뿔에서 열이 가로 방향으로 전달되고 원뿔의 바깥면에서 열손실이 없을 때 넓은 부분에서 중앙(4cm) 지점의 온도를 구하시오(단, 열전달계수는 200W/m · ℃이다).

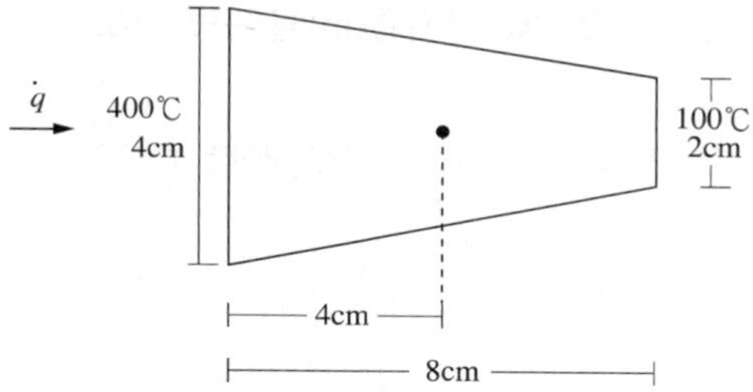

해설

원통에 대한 열전도식을 이용하면 구할 수 있다.

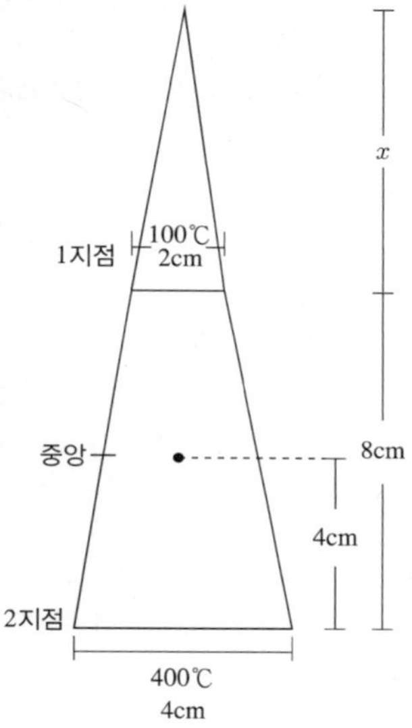

$$D_i : D_0 = 4 : 8+x \Rightarrow 2 : x = 4 : 8+x \Rightarrow x = \frac{16}{4-2} = 8\text{cm}$$

$$D_{\text{중앙}} : D_0 = 12 : 16 \Rightarrow D_{\text{중앙}} : 4 = 12 : 16 \Rightarrow D_{\text{중앙}} = 4 \times \frac{12}{16} = 3\text{cm}$$

$$\dot{q} = \frac{2\pi Lk}{\ln\frac{r_o}{r_i}}(T_h - T_c) = \frac{2\pi L' k}{\ln\frac{r_o}{r_{\text{중앙}}}}(T_h - T_{\text{중앙}})$$

$$\Rightarrow T_{\text{중앙}} = T_h - \frac{\frac{L}{\ln\frac{r_o}{r_i}}}{\frac{L'}{\ln\frac{r_o}{r_{\text{중앙}}}}}(T_h - T_c) = 400℃ - \frac{8\text{cm}}{\ln\frac{2\text{cm}}{1\text{cm}}} \times \frac{\ln\frac{2\text{cm}}{1.5\text{cm}}}{4\text{cm}}(400-100)℃$$

$$= 150.977 \fallingdotseq 150.98℃$$

정답

150.98℃

3 단위조작(물질전달)

06 벤젠과 톨루엔의 조성이 각각 50, 50mol%인 원료가 10kmol/h의 질량속도로 탑으로 들어가고 탑상 제품의 조성은 벤젠 90mol%이고, 탑하 제품의 조성은 벤젠 10mol%으로 증류된다. 환류비는 2, 허용증기속도가 1.0m/s일 때 탑지름(m)을 구하시오(단, 두 물질의 비점은 95.3℃).

해설

물질수지로 탑상 제품의 조성을 구하고 환류비로 증기량을 구하면 탑지름을 구할 수 있다.

$Fx_F = Dx_D + Bx_B$

$\Rightarrow 10 \times 0.5 = D \times 0.9 + (10 - D) \times 0.1 \Rightarrow D = \dfrac{10(0.5-0.1)}{0.9-0.1} = 5\text{kmol/h}$

$V = L + D,\ R_D = \dfrac{L}{D} \Rightarrow V = D \times R_D + D = 5 \times 3 = 15\text{kmol/h}$

$\therefore$ 탑의 단면적 $= \dfrac{\pi D^2}{4} = \dfrac{V}{\text{허용증기 속도}}$

$$\Rightarrow D = \sqrt{\frac{4V}{\pi\ \text{허용증기 속도}}} = \sqrt{\frac{4 \times 15\text{kmol/h} \times \dfrac{22.4\text{m}^3}{1\text{kmol}} \times \dfrac{273.15+95.3}{273.15} \times \dfrac{1\text{h}}{3{,}600\text{s}}}{\pi \times 1\text{m/s}}} = 0.400 \fallingdotseq 0.40\text{m}$$

정답

0.40m

4 반응공학

07 A → B + C 기초반응일 때 30℃와 45℃에서 반응속도는 각각 1.5387, 2.3649s^{-1}이다. 이때의 활성화 에너지(kJ/mol)를 구하시오(단, 소수점 넷째 자리까지 구하시오).

해설

아레니우스식을 이용하면 구할 수 있다.

$\ln\dfrac{k(T)}{k(T_0)} = \dfrac{E_k}{R}(T_0^{-1} - T_1^{-1})$

$$\Rightarrow E_k = \frac{R\ln\dfrac{k(T)}{k(T_0)}}{T_0^{-1} - T^{-1}} = \frac{8.314\text{J/mol}\cdot\text{K} \times \ln\dfrac{2.3649}{1.5387}}{[(273.15+30)^{-1} - (273.15+45)^{-1}]\text{K}^{-1}} = 22{,}975.89\text{J/mol} \fallingdotseq 22.9759\text{kJ/mol}$$

정답

22.9759kJ/mol

08 비가역 3차 반응을 이용하는 정용회분식 반응기에서 초기농도가 2mol/m³일 때 반감기가 5분이다. 같은 반응에서 초기농도가 5mol/m³일 때 초기농도의 10%가 될 때까지 걸리는 시간(분)을 구하시오.

해설

정용회분식 반응기의 몰수지식에 3차 반응식을 대입하여 식을 세우면 답을 구할 수 있다.

$$t = \int_{C_{A0}}^{C_A} \frac{dC_A}{-r_A} = \int_{C_{A0}}^{C_A} \frac{dC_A}{kC_A^{\ 3}} = \frac{1}{k}\left[\frac{1}{-2}C_A^{-2}\right]_{C_{A0}}^{C_A} = \frac{1}{2k}(C_{A0}^{\ -2} - C_A^{\ -2})$$

$$\Rightarrow t_{\frac{1}{2}} = \frac{1}{2k}[C_{A0}^{\ -2} - (0.5C_A)^{-2}]$$

$$\Rightarrow k = \frac{C_{A0}^{\ -2}(1-0.5^{-2})}{2t_{\frac{1}{2}}} = \frac{(2\text{mol/m}^3)^{-2}(1-0.5^{-2})}{2\times 5\text{min}} t_{10\%}$$

$$\therefore t_{10\%} = \frac{1}{2k}[C_{A0}^{\ -2} - (0.1C_A)^{-2}] = \frac{C_{A0}^{\ -2}(1-0.1^{-2})}{2k} = \frac{(5\text{mol/m}^3)^{-2}(1-0.1^{-2})}{2\times\frac{(2\text{mol/m}^3)^{-2}(1-0.5^{-2})}{2\times 5\text{min}}} = 26.4\text{min}$$

정답

26.4분

09 A + B → C인 비가역 액상 기초반응으로 이용한 반회분식 반응기가 있다. 초기에 A만 존재하고 초기부피는 V_0, 속도상수는 k, B가 들어가는 속도는 v_0일 때 다음에 대한 물음에 답하시오.

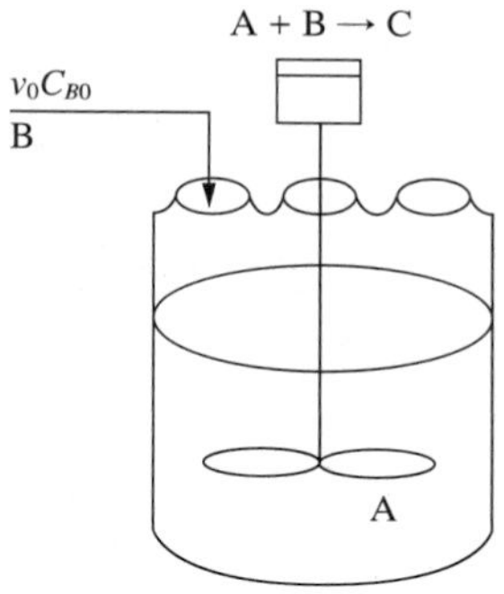

① A의 몰수지를 미분형으로 유도하시오.

② B의 몰수지를 미분형으로 유도하시오.

정답

① (유입속도 = 0) − (유출속도 = 0) + $r_A V = \frac{dN_A}{dt} = \frac{d(VC_A)}{dt} = V\frac{dC_A}{dt} + C_A\frac{dV}{dt}$

② F_{B0} − (유출속도 = 0) + $r_B V = \frac{dN_B}{dt}$

$$\Rightarrow \frac{d(VC_B)}{dt} = V\frac{dC_B}{dt} + C_B\frac{dV}{dt} = r_B V + F_{B0}$$

$$\frac{dC_B}{dt} = r_B + \frac{v_0C_{B0} - v_0C_B}{V} = r_B + \frac{v_0(C_{B0} - C_B)}{V} = r_B + \frac{C_{B0} - C_B}{\tau}$$

5 공정제어

10 시간상수가 0.1min이고 단위계가 1℃인 온도계가 90℃를 유지하는 정상상태의 물이 있다. 90℃의 물을 95℃의 수조에 넣었을 때 온도계가 94℃가 되는 시간(min)을 구하시오(단, 1차계로 가정한다).

해설

전달함수를 유도하고 입력과 출력값은 편차함수로 나타내는 것을 유념하면 해결할 수 있다.

$$G(s) = \frac{Y(s)}{U(s)} = \frac{1}{1+0.1s} = \frac{10}{s+10}$$

$$\Rightarrow \ Y(s) = \frac{10}{s+10}\frac{95-90}{s} = 5\left(\frac{1}{s} - \frac{1}{s+10}\right)$$

$$\Rightarrow \ y(t) = \mathcal{L}^{-1}\left[5\left(\frac{1}{s} - \frac{1}{s+10}\right)\right] = 5(1-e^{-10t})$$

$$y(t_{94℃}) = 5℃(1-e^{-10t_{94℃}}) = 94-90 = 4℃$$

$$\therefore \ t = -\frac{\ln\left(1-\frac{4}{5}\right)}{10} = 0.160 \fallingdotseq 0.16\text{min}$$

정답

0.16min

11 제어기의 시간상수가 10초이고 이득이 1kg/s이며 수증기의 온도를 50~150℃로 제어하여 공정 온도를 조절하고 있다. 공정의 시간상수는 30초, 이득이 60kg/s, 선형 밸브의 시간상수는 3초, 이득은 0.0015%(kg/s)이다. 여기에 비례제어기를 설치했을 때 안정적으로 제어되는 이득(K_c)의 범위를 구하시오.

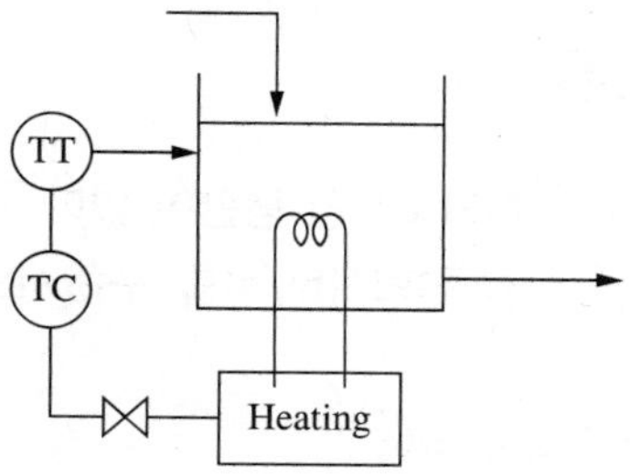

해설

특성방정식을 세우고 루스 안정성 판별법을 사용하면 된다.

$1+K_c\dfrac{0.0015}{3s+1}\,\dfrac{60}{30s+1}\,\dfrac{1}{10s+1}=0$

$\Rightarrow (3s+1)(30s+1)(10s+1)+0.09K_c=(90s^2+33s+1)(10s+1)+0.09K_c=900s^3+420s^2+43s+1+0.09K_c=0$

행(Row)	1열	
1	900	43
2	420	$1+0.09K_c$
3	$\dfrac{420\times 43-900\times(1+0.09K_C)}{420}$	0
4	$\dfrac{b_1(1+0.09K_C)-0}{b_1}$	0

i) $\dfrac{420\times 43-900\times(1+0.09K_C)}{420}>0 \Rightarrow K_c<211.851\fallingdotseq 211.85$

ii) $1+0.09K_c>0 \Rightarrow K_c>-0.09^{-1}=-11.111\fallingdotseq -11.11$

$\therefore -11.11<K_c<211.85$

정답

$-11.11<K_c<211.85$

2021년 제2회 과년도 기출복원문제

1 단위조작(유체역학, 양론)

01 전단력이 200N, 폭이 3m, 길이가 6m인 평판이 있다. 물의 밀도는 1,000kg/m^{3}이고 점도는 6 × 10^{-4}kg/m · s일 때 물의 접근속도(m/s)를 구하시오.

해설

뉴턴 유체의 정의식을 이용하면 구할 수 있다.

$$\tau_v = \frac{F_s}{A_s} = \mu\frac{du}{dy} = \mu\frac{\overline{u}}{y}$$

$$\Rightarrow \overline{u} = \frac{F_s}{A_s}\frac{y}{\mu} = \frac{200\text{N} \times \frac{1\text{kg} \cdot \text{m/s}^2}{1\text{N}}}{3 \times 6\,\text{m}^2} \times \frac{6\text{m}}{6 \times 10^{-4}\,\text{kg/m} \cdot \text{s}} = 111{,}111.111 \fallingdotseq 111{,}111.11\text{m/s}$$

정답

111,111.11m/s

02 글리세린 용액이 담긴 탱크가 지면으로부터 30m 위에 있다. 직경 5cm 관을 통해 이 용액을 지면으로 보낸 후 수평관을 통해 흘려보낼 때 용액의 질량유량(kg/s)을 구하시오(단, 탱크의 수위는 3m, 수평관의 길이는 300m, 관 부속품 등 모든 마찰에 의한 상당길이는 400m, 글리세린 용액의 비중은 1.23, 점도는 97cP이다).

해설

베르누이식을 이용하여 유속을 구하면 질량유량을 구할 수 있다.

$$\frac{P_1 - P_2}{\rho} + \frac{2(\overline{u}_1{}^2 - \overline{u}_2{}^2)}{2} + g(Z_1 - Z_2) = \Sigma F - \dot{W}_s$$

$$\Rightarrow \overline{u}_2^{\,2} = g(Z_1 - Z_2) - 4f\frac{L_e}{D}\frac{\overline{u}_2^{\,2}}{2} = 9.8 \times (33 - 0) - 2\frac{16 \times 0.097(300 + 400)}{(0.05)^2\,\overline{u}_2\,1{,}230}\overline{u}_2^{\,2}$$

$$\Rightarrow \overline{u}_2^{\,2} + 706.6\overline{u}_2 - 323.4 = 0$$

$$\Rightarrow \overline{u}_2 = \frac{-706.6 \pm \sqrt{706.6^2 - 4 \times 1 \times (-323.4)}}{2 \times 1} \fallingdotseq 0.457\text{m/s}$$

$$\therefore \dot{m} = \rho A_2 \overline{u}_2 = 1.23 \times 1{,}000\text{kg/m}^3 \times \frac{\pi}{4}0.05\text{m}^2 \times 0.457\text{m/s} = 1.104 \fallingdotseq 1.10\text{kg/s}$$

정답

1.10kg/s

03 벤투리미터의 ① 작동 원리를 설명하고 좁은 면에서의 ② 유속식을 유도하시오(단, 설명 중에 그림을 포함하고 유체는 비압축성, 비마찰성으로 가정한다).

정답

① 작동 원리

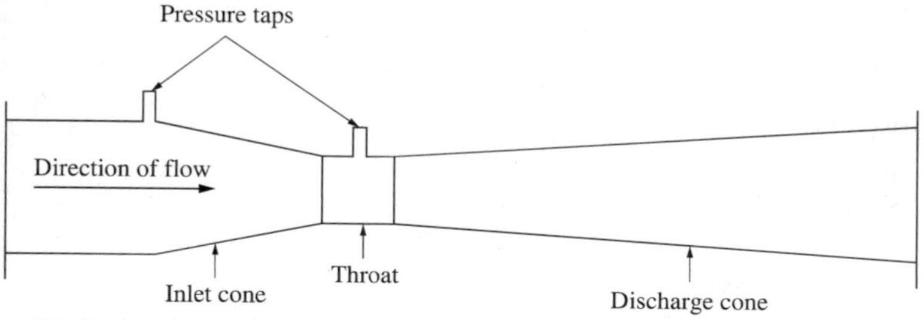

- 상류에서 유속이 증가하면서 압력의 감소(압력강하)로 유량 측정에 이용한다.
- 기체의 유량, 대개 물과 같은 액체의 유량 측정에 쓰이고 압력 회복률이 커서 다른 유량계에 비해 동력 소비량이 적다.
- 가격이 비싸고 상당한 공간을 차지한다. 마노미터 장치가 정해지면 측정 가능한 최대 유량도 고정된다.

② 좁은 면에서의 유속식

- 비압축성 유체에 대한 베르누이식을 세우면(마찰손실 없음, 펌프 없음, 높이차 없음), 다음과 같다.

$$\frac{P_1 - P_2}{\rho} + g(Z_1 - Z_2) + \frac{\alpha_1 \overline{u_1}^2 - \alpha_2 \overline{u_2}^2}{2} = \Sigma F_s - \eta W_p$$

$$\Rightarrow \frac{P_1 - P_2}{\rho} + \frac{\alpha_1 \overline{u_1}^2 - \alpha_2 \overline{u_2}^2}{2} = 0$$

$$\Rightarrow \alpha_2 \overline{u_2}^2 - \alpha_1 \overline{u_1}^2 = \frac{2(P_1 - P_2)}{\rho}$$

- 연속의 식을 도입하면(밀도는 일정함), 다음과 같다.

$$\dot{m} = \rho_1 \overline{u_1} S_1 = \rho_2 \overline{u_2} S_2$$

$$\Rightarrow \frac{\overline{u_1}}{\overline{u_2}} = \left(\frac{D_2}{D_1}\right)^2$$

$$\Rightarrow \overline{u_1} = \left(\frac{D_2}{D_1}\right)^2 \overline{u_2} = \beta^2 \overline{u_2}$$

(단, $\beta < 0.25$이면 $\beta = 0$으로 대입해도 오차가 거의 없음)

- $\overline{u}_1$에 베르누이식을 대입하면, 다음과 같다.

$$\alpha_2 \overline{u_2}^2 - \alpha_1 \overline{u_1}^2 = \alpha_2 \overline{u_2}^2 - \alpha_1 (\beta^2 \overline{u}_2)^2 = (\alpha_2 - \beta^4 \alpha_1)\overline{u}_2^2 = \frac{2(P_1 - P_2)}{\rho}$$

$$\overline{u_2}^2 = \frac{1}{\alpha_2 - \beta^4 \alpha_1} \frac{2(\mathrm{P}_1 - \mathrm{P}_2)}{\rho} \Rightarrow \overline{u}_2 = \frac{1}{\sqrt{\alpha_2 - \beta^4 \alpha_1}} \sqrt{\frac{2(P_1 - P_2)}{\rho}}$$

여기서, D_1 : 관지름(m), D_2 : 벤투리미터 목지름(m)

- 벤투리계수(Venturi Coefficient)

입구와 출구 사이에 벽 마찰, 운동에너지 보정인자를 고려하여 실험상수를 도입하면, 다음과 같다.

$$\overline{u}_2 = \frac{C_v}{\sqrt{1 - \beta^4}} \sqrt{\frac{2(P_1 - P_2)}{\rho}}$$

(단, C_v : 접근속도 불포함 벤투리계수(Venturi Coefficient, Velocity of Approach Not Included), 관지름 2~8in(5.08~20.32cm)일 때 0.98in, 8in(20.32cm) 초과일 때 0.99in)

04 **보기는 관 부속품을 나열한 것이다. 용도에 맞게 보기에서 골라 쓰시오(단, 없는 경우는 "없음"이라고 표기하시오).**

보기
니플, 리듀서, 부싱, 소켓, 엘보, 유니온, 커플링, 플랜지

① 관지름이 같은 원형관을 연결할 때

② 관의 반향을 바꿀 때

③ 관의 직경을 변경할 때

정답

① 니플, 소켓, 유니온, 커플링, 플랜지

② 엘보

② 리듀서, 부싱

2 단위조작(열전달)

05 **외경이 40mm, 내경이 30mm이고 내측 열전달계수는 30kcal/h · m² · ℃이고 열전도도는 40kcal/h · m · ℃, 외측 열전달계수는 5,000kcal/h · m² · ℃일 때 외측 총괄 열전달계수(kcal/h · m² · ℃)를 구하시오.**

해설

외부면적 기준 총괄 열전달계수식을 이용하면 구할 수 있다.

$$U_0 = \frac{1}{\frac{1}{h_i}\frac{D_o}{D_i} + \frac{x_w}{k_m}\frac{D_o}{\overline{D}_L} + \frac{1}{h_o}} = \frac{1}{\frac{1}{30\text{kcal/h} \cdot \text{m}^2 \cdot ℃}\frac{40}{30} + \frac{\frac{0.04-0.03}{2}\text{m}}{40\text{kcal/h} \cdot \text{m} \cdot ℃}\frac{40}{\frac{40-30}{\ln\frac{40}{30}}} + \frac{1}{5{,}000\text{kcal/h} \cdot \text{m}^2 \cdot ℃}}$$

$= 22.327 ≒ 22.33$kcal/h · m² · ℃

정답

22.33kcal/h · m² · ℃

06 지름이 4m인 구에서 온도가 300K로 대기 중으로 복사와 대류가 일어날 때 복사와 대류에서의 열전달량이 같아지는 표면온도(K)를 구하시오(단, 대류 열전달계수는 8W/m^2 · K, 복사능은 0.8, 슈테판–볼츠만 상수는 5.67 × 10^{-8}W/m^2 · K^{4}이다).

해설

복사열 전달량과 대류열 전달량이 같다고 놓고 표면온도를 구하면 된다.

$$\frac{\dot{q}}{A} = \varepsilon_w \sigma (T_w - T)^4 T_w^{\ 3} = h_r (T_w - T) \Rightarrow T_w = \sqrt[3]{\frac{h_r}{4\varepsilon_w \sigma}}$$

$$\Rightarrow \sqrt[3]{\frac{8\text{W/m}^2 \cdot \text{K}}{4 \times 0.8 \times 5.67 \times 10^{-8}\text{W/m} \cdot \text{K}^4}} = 353.279 ≒ 353.28\text{K}$$

정답

353.28K

3 단위조작(물질전달)

07 벤젠–톨루엔 혼합기체의 전압은 760mmHg이고 80℃에서 기액평형에 도달할 때 각 성분의 기상 조성을 구하시오(80℃에서 벤젠과 톨루엔의 증기압은 각각 1,000mmHg, 400mmHg이다).

해설

라울의 법칙과 돌턴의 분압법칙을 이용하면 구할 수 있다.

$P = x_B P_B{}' + x_T P_T{}'$

$\Rightarrow 760 = x_B \times 1{,}000 + (1 - x_B) \times 400$

$$\Rightarrow x_B = \frac{760 - 400}{1{,}000 - 400} = 0.6$$

- $y_B = \dfrac{x_B P_B{}'}{P} = \dfrac{0.6 \times 1{,}000}{760} = 0.789 ≒ 0.79$
- $y_T = 1 - y_B = 1 - 0.79 = 0.21$

정답

- 벤젠 : 0.79
- 톨루엔 : 0.21

08 50℃에서 공기의 포화습도가 0.086kgH_2O/kg Dry Air이고 비교습도가 60%일 때 이 공기의 절대습도(kgH_2O/kg Dry Air)를 구하시오.

해설

비교습도의 식에 대입하면 구할 수 있다.

$$\mathscr{H}_A = 100\frac{\mathscr{H}}{\mathscr{H}_s}$$

$$\Rightarrow \mathscr{H} = \frac{\mathscr{H}_A}{100} \times \mathscr{H}_s = \frac{60}{100} \times 0.086 = 0.0516 ≒ 0.052\text{kgH}_2\text{O/kg Dry Air}$$

정답

0.052kgH_2O/kg Dry Air

4 반응공학

09 살균 공정에서 반응시간이 60℃에서 20분, 75℃에서 1분일 때 활성화 에너지(kJ/mol)를 구하시오.

해설

아레니우스식을 이용하면 된다.

$$\ln\frac{k(T)}{k(T_0)} = \frac{E_A}{R}(T_0^{-1} - T^{-1})$$

$$\Rightarrow E_A = \frac{R\ln\frac{k(T)}{k(T_0)}}{T_0^{-1} - T^{-1}} = \frac{8.314\text{J/mol} \times \text{K} \times \ln\frac{20}{1}}{(273.15+60)^{-1}\text{K}^{-1} - (273.15+75)^{-1}\text{K}^{-1}} = 192{,}587.447\text{J/mol} = 192.59\text{kJ/mol}$$

정답

192.59kJ/mol

5 공정제어

10 공기 비례제어기의 액체 출력량은 60~100℃로 제어한다. 제어기는 설정점이 일정한 값으로 고정한 상태에서 측정된 온도가 71~75℃로 변할 때 출력압력이 전폐 시 $0.2\text{kg}_f/\text{cm}^2$, 전개 시 $1\text{kg}_f/\text{cm}^2$에 도달하도록 조정된다.

① 비례이득을 구하시오.

② 오차 온도가 30℃일 때의 비례이득을 구하시오.

해설

① 비례이득식으로 구하면 된다.

$$K_c = \frac{\Delta y}{\Delta u} = \frac{(1-0.2)\text{kg}_f/\text{cm}^2}{(75-71)℃} = 0.2(\text{kg}_f/\text{cm}^2)/℃$$

② 비례이득식으로 구하면 된다.

$$K_c = \frac{\Delta y}{\Delta u} = \frac{(1-0.2)\text{kg}_f/\text{cm}^2}{30℃} = 0.0266 \fallingdotseq 0.027(\text{kg}_f/\text{cm}^2)/℃$$

정답

① $0.2(\text{kg}_f/\text{cm}^2)/℃$

② $0.027(\text{kg}_f/\text{cm}^2)/℃$

11 다음 블록선도에 대한 총괄 전달함수식을 구하시오.

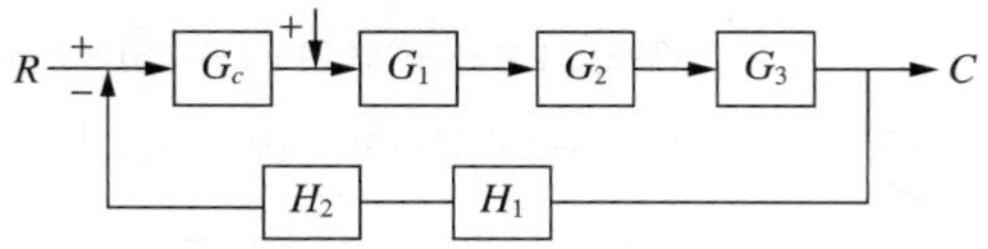

해설

전달함수와 외란 전달함수를 각각 구해서 총괄 전달함수를 구하면 된다.

정답

$$C(s) = \frac{G_C G_1 G_2 G_3}{1+G_C G_1 G_2 G_3 H_1 H_2} R(s) + \frac{G_1 G_2 G_3}{1+G_C G_1 G_2 G_3 H_1 H_2} U(s)$$

화공기사

2021년 제3회 과년도 기출복원문제

1 단위조작(유체역학, 양론)

01 다음을 차원으로 나타내시오(단, 질량 : M, 길이 : L, 시간 : T).

① 가속도

② 밀도

③ 점도

④ 동력

⑤ 압력

정답

① LT^{-2}

② ML^{-3}

③ $ML^{-1}T^{-1}$

④ $ML^{2}T^{-3}$

⑤ $ML^{-1}T^{-2}$

02 메테인과 수소의 연소에 대한 물음에 답하시오(단, 메테인, 수증기, 이산화탄소의 표준생성열은 각각 −74.8, −241.8, −393.5kJ/mol이다).

① 메테인 1g당 연소반응의 엔탈피 변화량(kJ/g)을 구하시오.

② 수소 1g당 연소반응의 엔탈피 변화량(kJ/g)을 구하시오.

해설

① 연소반응식을 토대로 메테인과 이산화탄소, 수증기, 이산화탄소의 표준생성열을 이용하면 구할 수 있다.

$CH_4 + 3O_2 \rightarrow CO_2 + 2H_2O$

$$\Rightarrow \Delta H_{\text{메테인연소}} \times \frac{1\text{mol}}{(12+1\times 4)\text{g}} = [\Delta H^o_{f,CO_2}(g) + 2\Delta H^o_{f,H_2O}(g) - \Delta H^o_{f,CH_4}(g)] \times \frac{1}{16}\text{mol/g}$$

$$= [-393.5 + 2\times(-241.8) - (-74.8)]\text{kJ/mol} \times \frac{1}{16}\text{mol/g} = -50.14\text{kJ/g}$$

② 연소반응식을 토대로 수증기의 표준생성열을 이용하면 구할 수 있다.

$H_2 + \frac{1}{2}O_2 \rightarrow H_2O$

$$\Rightarrow \Delta H_{\text{수소연소}} \times \frac{1\text{mol}}{1\times 2\text{g}} = \Delta H^o_{f,H_2O}(g) \times \frac{1}{2}\text{mol/g} = -241.8\text{kJ/mol} \times \frac{1}{2}\text{mol/g} = -120.9\text{kJ/g}$$

정답

① −50.14kJ/g

② −120.9kJ/g

03 지상 5m 높이의 탱크에 물이 가득 차 있고 직경이 2.54cm인 관을 통해 물이 빠질 때 최대 유량(L/s)을 구하시오(단, 탱크 수면 높이와 마찰손실은 무시한다).

해설

베르누이식을 이용해서 유속을 구하고, 그 유속을 부피유량으로 변환하면 된다.

$$\frac{P_1 - P_2}{\rho} + \frac{\bar{u}_1^{\,2} - \bar{u}_2^{\,2}}{2} + g(Z_1 - Z_2) = \Sigma F_s - \dot{W}_P \Rightarrow \overline{u_2} = \sqrt{2g-(Z_2)}$$

$$\Rightarrow \dot{Q} = \frac{\pi D_2^2}{4}\,\overline{u_2}^{\,2} = \frac{\pi D_2^2}{4}\sqrt{2g-(Z_2)} = \frac{\pi\left(\frac{2.54}{100}\text{cm}\right)^2}{4}\sqrt{2\times 9.8\text{m/s}^2\times(-(-5\text{m}))}\times\frac{1{,}000\text{L}}{1\text{m}^3} = 5.016 \fallingdotseq 5.02\text{L/s}$$

정답

5.02L/s

04 내경이 5cm, 길이가 13m인 관으로 물이 4L/s로 흐를 때 다음 물음에 답하시오(단, 수은의 비중은 13.6이다).

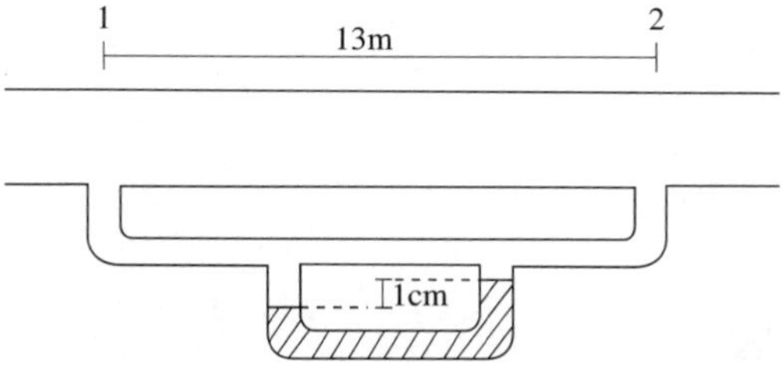

① 1지점과 2지점 사이의 압력차(N/m^2)를 구하시오.

② 마찰계수와 압력차와의 관계를 $\dot{D}$, L, ρ, μ를 이용해 나타내시오.

③ 마찰계수를 유효숫자 세 자리까지 구하시오.

해설

① 마노미터의 식을 이용하면 된다.

$$\Delta P = gR_m(\rho_A - \rho_B) = 9.8\text{m/s}\times\frac{1}{100\text{m}}\times(13.6-1)\times 1{,}000\text{kg/m}^3 = 1{,}234.8\text{N/m}^2$$

② $\Delta P = 4\rho f\frac{L}{D}\frac{\bar{u}^2}{2}$

③ ②의 식을 이용하면 구할 수 있다.

$$\Delta P = 4\rho f\frac{L}{D}\frac{\bar{u}^2}{2} \Rightarrow f = \frac{\Delta PD}{2\rho L\left(\frac{4\dot{Q}}{\pi D^2}\right)^2} = \frac{1{,}234.8\text{N/m}^2\times\frac{5}{100}\text{m}\times\frac{1\text{kg}\cdot\text{m/s}^2}{1\text{N}}}{2\times 1{,}000\text{kg/m}^3\times 13\text{m}\times\left(\frac{4\times\frac{4}{1{,}000}}{\pi\times 0.05^2}\right)^2} = 5.721\times 10^{-4} \fallingdotseq 5.72\times 10^{-4}$$

정답

① $1{,}234.8\text{N/m}^2$

② $\Delta P = 4\rho f\frac{L}{D}\frac{\bar{u}^2}{2}$

③ 5.72×10^{-4}

2 단위조작(열전달)

05 500℃ 항온조에 있던 금속구를 25℃ 항온조에 넣었을 때 구의 온도가 200℃까지 떨어지는 데 10분 걸렸다. 이때 200℃에서 30℃까지 떨어지는 데 걸리는 시간(분)을 구하시오(단, 비오트수는 0.1보다 매우 작으며 온도변화에 따른 밀도와 표면적 변화는 무시한다).

해설

비오트수가 0.1보다 작을 때 적용되는 온도변화와 시간에 대한 식을 이용하면 구할 수 있다.

$$\frac{T-T_\infty}{T_i-T_\infty}=e^{-\frac{t}{\tau}} \Rightarrow \tau=-\frac{t}{\ln\frac{T-T_\infty}{T_i-T_\infty}}=-\frac{10\text{min}}{\ln\frac{200-25}{500-25}}=10.014 \fallingdotseq 10.01\text{min}$$

30℃에서 25℃까지 떨어지는 데 걸린 시간을 구한 다음,
200℃에서 30℃까지 떨어지는 데 걸린 시간 10분을 빼주면 된다.

$$\frac{30-25}{500-25}=e^{-\frac{t'+10}{10.01}} \Rightarrow t'=-10.01\times\ln\frac{30-25}{500-25}-10=35.994 \fallingdotseq 35.99\text{min}$$

정답

35.99분

3 단위조작(물질전달)

06 기액평형에서 라울의 법칙을 설명하시오.

정답

라울의 법칙은 두 가지 액체가 섞여 있을 경우 각 성분의 증기 압력은 혼합물에서의 각 성분의 몰분율과 그의 순수한 상태에서의 증기 압력에 정비례한다.

$P=x_AP_A'+x_BP_B'$, $P_A=x_AP_A'$, $P_B=x_BP_B'$

07 이상단수가 10이고 이론단 높이가 2m일 때 이론상 탑의 높이(m)를 구하시오.

해설

이론상 탑의 높이는 이상단수와 이론단 높이의 곱으로 구한다.

10 × 2m = 20m

정답

20m

4 반응공학

08 연속 교반흐름 반응기가 A → B인 기초반응을 시킨다. 이때 전화율 60%인 반응기에서 반응기의 부피를 3배로 할 때 새로운 전화율(%)을 구하시오.

해설

연속 교반흐름 반응기의 설계방정식에 대입하면 구할 수 있다.

$$V = v_0 C_{A0} \frac{X_A}{-r_A} \Rightarrow \frac{V}{v_0} = \tau = C_{A0} \frac{X_A}{C_{A0}k(1-X_A)} = \frac{1}{k}\frac{X_A}{1-X_A} \Rightarrow \tau k = \frac{X_A}{1-X_A} = \frac{0.6}{1-0.6} = 1.5$$

$$\Rightarrow 3\tau k = 3 \times 1.5$$

$$\therefore \frac{X_A'}{1-X_A'} = 4.5 \Rightarrow X_A' = \frac{4.5}{1+4.5} = 0.81818 = 81.82\%$$

정답

81.82%

09 부피가 1L이고 A → 3R인 기상반응으로, 전화율이 50%, 반응기 입출구 유속이 각각 1, 3L/s일 때 ① 공간시간(s)과 ② 평균체류시간(s)을 구하시오.

해설

공간시간과 평균체류시간 정의를 이용하면 구할 수 있다.

① $\tau = \frac{V}{v_0} = \frac{1\text{L}}{1\text{L/s}} = 1\text{s}$

② $\bar{t} = \frac{V}{v_f} = \frac{1\text{L}}{3\text{L/s}} = 0.333 ≒ 0.33\text{s}$

정답

① 1s, ② 0.33s

5 공정제어

10 시간상수가 1분이고 1차계 공정이다. 정상상태에서 200°F인 항온조의 온도가 갑자기 210°F로 상승하였다가 1분 뒤 다시 하강하였다. 온도가 상승한 후부터 0.5분이 지났을 때의 온도(°F)를 구하시오.

해설

1차계 공정의 식을 이용하면 구할 수 있다.

$$Y(s) = \frac{k}{1+1\times s} \times \frac{210-200}{s} = 10k\left(\frac{1}{s} - \frac{1}{s+1}\right)$$

$$\Rightarrow y(t) = 10k(1-e^{-t}) \Rightarrow y(1) = 10k(1-e^{-1}) = 210-200 \Rightarrow k = \frac{1}{1-e^{-1}}$$

$$\therefore y(0.5) = 10 \times \left(\frac{1}{1-e^{-1}}\right)(1-e^{-0.5}) = 210 - T_{0.5}\ T_{0.5} = 210 - 10 \times \left(\frac{1}{1-e^{-1}}\right)(1-e^{-0.5}) = 203.775 ≒ 203.78°\text{F}$$

정답

203.78°F

2022년 제1회 과년도 기출복원문제

1 단위조작(유체역학, 양론)

01 직경이 20ft, 높이가 30ft인 탱크에 직경이 0.5in의 원형 크랙이 발생하여 물이 유출되기 시작할 때, 1시간 후 유출유량(ft^3/h)을 구하시오(단, 베나 콘트랙터는 무시한다).

해설

수위 변화를 미분방정식의 형태로 유도하고 수위를 구하여 유출유량을 계산한다.

$$\frac{P_1 - P_2}{\rho} + \frac{\overline{u}_1{}^2 - \overline{u}_2{}^2}{2} + g(Z_1 - Z_2) = 0 \Rightarrow \overline{u_2} = \sqrt{2g[-(-h)]} = \sqrt{2gh}$$

$$\dot{Q} = -\frac{dV}{dt} = -A\frac{dh}{dt} = A_{크랙}\sqrt{2gh} \Rightarrow -\int_{h_i}^{h_f}\frac{dh}{\sqrt{h}} = \frac{A_{크랙}}{A}\sqrt{2g}\int_0^{1h}dt$$

$$\Rightarrow -2[\sqrt{h}]_{h_i}^{h_f} = -2(\sqrt{h_f} - \sqrt{h_i}) = \frac{A_{크랙}}{A}\sqrt{2g}\,[t]_0^{1h} = \frac{A_{크랙}}{A}t\sqrt{2g}$$

$$\Rightarrow h_f = \left(\sqrt{h_i} - \frac{A_{크랙}}{2A}t\sqrt{2g}\right)^2 = \left[\sqrt{30\text{ft}} - \frac{\frac{\pi}{4}\left(\frac{0.5}{12}\right)^2}{2\times\frac{\pi}{4}20^2}\times 1\text{h}\sqrt{2\times 32.174\text{ft/s}^2}\times\frac{3{,}600\text{s}}{1\text{h}}\right]^2 = 29.3174\text{ft}$$

$$\therefore \dot{Q}_f = A_{크랙}\sqrt{2gh_f} = \frac{\pi D^2{}_{크랙}}{4}\sqrt{2gh_f} = \frac{\pi\left(\frac{0.5}{12}\text{ft}\right)^2}{4}\sqrt{2\times 32.174\text{ft/s}^2\times 29.3174}\times\frac{3{,}600\text{s}}{1\text{h}}$$

$$= 213.206 \fallingdotseq 213.21\text{ft}^3/\text{h}$$

정답

$213.21ft^3/h$

02 직경이 30cm인 관에 물이 흐르고 있다. 관에 5cm인 오리피스 유량계를 설치하고 수은 마노미터의 차압을 76mmHg로 얻었을 때 오리피스 관의 유량(m^3/h)을 구하시오(단, 오리피스계수는 0.61이고 수은의 비중은 13.6이다).

해설

차압을 오피리스 유량의 식에 대입하면 구할 수 있다.

$$\dot{Q} = \frac{\pi D_2{}^2}{4}\frac{C_o}{\sqrt{1-\left(\frac{D_2}{D_1}\right)^4}}\sqrt{\frac{2\Delta P}{\rho}}$$

$$= \frac{\pi(0.05\text{m})^2}{4}\frac{0.61}{\sqrt{1-\left(\frac{5}{30}\right)^4}}\sqrt{\frac{2\times 76\text{mmHg}\times\frac{101{,}325\text{N/m}^2}{760\text{mmHg}}\times\frac{1\text{kg}\cdot\text{m/s}^2}{1\text{N}}}{1{,}000\text{kg/m}^3}}\times\frac{3{,}600\text{s}}{1\text{h}} = 19.417 \fallingdotseq 19.42\text{m}^3/\text{h}$$

정답

$19.42m^3/h$

2 단위조작(열전달)

03 **다음을 설명하시오.**

① 푸리에 법칙

② 층류

정답

① • 열 플럭스(Heat Flux, 단위시간당 면적당 열량)와 온도차는 서로 비례한다.

• x 방향으로 정상상태의 일차원 흐름으로 가정한다.

• $\frac{d\dot{q}}{dA}$(열 플럭스) $\propto$ $\frac{dT}{dx}$(거리에 따른 온도차)

$\Rightarrow \frac{d\dot{q}}{dA} = -k$(비례인자)$\frac{dT}{dx}$

여기서, $\dot{q}$: 표면의 직각 방향에 대한 열흐름 속도(J/s = W)

A : 표면적(m^2)

T : 온도(K)

x : 표면의 직각으로 측정된 거리(m)

k : 열전도도(W/m · ℃)

② • 유속이 느려 측방향 혼합이 없고, 교차 흐름이나 소용돌이가 생기지 않는 흐름을 말한다.

• 물이 평형한 직선상으로 흐르는 것을 말한다.

• 매끈한 원형관에서 레이놀즈수가 2,100보다 작은 흐름이다.

04 **열교환기에서 35℃, 25kg/s로 흐르는 냉각수를 접촉하여 20kg/s로 흐르는 또 다른 물을 95℃에서 75℃로 냉각시키고 있을 때 다음의 물음에 답하시오(단, 총괄 열전달계수는 2,000W/m^2 · ℃이다).**

① 냉각수의 출구 온도(℃)를 구하시오.

② 향류로 접촉시킬 때 필요한 열교환기의 면적(m^2)을 구하시오.

해설

① 냉각수와 다른 물의 열교환량을 통해 냉각수의 출구 온도를 구할 수 있다.

$$\dot{q} = \dot{m}_c C_p (T_{c2} - T_{c1}) = \dot{m}_h C_p (T_{h1} - T_{h2})$$

$$\Rightarrow T_{c2} = T_{c1} + \frac{\dot{m}_h}{\dot{m}_c}(T_{h1} - T_{h2}) = 35℃ + \frac{20\text{kg/s}}{25\text{kg/s}}(95-75)℃ = 51℃$$

② 열교환량과 총괄 열전달량 계산식을 통해 구할 수 있다.

$$\dot{q} = \dot{m}_h C_p (T_{h1} - T_{h2}) = UA\overline{\Delta T_L}$$

$$\Rightarrow A = \frac{\dot{m}_h C_P (T_{h1} - T_{h2})}{U\overline{\Delta T_L}} = \frac{20\text{kg/s} \times 4.184\text{kJ/kg} \cdot ℃\,(95-75)℃}{2{,}000\text{W/m}^2 \cdot ℃ \times \frac{1\text{kJ/s}}{1{,}000\text{W}} \times \frac{(95-51)-(75-35)}{\ln\frac{95-51}{75-35}}℃} = 19.938 \fallingdotseq 19.94\text{m}^2$$

정답

① 51℃

② 19.94m^2

3 단위조작(물질전달)

05 원료가 벤젠 40mol%, 톨루엔 60mol%인 혼합액이다. 증류 후 탑상 제품과 탑하 제품의 조성이 각각 벤젠 99.7, 1mol%이다. 이때 탑상 제품을 1kmol/h로 맞추기 위한 원료의 양(kg/h)을 구하시오(단, 환류비는 2.5이다).

해설

벤젠의 물질수지식을 세우고 원료의 평균분자량을 이용하여 질량유량을 구할 수 있다.

$Fx_F = Dx_D + Bx_B \Rightarrow 0.4F = 0.997 \times 1 + 0.01(F-1)$

$\Rightarrow F = \dfrac{0.997-0.01}{0.4-0.01}\text{kmol/h} \times \dfrac{[0.4(12\times6+1\times6)+0.6(12\times7+1\times8)]\text{kg}}{1\text{kmol}} = 218.658 ≒ 218.66\text{kg/h}$

정답

218.66kg/h

06 아세트산에 대한 벤젠의 선택도를 구하시오.

구분	벤젠	물	아세트산
추출상(wt%)	76.35	0.85	22.80
추잔상(wt%)	7.70	27.50	64.70

해설

선택도를 정의의 식에 대입하면 된다(단, A : 아세트산, B : 물).

$$\beta = \dfrac{\frac{y_A}{x_A}}{\frac{y_B}{x_B}} = \dfrac{\frac{22.8}{64.7}}{\frac{0.85}{27.50}} = 11.401 ≒ 11.40$$

정답

11.40

07 $A \to R \underset{1}{\overset{1}{\rightleftarrows}} S$의 반응물에 대한 그래프를 아래의 두 그래프를 참고하여 작도하시오(수렴하는 선은 점선으로 표시하시오).

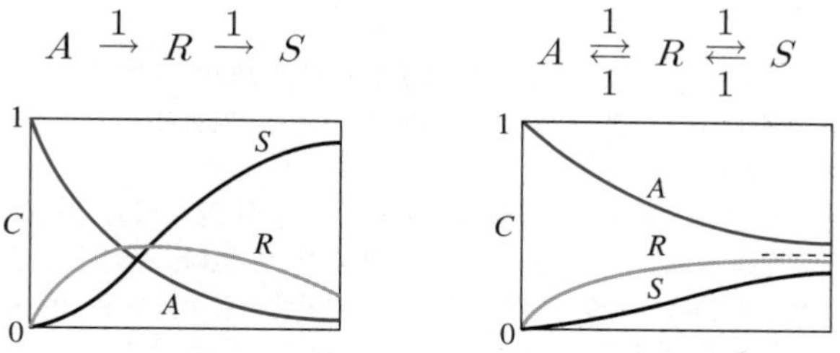

$$A \overset{1}{\to} R \overset{1}{\to} S \qquad\qquad A \underset{1}{\overset{1}{\rightleftarrows}} R \underset{1}{\overset{1}{\rightleftarrows}} S$$

정답

$A \to R \underset{1}{\overset{1}{\rightleftarrows}} S$

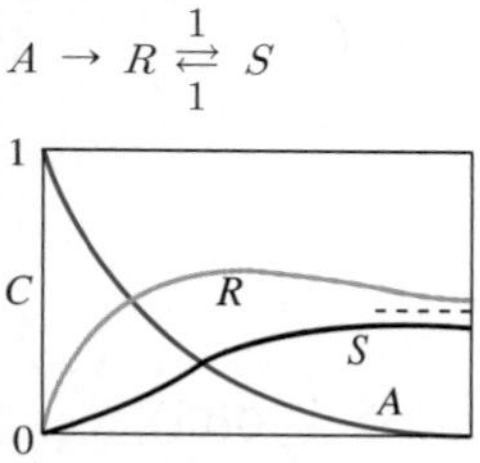

08 다음 병렬반응이 일어날 때, R의 최대선택도가 나오는 최적온도(K)를 구하시오(단, R이 목적물질이고 A는 아레니우스 상수, E는 활성화 에너지이다).

$$
\begin{aligned}
&\nearrow \ R,\ A_R = 10^6 s^{-1},\ E_R = 6{,}000\,\text{J/mol} \\
A \to\ &S,\ A_S = 10^7 s^{-1},\ E_S = 4{,}000\,\text{J/mol} \\
&\searrow \ T,\ A_T = 10^6 s^{-1},\ E_T = 9{,}000\,\text{J/mol}
\end{aligned}
$$

해설

병렬반응의 최적 온도를 구하는 식에 대입하면 구할 수 있다.

$$
\begin{aligned}
T_{opt} &= \left[\frac{R}{E_T - E_S} \ln\left(\frac{E_T - E_R}{E_R - E_S} \frac{A_T}{A_S} \right) \right]^{-1} = \left[\frac{8.314\,\text{J/mol} \cdot \text{K}}{(9{,}000 - 4{,}000)\text{J/mol}} \ln\left(\frac{9{,}000 - 6{,}000}{6{,}000 - 4{,}000} \cdot \frac{10^6}{10^7} \right) \right]^{-1} \\
&= -317.004 \fallingdotseq -317.00\text{K}
\end{aligned}
$$

정답

−371.00K

5 공정제어

09 다음에 대해 설명하시오.

① P & ID(Piping & Instrumentation Diagram, 공정배관 계장도)

② 공정흐름도(Process Flow Diagram, PFD)

정답

① 플랜트의 파이핑과 기계(기기)들의 연결, 프로세스의 흐름과 제어의 관계를 도식화한 것이다. 또 현장의 엔지니어와 오퍼레이터가 공정에 대해 더 잘 이해할 수 있게 도와주고, 기계가 어떻게 연결되어 있는지 알 수 있게 해준다. 대부분은 표준화된 심볼을 사용한다.

② 공정계통과 장치설계기준을 나타내는 도면이며 주요 장치, 장치 간의 공정 연관성, 운전조건, 운전변수, 물질·에너지 수지, 제어설비 및 연동장치 등의 기술적 정보를 파악할 수 있다. 구성은 공정 처리 순서 및 흐름의 방향, 주요 동력 기계, 장치 및 설비류의 배열, 기본 제어논리, 기본설계를 바탕으로 한 온도, 압력, 물질수지 및 열수지 등, 압력용기, 저장탱크 등 주요 용기류의 간단한 사양, 열교환기, 가열로 등의 간단한 사양, 펌프, 압축기 등 주요 동력기계의 간단한 사양, 회분식 공정인 경우에는 작업순서 및 작업시간이다.

10 전달함수 $G(s) = \dfrac{H(s)}{Q_1(s)}$ 를 라플라스의 형태로 유도하시오(단, $q_2 = \dfrac{h}{R}$ 이다).

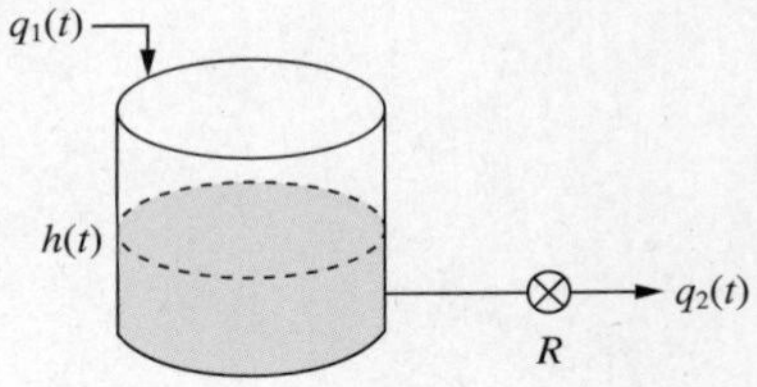

해설

미분 형태의 수지식을 세우면 구할 수 있다.

정답

$$A\frac{dh}{dt} = q_1 - q_2 = q_1 - \frac{h}{R}$$

$$\Rightarrow A\frac{dh}{dt} + \frac{1}{R}h = q_1$$

$$\Rightarrow AR\frac{dh}{dt} + h = Rq_1$$

$$\Rightarrow \tau\frac{dh}{dt} + h = Rq_1$$

(라플라스 변환) $\tau(sH(s) - h(0)) + H(s) = RQ_1(s)$

$$\Rightarrow H(s)(\tau s + 1) = RQ_1(s)$$

$$\therefore G(s) = \frac{H(s)}{Q_1(s)} = \frac{R}{\tau s + 1}$$

시간상수가 τ이고 공정이득이 R인 1차계 전달함수이다.

화공기사

2022년 제2회 과년도 기출복원문제

1 단위조작(유체역학, 양론)

01 직경이 75mm인 액체가 완전발달 흐름일 때, 다음 물음에 답하시오.

① $\int_0^{r_w} urdr = 567.8 \times 10^{-6} m^3/s$일 때 평균유속(m/s)을 구하시오.

② $\int_0^{r_w} u^3 rdr = 407.8 \times 10^{-6} m^5/s^3$일 때 운동에너지 보정인자를 구하시오.

해설

① 아래 값과 평균유속의 식을 이용한다.

$\int_0^{r_w} urdr = 567.8 \times 10^{-6} m^3/s$

$\bar{u} = \frac{1}{S}\int_S udS = \frac{1}{\pi r_w^2}\int_0^{r_w} u2\pi rdr = \frac{2}{r_w^2}\int_0^{r_w} urdr = \frac{2}{(0.0375)^2} \times 567.8 \times 10^{-6} m^3/s$

$= 0.80753 \fallingdotseq 0.8075 m/s$

② 아래 값과 운동에너지 보정인자의 식을 이용하면 된다.

$\int_0^{r_w} u^3 rdr = 407.8 \times 10^{-6} m^5/s^3$

$$\therefore \alpha = \frac{\int_S u^3 dS}{\bar{u}^3 S} = \frac{\frac{1}{\pi r_w^{\ 2}}\int_0^{r_w} u^3 2\pi rdr}{\bar{u}^3 \pi r_w^{\ 2}} = \frac{2\int_0^{r_w} u^3 rdr}{\bar{u}^3 \pi r_w^{\ 4}} = \frac{2 \times 407.8 \times 10^{-6} m^5/s^3}{(0.8075 m/s)^3 \pi (0.0375 m)^4} = 249.330 \fallingdotseq 249.33$$

정답

① 0.8075m/s

② 249.33

2 단위조작(열전달)

02 반무한 매질에서 고온의 유체가 만나 열전달이 발생할 때 열침투 깊이의 정의를 쓰시오.

정답

열침투 깊이는 온도변화가 표면온도에서 초기변화의 1%에 해당하는 표면으로부터의 거리이다.

x_P(열침투깊이) $= 3.64\sqrt{\alpha t}$ m

여기서, α(열확산계수) : $\frac{\mu}{\rho}$ m^2/s

t : 표면온도 변화 후의 시간(s)

03 외경이 5in, 내경이 4in인 동관 내부로 물을 넣고 외부에서 수증기로 가열시킨다. 관 내면의 열전달계수가 2,930kcal/h · m^2 · ℃, 동관의 열전도도가 327kcal/h · m · ℃, 관의 내부면적 기준 총괄 열전달계수가 2,085kcal/h · m^2 · ℃일 때 관 외면의 열전달계수(kcal/h · m^2 · ℃)를 구하시오.

해설

내부면적 기준 총괄 열전달계수의 식을 통해 구할 수 있다.

$$U_i = \frac{1}{\frac{1}{h_i} + \frac{x_w}{k_m}\frac{D_i}{\overline{D}_L} + \frac{1}{h_o}\frac{D_i}{D_o}} \Rightarrow h_0 = \frac{\frac{D_i}{D_o}}{\frac{1}{U_i} - \frac{1}{h_i} - \frac{x_w}{k_m}\frac{D_i}{\overline{D}_L}}$$

$$= \frac{\frac{4}{5}}{\frac{1}{2{,}085\,\mathrm{kcal/h\cdot m^2\cdot ℃}} - \frac{1}{2{,}930\,\mathrm{kcal/h\cdot m^2\cdot ℃}} - \frac{\frac{5-4}{2}\mathrm{in}\times\frac{1\mathrm{ft}}{12\mathrm{in}}\times\frac{0.3048\mathrm{m}}{1\mathrm{ft}}}{327\,\mathrm{kcal/h\cdot m\cdot ℃}}\frac{4}{\frac{5-4}{\ln\frac{5}{4}}}}$$

= 7,718.010 ≒ 7,718.01kcal/h · m^2 · ℃

정답

7,718.01kcal/h · m^2 · ℃

3 단위조작(물질전달)

04 조성이 에탄올 10%인 원료가 1kmol/h로, 수증기가 0.3kmol/h로 들어간다. 탑 상부는 0.3kmol/h로 나가고 탑 하부는 조성이 에탄올 0.01mol%이고 1kmol/h로 나간다. 평형선의 식은 $y_e = 9x_e$일 때 이상단수(단)를 구하시오(단, 이상단수는 소수점 첫째자리에서 올림하여 정수로 구하고, 탑 상부와 탑 하부의 양은 일정하다. 희박기체 조건이다).

해설

탈거인자를 구하여 이상단수의 식에 대입하면 된다.

- 탈거인자 : $S = \frac{mV}{L} = \frac{9\times 0.3}{1} = 2.7$
- 물질수지 : $L(x_a - x_b) = V(y_a - y_b) \Rightarrow 1(0.1 - 0.01\times 0.01) = 0.3(y_a - 0) \Rightarrow y_a = \frac{1(0.1-0.01\times 0.01)}{0.3} = 0.333$

$$y_a = 9x_a{}^* \Rightarrow x_a{}^* = \frac{y_a}{9} = \frac{0.333}{9} = 0.037$$

$$y_b = 9x_b{}^* \Rightarrow x_b{}^* = \frac{y_b}{9} = \frac{0}{9} = 0$$

$$\therefore N = \frac{\ln\frac{x_a - x_a{}^*}{x_b - x_b{}^*}}{\ln S} = \frac{\ln\frac{0.1-0.037}{0.0001-0}}{\ln 2.7} = 6.489 ≒ 7단$$

정답

7단

05 다음 듀링 차트(Dühring Chart)를 보고 10atm, 50wt% 수산화나트륨 용액의 끓는점을 구하시오.

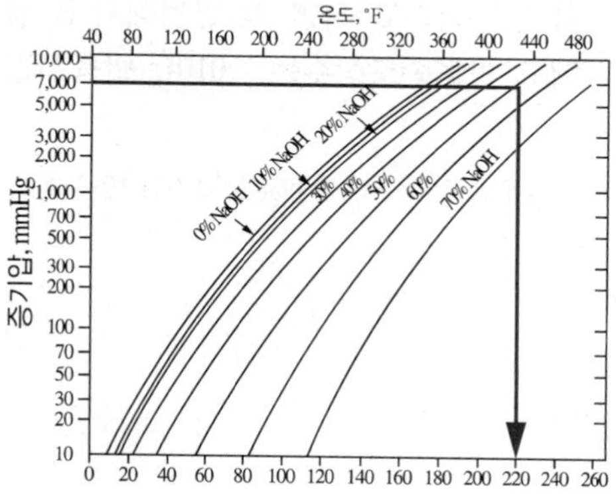

정답

약 220℃

4 반응공학

06 회분식 반응기에서 아래 표를 참고하여 반응속도식을 계산하시오(단, A의 초기농도는 5mol/L이다).

시간(min)	B의 농도(mol/L)
0	0
5	2.33
10	2.96
15	3.29
20	3.64

해설

n차 반응식에 해당하는 농도와 시간, 반응속도상수 관계식을 통해 수치대입법으로 구할 수 있다.

$C_A{}^{1-n} + C_{A0}{}^{1-n} = k(n-1)t$, $C_A + C_B = C_{A0}$ ⇒ $C_B = C_{A0} - C_A$

• $t = 5$, $(5-2.33)^{1-n} + 5^{1-n} = k(n-1)5$ ⋯ ①

• $t = 10$, $(5-2.96)^{1-n} + 5^{1-n} = k(n-1)10$ ⋯ ②

①×2−② ⇒ $2 \times 2.67^{1-n} - 2.04^{1-n} + 5^{1-n} = 0$

• $n = 0$, $2 \times 2.67^{1-0} - 2.04^{1-0} + 5^{1-0} = 8.3$

• $n = 2$, $2 \times 2.67^{1-2} - 2.04^{1-2} + 5^{1-2} = 0.4588$

• $n = 3$, $2 \times 2.67^{1-3} - 2.04^{1-3} + 5^{1-3} = 0.0802$

• $n = 4$, $2 \times 2.67^{1-4} - 2.04^{1-4} + 5^{1-4} = -0.004716$

∴ $n = 3$, $2.67^{1-3} + 5^{1-3} = k(3-1)5$

⇒ $k = 0.018 ≒ 0.02\text{L}^2/\text{mol}^2 \cdot \text{min}$

∴ $-r_A = 0.02\text{L}^2/\text{mol}^2 \cdot \text{min}\, C_A{}^3$

정답

$-r_A = 0.02\text{L}^2/\text{mol}^2 \cdot \text{min}\, C_A{}^3$

07 A → B인 액상반응이 회분식 반응기에서 반응하지만 정확한 반응차수를 알 수 없다. 만약 이 반응이 2차 반응과 3차 반응이라고 하면 각 반응에서 B 생성량(N_B)의 차이를 구하시오(단, A의 초기농도는 C_{A0}이고 반응속도상수는 k이며, 반응시간은 t이다).

해설

회분식 반응기의 몰수지식을 세우고 각각 2차 반응일 때와 3차 반응일 때 B 생성량을 구하면 된다.

- 2차 반응일 때,

$$t = \frac{1}{k}\left(\frac{1}{C_{A0}} - \frac{1}{C_A}\right) \Rightarrow C_A = \frac{1}{\dfrac{1}{C_{A0}} - tk} = \frac{C_{A0}}{1-tkC_{A0}}$$

$$\therefore\ C_B = C_{A0} - C_A = C_{A0} - \frac{C_{A0}}{1-tkC_{A0}}$$

- 3차 반응일 때,

$$t = \int_{C_{A0}}^{C_A} \frac{dC_A}{-r_A} = \int_{C_{A0}}^{C_A} \frac{dC_A}{kC_A^{\ 3}} = -\frac{1}{2k}\left[C_A^{\ -2}\right]_{C_{A0}}^{C_A} = \frac{1}{2k}\left(\frac{1}{C_{A0}^{\ \ 2}} - \frac{1}{C_A^{\ 2}}\right)$$

$$\Rightarrow C_A = \sqrt{\frac{1}{\dfrac{1}{C_{A0}^{\ \ 2}} - 2tk}} = \sqrt{\frac{C_{A0}^{\ \ 2}}{1-2tkC_{A0}^{\ \ 2}}}$$

$$\therefore\ C_B = C_{A0} - C_A = C_{A0} - \frac{C_{A0}}{\sqrt{1-2tkC_{A0}^{\ \ 2}}}$$

- B 생성량의 차이(2차 반응 − 3차 반응)

$$C_{A0} - \frac{C_{A0}}{\sqrt{1-tkC_{A0}}} - \left(C_{A0} - \frac{C_{A0}}{\sqrt{1-2tkC_{A0}^{\ \ 2}}}\right) = C_{A0}\left(\frac{1}{\sqrt{1-2tkC_{A0}^{\ \ 2}}} - \frac{C_{A0}}{1-tkC_{A0}}\right)$$

정답

$$C_{A0}\left(\frac{1}{\sqrt{1-2tkC_{A0}^{\ \ 2}}} - \frac{C_{A0}}{1-tkC_{A0}}\right)$$

5 공정제어

08 수은온도계는 현재 0℃이고 시간상수가 1min, 공정이득은 1이다. 수은온도계를 항온수조에 넣었더니 1min 후 온도가 37.93℃로 되었다. 항온수조의 온도(℃)를 구하시오(단, 수은온도계를 1차라고 가정한다).

해설

1차계 전달함수를 구하면 대입하여 구할 수 있다.

$$Y(s) = \frac{1}{1+1\times s}\,\frac{T_0 - 0}{s} = 1\,\frac{1}{s+1}\,\frac{T_0}{s} = T_0\left(\frac{1}{s} - \frac{1}{s+1}\right)$$

$y(t) = T_0(1-e^{-t}) \Rightarrow y(1) = T_0(1-e^{-1}) = 37.93 - 0 \Rightarrow T_0 = 60.004 \fallingdotseq 60.00$℃

정답

60.00℃

09 다음은 P형 제어기에 대한 블록선도이다. 입력값은 크기가 A일 때 비례이득(K_c)을 포함한 식으로 잔류편차를 구하시오(단, $G_v = G_m = 1$, $G_p = 1/ts + 1$).

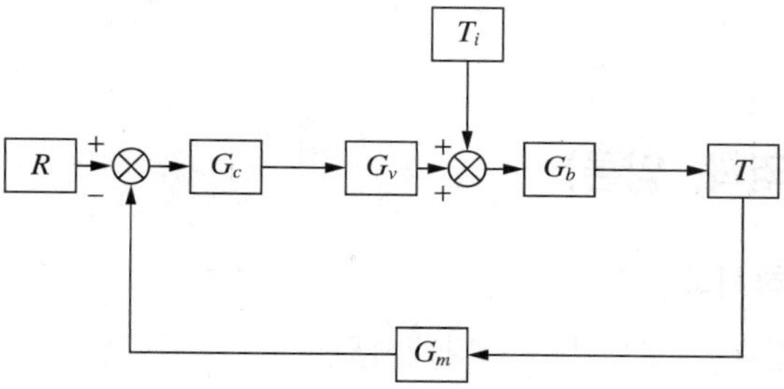

해설

전달함수를 구하고 이것에 대한 오프셋을 구하면 된다.

$$G(s) = \frac{K_c \times 1 \times \frac{1}{1+ts} \times 1}{1+K_c \times 1 \times \frac{1}{1+ts} \times 1} = \frac{K_c}{ts+1+K_c}$$

$$\Rightarrow Y(s) = \frac{K_c}{ts+1+K_c}\frac{A}{s} = AK_C\frac{1}{s(ts+1+K_c)}$$

Offset = $\lim_{t \to \infty} e(t) = R - \lim_{t \to \infty} y(t) = R - \lim_{s \to 0} sY(s)$($\because$ 최종값 정리)

$$= A - \lim_{s \to 0} s\frac{AK_c}{s(ts+1+K_c)} = A - \frac{AK_c}{1+K_c} = \frac{A}{1+K_c}$$

정답

$$\frac{A}{1+K_c}$$

2022년 제3회 과년도 기출복원문제

1 단위조작(유체역학, 양론)

01 **다음 물음에 답하시오.**

① 점도의 단위를 cgs 단위계로 나타내시오.

② 동점도의 단위를 fps 단위계로 나타내시오.

③ 비뉴턴 유체를 아래 그래프에 그리고 명칭을 적으시오.

정답

① g/cm · s

② ft^2/s

③

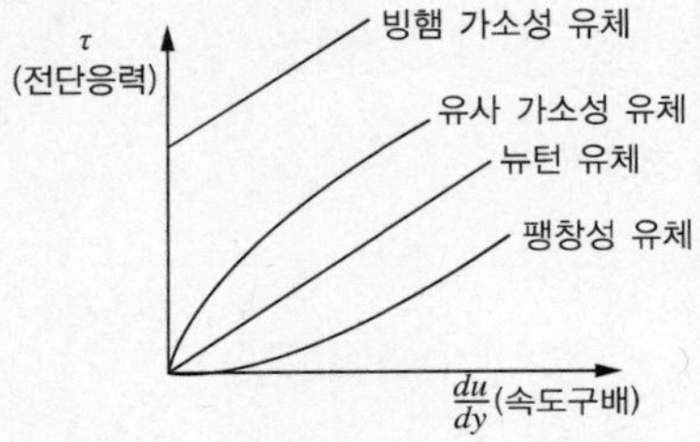

02 **단면이 매우 큰 저장탱크에서 높이차가 50m인 펌프의 파이프 내경은 8cm이다. 총 마찰손실 10m, 유량 $5m^3$/min, 효율 65%일 때 펌프의 동력(HP)을 구하시오(단, 유체의 밀도는 $1.8g/cm^3$이고 1HP = 746W이다).**

해설

베르누이식을 이용해 펌프의 동력을 구하고 마지막으로 질량유량과 효율로 펌프의 동력을 계산한다.

$$\frac{P_1 - P_2}{\rho} + \frac{\bar{u}_1^{\,2} - \bar{u}_2^{\,2}}{2} + g(Z_1 - Z_2) = \Sigma F - W_P \Rightarrow W_P = \Sigma F + \frac{\bar{u}_2^{\,2}}{2} + g[-(-Z_2)]$$

$$\therefore\ P_B = \frac{\dot{m}\,W_P}{\eta} = \frac{\rho\,\dot{Q}\left(\sum F + \frac{\bar{u}_2^{\,2}}{2} + gZ_2\right)}{\eta}$$

$$= \frac{1{,}800\text{kg/m}^3 \times 5\text{m}^3/\text{min} \times \frac{1\text{min}}{60\text{s}}}{0.65}\left(\frac{10\text{kg}_\text{f}\cdot\text{m}}{\text{kg}} \times \frac{9.8\text{N}}{1\text{kg}_\text{f}} + \frac{\left(\frac{5\text{m}^3/\text{min} \times \frac{1\text{min}}{60s}}{\frac{\pi}{4}(0.08)^2\text{m}^2}\right)^2}{2} + 9.8\text{m/s}^2 \times 50\text{m}\right)$$

$$\times \frac{1\text{kg}}{1\text{kg}} \times \frac{1\text{J}}{1\text{kg}\cdot\text{m/s}^2 \times \text{m}} \times \frac{1\text{W}}{1\text{J/s}} \times \frac{1\text{HP}}{746\text{W}}$$

= 224.404 ≒ 224.40HP

정답

224.40HP

2 단위조작(열전달)

03 재질이 다른 두 벽 A, B에서 면적 $10m^2$로 공통이다. A, B 벽의 표면온도는 각각 200℃, 20℃, 두께 10cm, 5cm, 열전도도 5kcal/h · m · ℃, 0.1kcal/h · m · ℃일 때 A, B 접촉면의 온도(K)를 구하시오.

해설

직렬일 때의 열전도량 계산식을 이용한다.

$$\frac{\dot{q}}{A} = \frac{k_1}{B_1}(T_o - T_1) = \frac{T_0 - T_i}{\dfrac{B_1}{k_1} + \dfrac{B_2}{k_2}} \Rightarrow T_1 = T_o - \frac{B_1}{k_1}\frac{T_0 - T_i}{\dfrac{B_1}{k_1} + \dfrac{B_2}{k_2}}$$

$$= 200℃ - \frac{0.1\text{m}}{5\text{kcal/h}\cdot\text{m}\cdot℃}\frac{(200-20)℃}{\dfrac{0.01\text{m}}{5\text{kcal/h}\cdot\text{m}\cdot℃} + \dfrac{0.05\text{m}}{0.1\text{kcal/h}\cdot\text{m}\cdot℃}} = 192.82℃ = 465.97\text{K}$$

정답

465.97K

04 너셀수에 대한 물음에 답하시오.

① 너셀수의 정의식을 적고 각 항의 의미를 쓰시오.

② 너셀수의 물리적 의미를 쓰시오.

정답

① $Nu. = \dfrac{hD}{k}$

- h : 열전달계수(kcal/h · m^2 · ℃)
- D : 관의 직경(m)
- k : 열전도도(kcal/h · m^2 · ℃)

② $Nu. = \dfrac{hD}{k} = \dfrac{\text{대류 열 전달}}{\text{전도 열 전달}}$

3 단위조작(물질전달)

05 막 통과 전과 후의 농도가 각각 4×10^{-2}kmol/m^3, 0.5×10^{-2}kmol/m^3, 막 두께가 4.0×10^{-5}m, 확산계수가 $8.0\times10^{-11}m^2$/s일 때 몰 플럭스(kmol/s · m^2)를 구하시오.

해설

등몰확산의 식에 대입해서 계산하면 된다.

$$N_A = \frac{D_v}{B_T}(C_{Ai} - C_A) = \frac{8.0\times10^{-11}\text{m}^2/\text{s}}{4.0\times10^{-5}\text{m}}(4\times10^{-2} - 0.5\times10^{-2})\text{kmol/m}^3 = 7\times10^{-11+5-2} = 7\times10^{-8}\text{kmol/s}\cdot\text{m}^2$$

정답

7×10^{-8}kmol/s · m^2

06 물이 100kg, 전압 760mmHg, 수소 분압 200mmHg, 헨리상수가 5.19×10^7atm일 때 물속에 녹는 수소의 질량(kg)은?

해설

헨리의 법칙과 몰분율 구하는 식에 대입하여 해결한다.

$$P_A = x_A H_A \ \Rightarrow\ x_A = \frac{P_A}{H_A} = \frac{200\text{mmHg}\times\dfrac{1\text{atm}}{760\text{mmHg}}}{5.19\times10^7\,\text{atm}}$$

$$x_A = \frac{\dfrac{w_{H_2}}{2\text{kg/mol}}}{\dfrac{w_{H_2}}{2\text{kg/mol}}+\dfrac{100\text{kg}}{18\text{kg/mol}}} = \frac{\dfrac{200}{760}}{5.19\times10^7}$$

$$\Rightarrow w_{H_2} = \frac{\dfrac{100}{18}\times\dfrac{\dfrac{200}{760}}{5.19\times10^7}}{\dfrac{1}{2}\left(1-\dfrac{\dfrac{200}{760}}{5.19\times10^7}\right)} = 0.5633\times10^{-7} \fallingdotseq 5.63\times10^{-8}\text{kg}$$

정답

5.63×10^{-8}kg

07 원료의 조성은 n-헵테인 70mol%, n-옥테인 30mol%이고, 비점에서 공급된다. 탑상 제품과 탑하 제품의 조성은 각각 n-헵테인 98mol%, n-옥테인 1mol%일 때 최소환류비를 구하시오(단, 상대휘발도는 2이다).

해설

원료 액상의 조성과 평형상태에 있는 기상의 조성은 상대휘발도의 식으로 구하고, 최소환류비의 식에 대입하면 구할 수 있다.

$$y_F{}' = \frac{\alpha x_F{}'}{1+(\alpha-1)x_F{}'} = \frac{2\times0.7}{1+(2-1)0.7} = \frac{1.4}{1.7}$$

$$\therefore\ R_{Dm} = \frac{x_D - y_F{}'}{y_F{}' - x_F{}'} = \frac{0.98-\dfrac{1.4}{1.7}}{\dfrac{1.4}{1.7}-0.7} = 1.266 \fallingdotseq 1.27$$

정답

1.27

08 아세트산 25.6kg, 물 80kg, 에터 100kg을 넣고 분배계수가 0.321일 때 추출되는 아세트산의 양을 구하시오.

해설

추출률을 구하는 식을 이용하고 추출률로 아세트산의 양(kg)을 계산하면 된다.

초산의 양 × 추출률 = 초산의 양 $\left(1-\dfrac{1}{1+K_D\dfrac{V}{L}}\right)$ = 25.6kg $\left(1-\dfrac{1}{1+0.321\times\dfrac{100}{80}}\right)$ = 7.330 ≒ 7.33kg

정답

7.33kg

4 반응공학

09 연속 교반탱크 반응기의 부피가 1m³이고 A를 포함하는 용액의 처리 용량은 100L/min이다. 가역반응 $A \rightleftarrows R$은 $-r_A = (0.04C_A - 0.01C_R)s^{-1}$이다(단, A의 초기농도는 0.1mol/L이다).

① 이론 평형전화율(%)을 구하시오.

② 실제 평형전화율(%)을 구하시오.

해설

① 평형상태일 때 반응속도 = 0이므로 이를 통해 A의 평형 농도를 구하여 평형전화율을 구하면 된다.

(평형상태) $-r_A = 0 = 0.04C_A - 0.01C_R \Rightarrow C_R = 4C_A,\ C_A + C_R = C_{A0}$

$\Rightarrow C_A + 4C_A = 0.1\text{mol/L} \Rightarrow C_A = 0.02\text{mol/L}$

$\therefore X_{Ae} = \dfrac{C_{A0}-C_A}{C_{A0}} = \dfrac{0.1-0.02}{0.1} = 0.8 = 80\%$

② 연속 교반탱크 반응기의 설계방정식에 대입하면 구할 수 있다.

$\tau = \dfrac{V}{v_0} = \dfrac{C_{A0}X_{Ae}'}{-r_A}$

$\Rightarrow X_{Ae}' = \dfrac{V}{v_0}\dfrac{0.04C_A - 0.01[(C_{A0}-C_A]}{C_{A0}} = \dfrac{V}{v_0}\dfrac{0.04C_{A0}(1-X_{Ae}')-0.01[(C_{A0}-C_{A0}(1-X_{Ae}')]}{C_{A0}}$

$= \dfrac{1\text{m}^3\times\dfrac{1{,}000\text{L}}{1\text{m}^3}}{100\text{L/min}}[0.04(1-X_{Ae}')-0.01X_{Ae}']s^{-1}\times\dfrac{60s}{1\text{min}}$

$\Rightarrow X_{Ae}' = \dfrac{600\times0.04}{1+600\times0.05} = 0.77419 = 77.42\%$

정답

① 80%

② 77.42%

5 공정제어

10 $hA(u-y) = mC_P \dfrac{dy}{dt}$ 의 전달함수를 구하시오(단, $y(0) = 0$이다).

해설

라플라스 변환한 다음 전달함수를 구할 수 있다.

$$hA(u-y) = mC_P \frac{dy}{dt}$$

$$\Rightarrow \mathcal{L}(hA(u-y)) = \mathcal{L}\left(mC_p \frac{dy}{dt}\right)$$

$$\Rightarrow hA(U(s) - Y(s)) = mC_P(sY(s) - y(0))$$

$$\Rightarrow G(s) = \frac{Y(s)}{U(s)} = \frac{hA}{hA + mC_P s} = \frac{1}{1 + \dfrac{mC_P}{hA}s}$$

정답

$$\frac{1}{1 + \dfrac{mC_P}{hA}s}$$

11 무수알코올 99.9%를 생성하기 위해서 벤젠으로 공비증류를 하려고 한다. 아래의 심볼을 활용하여 공정흐름도를 완성하시오.

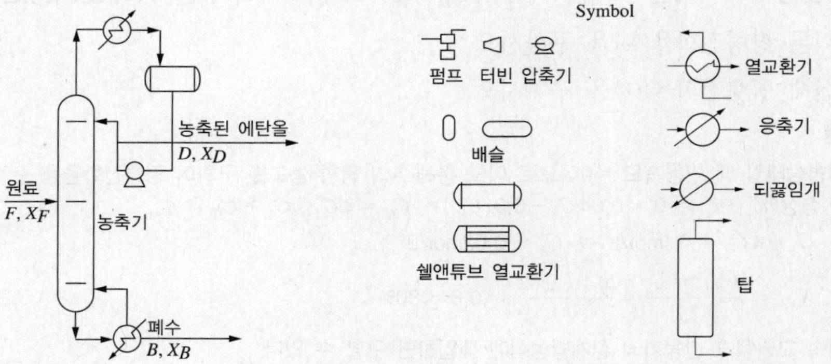

정답

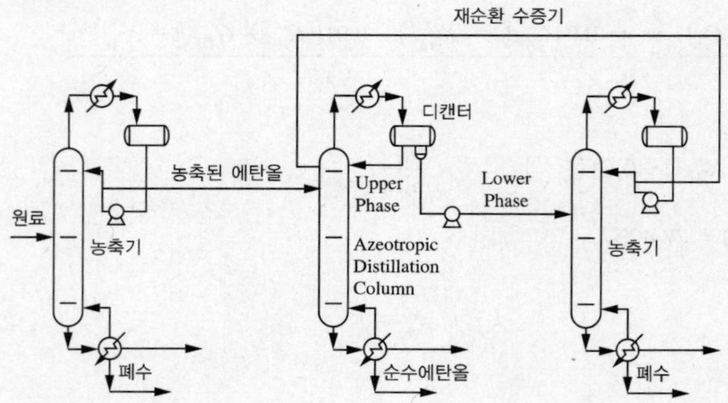

2023년 제1회 과년도 기출복원문제

1 단위조작(유체역학, 양론)

01 비중이 0.95이고 유량이 $10m^3/h$인 기름이 처음엔 5cm의 원형관이 2cm로 축소되었다가 다시 또 5cm로 확대된다. 전 구간에 대한 압력강하(kPa)를 구하시오.

해설

축소와 확대에 대한 압력강하의 합으로 구할 수 있다.

$$\Delta P = \rho\left[0.4\left(1-\frac{S_2}{S_1}\right)\frac{\bar{u}_2^{\,2}}{2}+\left(1-\frac{S_2}{S_3}\right)^2\frac{\bar{u}_3^{\,2}}{2}\right] = 950\text{kg/m}^3\left[0.4\left[1-\left(\frac{2}{5}\right)^2\right]\frac{\left(\dfrac{\dfrac{10\text{m}^3/\text{h}}{\dfrac{\pi 0.02^2\text{m}^2}{4}}\times\dfrac{1\text{h}}{3{,}600\text{s}}}{}\right)^2}{2}\right.$$

$$\left.+\left[1-\left(\frac{2}{5}\right)^2\right]^2\frac{\left(\dfrac{10\text{m}^3/\text{h}}{\dfrac{\pi 0.05^2\text{m}^2}{4}}\times\dfrac{1\text{h}}{3{,}600\text{s}}\right)^2}{2}\right]\times\frac{1\text{kPa}}{1{,}000\dfrac{\text{kg}\cdot\text{m/s}^2}{\text{m}^2}}$$

$= 13.148 \fallingdotseq 13.15$kPa

정답

13.15kPa

2 단위조작(열전달)

02 외벽과 내벽의 온도가 각각 310℃, 400℃이고, 두께는 0.5m, 열전도도는 0.7W/m · ℃일 때 열 플럭스(W/m^2)를 구하시오.

해설

열전도도식에 대입하면 된다.

$$\frac{\dot{q}}{A} = \frac{k}{B}(T_i - T_0) = \frac{0.7\text{W/m}\cdot℃}{0.5\text{m}}(400-310)℃ = 126\text{W/m}^2$$

정답

$126W/m^2$

03 100℃인 공기가 500kg/h의 질량속도인 유입 공정에 대한 다음 물음에 답하시오.

① 레일리수와 너셀수를 자연대류에서 그라쇼프수와 프란틀수 그리고 상수 C, n으로 나타내시오.

② 공기의 비열은 1.008kJ/kg・℃이고 열전달계수는 20W/m²・℃, 외부온도가 -5℃일 때 공정에 투입되는 공기의 온도(℃)를 구하시오.

해설

② 공기의 열량과 대류에 의한 열전달량이 같다고 하면 구할 수 있다.

$$\dot{q} = hA\Delta T = \dot{m}C_P\Delta T_{\text{공정공기}} \Rightarrow T_1 = T_2 + \frac{hA\Delta T}{\dot{m}\,C_p}$$

$$= 100℃ + \frac{20\text{W/m}^2 \cdot ℃ \times 1\text{m}^2 \times [100-(-5)]℃}{500\text{kg/h} \times \dfrac{1\text{h}}{3,600\text{s}} \times 1.008\,\text{kJ/kg} \cdot ℃} \times \frac{1\text{kJ/s}}{1,000\text{W}} = 115℃$$

정답

① • $Ra. = Gr. \cdot \text{Pr.}$

• $Nu. = Gr.^m \cdot \text{Pr.}^n = (Gr. \cdot \text{Pr.}^{\frac{n}{m}})^m = (Gr. \cdot \text{Pr.}^C)^m$

② 115℃

04 금속관의 내측과 외측 열전달계수는 각각 500W/m²・℃, 200W/m²・℃이고 열전도도는 16W/m²・℃, 두께는 8mm일 때 총괄 열전달계수(W/m²・℃)를 구하시오.

해설

총괄 열전달계수의 식에 대입하면 된다.

$$U = \frac{1}{\dfrac{1}{h_i} + \dfrac{x_w}{k_m} + \dfrac{1}{h_o}} = \frac{1}{\dfrac{1}{500\text{W/m}^2 \cdot ℃} + \dfrac{0.008\text{m}}{16\text{W/m} \cdot ℃} + \dfrac{1}{2,000\text{W/m}^2 \cdot ℃}} = 333.333 ≒ 333.33\text{W/m}^2 \cdot ℃$$

정답

333.33W/m²・℃

05 아래 그램은 물의 비등곡선이다. (   ) 안에 알맞은 용어를 쓰시오.

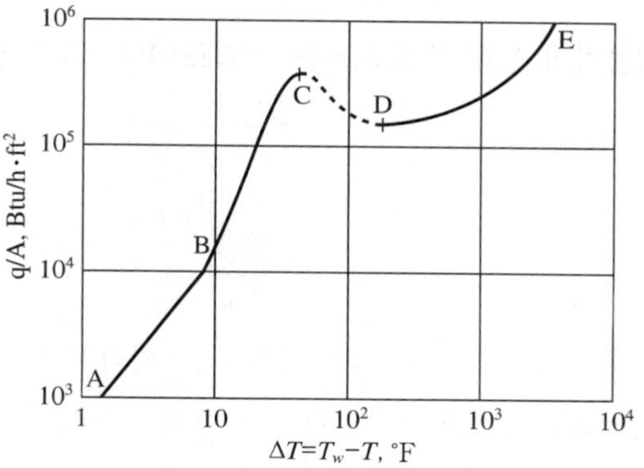

> 기포의 상승에 동반된 교란에 의하여 열이동이 증가하는 영역이며 이를 (㉠)(이)라고 한다. 이는 (㉡)점부터 (㉢)점까지이다. 온도가 계속 증가하면 최대 열 플럭스점 C점에 도달할 때까지 잉여로 생성된 증기가 (㉣)(을)를 일으킨다. 불안정한 막비등이 일어나는 영역으로 증기의 열전도도가 작아 단열효과를 나타내는 구간은 (㉤)(이)라 한다. 점 D를 (㉥)(이)라고 하고, 전이비등의 상한점이며 막비등의 시작점으로 최소 열 플럭스를 갖는 점이다. (㉦)(이)가 시작되는 점은 그래프의 (㉧)점이며, 표면온도가 다시 증가하여 가열표면은 증기막으로 덮이며 이 층을 통과하는 열은 (㉨)와(과) (㉩)에 의해 전달된다.

정답

㉠ 핵비등
㉡ B
㉢ C
㉣ 단열작용
㉤ 전이비등 영역
㉥ 라이덴프로스트점
㉦ 막비등
㉧ D
㉨ 전도
㉩ 복사

3 단위조작(물질전달)

06 다음은 공기를 이용하여 물을 증발시키는 개략도이다. 다음 물음에 답하시오.

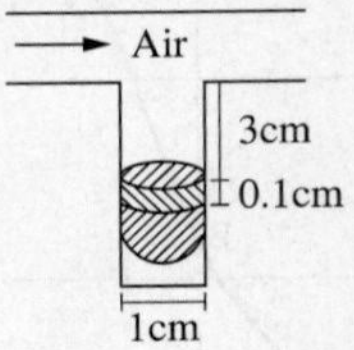

① 픽의 법칙을 수증기 몰분율 x_A, 수직거리 B_T, 확산계수 D_{AB}를 이용해 쓰시오.

② 물의 증기압 17.5mmHg, 비중 1, 증발한 물의 두께 0.1cm, 공기 온도 20℃, 공정시간은 24h일 때 확산계수(cm^2/s)를 구하시오.

해설

① $N_A = \dfrac{D_v \rho_M}{B_T}(x_{Ai} - x_A)$

② ①의 식에 대입하면 구할 수 있다.

$N_A = \dfrac{D_v \rho_M}{B_T}(x_{Ai} - x_A)$

여기서, $x_{Ai} = 1$, $x_A = \dfrac{P_A}{P_A{}'}$

$$\Rightarrow D_v = \frac{\frac{Q\rho}{MA\theta}B_T}{\frac{P}{RT}(x_{Ai} - x_A)} = \frac{\dfrac{\frac{\pi(1\text{cm})^2}{4}0.1\text{cm} \times 1\text{g/cm}^3}{18\text{g/mol} \times \frac{\pi(1\text{cm})^2}{4} 24 \times 3,600\text{s}} \times 0.1\text{cm}}{\dfrac{1\text{atm}}{0.082\text{atm} \cdot \text{L/knol} \cdot \text{K} \times (273.15 + 20)\text{K}} \times \dfrac{1\text{L}}{1,000\text{cm}^3}\left(1 - \dfrac{17.5\text{mmHg}}{760\text{mmHg}}\right)}$$

$= 1.582 \times 10^{-4} ≒ 1.58 \times 10^{-4} \text{cm}^2/\text{s}$

정답

① $N_A = \dfrac{D_v \rho_M}{B_T}(x_{Ai} - x_A)$

② $1.58 \times 10^{-4} \text{cm}^2/\text{s}$

4 반응공학

07 순환반응기에서 환류비가 ① 무한대일 때와 ② 0일 때의 각각 해당하는 반응기를 쓰시오.

정답

① 연속 교반탱크 반응기

② 플러그 흐름반응기

08 등온 및 등압 조건에서 다음과 같은 기상반응이 일어난다. A의 반응속도를 A와 B의 초기 몰수비, 부피 팽창률, A의 전화율, A의 초기농도, 속도상수로 나타내시오.

$$2A + B \rightarrow C$$
$$-r_A = kC_A C_B{}^2$$

해설

기상반응일 때의 출구 몰농도를 이용하면 구할 수 있다.

- $C_A = \dfrac{C_{A0}(1-X_A)}{1+\varepsilon_A X_A}\dfrac{P}{P_0}\dfrac{T_0}{T} = \dfrac{C_{A0}(1-X_A)}{1+\varepsilon_A X_A}$
- $C_B = \dfrac{C_{A0}\left(\theta_B - \dfrac{b}{a}X_A\right)}{1+\varepsilon_A X_A}\dfrac{P}{P_0}\dfrac{T_0}{T} = \dfrac{C_{A0}\left(\theta_B - \dfrac{1}{2}X_A\right)}{1+\varepsilon_A X_A}$

$$\therefore\ -r_A = kC_A C_B{}^2 = k\frac{C_{A0}(1-X_A)}{1+\varepsilon_A X_A} \times \left[\frac{C_{A0}\left(\theta_B - \frac{1}{2}X_A\right)}{1+\varepsilon_A X_A}\right]^2 = \frac{kC_{A0}{}^3(1-X_A)(\theta_B - 0.5X_A)^2}{(1+\varepsilon_A X_A)^3}$$

정답

$$-r_A = \frac{kC_{A0}{}^3(1-X_A)(\theta_B - 0.5X_A)^2}{(1+\varepsilon_A X_A)^3}$$

5 공정제어

09 아래의 반응기에서 $y(t) = u(t-\tau)$일 때 A(면적)와 L(길이), Q(유량)를 이용해서 전달함수를 구하시오(단, 마찰손실은 없고 1차 공정의 동특성이 있다).

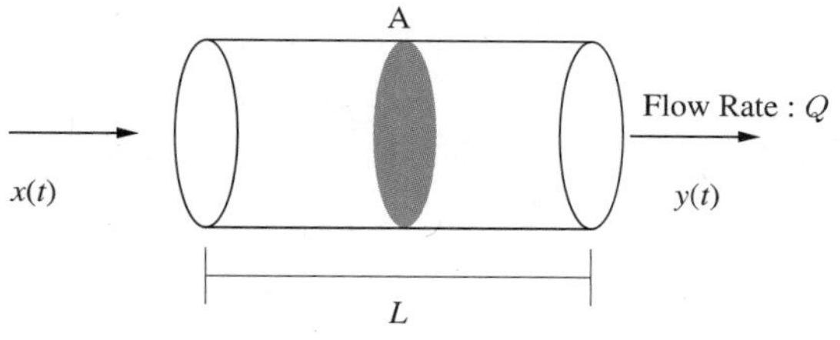

해설

지연시간이 있을 때의 라플라스 변환으로 가정하고, 지연시간은 공간시간으로 생각하고 구하면 된다.

$y(t) = u(t-\tau) \Rightarrow \mathcal{L}(y(t)) = Y(s) = \mathcal{L}(u(t-\tau)) = U(s)e^{-\tau s}$

$$\therefore\ G(s) = \frac{Y(s)}{U(s)} = e^{-\tau s} = e^{-\frac{AL}{Q}s}$$

정답

$$e^{-\frac{AL}{Q}s}$$

10 아래 블록선도의 ① 공정시간상수와 ② 감쇠인자를 각각 K_c로 나타내시오.

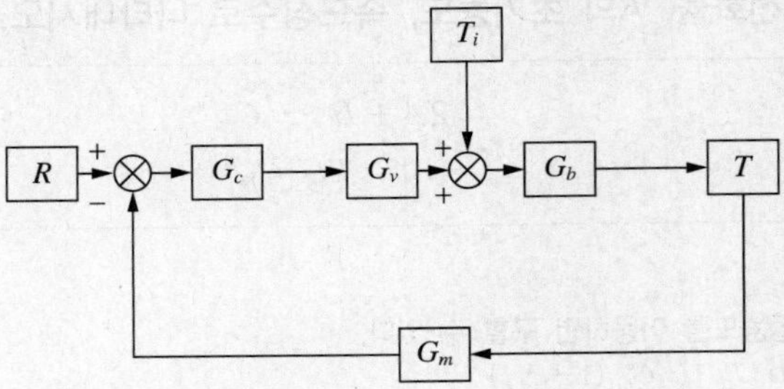

해설

전달함수를 구하고 특성방정식을 통해 구할 수 있다.

$$G(s)=\frac{K_c\frac{1}{s+1}}{1+K_c\frac{1}{s+1}\frac{1}{s+1}}=\frac{K_c(s+1)}{s^2+2s+1+K_c}=\frac{\frac{K_c}{1+K_c}(s+1)}{\frac{1}{1+K_c}s^2+\frac{2}{1+K}s+1}=\frac{k}{\tau^2s^2+2\zeta\tau s+1}$$

① $\tau^2=\frac{1}{1+K_c}\ \Rightarrow \tau=\sqrt{\frac{1}{1+K_c}}$

② $2\zeta\tau=\frac{2}{1+K_c}\ \Rightarrow \zeta=\frac{\frac{1}{1+K_c}}{\sqrt{\frac{1}{1+K_c}}}=\sqrt{\frac{1}{1+K_c}}$

정답

① $\tau=\sqrt{\frac{1}{1+K_c}}$

② $\zeta=\sqrt{\frac{1}{1+K_c}}$

화공기사

2023년 제2회 과년도 기출복원문제

1 단위조작(유체역학, 양론)

01 20bar, 223K에서 정상상태인 이상기체가 1atm, 300K로 변하였고, 정압비열은 $19.4+0.259T-1.27\times10^{-4}T^2$일 때 몰당 최대의 일(kJ/mol)을 구하시오.

해설

이상적인 일은 엔탈피 변화와 엔트로피 변화로 구할 수 있다.

$$W_{\text{ideal}}=\Delta H-T_2\Delta S=\int_{T_1}^{T_2}C_P\,dT-T_2\left(\int_{T_1}^{T_2}\frac{C_P}{T}dT-R\ln\frac{P_2}{P_1}\right)=\int_{223\text{K}}^{300\text{K}}(19.4+0.259T-1.27\times10^{-4}T^2)dT$$

$$-300\text{K}\left(\int_{223K}^{300K}\frac{(19.4+0.259T-1.27\times10^{-4}rT^2)}{T}dT-8.314\text{J/mol}\cdot\text{K}\times\ln\frac{1\text{atm}\times1.01325\,\text{bar}}{20\,\text{bar}}\right)$$

$$=\left[19.4(300-223)+\frac{0.259}{2}(300^2-223^2)-\frac{1.27\times10^{-4}}{3}(300^3-223^3)\right]\text{J/mol}-300\text{K}\times$$

$$\left[19.4\times\ln\frac{300}{223}+0.259(300-223)-\frac{1.27\times10^{-4}}{2}(300^2-223^2)-8.314\text{J/mol}\cdot\text{K}\ln\frac{1\text{atm}\times1.01325\text{bar}}{20\text{bar}}\right]\text{J/mol}$$

$=-8,318.216$J/mol $=-8.32$kJ/mol

정답

−8.32kJ/mol

02 관 중심으로부터 반경이 R인 원형관에서 국부 반경을 r이라고 할 때, $\frac{u}{u_{\max}}$의 식을 유도하시오.

정답

i) 원형관이 관의 중심축에 대해 대칭적이면 미소 면적 $S=\pi r^2 \Rightarrow dS=2\pi r d$(치환적분법)이다. 이를 전단응력의 식에 대입하면,

$\tau=-\mu\frac{du}{dr}$ [(−)부호의 의미는 반지름 r이 증가하면, 유속(u)이 감소되는 것임],

$$\frac{\tau_w}{r_w}=\frac{\tau}{r}\Rightarrow\tau=r\frac{\tau_w}{r_w}=-\mu\frac{du}{dr}\Rightarrow\frac{du}{dr}=-\frac{\tau_w}{r_w\mu}r$$

ii) $(rw,\ 0)\rightarrow(r,\ u)$의 범위로 적분하면,

$$\int_o^u du=[u]_0^u=u=-\frac{\tau_w}{r_w\mu}\int_{r_w}^r r\,dr=-\frac{\tau_w}{r_w\mu}\left[\frac{r^2}{2}\right]_{r_w}^r=-\frac{\tau_w}{2r_w\mu}(r^2-r_w^2)=\frac{\tau_w}{2r_w\mu}(r_w^2-r^2)$$

iii) 관 중심에서($r=0$) 유속(u)은 최댓값($u_{\max}$)을 가지므로,

$$u_{\max}=\frac{\tau_w}{2r_w\mu}(r_w^2-0^2)=\frac{\tau_w r_w}{2\mu}$$

유속(u)과 최대 유속($u_{\max}$)의 비를 구하면,

$$\frac{u}{u_{\max}}=\frac{\frac{\tau_w}{2r_w\mu}(r_w^2-r^2)}{\frac{\tau_w r_w}{2\mu}}=\frac{r_w^2-r^2}{r_w^2}=1-\left(\frac{r}{r_w}\right)^2$$

03 지름이 2mm인 모세관에 완벽한 구형의 물방울이 만들어져서 내려올 때 내려오기 시작할 때의 물방울 지름(mm)을 구하시오(단, 물의 표면장력은 7×10^{-2}N/m이다).

해설

물에 작용하는 중력은 표면장력과 모세관 원주의 곱과 같다.

$$V=\frac{4\pi r_{물방울}^3}{3}=\frac{4\pi\left(\frac{D_{물방울}}{2}\right)^3}{3}=\frac{\pi D_{물방울}^3}{6}$$

$$F_g=mg=\rho V_g=\rho\frac{\pi D_{물방울}^3}{6}g=F_{표면장력}\times 원주_{모세관}$$

$$\Rightarrow D_{물방울}=\sqrt[3]{\frac{F_{표면장력}\times 원주_{모세관}}{\rho\frac{\pi}{6}g}}=\sqrt[3]{\frac{7\times10^{-2}\,\mathrm{N/m}\times\pi 0.002\mathrm{m}}{1{,}000\mathrm{kg/m^3}\,\frac{\pi}{6}9.8\mathrm{m/s^2}\times\frac{1\mathrm{N}}{1\mathrm{kg\cdot m/s^2\cdot m}}}}=0.004408\mathrm{m}\fallingdotseq 4.41\mathrm{mm}$$

정답

4.41mm

2 단위조작(열전달)

04 자연대류에서 그라쇼프수와 프란틀수 그리고 상수 C, n을 ① 레일리수와 ② 너셀수로 나타내시오.

정답

① $Ra.=Gr.\cdot\mathrm{Pr.}$ / ② $Nu.=Gr.^m\cdot\mathrm{Pr.}^n=(Gr.\cdot\mathrm{Pr.}^{\frac{n}{m}})^m=(Gr.\cdot\mathrm{Pr.}^c)^m$

3 단위조작(물질전달)

05 단면적 $2\mathrm{m}^2$, 두께 0.02m, 혈중 요소 농도와 인공신장 중 요소 농도가 각각 0.02g/100mL, 0g/100mL이고, 수용액과 혈액의 물질확산계수는 각각 2×10^{-5}m/s, 10^{-5}m/s이며, 투과막의 확산도는 $8\times10^{-6}\mathrm{m^2/s}$인 인공신장을 투석할 때 요소의 제거속도(g/h)를 구하시오.

해설

총괄 물질전달계수를 도입하여 요소의 제거속도를 구하면 된다.

$$K_x=\frac{1}{\frac{1}{k_1}+\frac{B_T}{D_v}+\frac{1}{k_2}}$$

$$\therefore\ \dot{m}_{요소}=K_xA(C_{요소i}-C_{요소})=\frac{A(C_{요소i}-C_{요소})}{\frac{1}{k_1}+\frac{B_T}{D_v}+\frac{1}{k_2}}$$ (단, $C_{요소}$는 질량농도이다)

$$\Rightarrow\frac{2\mathrm{m^2}(0.02-0)\mathrm{g/100mL}}{\frac{1}{2\times10^{-5}\mathrm{m/s}}+\frac{0.02\mathrm{m}}{8\times10^{-6}\mathrm{m^2/s}}+\frac{1}{10^{-5}\mathrm{m/s}}}\times\frac{1{,}000{,}000\mathrm{mL}}{1\mathrm{m^3}}\times\frac{3{,}600\mathrm{s}}{\mathrm{h}}=9.442\fallingdotseq 9.44\mathrm{g/h}$$

정답

9.44g/h

06 원료 공급선의 ① 식과 ② q의 의미를 쓰시오.

정답

① $y = -\frac{q}{1-q}x + \frac{x_F}{1-q}$

② $q = \frac{\text{탈거부로 내려가는 액체의 몰 유량}}{\text{원료의 몰 유량}}$

07 높이가 10ft인 충전탑에 3-헵테인과 사이클로헥세인 혼합물이 원료로 들어간다. 탑상 제품과 탑하 제품의 3-헵테인의 조성은 각각 0.88, 0.15일 때, 이론 높이(in/단)를 구하시오(단, 전환류이며 재비기가 있고 비휘발도는 1.07, 단수는 올림이다).

해설

펜스크식에 대입하여 구하고 전환류이므로 부분 응축기 1단도 빼준다.

$$N_{\min} = \frac{\ln\frac{\frac{x_D}{1-x_D}}{\frac{x_B}{1-x_B}}}{\ln\alpha} - 1 - 1(\text{부분응축기}) = \frac{\ln\frac{\frac{0.88}{1-0.88}}{\frac{0.15}{1-0.15}}}{\ln 1.07} - 2 = 53.085 \fallingdotseq 54\text{단}$$

$Z_T = N_{\min} \times$ 이론높이

$$\Rightarrow \text{이론높이} = \frac{Z_T}{N_{\min}} = \frac{10\text{ft}}{54\text{단}} \times \frac{12\text{in}}{1\text{ft}} = 2.222 \fallingdotseq 2.22\text{in/단}$$

정답

2.22in/단

4 반응공학

08 관형 흐름반응기를 다음과 같이 연결하였을 때 A 흐름과 B 흐름의 전화율이 같아지도록 하는 각 흐름의 공급분율을 구하시오.

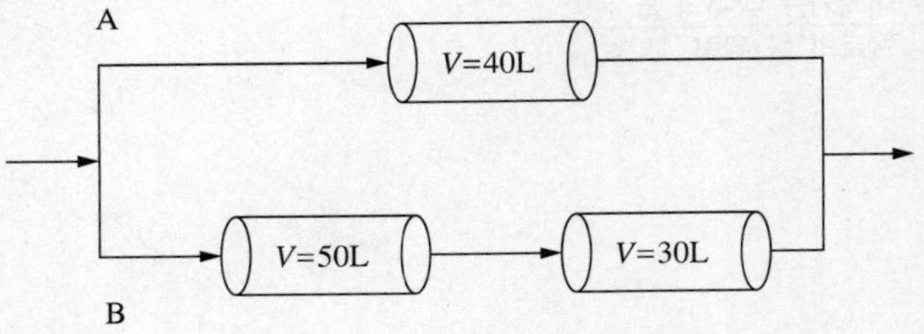

해설

먼저 관형 흐름반응기에서 전화율과 부피는 비례한다. 또 반응기가 직렬일 때는 총 반응기의 부피는 반응기 부피의 합이고, 병렬일 때는 반응기 부피가 모두 같아야 한다. 따라서 비례식을 통해 공급분율을 구하면 된다.

A 흐름의 공급량 : B 흐름의 공급량 = A 흐름의 반응기 부피 : B 흐름의 반응기 부피

40L : (50 + 30)L = 1 : 2

정답

1 : 2

09 표면흡착을 속도 결정 단계로 하고 MO(입자) + S(활성점) ⇄ MO · S(흡착상태) 반응이 평형상태이다. 활성점 전체의 농도를 C_T, 평형상수를 K_A, 흡착반응과 그 역반응의 속도상수는 각각 k_A, k_{-A} 라고 하면 랭뮤어 흡착식을 유도하시오.

정답

$$r_A = k_A C_{MO} - k_{-A} C_{MO \cdot S} = k_A P_{MO}(C_T - C_{MO \cdot S}) - k_{-A} C_{MO \cdot S}$$

$$K_A = \frac{k_A C_{MO}}{k_{-A} C_{MO \cdot S}} \approx \frac{k_A}{k_{-A}}$$

$$= k_A P_{MO}(C_T - C_{MO \cdot S}) - \frac{k_A}{K_A} C_{MO \cdot S} = 0 \ (\because \text{ 평형상태})$$

$$\Rightarrow P_{MO} C_v = P_{MO}(C_T - C_{MO \cdot S}) = \frac{C_{MO \cdot S}}{K_A}$$

$$\Rightarrow C_{MO \cdot S}\left(\frac{1}{K_A} + P_{MO}\right) = C_{MO \cdot S}\frac{1 + K_A P_{MO}}{K_A} = P_{MO} C_T$$

$$\therefore C_{MO \cdot S} = \frac{K_A P_{MO} C_T}{1 + K_A P_{MO}}$$

5 공정제어

10 전달함수 $G(s) = \dfrac{H(s)}{Q_1(s)}$ 를 라플라스의 형태로 유도하시오(단, $q_2 = \dfrac{h}{R}$ 이다).

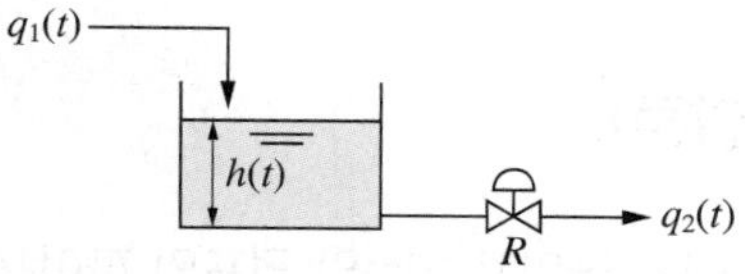

해설

미분 형태의 수지식으로 세우면 구할 수 있다.

정답

$A\dfrac{dh}{dt} = q_1 - q_2 = q_1 - \dfrac{h}{R}$

$\Rightarrow A\dfrac{dh}{dt} + \dfrac{1}{R}h = q_1$

$\Rightarrow AR\dfrac{dh}{dt} + h = Rq_1 \Rightarrow \tau\dfrac{dh}{dt} + h = Rq_1$

(라플라스 변환) $\tau(sH(s) - h(0)) + H(s) = RQ_1(s)$

$\Rightarrow H(s)(\tau s + 1) = RQ_1(s)$

$\therefore G(s) = \dfrac{H(s)}{Q_1(s)} = \dfrac{R}{\tau s + 1}$

시간상수가 τ이고 공정이득이 R인 1차계 전달함수이다.

11 시간상수가 0.1min이고 단위계가 1℃인 온도계가 90℃를 유지하는 정상상태의 물이 있다. 90℃의 물을 95℃의 수조에 넣었을 때 온도계가 94℃가 되는 시간(min)을 구하시오(단, 1차계로 가정한다).

해설

전달함수를 유도하고, 입력과 출력값은 편차함수로 나타내는 것을 유념하면 해결할 수 있다.

$G(s) = \dfrac{Y(s)}{U(s)} = \dfrac{1}{1+0.1s} = \dfrac{10}{s+10}$

$\Rightarrow Y(s) = \dfrac{10}{s+10}\dfrac{95-90}{s} = 5\left(\dfrac{1}{s} - \dfrac{1}{s+10}\right)$

$\Rightarrow y(t) = \mathcal{L}^{-1}\left[5\left(\dfrac{1}{s} - \dfrac{1}{s+10}\right)\right] = 5(1 - e^{-10t})$

$y(t_{94℃}) = 5℃(1 - e^{-10t_{94℃}}) = 94 - 90 = 4℃$

$\therefore t = -\dfrac{\ln\left(1 - \dfrac{4}{5}\right)}{10} = 0.160 \fallingdotseq 0.16\text{min}$

정답

0.16min

2023년 제3회 과년도 기출복원문제

1 단위조작(유체역학, 양론)

01 단면이 매우 큰 저장탱크에서 높이가 10m인 펌프의 파이프 내경은 3in이다. 배관 부품의 마찰손실 3m, 유속 1m/s, 효율 75%일 때 펌프의 동력(HP)을 구하시오(단, 유체의 밀도는 1.84g/cm^3, 1HP = 746W이고 관의 표면 마찰손실은 무시한다).

해설

베르누이식을 이용해 펌프의 동력을 구하고 마지막으로 질량유량과 효율로 펌프의 동력을 계산한다.

$$\frac{P_1 - P_2}{\rho} + \frac{\overline{u_1}^2 - \overline{u_2}^2}{2} + g(Z_1 - Z_2) = \Sigma F - W_P$$

$$\Rightarrow W_P = gH + \frac{\overline{u_2}^2}{2} + gZ_2$$

$$\therefore P_B = \frac{\dot{m}\,W_P}{\eta} = \frac{\rho\frac{\pi D_2^{\,2}}{4}\overline{u_2}}{\eta}\left(gH + \frac{\overline{u_2}^2}{2} + gZ_2\right) = \frac{1{,}840\text{kg/m}^3 \times \frac{\pi\left(3\text{in} \times \frac{1\text{ft}}{12\text{in}} \times \frac{0.3048\text{m}}{1\text{ft}}\right)^2}{4} \times 1\text{m/s}}{0.7}$$

$$\times \left[9.8\text{m/s}^2 \times 3\text{m} + \frac{(1\text{m/s})^2}{2} + 9.8\text{m/s}^2 \times 10\text{m}\right] \times \frac{1\text{kg}}{1\text{kg}} \times \frac{1\text{J}}{1\text{kg}\cdot\text{m/s}^2 \times \text{m}} \times \frac{1\text{W}}{1\text{J/s}} \times \frac{1\text{HP}}{746\text{W}}$$

$= 2.055 ≒ 2.06$HP

정답

2.06HP

2 단위조작(열전달)

02 단열 교반반응기에서 수증기와 유체의 열전달계수는 6,972W/m^2 · ℃, 3,486W/m^2 · ℃이고 오염계수는 8.6×10^{-5}m^2 · ℃/W, 8.6×10^{-4}m^2 · ℃/W이다. 이를 유지하기 위한 포화수증기를 120℃, 67,260kJ/h로 공급할 때 수증기의 입구 온도가 50℃이면 수증기의 출구 온도(℃)는 얼마인가?(단, 수증기는 응축되지 않고 반응기의 열전도도는 무시하고 면적은 0.4m^{2}이다).

해설

총괄 열전달계수의 열전달량 계산식에 오염계수만 추가하면 구할 수 있다.

$$\frac{\dot{q}}{A}=\frac{67,260,000\text{J/h}}{0.4\text{m}^2}\times\frac{1\text{h}}{3,600\text{s}}\times\frac{\text{W}}{\text{J/s}}=\frac{\overline{\Delta T_L}}{h_{do}+\frac{1}{h_o}+\frac{x_w}{k_m}+\frac{1}{h_i}\frac{D_o}{D_i}+h_{di}}=\frac{\frac{(T_h-T_{c1})-(T_h-T_{c2})}{\ln\frac{T_h-T_{c1}}{T_h-T_{c2}}}}{h_{do}+\frac{1}{h_o}+\frac{1}{h_i}+h_{di}}$$

$$=\frac{\frac{(120-50)℃-(120℃-T_{c2})}{\ln\frac{120-50}{120-T_{c2}}}}{8.6\times10^{-5}\text{m}^2\cdot℃/\text{W}+\frac{1}{6,972\text{W/m}^2\cdot℃}+\frac{1}{3,486\text{W/m}^2\cdot℃}+8.6\times10^{-4}\text{m}^2\cdot℃/\text{W}}$$

$\Rightarrow 56.3896℃=\dfrac{T_{c2}-50℃}{\ln\frac{120-50}{120-T_{c2}}}$

$\Rightarrow 56.3896[\ln70-\ln(120-T_{c2})]=239.5709℃-56.3986\ln(120-T_{c2})=T_{c2}-50℃$

$\Rightarrow T_{c2}+56.3986\ln(120-T_{c2})=289.5709$

∴ 수치대입법으로 구한다(120보다 작고 50보다 큰 숫자를 대입).

$\Rightarrow T_{c2}=75.45℃$

정답

75.45℃

03 아래 그림과 같은 흑체 반구가 있다. 시간이 충분히 흘러 열적 평형상태의 온도가 150℃라면 이 반구 자신으로 복사되는 열 플럭스(kW/m^2)를 구하시오(단, 반구는 복사만 한다. 슈테판-볼츠만 상수는 5.672×10^{-8}W/m^2 · K^{4}이다).

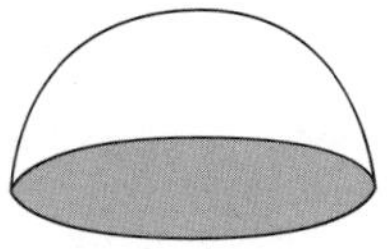

해설

흑체의 복사량을 구하는 식을 이용하면 된다. 반구이므로 열 플럭스의 절반값으로 한다.

$$\frac{\dot{q}}{A}=\frac{1}{2}\sigma T^4=0.5\times5.672\times10^{-8}\text{W/m}^2\cdot\text{K}^4\times(273.15+150)^4\text{K}^4\times\frac{1\text{kW}}{1,000\text{W}}=0.909\fallingdotseq0.91\text{kW/m}^2$$

정답

0.91kW/m^2

3 단위조작(물질전달)

04 1atm, 100℃인 2m의 관 양 끝에 A, B 두 성분의 혼합기체가 있다. 양 끝에서 A와 B의 분압이 각각 0.3atm, 0.8atm일 때 A의 확산속도($mol/m^2 \cdot s$)를 구하시오(단, 유효숫자는 4개로 하고 확산계수는 $1.5cm^2/s$이다).

해설

분압을 이용한 물질전달량을 계산하면 된다.

$$J_A = \frac{D_v}{B_T}(C_{Ai} - C_A) = \frac{D_v}{B_T}\frac{P_{Ai} - P_A}{RT}\left(\because C_A = \frac{n_A}{V} = \frac{P_A}{RT}\right)$$

$$= \frac{1.5\text{cm}^2/\text{s}}{2\text{m}} \times \frac{(1\text{m})^2}{(100\text{cm})^2}\frac{(0.8-0.3)\,\text{atm}}{0.082\,\text{atm}\cdot\text{m}^3/\text{kmol}\cdot\text{K}\times(273.15+100)\text{K}} \times \frac{1{,}000\text{mol}}{1\text{kmol}}$$

$$= 0.0012255 ≒ 0.001226\text{mol/m}^2 \cdot \text{s}$$

정답

$0.001226mol/m^2 \cdot s$

05 정류탑에 대한 물음에 답하시오.

① 펜스크식의 가정을 쓰시오.

② 펜스크식에 의한 단수가 10단이고, 저비점 성분의 탑상 제품과 탑하 제품의 조성은 각각 0.95, 0.05일 때 두 물질의 상대휘발도를 구하시오.

해설

② 펜스크식에 대입하면 구할 수 있다.

$$N_{\min} = \frac{\ln\dfrac{\frac{x_D}{1-x_D}}{\frac{x_B}{1-x_B}}}{\ln\alpha} - 1 = \frac{\ln\dfrac{\frac{0.95}{1-0.95}}{\frac{0.05}{1-0.05}}}{\ln\alpha} - 1 = 10\text{단}$$

$$\Rightarrow \alpha = e^{\frac{\ln\frac{\frac{0.95}{1-0.95}}{\frac{0.05}{1-0.05}}}{10+1}} = 1.708 ≒ 1.71$$

정답

① • 환류비가 무한대가 되어 정류부 조작선의 기울기가 1이 되고, $y = x$(대각선)와 일치할 때인 전환류(Total Reflux)가 되어야 한다.

• 전환류가 되면 공급 원료와 탑상 제품, 탑하 제품의 유량이 0이 되고 단수는 최소가 된다.

② 1.71

06 공장에 7.5kg$_f$/cm^{2}의 원료 응축수 24ton/h를 유입시킨다. 이를 2kg$_f$/cm^{2}의 재증발시켜 수증기를 생산하려고 할 때 다음 물음에 답하시오.

① 재증발되는 수증기의 양(ton/h)을 구하시오(단, 원료와 탑상 제품, 수증기의 엔탈피는 각각 165.7kcal/kg, 119.9kcal/kg, 646.2kcal/kg이다).

② 플래시 드럼 내 응축수와 수증기가 혼합되어 비말되는 것을 방지하기 위해 드럼 내 수증기의 평균유속을 1m/s로 할 때(드럼이 실린더형이라고 가정) 수증기관의 지름(m)을 구하시오(단, 수증기의 비중은 0.00102이다).

해설

① 엔탈피 수지식을 이용하면 구할 수 있다.

$$FH_F = (F-S)H_D + SH_S \Rightarrow S = \frac{F(H_F - H_D)}{H_S - H_D} = \frac{24\text{ton/h}(165.7-119.9)\text{kcal/kg}}{(646.2-119.9)\text{kcal/kg}} = 2.088 ≒ 2.09\text{ton/h}$$

② 질량유속을 부피유속으로 변환한 다음 지름을 구하면 된다.

$$\dot{m}_s = \rho\frac{\pi D^2}{4}\bar{u} \Rightarrow D = \sqrt{\frac{4\dot{m}_S}{\pi\rho\bar{u}}} = \sqrt{\frac{4\times 2{,}090\text{kg/h}}{\pi 1.02\text{kg/m}^3\times 1\text{m/s}}\times\frac{1\text{h}}{3{,}600\text{s}}} = 0.851 ≒ 0.85\text{m}$$

정답

① 2.09ton/h
② 0.85m

07 최소유동화 속도의 재현성을 정확하게 ① 입증하는 방법과 공탑속도에 대한 ② 압력강하와 층높이에 대한 그래프를 완성하시오.

정답

① 최소유동화 속도를 측정하려면 층을 격렬하게 유동화시킨 후 기체의 흐름을 정지시켜 가라앉히다 이어서 유량이 증가하여 층이 팽창되도록 한다.

②

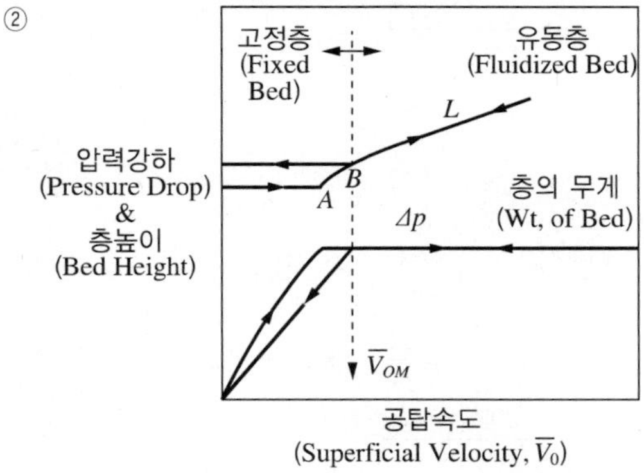

4 반응공학

08 $A \rightarrow R$의 기초반응을 연속 교반탱크 반응기에서 반응시킨다. 이때 전화율이 0.7인 연속 교반탱크 반응기에서 반응기 부피를 두 배로 할 때 새로운 전화율을 구하시오(단, A의 초기농도는 10mol/L이고 공급속도는 일정하다).

해설

전화율을 이용한 연속 교반탱크 반응기 설계식을 이용해 구할 수 있다.

$$V = \frac{F_{A0}X_A}{-r_A} = \frac{v_o C_{A0} X_A}{kC_{A0}(1-X_A)} \Rightarrow \frac{V}{v_0} = \tau = \frac{1}{k}\frac{X_A}{1-X_A} \Rightarrow \tau k = \frac{X_A}{1-X_A} = \frac{0.7}{1-0.7} = \frac{7}{3}$$

$$\therefore \frac{2V}{v_0} = 2\tau = \frac{1}{k}\frac{X_A{}'}{1-X_A{}'} \Rightarrow \frac{X_A{}'}{1-X_A{}'} = 2\tau k = 2\times\frac{7}{3} \Rightarrow X_A{}' = \frac{2\times\frac{7}{3}}{1+2\times\frac{7}{3}} = 0.823 \fallingdotseq 0.82$$

정답

0.82

09 A + B → C인 비가역 액상 기초반응으로 이용한 반회분식 반응기가 있다. 초기에 A만 존재하고 초기부피는 V_0, 속도상수는 k, B가 들어가는 속도는 v_0일 때 다음 물음에 답하시오.

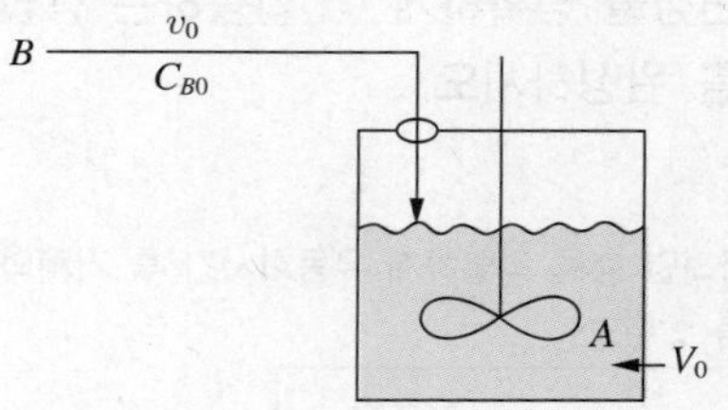

① A의 몰수지를 미분형으로 유도하시오.

② B의 몰수지를 미분형으로 유도하시오.

정답

① (유입속도 = 0) − (유출속도 = 0) + $r_A V = \frac{dN_A}{dt} = \frac{d(VC_A)}{dt} = V\frac{dC_A}{dt} + C_A\frac{dV}{dt}$

② F_{B0} − (유출속도 = 0) + $r_B V = \frac{dN_B}{dt} \Rightarrow \frac{d(VC_B)}{dt} = V\frac{dC_B}{dt} + C_B\frac{dV}{dt} = r_B V + F_{B0}$

$$\frac{dC_B}{dt} = r_B + \frac{v_0 C_{B0} - v_0 C_B}{V} = r_B + \frac{v_0(C_{B0} - C_B)}{V} = r_B + \frac{C_{B0} - C_B}{\tau}$$

10 밸브의 입력 압력을 5kPa에서 15kPa로 변경하고 선형 밸브의 유속이 0에서 5ft³/min으로 변경될 때 밸브의 감도(ft³/min · kPa)를 구하시오.

해설

감도 정의식으로 구하면 된다.

$K_c = \dfrac{\Delta y}{\Delta u} = \dfrac{(5-0)\mathrm{ft}^3/\mathrm{min}}{(15-5)\mathrm{kPa}} = 0.5\mathrm{ft}^3/\mathrm{min} \cdot \mathrm{kPa}$

정답

0.5ft³/min · kPa

5 공정제어

11 다음 블록선도의 비례제어기를 설치했을 때 안정적으로 제어되는 이득(K_c)의 범위를 구하시오 (단, $G_c = K_c$, $G_v = 0.1$, $G_m = 10$, $G_p = \dfrac{2}{(0.5s+1)^3}$ 이다).

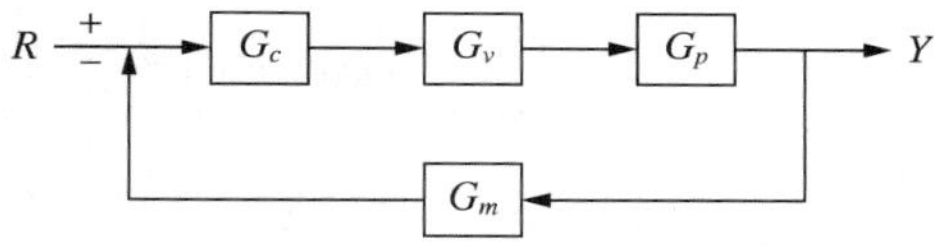

해설

특성방정식을 세우고 루스 안정성 반별법을 사용하면 된다.

$1 + K_c\,0.1\dfrac{2}{(0.5s+1)^3}10 = 0$

$\Rightarrow (0.5s+1)^3 + 2K_c = 0.125s^3 + 3 \cdot 0.5^2 \cdot 1 + 3 \cdot 0.5 \cdot 1^2 + 1^3 + 2K_c = 0.125s^3 + 0.75s^2 + 1.5s + 1 + 2K_c = 0$

행(Row)	1열	
1	0.125	0.75
2	1.5	$1+2K_c$
3	$\dfrac{1.5\times0.75-0.125\times(1+2K_c)}{1.5}$	0
4	$\dfrac{b_1(1+2K_c)-0}{b_1}$	0

- $\dfrac{1.5\times0.75-0.125\times(1+2K_c)}{1.5} > 0 \Rightarrow K_c < \dfrac{\dfrac{1.5\times0.75}{0.125}-1}{2} = 4$
- $1+2K_c > 0 \Rightarrow K_c > -\dfrac{1}{2} = -0.5$

$\therefore -0.5 < K_c < 4$

정답

$-0.5 < K_c < 4$

화공기사

2024년 제1회

최근 기출복원문제

1 단위조작(유체역학, 양론)

01 지름이 0.1m이고 길이가 400m인 원형관으로 25m 위에 있는 탱크로 기름을 60m^3/h로 올리려고 한다. 이때 펌프의 동력(kW)을 구하시오(단, 기름의 밀도는 900kg/m^{3}이고 점도는 200cP이다. 펌프의 효율은 50%이다).

해설

마찰손실은 표면마찰손실만 계산하고, 베르누이식을 이용해 펌프의 일을 구하면 된다.

$$Re. = \frac{D\bar{u}\rho}{\mu} = \frac{0.1\text{m} \times \dfrac{60\text{m}^3/\text{h}}{\dfrac{\pi(0.1\text{m})^2}{4}} \times \dfrac{1\text{h}}{3{,}600\text{s}} \times 900\text{kg/m}^3}{0.2\text{kg/m}\cdot\text{s}} = 954.929 < 2{,}100 \Rightarrow \text{층류}$$

$$\frac{P_1 - P_2}{\rho} + \frac{\alpha(\overline{u_1}^2 - \overline{u_2}^2)}{2} + g(Z_1 - Z_2) = F_s - W_P$$

$$\Rightarrow W_P = \frac{32\mu\,\bar{u}_2\,L}{D^2\rho} + \frac{\alpha\overline{u_2}^2}{2} + gZ_2$$

$$= \left[\frac{32\times 0.2\text{kg/m}\cdot\text{s}\times\dfrac{60\text{m}^3/\text{h}}{\dfrac{\pi(0.1\text{m})^2}{4}}\times\dfrac{1\text{h}}{3{,}600\text{s}}\times(400+25)\text{m}}{(0.1\text{m})^2\,900\text{kg/m}^3} + \frac{2\left(\dfrac{60\text{m}^3/\text{h}}{\dfrac{\pi(0.1\text{m})^2}{4}}\times\dfrac{1\text{h}}{3{,}600\text{s}}\right)^2}{2} + 9.8\text{m/s}^2\times 25\text{m}\right]$$

$$\times\frac{1\text{kg}}{1\text{kg}}\times\frac{1\text{J}}{1\text{kg}\cdot\text{m/s}^2\cdot\text{m}}$$

$= 890.838 \fallingdotseq 890.84\text{J/kg}$

$$\therefore P = \frac{\dot{m}\,W_P}{\eta} = \frac{60\text{m}^3/\text{h}\times 900\text{kg/m}^3\times 890.84\text{J/kg}\times\dfrac{1\text{h}}{3{,}600\text{s}}}{0.5} = 26{,}725.2\text{W} = 26.73\text{kW}$$

정답

26.73kW

02 밸브 중 유체의 흐름에 수직방향으로 작용하는 것의 명칭을 쓰시오.

정답

게이트 밸브

03 어떤 유체가 25℃, 1bar에서 50℃, 1,000bar로 변화시킬 때, 아래 표의 값을 이용하여 물음에 답하시오.

번호	온도(℃)	압력(bar)	열용량(J/mol · K)	비체적(cm^3/mol)	부피팽창률(K^{-1})
1	25	1	75.305	18.071	256×10^{-6}
2	25	1,000	–	18.012	256×10^{-6}
3	50	1	75.314	18.234	458×10^{-6}
4	50	1,000	–	18.174	568×10^{-6}

① 엔탈피 변화(J/mol)

② 엔트로피 변화(J/mol · K)

해설

① 엔탈피 변화량은 온도변화와 압력변화에 대한 식을 유도하면 구하면 된다.

$$\beta=\frac{1}{V}\left(\frac{\partial V}{\partial T}\right)_P$$

$$dH=TdS+VdP\Rightarrow\left(\frac{\partial H}{\partial P}\right)_T=T\left(\frac{\partial S}{\partial P}\right)_T+V\left(\frac{\partial P}{\partial P}\right)_T$$

$$\left(\frac{\partial H}{\partial P}\right)_T=-T\left(\frac{\partial V}{\partial T}\right)_P+V=-V\beta T+V=V(1-\beta T)$$

$$\Delta H=\int_{T_1}^{T_2}C_P\,dT+\int_{P_1}^{P_2}V(1-\beta T_2)\,dP=\overline{C}_P\int_{T_1}^{T_2}dT+\overline{V}(1-\overline{\beta}\,T_2)\int_{P_1}^{P_2}dP$$

$$=\frac{75.305+75.314}{2}\text{J/mol}\cdot\text{K}[50-25]\text{K}+\frac{18.234+18.174}{2}\text{cm}^3/\text{mol}\times\frac{1\text{m}^3}{10^6\text{cm}^3}\times$$

$$\left[1-\frac{458+568}{2}\times10^{-6}\text{K}^{-1}\times(273.15+50)\text{K}\right]\times(1{,}000-1)\text{bar}\times\frac{10^5\text{N/m}^2}{1\text{bar}}\times\frac{1\text{J}}{1\text{N}\cdot\text{m}}$$

= 3,403.590 = 3,403.59J/mol

② 엔트로피 변화량은 온도변화 압력변화의 식으로 유도하며 구하면 된다.

$$dS=\frac{C_P}{T}dT-VdP\Rightarrow\left(\frac{\partial S}{\partial T}\right)_P=\frac{C_P}{T}\left(\frac{\partial T}{\partial T}\right)_P=\frac{C_P}{T}$$

$$\left(\frac{\partial S}{\partial P}\right)_T=-\left(\frac{\partial V}{\partial T}\right)_T=-V\beta$$

$$\therefore\ dS=\left(\frac{\partial S}{\partial T}\right)_P dT+\left(\frac{\partial S}{\partial P}\right)_T dP=\frac{C_P}{T}dT-\beta VdP$$

$$\therefore\ \Delta S=\int_{T_1}^{T_2}\frac{C_P}{T}dT-\int_{P_1}^{P_2}\beta VdP$$

$$\Delta S=\int_{T_1}^{T_2}\frac{C_P}{T}dT-\int_{P_1}^{P_2}\beta VdP=\overline{C}_P[\ln T]_{T_1}^{T_2}-\overline{\beta}\,\overline{V}[P]_{P_1}^{P_2}=\frac{75.305+75.314}{2}\text{J/mol}\cdot\text{K}\times\ln\frac{(273.15+50)\text{K}}{(273.15+25)\text{K}}$$

$$-\frac{458+568}{2}\times10^{-6}\text{K}^{-1}\times\frac{18.234+18.174}{2}\text{cm}^3/\text{mol}\times\frac{1\text{m}^3}{10^6\text{cm}^3}[1{,}000-1]\text{bar}\times\frac{10^5\text{N/m}^2}{1\text{bar}}\times\frac{1\text{J}}{1\text{N}\cdot\text{m}}$$

= 5.126 ≒ 5.13J/mol · K

정답

① 3,403.59J/mol

② 5.13J/mol · K

2 단위조작(물질전달)

04 850℃인 건조한 공기를 이용하여 25℃이고 초기 함수율이 10%인 습윤재료를 함수율 1%로 건조시킬 때, 함수율 1% 재료 1kg/h를 획득하기 위한 건조한 공기의 질량유속(kg/h)을 구하시오 (단, 재료와 건조한 공기의 비열은 각각 0.19kcal/kg · ℃, 0.24kcal/kg · ℃이고, 물의 잠열은 534kcal/kg이다. 또 재료와 건조한 공기의 출구 온도는 각각 93℃, 98℃이다).

해설

물질수지식을 통해 유량과 조성을 구하고 열수지를 통해 공기의 유량을 구할 수 있다.

- 탑하제품 : 건조재료의 질량유량 = x

$\Rightarrow \dfrac{1-x}{x} \times 100 = 1$(함수율)

$\Rightarrow x = \dfrac{1}{1.01} = 0.990 = 0.99$kg/h

- 원료 : 물의 질량유량 = y

$\Rightarrow \dfrac{y}{0.99} \times 100 = 10$(함수율)

$\Rightarrow 0.1 \times 0.99 \fallingdotseq 0.10$kg/h

- 탑상제품(= 수증기) : 탑상제품의 질량유량 = $F - B = (0.10 + 0.99) - 0.09$kg/h

$\therefore \dot{q} = m_F C_{p,F} \Delta T_F + D \times \lambda_D = m_B C_{P,B} \Delta T_B$

$$\Rightarrow m_B = \frac{m_F C_{p,F} \Delta T_F + D \times \lambda_D}{C_{P,B} \Delta T_B} = \frac{(0.1 + 0.99)\text{kg/h} \times 0.19\text{kcal/kg} \cdot ℃(93 - 25)℃ + 0.09\text{kg/h} \times 534\text{kcal/kg}}{0.24\text{kcal/kg} \cdot ℃(850 - 98)℃}$$

$= 0.344 \fallingdotseq 0.34$kg/s

정답

0.34kg/h

05 다음 문제는 기체상의 물질이 기-액 계면을 통해 액체상으로 물질전달이 일어날 때에 대한 것이다. 물음에 답하시오.

① 물분율이 0.01인 기체상의 물질이 있고, 물분율이 0.00인 액체상이 있다. 기-액 계면에서 기상 몰분율과 액상 몰분율의 관계식은 $y_i = \frac{1}{3}x_i$일 때, 기-액 계면에서 기체의 몰분율을 구하시오(단, 액체 물질전달계수과 기체 물질전달계수는 각각 0.6, 0.5mol/m^{2}이고, 답은 소수점 넷째 자리로 구한다).

② x_i에 대한 y_i의 그래프를 그리시오.

해설

픽의 확산 제1법칙을 이용하면 구할 수 있다.

- $J_A\theta = \frac{D_v \rho_M}{B_T}(y_{Ai} - y_A)\theta = \frac{D_v \rho_M}{B_T}(y_{Ai} - 0.01)\theta = -0.5\text{mol/m}^2 \cdots ①$
- $J_A\theta = \frac{D_v \rho_M}{B_T}(x_{Ai} - x_A)\theta = \frac{D_v \rho_M}{B_T}(x_{Ai} - 0.00)\theta = 0.6\text{mol/m}^2 \cdots ②$

$$① \div ② = \frac{\frac{D_v \rho_M}{B_T}(y_{Ai} - 0.01)\theta}{\frac{D_v \rho_M}{B_T}(x_{Ai} - 0.00)\theta} = -\frac{0.5\text{mol/m}^2}{0.6\text{mol/m}^2} \Rightarrow \frac{y_{Ai} - 0.01}{x_{Ai}} = -\frac{5}{6}$$

$$y = \frac{1}{3}x \Rightarrow y_{Ai} = \frac{1}{3}x_{Ai} \Rightarrow x_{Ai} = 3y_{Ai}$$

$$\therefore \frac{y_{Ai} - 0.01}{3y_{Ai}} = -\frac{5}{6} \Rightarrow y_{Ai} = \frac{0.06}{15+6} = 0.00285 ≒ 0.0029$$

정답

① 0.0029

②

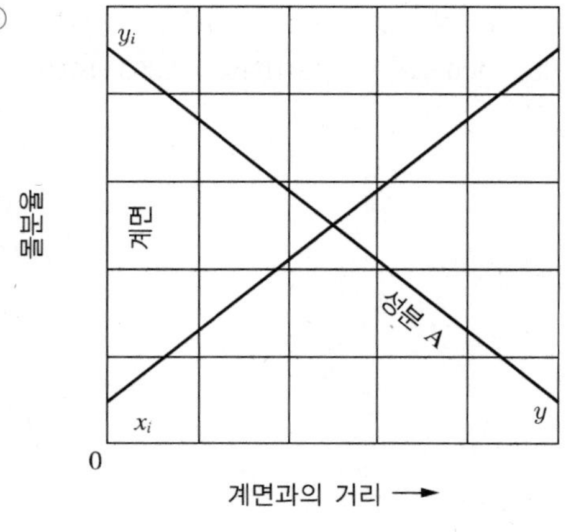

06 아래 암모니아 수용액의 공정도와 엔탈피-조성 그래프에 필요한 값을 ① 작도하고 ② 다음의 값을 구하시오.

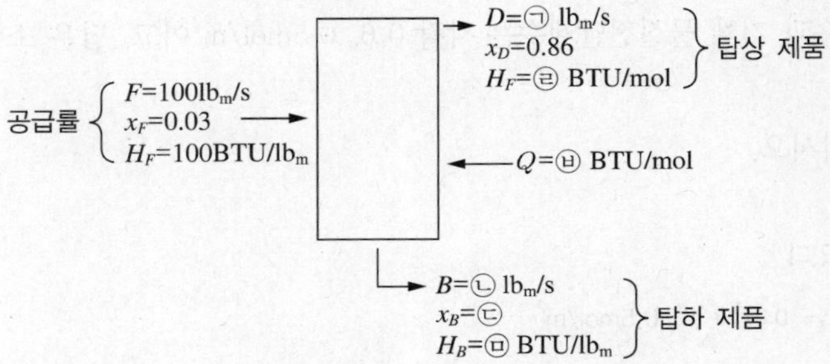

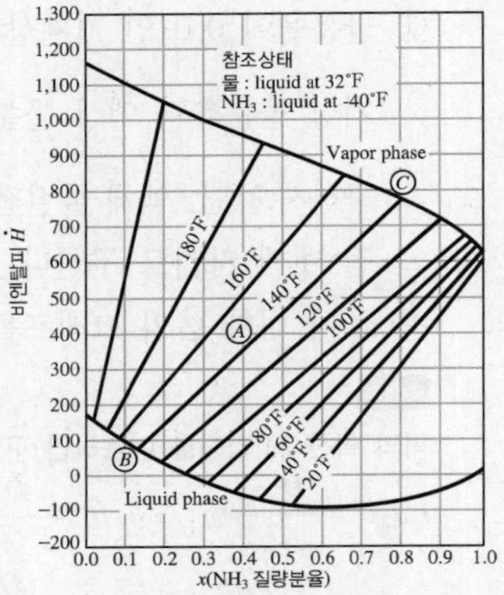

- 탑하 제품의 조성(㉢%), 탑상 제품의 엔탈피(㉣ BTU/lb$_m$), 탑하 제품의 엔탈피(㉤BTU/lb$_m$)
- 탑상 제품(㉠lb$_m$/s)과 탑하 제품의 유량(㉡lb$_m$/s)
- 보일러의 시간당 열량(㉥BTU/s)

해설

② • ㉠, ㉡ 물질수지식을 통해 구할 수 있다.

$$F \times x_F = D \times x_D + B \times x_B = D \times x_D + (F - D) \times x_B$$

$$\Rightarrow 100 \times 0.3 = D \times 0.86 + (100 - D) \times 0.17 \Rightarrow D = \frac{100(0.3 - 0.18)}{0.86 - 0.17} = 17.391 \fallingdotseq 17.39\text{lb}_m/\text{s}$$

$$B = 100 - 17.39 = 82.61\text{lb}_m/\text{s}$$

• ㉥ 에너지수지식을 통해 구할 수 있다.

$$F \times H_F + Q = D \times H_D + B \times H_B \Rightarrow Q = D \times H_D + B \times H_B - F \times H_F$$

$$= 17.39\text{lb}_m/\text{s} \times 730\text{BTU/lb}_m + 82.61\text{lb}_m/\text{s} \times 80\text{BTU/lb}_m - 100\text{lb}_m/\text{s} \times 100\text{BTU/lb}_m = 9{,}303.5\text{BTU/s}$$

정답

①

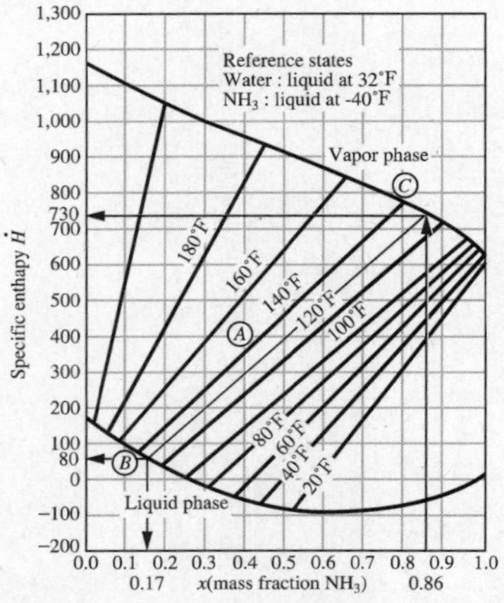

② • ㉢ : 0.17%, ㉣ : 730BTU/lb$_m$, ㉤ : 80BTU/lb$_m$

• ㉠ : 17.39lb$_m$/s, ㉡ : 82.61lb$_m$/s

• ㉥ : 9,303.5BTU/s

07 아세트산 22kg, 물 80kg에 아이소프로필에터 100kg으로 추출한다. 아이소프로필에터 속 아세트산 분율은 각각 0.03, 0.045, 0.06, 0.075, 0.090이고, 물속 초산 분율은 각각 0.1, 0.15, 0.2, 0.25, 0.3일 때 추출되는 아세트산의 질량(kg)을 구하시오.

해설

분배계수의 평균값으로 추출률을 계산하고 아세트산의 질량(kg)을 구하면 된다.

$$K_D = \frac{y}{x},\ \overline{K_D} = \frac{\frac{0.03}{0.1} + \frac{0.045}{0.15} + \frac{0.06}{0.2} + \frac{0.075}{0.25} + \frac{0.09}{0.3}}{5} = 0.3$$

$$\text{초산의 질량} \times \text{추출률} = 22\text{kg}\left(1 - \frac{1}{1 + \overline{K_D}\frac{S}{B}}\right) = 22\text{kg}\left(1 - \frac{1}{1 + 0.3 \times \frac{100\text{kg}}{80\text{kg}}}\right) = 6\text{kg}$$

정답

6kg

3 반응공학

08 부피가 1L이고, $A \rightarrow 3R$인 기상반응으로, 전화율이 50%이고, 반응기 입출구 유속이 각각 1L/s, 3L/s일 때 ① 공간시간(s)과 ② 평균체류시간(s)을 구하시오.

해설

공간시간과 평균체류시간 정의를 이용하면 구할 수 있다.

① $\tau = \frac{V}{v_0} = \frac{1\text{L}}{1\text{L/s}} = 1\text{s}$

② $\bar{t} = \frac{V}{v_f} = \frac{1\text{L}}{3\text{L/s}} = 0.333 \fallingdotseq 0.33\text{s}$

정답

① 공간시간 : 1s

② 평균체류시간 : 0.33s

09 비가역 3차 반응을 이용하는 정용회분식 반응기에서 초기농도가 2mol/m³일 때 반감기가 5분이다. 같은 반응에서 초기농도가 5mol/m³일 때 초기농도의 10%가 될 때까지 걸리는 시간(분)을 구하시오.

해설

정용회분식 반응기의 몰수지식에 3차 반응식을 대입하여 식을 세우면 답을 구할 수 있다.

$$t = \int_{C_{A0}}^{C_A} \frac{dC_A}{-r_A} = \int_{C_{A0}}^{C_A} \frac{dC_A}{kC_A^{\ 3}} = \frac{1}{k}\left[\frac{1}{-2}C_A^{\ -2}\right]_{C_{A0}}^{C_A} = \frac{1}{2k}(C_{A0}^{\ -2} - C_A^{\ -2}) \Rightarrow t_{\frac{1}{2}} = \frac{1}{2k}[C_{A0}^{\ -2} - (0.5C_A)^{-2}]$$

$$\Rightarrow k = \frac{C_{A0}^{\ -2}(1 - 0.5^{-2})}{2t_{\frac{1}{2}}} = \frac{(2\text{mol/m}^3)^{-2}(1 - 0.5^{-2})}{2 \times 5\text{min}}\ t_{10\%} = \frac{1}{2k}[C_{A0}^{\ -2} - (0.1C_A)^{-2}] = \frac{C_{A0}^{\ -2}(1 - 0.1^{-2})}{2k}$$

$$= \frac{(5\text{mol/m}^3)^{-2}(1 - 0.1^{-2})}{2 \times \frac{(2\text{mol/m}^3)^{-2}(1 - 0.5^{-2})}{2 \times 5\text{min}}} = 26.4\text{min}$$

정답

26.4분

10 다음을 참고하여 에틸렌과 산소가 반응하여 에틸렌옥사이드가 제조될 때 아래와 같은 촉매층 반응기에 제시된 조건으로 반응시킬 때, 전화율 60%를 위한 촉매의 질량(kg)은?(단, 산소는 공기로 주입하여 질량 비율를 고려하고, 압력강하는 없다고 가정한다. 또 등온으로 반응한다고 가정한다)

- 화학반응식 : $C_2H_4 + 0.5O_2 \rightarrow C_2H_4O$
- 반응속도식 : $-r'_A = k \cdot P_{C_2H_4}{}^{1/3} : P_{O_2}{}^{2/3}$
- 반응속도상수 : $k = 0.0040\left[\dfrac{\text{mol}}{\text{atm kg}_{\text{catalyst}} \cdot \text{S}}\right]$ (260℃일 때)
- 온도 : 260℃
- 유입압력 : 10atm

해설

촉매층 반응기 설계식과 부피 변화율을 이용하면 구할 수 있다.

i) $\varepsilon_A = y_{A0}\delta = \dfrac{F_{A0}}{F_{T0}}(c-b-a) = \dfrac{100}{100+50+50\times\dfrac{79}{21}}(1-0.5-1) = -0.1478 \fallingdotseq -0.148$

$$C_A = \frac{F_A}{v} = \frac{C_{A0}(1-X_A)}{1-0.148X_A}$$

$$C_B = \frac{F_B}{v} = \frac{C_{A0}(\theta_B - \frac{b}{a}X_A)}{1-0.148X_A} = \frac{C_{A0}(\frac{\dot{n}_{B0}}{\dot{n}_{A0}} - 0.5X_A)}{1-0.148X_A} = \frac{C_{A0}(0.5-0.5X_A)}{1-0.148X_A} = \frac{0.5C_{A0}(1-X_A)}{1-0.148X_A}$$

ii) $-r_A{}' = k \times P_A{}^{\frac{1}{3}} \times P_B{}^{\frac{2}{3}} = k \times (C_ART)^{\frac{1}{3}} \times (C_BRT)^{\frac{2}{3}} = k(RT)^{\frac{1}{3}+\frac{2}{3}} C_A{}^{\frac{1}{3}} C_B{}^{\frac{2}{3}} = kRTC_A{}^{\frac{1}{3}} C_B{}^{\frac{2}{3}}$

$$= kRT\left(\frac{C_{A0}(1-X_A)}{1-0.148X_A}\right)^{\frac{1}{3}}\left(\frac{0.5C_{A0}(1-X_A)}{1-0.148X_A}\right)^{\frac{2}{3}} = kRTC_A{}^{\frac{1}{3}+\frac{2}{3}} 0.5^{\frac{2}{3}}\left(\frac{1-X_A}{1-0.148X_A}\right)^{\frac{1}{3}+\frac{2}{3}}$$

$$= kRTC_{A0}\,0.5^{\frac{2}{3}}\frac{1-X_A}{1-0.148X_A} = kP_{A0}0.5^{\frac{2}{3}}\frac{1-X_A}{1-0.148X_A} = k0.296\text{atm} \times 10 \times 0.5^{\frac{2}{3}}\frac{1-X_A}{1-0.148X_A}$$

$$= 1.865\text{atm}k\frac{1-X_A}{1-0.148X_A}$$

$$\therefore\ W = \int_0^{X_A}\frac{F_{A0}}{-r_A{}'}dX_A = \int_0^{0.6}\frac{100}{1.865k\dfrac{1-X_A}{1+0.148X_A}}dX_A$$

$$= \frac{100\text{mol/s}}{1.865\,\text{atm}\times 0.0040\,\text{mol/atm}\cdot\text{kg}\cdot\text{s}}\int_0^{0.6}\frac{1-0.148X_A}{1-X_A}dX_A$$

$$= 13,404.83\,\text{kg}\int_0^{0.6}\left[\frac{1}{1-X_A} - 0.148\left(\frac{1}{1-X_A}-1\right)\right]dX_A$$

$$= 13,404.83\,\text{kg}\left[-0.852\ln(1-X_A)\right]_0^{0.6} + 0.148\left[X_A\right]_0^{0.6}\left.\right]$$

$$= 13,404.83\,\text{kg}\left[-0.852\ln\frac{1-0.6}{1-0} + 0.148(0.6-0)\right]$$

$= 11,655.227 \fallingdotseq 11,655.23$kg

정답

11,655.23kg

화공기사

2024년 제2회 **최근 기출복원문제**

1 단위조작(유체역학, 양론)

01 외경과 내경이 각각 0.33m, 0.17m이고 길이가 200m인 동심 원형관에 물이 $1m^3/h$로 흘러갈 때 압력강하(Pa)를 구하시오(단, 물의 점도는 1cP이다).

해설

직경은 상당직경을 사용하고 레이놀즈수를 통해 층류인지 판별하여 하겐-푸아죄유식을 이용하면 된다.

$$Re. = \frac{D_e \bar{u} \rho}{\mu} = \frac{(D_o - D_i)\frac{\dot{Q}}{A}\rho}{\mu} = \frac{(0.33-0.17)m \dfrac{1m^3/h}{\dfrac{\pi(0.33^2-0.17^2)m^2}{4}} \times \dfrac{1h}{3,600s} \times 1,000kg/m^3}{0.001\,kg/m \cdot s} = 707.35 \Rightarrow \text{층류}$$

$$\therefore \Delta P_s = \frac{32\mu \bar{u} L}{D_e^{\ 2}} = \frac{32 \times 0.001kg/m \cdot s \times \dfrac{1m^3/h}{\dfrac{\pi(0.33^2-0.17^2)m^2}{4}} \times \dfrac{1h}{3,600s} \times 200m}{(0.33-0.17)^2 m^2} \times \frac{1Pa}{1\dfrac{kg \cdot m/s^2}{m^2}}$$

$= 1.105 ≒ 1.11Pa$

정답

1.11Pa

2 단위조작(열전달)

02 건조기의 내부 단열벽돌과 외부 유리섬유의 두께는 각각 8in, 3in이고 열전도도는 각각 2.2, 0.11BTU/h · ft · °F이다. 내부와 외부 온도는 각각 460, 100°F일 때, 3시간 동안 면적인 $2ft^2$인 건조기의 열손실량(BTU)을 구하시오.

해설

직렬층의 전도열전달식을 이용하면 구할 수 있다.

$$\theta A\dot{q} = \theta A \frac{T_h - T_c}{\dfrac{B_A}{k_A} + \dfrac{B_B}{k_B}} = 3h \times 2ft^2 \times \frac{(460-100)°F}{\dfrac{8ln \times \dfrac{1ft}{12ln}}{2.2BTU/h \times ft \cdot ℃} + \dfrac{3ln \times \dfrac{1ft}{12ln}}{0.11BTU/h \times ft \cdot ℃}} = 838.588 ≒ 838.59BTU$$

정답

838.59BTU

03 두 물질의 전열면적이 각각 2, 10m², 복사능이 각각 0.5, 0.8, 온도가 각각 1,000℃, 500℃이다. 복사능이 0.5인 물질이 0.8인 물질 속에 둘러싸여 있을 때 복사열 전달량(W/m²)을 구하시오(단, 슈테판-볼츠만 상수는 5.69×10^{-8}W/m² · K⁴이다).

해설

한 물질이 둘러싸여 있을 때의 총괄 호환인자를 이용하여 복사열 플럭스를 구하면 된다.

$$\dot{q} = \sigma \mathscr{F}_{12} A_1 (T_1^{\ 4} - T_2^{\ 4}) = \frac{\sigma A_1}{\frac{1}{\varepsilon_1} + \frac{A_1}{A_2}\left(\frac{1}{\varepsilon_2} - 1\right)} (T_1^{\ 4} - T_2^{\ 4})$$

$$= \frac{5.69 \times 10^{-8} \mathrm{W/m^2 \cdot K^4}}{\frac{1}{0.5} + \frac{2\mathrm{m^2}}{10\mathrm{m^2}}\left(\frac{1}{0.8} - 1\right)} \times 2\mathrm{m^2} \times [(273.15 + 1{,}000)^4 - (273.15 + 500)^4]\mathrm{K^4}$$

$= 126{,}014.575 \fallingdotseq 126{,}014.56\mathrm{W/m^2}$

정답

126,014.56W/m²

3 단위조작(물질전달)

04 A, B 혼합액 10mol을 회분증류할 때, A의 액상 몰분율은 0.6이고 증류시킨 후에 A의 액상 몰분율은 0.4이다. 증발된 몰수(mol)는?(단, A의 경우 $y = 1.2x$를 따른다)

해설

회분증류의 식을 이용하면 구할 수 있다.

$$\ln\frac{n_1}{n_0} = \int_{x_0}^{x_1} \frac{dx}{y - x} = \int_{x_0}^{x_1} \frac{dx}{1.2x - x} = \int_{x_0}^{x_1} \frac{dx}{0.2x} = 5\int_{x_0}^{x_1} \frac{dx}{x} = 5[\ln]_{x_0}^{x_1} = 5\ln\frac{x_1}{x_0}$$

$$\Rightarrow n_1 = n_0\, e^{5\ln\frac{x_1}{x_0}}$$

$$\therefore \text{증발된 몰수} = n_0 - n_1 = n_0 - n_0\, e^{5\ln\frac{x_1}{x_0}} = n_0 (1 - e^{5\ln\frac{x_1}{x_0}}) = 10\mathrm{mol}(1 - e^{5\ln\frac{0.4}{0.6}}) = 8.683 \fallingdotseq 8.68\mathrm{mol}$$

정답

8.68mol

05 원료는 온도 95.3℃에서 10kmol/h의 유량으로 벤젠과 톨루엔이 각각 50, 50mol%로 끓는점에서 공급된다. 탑상제품과 탑하제품의 조성은 각각 벤젠 90, 10mol%으로 증류될 때, 환류비는 2, 허용증기속도가 1.0m/s라고 하면 탑의 지름(m)을 구하시오.

해설

증류탑의 물질수지를 이용하여 몰유량을 구하고, 몰유량을 부피유량으로 변환한 뒤 탑의 지름을 구하면 된다.

$F \times x_F = D \times x_D + B \times x_B = D \times x_D + (F - D) \times x_B$

$\Rightarrow$ 10kmol/h $\times$ 0.5 = $D \times$ 0.9 + (10 − D) $\times$ 0.1

$\Rightarrow D = \dfrac{10(0.5-0.1)}{0.9-0.1}$ = 5kmol/h

$R_D = \dfrac{L}{D} \Rightarrow L = R_D \times D = 2D$

$V = L + D = 2D + D = 3D = 3 \times 5 =$ 15kmol/h

$V = \dfrac{\pi}{4} d^2 \bar{u} \Rightarrow d = \sqrt{\dfrac{4V}{\pi \bar{u}}} = \sqrt{\dfrac{4 \times 15\text{kmol/h} \times \dfrac{22.4\text{m}^3}{1\text{kmol}} \times \dfrac{273.15+95.3}{273.15} \times \dfrac{1\text{h}}{3,600\text{s}}}{\pi \times 1.0\text{m/s}}}$ = 0.400 ≒ 0.40m

정답

0.40m

06 30atm, 20℃에서 몰분율이 0.4인 에탄올이 물과 평형상태에 있다. 헨리상수가 2.46 × 10⁴atm 일 때, 물속에 녹는 에탄올의 몰분율은?

해설

헨리의 법칙과 몰분율 구하는 식을 도입하며 해결한다.

$P_A = y_A P = x_A H_A$

$\Rightarrow x_A = \dfrac{y_A P}{H_A} = \dfrac{0.4 \times 30\text{atm}}{2.46 \times 10^4\,\text{atm}} = 4.878 \times 10^{-4} \fallingdotseq 4.88 \times 10^{-4}$atm

정답

4.88×10^{-4}atm

4 반응공학

07 부피가 1L인 연속교반탱크반응기에서 유량 2mol/L인 반응물 A, B 혼합용액이 공급되어 C가 생성된다. 이 반응은 매우 복잡하여 양적 관계를 알 수 없을 때, A와 B의 초기유량은 각각 1, 2mol/L이고, 출구유량은 각각 0.2, 3mol/L라고 하면 A, B의 반응속도(mol/L · min)를 구하시오.

해설

연속교반탱크반응기에 대한 몰수지식을 이용하면 구할 수 있다.

① $0 = F_{A0} - F_A + r_A V = v(C_{A0} - C_A) + r_A \tau v$

$$\Rightarrow r_A = \frac{v(C_{A0} - C_A)}{\tau v} = \frac{C_{A0} - C_A}{\tau} = \frac{(1-0.2)\,\mathrm{mol/L}}{\frac{1\mathrm{L}}{2\mathrm{L/min}}} = 1.6\mathrm{mol/L}$$

② $$r_B = \frac{C_{B0} - C_B}{\tau} = \frac{(2-3)\,\mathrm{mol/L}}{\frac{1\mathrm{L}}{2\mathrm{L/min}}} = -2\mathrm{mol/L \cdot min}$$

정답

① A : 1.6mol/L · min

② B : −2mol/L · min

08 $A \rightarrow B + C$ 기초반응일 때 30℃와 45℃에서 반응속도는 각각 1.5387s^{-1}, 2.3649s^{-1}이다. 이때의 활성화 에너지(kJ/mol)를 구하시오(단, 소수점 넷째 자리까지 구하시오).

해설

아레니우스식을 이용하면 구할 수 있다.

$$\ln\frac{k(T)}{k(T_0)} = \frac{E_k}{R}\left(T_0^{-1} - T^{-1}\right)$$

$$\Rightarrow E_k = \frac{R\ln\frac{k(T)}{k(T_0)}}{T_0^{-1} - T^{-1}} = \frac{8.314\,\mathrm{J/mol \cdot K} \times \ln\frac{2.3649}{1.5387}}{[(273.15+30)^{-1} - (273.15+45)^{-1}]\mathrm{K}^{-1}} = 22{,}975.89 \fallingdotseq 22.9759\mathrm{kJ/mol}$$

정답

22.9759kJ/mol

09 $A \rightarrow R$의 기초반응을 순환비가 2인 관형반응기에서 유량 10mol/L인 액체 상태 반응물의 전화율이 0.9이다. 순환흐름이 정지시켰을 때, 동일한 전화율을 얻기 위한 반응물의 유량은 어떻게 변화하는가?(단, 반응기 부피는 순환이 있을 때나 없을 때나 모두 같다)

해설

순환이 있는 관형반응기 설계식과 순환이 없는 관형반응식을 이용하면 구할 수 있다.

i) $V_R = (R+1)\int_{X_{Ai}}^{X_{Af}} \frac{F_{A0}\,dX_A}{-r_A} = (R+1)\int_{\frac{R}{R+1}X_{Af}}^{X_{Af}} \frac{v_{R0}C_{A0}\,dX_A}{kC_{Ao}(1-X_A)} = (R+1)\frac{v_{R0}}{k}\int_{\frac{R}{R+1}X_{Af}}^{X_{Af}} \frac{dX_A}{1-X_A}$

$= (2+1)\frac{v_{R0}}{k}\int_{\frac{2}{2+1}\times 0.9}^{0.9} \frac{dX_A}{1-X_A} = \frac{3v_{R0}}{k}\int_{0.6}^{0.9}\frac{dX_A}{1-X_A} = \frac{3v_0}{k}[-\ln(1-X_A)]_{0.6}^{0.9}$

$= \frac{3v_{R0}}{k}[\ln(1-0.9)-\ln(1-0.6)] = \frac{3v_{R0}}{k}\ln\frac{0.4}{0.1} = \frac{3v_{R0}}{k}\ln 2^2 = \frac{6v_{R0}}{k}\ln 2$

ii) $V = \int_0^{X_A}\frac{F_{A0}\,dX_A}{-r_A} = \int_0^{X_A}\frac{v_0C_{A0}\,dX_A}{kC_{A0}(1-X_A)} = \frac{v_0}{k}\int_0^{X_A}\frac{dX_A}{1-X_A}$

$= \frac{v_0}{k}[-\ln(1-X_A)]_0^{0.9} = -\frac{v_0}{k}[\ln(1-0.9)-\ln(1-0)] = -\frac{v_0}{k}\ln\frac{0.1}{1} = -\frac{v_0}{k}\ln\frac{1}{10} = \frac{v_0}{k}\ln 10$

$\therefore\ V_R = V \Rightarrow \frac{6v_{R0}}{k}\ln 2 = \frac{v_0}{k}\ln 10 \Rightarrow v_0 = \frac{6\ln 2}{\ln 10}v_{R0}$

$\therefore$ 공급속도변화율 $= \frac{F_{A0}-F_{A0,R}}{F_{A0,R}}\times 100 = \frac{v_0C_{A0}-v_{R0}C_{A0}}{v_{R0}C_{A0}}\times 100 = \frac{\frac{6\ln 2}{\ln 10}v_{R0}-v_{R0}}{v_{R0}}\times 100 = \frac{\frac{6\ln 2}{\ln 10}-1}{1}\times 100$

$= 80.617 \fallingdotseq 80.62\%$

정답

80.62% 증가

10 아래는 생물반응기에서 배지공급속도를 계단변화로 한 이산화탄소 배출농도의 응답 그래프일 때, 스미스법을 이용하여 2차계 공정함수의 시간상수(min)를 구하시오.

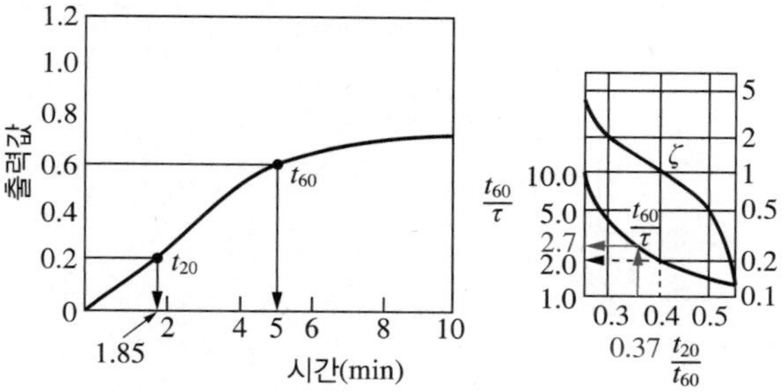

해설

왼쪽 그래프를 통해 t값을 잘 읽고, 오른쪽 그래프를 통해 y값을 잘 읽으면 구할 수 있다.

$\frac{t_{20}}{t_{60}} = \frac{1.85}{5} = 0.37 \Rightarrow$ 오른쪽 그래프에서 0.37의 y값은 2.7,

$\therefore\ \frac{t_{60}}{\tau} = 2.7 \Rightarrow \tau = \frac{t_{60}}{2.7} = \frac{5}{2.7} = 1.851 \fallingdotseq 1.85\text{min}$

정답

1.85min

참 / 고 / 문 / 헌

- 단위조작 제7판(2005). 이화영 외 2명 역. 한국맥그로힐.
- 화학반응공학 제4판(2006). 박인수 외 7명 역. 피어슨에듀케이션코리아.
- Process Control : Modeling, Design, and Simulation(2002). B. Wayne Bequette. Pearson Education, Inc.

2025 시대에듀 무단뽀 화공기사 실기(필답형 + 작업형)

초 판 발 행	2025년 07월 10일 (인쇄 2025년 05월 28일)
발 행 인	박영일
책 임 편 집	이해욱
편 저	최영화
편 집 진 행	윤진영 · 김지은
표지디자인	권은경 · 길전홍선
편집디자인	정경일 · 박동진
발 행 처	(주)시대고시기획
출 판 등 록	제10-1521호
주 소	서울시 마포구 큰우물로 75[도화동 538 성지 B/D] 9F
전 화	1600-3600
팩 스	02-701-8823
홈 페 이 지	www.sdedu.co.kr
I S B N	979-11-383-9179-5(13570)
정 가	27,000원

안전이 곧 경쟁력! 산업안전 시리즈

산업안전(산업)기사란?

제조 및 서비스업 등 각 산업현장에 소속되어 산업재해 예방계획 수립에 관한 사항을 수행하여 작업환경의 점검 및 개선에 관한 사항, 사고사례 분석 및 개선에 관한 사항, 근로자의 안전교육 및 훈련 등을 수행하는 직무이다.

산업안전지도사란?

외부전문가인 지도사의 객관적이고도 전문적인 지도 · 조언을 통하여 사업장 내에서의 기존의 안전상의 문제점을 규명하여 개선하고 생산라인 관계자에게 생산현장의 생산방식이나 공법 도입에 따른 안전대책 수립에 도움을 주는 직무이다.

무단뽀 산업안전기사 필기
+무료 동영상(기출) 강의

단기합격을 위한 핵심요약 이론
실제 기출 선지를 활용한 OX/빈칸문제
과년도+최근 기출(복원)문제 및 상세한 해설

기출이 답이다 산업안전산업기사
필기 9개년 기출문제집

최근 9개년 기출(복원)문제 수록
2025년 최신 출제기준 반영
개정 산업안전보건법 반영

기출이 답이다 산업안전지도사 1차
10개년 기출문제집

시험에 자주 나오는 문제를 분석한 핵심이론
최근 10개년 기출(복원)문제 수록
이론서가 필요 없는 자세한 해설 수록

기출이 답이다 산업안전지도사
2차+3차 건설안전공학

시험에 자주 나오는 문제를 분석한 핵심이론
2차 실기 12개년 기출문제 수록
3차 면접 기출복원문제 및 예상문제 수록

※ 도서의 구성 및 이미지는 변경될 수 있습니다.